教育部高等学校电子信息类专业教学指导委员会规划教材

高等学校电子信息类专业系列教材

Principles of Communication

通信原理

陈树新　尹玉富　石磊　编著

Chen Shuxin　Yin Yufu　Shi Lei

清华大学出版社

北京

内 容 简 介

依据现代学习理论，结合内容特点，以及学习者的学习感受，本书构建了"三模块、一保障"的内容结构体系，全面、系统地阐述了通信系统的基本原理、方法、技术和主要性能。全书分为信号与信道分析、信号发送与接收、基于性能的编码 3 部分（三模块），以及同步系统（一保障），共 9 章，具体内容包括绪论、信道分析、模拟调制系统、数字基带传输及数字频带传输系统、数字信号最佳接收、信源编码、信道编码和同步系统，理论联系实际，讲述由浅入深，简明透彻，概念清晰，重点突出，既便于教师组织教学，又有利于学生自学。

编者从事通信领域教学和科研工作多年，主持参与了"通信原理"国家精品课程建设，并于 2013 年完成了精品资源共享课程转化工作，2016 年获批国家精品资源共享课程，积累了丰富的教学经验和学习资源，具体内容可登录"爱课程"网站（http://www.icourses.cn/sCourse/course_6584.html），或扫描各章节提供的二维码直接获取。主持完成的"通信原理"慕课已上线"学堂在线"平台。

本书可作为高等院校通信工程、信息工程等电子信息类专业，以及网络工程等计算机类专业"通信原理""数字通信"等课程的教材，也可以作为相关行业工程技术人员学习通信理论和技术的参考书。

图书在版编目（CIP）数据

通信原理/陈树新等编著. —北京：清华大学出版社，2020.5（2024.8重印）
高等学校电子信息类专业系列教材
ISBN 978-7-302-55139-3

Ⅰ. ①通… Ⅱ. ①陈… Ⅲ. ①通信原理－高等学校－教材 Ⅳ. ①TN911

中国版本图书馆 CIP 数据核字（2020）第 047902 号

责任编辑： 刘向威
封面设计： 李召霞
责任校对： 焦丽丽
责任印制： 宋 林

出版发行： 清华大学出版社
网 址： https://www.tup.com.cn， https://www.wqxuetang.com
地 址： 北京清华大学学研大厦 A 座 **邮 编：** 100084
社 总 机： 010-83470000 **邮 购：** 010-62786544
投稿与读者服务： 010-62776969，c-service@tup.tsinghua.edu.cn
质量反馈： 010-62772015，zhiliang@tup.tsinghua.edu.cn
课件下载： http://www.tup.com.cn，010-83470236
印 装 者： 北京鑫海金澳胶印有限公司
经 销： 全国新华书店
开 本： 185mm×260mm **印 张：** 20.5 **字 数：** 498 千字
版 次： 2020 年 5 月第 1 版 **印 次：** 2024 年 8 月第 8 次印刷
印 数： 12301～15300
定 价： 59.00 元

产品编号：085362-01

序

FOREWORD

当今信息社会“知识爆炸”，知识总量呈几何级数增长，特别是以现代力学、特种材料、计算机技术、航天技术、生物技术、海洋技术和信息技术等为代表的技术革命，给人类社会的政治、经济、军事等领域提供了最新最强的驱动力。通信作为传输信息的手段或方式，与大数据、云计算和人工智能相互融合，使得信息技术革命得以深化与发展，并与每一个人生活与工作息息相关。

通信是指由一地向另一地进行消息的有效传递，从古代的“消息树”和“烽火台”，到现代仍使用的“信号灯”等，都是采用不同的方式传递着消息。而用电信号和光信号进行消息的有效传输，则极大地提升了通信的效能。可以说 1837 年莫尔斯发明的有线电报开创了利用电信号传递信息的新时代，而 1876 年贝尔发明的电话，则是将通信引入到我们的日常生活中。然而，从 1918 年无线电广播的问世，到 1936 年商业电视广播开播，以及 1983 年因特网的诞生，通信时时刻刻都在寻求更大的发展与作为。特别是在 20 世纪 70 年代至 80 年代期间，随着集成电路技术、微型计算机和微处理器的发展，出现了第一代移动通信系统（1G），之后几十年间，2G、3G 和 4G 的更迭出现，以及 5G 技术的问世，都极大地促进了通信在人类社会各个领域的迅猛发展。但上述技术的发展与应用，都应得益于 1948 年信息论的开创者 C. E. Shannon 发表的奠基性论文《通信的数学理论》（*A Mathematical Theory of Communication*），而“通信原理”就是在此基础上诞生的一门课程。

“通信原理”作为电子信息类专业核心课程，它是该类专业课程体系之“本”，对学生成长有着根深蒂固的影响，对人才培养起骨干作用，体现了专业内涵，突显了基础支撑。空军工程大学陈树新教授等人撰写的《通信原理》教材，以前期国家级精品课程和国家级精品资源共享课程“通信原理”建设成果为基础，依据现代学习理论，注重开展混合学习，构建了“三模块、一保障”的内容结构体系，既便于教师线上线下组织教学，又利于学生课外开展自主学习。该教材另一创新之处在于，探索了借助网络、云端等进行教学内容传递的新型学习形式，更加有利于信息化时代的课程建设，为实现教学目标、教学内容、信息资源、信息环境的一体化设计与建设打下良好基础。希望本书的出版，有助于国内相关领域学科发展，为信息技术人才培养做出贡献。

国家级教学名师：[签名]

前言

PREFACE

“通信原理”课程是构成电子信息类专业知识体系的核心课程，是各种电路(线路)课程与通信装备(设备)课程之间的桥梁，承担着从单元电路到系统应用、从抽象概念到具体装备的过渡。该课程具有原理性概念多、内容涉及面广、与实际联系紧等特点，这些特点给教师的教和学生的学都带来不少困难。为此，依据现代学习理论，结合课程所涉及的内容特点，以及各章节内容之间的相互联系，本书构建了“三模块、一保障”的内容结构体系，全面、系统地阐述通信系统的基本原理、方法、技术和主要性能。

全书分为信号与信道分析、信号发送与接收和基于性能的编码三大知识模块以及同步系统等通信保障部分，共计 9 章内容，其中带 * 章节内容为选学内容。

信号与信道分析模块包括第 1 章“绪论”和第 2 章“信道分析”两部分内容。第 1 章主要介绍通信的基本概念及通信系统的组成、分类和工作方式，分析信息及其度量问题，探讨衡量通信系统的主要质量指标等内容。第 2 章通过介绍信道的基本概念及特性，分析不同信道对所传输信号的影响，给出改善信道特性的办法，通过对随机过程基础内容的阐述，探讨各类噪声的统计特性，分析信道容量的概念，研究伪随机序列的产生与性质。

信号发送与接收模块包括第 3 章“模拟调制系统”、第 4 章“数字基带传输系统”、第 5 章“数字频带传输系统”和第 6 章“数字信号最佳接收”四部分内容。第 3 章主要讨论线性调制(AM、DSB、SSB 和 VSB)和非线性调制(FM 和 PM)，介绍其信号产生(调制)与接收(解调)的基本原理、方法和技术，并对各种调制系统的性能进行分析。第 4 章在介绍数字基带传输系统各类信号波形的基础上，分析数字基带信号的频谱，研究数字基带传输系统的工作原理和数学模型，分析无码间串扰基带系统的抗噪声性能，介绍基于“眼图”的数字基带传输系统性能的简单观测方法，以及改善系统性能的相关方法和技术。第 5 章着重讨论二进制数字调制系统(ASK、FSK、PSK 和 DPSK)的基本原理，分析它们的性能，并简要介绍多进制数字调制技术(MASK、MFSK、MPSK 和 MDPSK)。第 6 章在分析二元假设检验的模型基础上，构建二元确知信号和二元随参信号的最佳接收机，分析它们的性能，并探讨由匹配滤波器组成的最佳接收机。

基于性能的编码模块包括第 7 章“信源编码”和第 8 章“信道编码”两部分内容。第 7 章主要讲解模拟信号数字化过程中的波形编码(PCM 和 ΔM)，简要介绍与其相关的时分复用技术以及话音和数据压缩编码技术(哈夫曼编码)。第 8 章在介绍信道编码相关知识的基础上，介绍几种常用的简单分组码，着重讨论线性分组码的编码和译码原理，分析循环码的特点，并给出具体的编码方法，同时简要介绍卷积码、TCM 码和 Turbo 码等。

用来保障信息传输有效和工作可靠的同步系统是本书第 9 章介绍的内容，该章在介绍同步系统相关概念的基础上，重点讲解同步系统的工作原理和实现方法，分析它们的性能指标，并给出提高性能的解决方案。

为了便于读者学习，本书的附录部分给出了常用三角函数公式、误差函数表和傅里叶变换等相关内容。除此之外，读者也可以扫描各章节二维码，或者直接登录“爱课程”网站（http://www.icourses.cn/sCourse/course_6584.html）获取本教材丰富的教学和学习资源。同时，还可以在“学堂在线”平台学习陈树新教授主持完成的“通信原理”慕课。

全书由陈树新教授编写，尹玉富和石磊等同志参与了教材内容和知识框架的讨论与设计，并参与完成了部分章节内容的编写。本书在编写过程中还得到了作者所属单位的支持，以及“通信原理”教学组李勇军、于龙强、薛凤凤、雷蕾等同志的帮助，同时也得到了清华大学出版社的大力支持，在此表示感谢。

本书在编写构思和选材过程中，参阅了大量的国内外文献，在此向相关原著（作）者表示敬意和感谢。

书中部分内容的描述与提法源自作者承担的国家自然科学基金资助项目（代码：61673392）的研究成果，并得到陕西高等教育教学改革研究项目（代码：19BY157）的支持。

由于作者水平有限，书中难免存在不足之处，恳请广大读者批评指正。

作　者

2020 年 1 月

目录

CONTENTS

第一部分　信号与信道分析

第二部分 信号发送与接收

第三部分　基于性能的编码

第一部分

PART 1

信号与信道分析

信号经过信道被信宿有效接收后就实现了通信的目的，也就是实现了消息的有效传递。因此，实现消息的有效传递涉及两方面的问题，即信号的描述与度量，以及信道的描述与度量。其中，噪声是将信号与信道有机联系起来的关键。

由于“电信号”和“光信号”具有迅速、准确、可靠等传输特点，因此，人们通常利用它们来承载消息的传输。通常消息由信源发出，经发送设备转换成适合在信道中传输的信号，然后利用接收设备从带有干扰的接收信号中恢复出相应的原始信号，并传递给信宿。因此，信源、发送设备、信道、噪声、接收设备和信宿构成了通信系统的基本结构。根据通信系统中所传输的信号不同，可将通信系统分为模拟通信系统和数字通信系统。当然，如果说信号是消息的载体，那么信息则是消息的内涵，它具有普遍性和抽象性，因此，通常利用“信息量”来表示传输信息的多少，同时将其作为描述通信系统有效性和可靠性的重要参数指标。

为了实现消息的有效传递，信号必然要经历在不同信道中的传输，信号在信道中传输不仅会受到信道特性的限制和约束，更会受到各类噪声的损害，所以对信道进行必要的分析和研究就显得尤为重要。对于恒参信道，最为理想的情况就是实现信号不失真传输，但在实际信道中，经常会出现信号幅度频率畸变、相位频率畸变等现象，它们对模拟通信系统和数字通信系统的影响各不相同。随参信道的特征主要表现为：信号的衰耗随时间随机变化；信号传输的时延随时间随机变化；存在多径效应，它们是造成被传输信号的频率弥散和频率选择性衰落的主要原因。为了对上述问题进行定量分析，需要使用随机过程等相关的数学理论和知识。通信过程中不可避免地存在着噪声，它们对通信质量的好坏有着直接的影响。高斯白噪声是通信系统中最为典型，且能够进行数值定量分析的随机过程。而针对窄带高斯噪声以及正弦信号加窄带高斯噪声的研究，则属于典型的通信问题。在此基础上，香农(C. E. Shannon)公式的出现，给出了在加性高斯噪声的干扰情况下信道容量的计算方法，并将通信系统的有效性和可靠性参数巧妙融合。而伪随机序列中的 m 序列，由于具有严谨的数学描述，且具有典型的白噪声特性，因此，被广泛应用于扩频和跳频等保密通信、卫星导航、通信系统信号模拟和噪声模拟等领域。

第1章 绪论

CHAPTER 1

信息作为一种资源，只有通过广泛地传播与交流，才能产生利用价值。通信技术作为传输信息的手段或方式，与大数据、云计算和人工智能相互融合，已成为当今国际社会和世界经济发展的强大推动力，并与每一个人的生活与工作息息相关。随着任何人(Whoever)能在任何时间(Whenever)、任何地点(Wherever)以任何方式(Whatever)与任何人(Whoever)进行通信的"5W"目标的实现，更深层次的人类社会变革也将逐渐展现在人们面前。

本章首先介绍通信的基本概念，讲解通信系统的组成、分类和工作方式；然后，在分析信息及其度量的基础上，探讨衡量通信系统质量的主要指标等。

1.1 通信的基本概念

从远古时代到现代文明社会，人类社会的各种活动都与通信密切相关，通信已渗透到社会各个领域，成为现代文明的标志之一，对人们的日常生活以及社会的活动和发展起着重要的作用。

1.1.1 通信的定义

一般地说，**通信是指由一地向另一地(多地)进行消息的有效传递**。例如打电话，就是利用电话(系统)来传递消息；两个人之间的对话，就是利用声音来传递消息；古代的"消息树"和"烽火台"以及现代仍使用的"信号灯"等，都是利用不同的方式传递消息。

从通信的定义可以看到，通信的目的是传递消息，而消息具有不同的形式，例如语言、文字、数据、图像、符号等。随着社会的发展，消息的种类越来越多，人们传递消息的方式也越来越多样。在各种各样的通信方式中，利用"电信号"来承载消息的通信方法称为电通信。这种通信具有迅速、准确、可靠等特点，且受时间、地点、空间、距离等因素的限制较小，因此得到了飞速发展和广泛应用。

如今，在自然科学中，"通信"与"电信"几乎是同义词。本书所说的通信，均指电信。据此，不妨对通信重新进行定义：**利用相关技术手段，借助电信号(含光信号)实现从一地向另一地(多地)进行消息的有效传递的过程被称为通信**。从本质上讲，通信是实现信息传递功能的一门科学技术，它要将大量有用的信息尽可能无失真、高效率地进行传输，同时还要在传输过程中将无用信息和有害信息抑制掉。为了达到这样的效果，当今的通信不仅要有效地传递信息，而且还要具备存储、处理、采集及显示等功能，这样看来，通信已成为信息科学技术的一个重要组成部分。

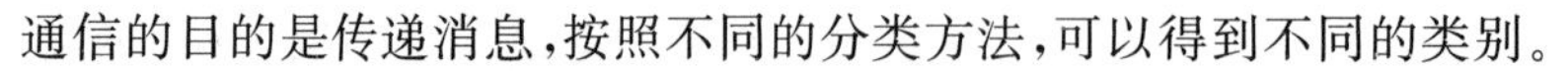

1.1.2 通信的分类

通信的目的是传递消息，按照不同的分类方法，可以得到不同的类别。

1. 按传输媒质分

按消息由一地向另一地传递所用传输媒质不同，通信可分为有线通信和无线通信。所谓有线通信，是指传输媒质为架空明线、电缆、光缆、波导等形式的通信，其特点是媒质能看得见、摸得着。所谓无线通信，是指传输消息的媒质是看不见、摸不着的媒质（如电磁波）的一种通信形式。通常有线通信可进一步再分类，如明线通信、电缆通信、光缆通信等；无线通信常见的形式有微波通信、短波通信、卫星通信、移动通信、散射通信等。

2. 按信道中所传信号的特征分

按照信道中传输的是模拟信号还是数字信号来分，可以相应地把通信分为模拟通信与数字通信。

3. 按工作频段分

按通信设备的工作频率不同，可将通信分为长波通信、中波通信、短波通信、超短波通信、微波通信等。表 1-1 列出了通信中使用的频段、常用传输媒质及主要用途。

表 1-1 通信频段、常用传输媒质及主要用途

频率范围	波 长	频段名称	常用传输媒质	用 途
3Hz～30kHz	10^8～10^4 m	甚低频 VLF	有线线对，超长波无线电	音频、电话、数据终端、长距离导航、时标
30～300kHz	10^4～10^3 m	低频 LF	有线线对，长波无线电	导航、信标、电力线通信
300kHz～3MHz	10^3～10^2 m	中频 MF	同轴电缆，中波无线电	调幅广播、移动陆地通信、业余无线电
3～30MHz	10^2～10m	高频 HF	同轴电缆，短波无线电	移动无线电话、短波广播、定点军用通信、业余无线电
30～300MHz	10～1m	甚高频 VHF	同轴电缆，超短波/米波无线电	电视、调频广播、空中管制、车辆通信、导航、集群通信、无线寻呼
300MHz～3GHz	100～10cm	特高频 UHF	波导，微波/分米波无线电	电视、空间遥测、雷达导航、点对点通信、移动通信
3～30GHz	10～1cm	超高频 SHF	波导，微波/厘米波无线电	微波接力、卫星和空间通信、雷达
30～300GHz	10～1mm	极高频 EHF	波导，微波/毫米波无线电	雷达、微波接力、射电天文学
10^5～10^7 GHz	3×10^{-4}～3×10^{-6} cm	红外、可见光、紫外	光纤，激光空间传播	光通信

表 1-1 中，工作频率和工作波长可互换，其关系为

$$\lambda = \frac{C}{f} \tag{1-1}$$

式中，λ(m)为工作波长；f(Hz)为工作频率；$C=3\times10^8$ m/s，为电波在自由空间中的传播速度。例如，3MHz 频率的电磁波对应波长为 100m。

4. 按是否采用调制分

根据消息在传送时是否采用调制,可将通信分为基带传输和频带(调制)传输。基带传输是将没有经过调制的信号直接进行传送,频带传输则是对各种信号调制后再送到信道中进行传输。

5. 按业务的不同分

根据通信的具体业务不同,可分为电报、电话、传真、数据传输、可视电话及无线寻呼等。另外,从广义的角度来看,广播、电视、雷达、导航、遥控、遥测等也应列入通信的范畴,因为它们也都满足通信的定义。但是,由于广播、电视、雷达、导航等技术的不断发展,目前它们已从通信中派生出来,形成了独立的学科。

6. 按收信者是否运动分

通信还可按收信者是否运动分为移动通信和固定通信。移动通信是指通信双方至少有一方在运动中进行信息交换。由于移动通信具有建网快、投资少、机动灵活等特点,而且能使用户随时随地快速可靠地进行信息传递,因此,已被列为现代个人通信的主要方式。

另外,通信还有其他一些分类方法,如按多址方式不同可分为频分多址通信、时分多址通信、码分多址通信等;按用户类型不同可分为公用通信和专用通信等。这里不再一一列举。

1.1.3 通信的方式

通信的方式通常是指通信收发之间的工作方式或信号传输方式。

1. 按消息传送的方向与时间分

对于点对点之间的通信,按消息传送的方向与时间的关系,通信方式可分为单工通信、半双工通信及全双工通信 3 种。

所谓单工通信,是指消息只能单方向进行传输的一种通信工作方式,如图 1-1(a)所示。单工通信的例子很多,如广播、遥控、无线寻呼等。这里,信号(消息)只从广播发射台、遥控器和无线寻呼中心分别传到收音机、遥控对象和传呼机上。

所谓半双工通信方式,是指通信双方都能收发消息,但不能同时进行收和发的工作方式,如图 1-1(b)所示。对讲机、收发报机等都是采用这种通信方式。

所谓全双工通信,是指通信双方可同时进行双向传输消息的工作方式,如图 1-1(c)所示。在这种方式下,双方都可同时进行收发消息。很明显,全双工通信的信道必须是双向信道。生活中全双工通信的例子非常多,如普通电话、手机等。

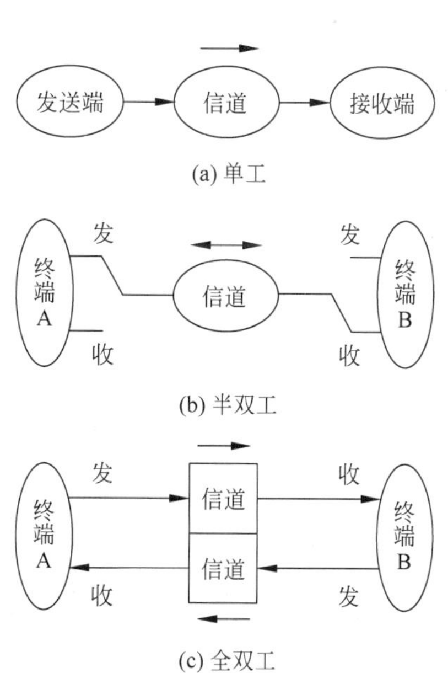

图 1-1 单工、半单工和双工通信方式示意图

2. 按数字信号排序分

在数字通信系统中,按照数字信号排列的顺序不同,可将**通信方式分为串行传输和并行传输**。

所谓串行传输,即是将代表信息的数字信号序列按时间顺序一个接一个地在信道中传输的方式，如图 1-2(a)所示。如果将代表信息的数字信号序列分割成两路或两路以上的数字信号序列同时在信道上传输，则称为并行传输通信方式，如图 1-2(b)所示。

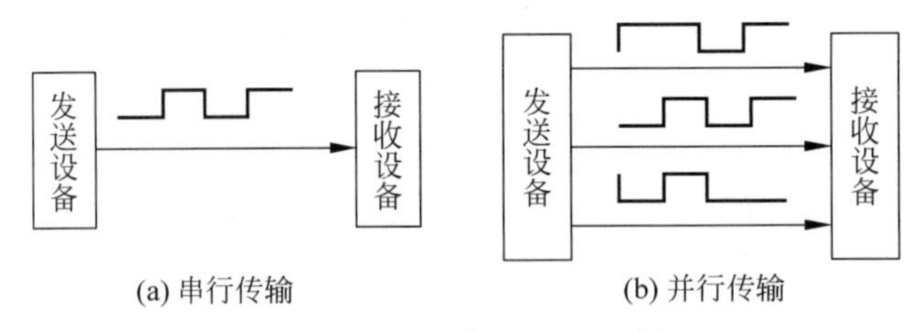

图 1-2　串行和并行传输方式

数字通信方式大都采用串行传输，这种方式只需占用一条通路，缺点是占用时间相对较长；并行传输方式在通信中也会用到，它需要占用多条通路，优点是传输时间较短。

3. 按通信网络形式分

通信网络形式通常可分为两点间直通方式、分支方式和交换方式 3 种，如图 1-3 所示。

两点间直通方式是通信网络中最为简单的一种形式，终端 A 与终端 B 之间的线路是专用的，如图 1-3(a)所示。在分支方式中，每一个终端(A、B、C、…、N)经过同一信道与转接站相互连接，终端之间不能直通信息，必须经过转接站转接，这种方式只在数字通信中出现，如图 1-3(b)所示。交换方式是终端之间通过交换设备灵活地进行线路交换，即把要求通信的两终端之间的线路接通(自动接通)，或者通过程序控制实现消息交换的一种方式，这种方式通过交换设备先把发方来的消息存储起来，然后再转发至收方，这种消息转发可以是实时的，也可是非实时的，如图 1-3(c)所示。

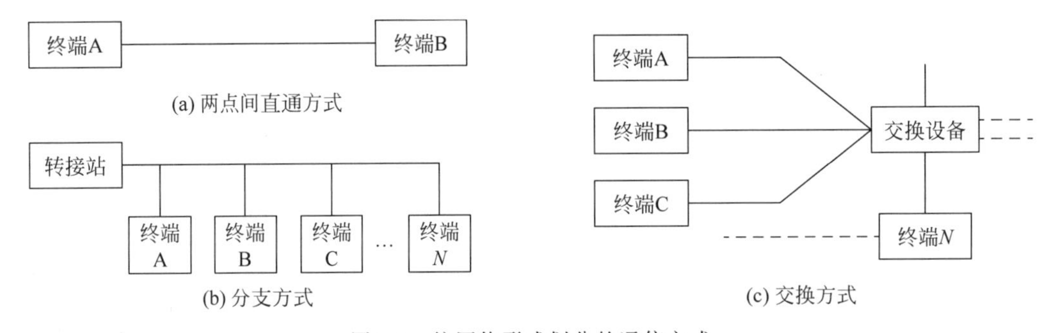

图 1-3　按网络形式划分的通信方式

分支方式及交换方式均属网通信的范畴，它和两点间直通方式相比，还有其特殊的一面，例如，通信网中有一套具体的线路交换与消息交换的规定、协议等，同时，通信网中既有信号控制问题，也有网同步问题等。尽管如此，网通信的基础仍是点与点之间的通信，因此，本书重点讨论点与点通信，较少涉及通信网的相关问题。

1.2 通信系统的组成

1.2.1 通信系统的一般模型

实现信息传递所需的一切技术设备和传输媒质的总和称为通信系统。以基本的点对点通信为例，通信系统的一般模型如图 1-4 所示。

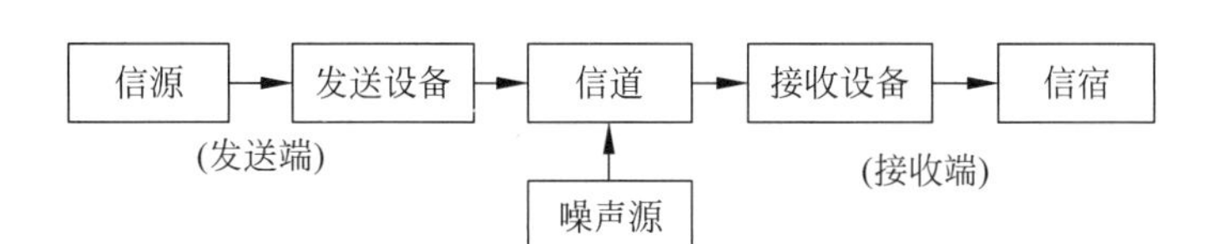

图 1-4 通信系统的一般模型

在通信系统中，信源的作用是把待传输的消息转换成原始电信号，如电话机可看成是电话系统的信源。信源输出的信号称为基带信号，其频谱从零频附近开始，具有低通形式，如话音信号频率为 300～3400Hz，图像信号频率为 0～6MHz 等。根据基带信号的特征，它又可分为数字基带信号和模拟基带信号，相应信源也分为数字信源和模拟信源。

发送设备的基本功能是将信源和信道匹配起来，即将信源产生的基带信号变换成适合在信道中传输的信号。转换方式是多种多样的，在需要频谱搬移的场合，调制是最常见的转换方式。

信道是指信号传输的通道，可以是有线的，也可以是无线的，甚至还可以包含某些设备。

噪声源表示信道中的所有噪声以及分散在通信系统中的其他各处噪声的集合。

在接收端，接收设备的功能与发送设备相反，它的任务是从带有干扰的接收信号中恢复出相应的基带信号。

信宿(也称受信者或收终端)是将复原的基带信号转换成相应的消息，如电话机将对方传来的电信号还原成了声音。

1.2.2 通信系统的分类

图 1-4 给出的是通信系统的一般模型，按照信道中所传输的信号的形式不同，可进一步具体化为模拟通信系统和数字通信系统。

1. 模拟通信系统

通常把信道中传输模拟信号的通信系统称为模拟通信系统。模拟通信系统的组成可由一般通信系统模型略加改变而成，如图 1-5 所示。

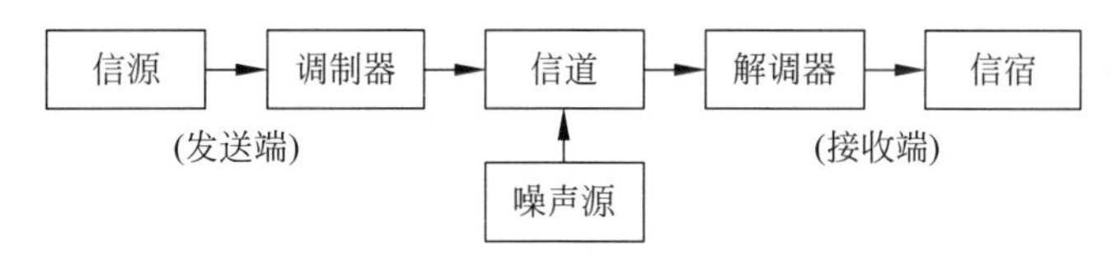

图 1-5 模拟通信系统模型

对于模拟通信系统，信源输出的基带信号具有频率较低的频谱分量，不适合在信道中直接进行传输。因此，模拟通信系统需要将基带信号转换成适合信道传输的信号，通常这一过程由调制器完成；在接收端同样需经相反的转换过程将基带信号还原出来，这一过程由解调器完成。经过调制后的信号称为已调信号，已调信号有 3 个基本特性：一是携带有消息；二是适合在信道中传输；三是频谱具有带通形式，且中心频率远离零频，因而已调信号又常称为频带信号。

在模拟通信系统中，调制不仅使信号频谱发生了搬移，也使信号的形式发生了变化，它具有以下主要作用：

(1) 实现有效辐射(频率变换)。

为了充分发挥天线的辐射能力,一般要求天线的尺寸和发送信号的波长在同一个数量级,即天线的长度应为所传信号波长的 1/4。例如对于 3000Hz 的基带信号,如果直接通过天线发射,那么理论上天线的长度应为

$$l=\frac{\lambda}{4}=\frac{3\times 10^8}{4\times 3000}=25\text{km}$$

长度为 25 km 的天线显然是无法实现的,但是如果把话音信号的频率首先进行频率搬移,例如搬移到 3MHz,则天线的长度就变为很容易实现的 25m,因此,调制是为了使天线容易辐射。

(2) 实现频率分配。

为使各个无线电台发出的信号不相互干扰,每个电台都被分配了不同的频率。利用调制技术可以把话音、音乐、图像等各种基带信号调制到不同的载频上,以便用户任意选择各个电台,收看、收听所需要的节目。

(3) 实现多路复用。

如果传输信道的通带较宽,可以把各个基带信号的频率分别调制到相应的频带上,然后将它们合到一起送入信道传输,用一个信道同时传输多路基带信号。这种在频域实行的多路复用称为频分复用(Freguency Division Multiplexing,FDM)。

(4) 提高系统的抗噪性能。

通信中的噪声干扰是一个无法回避的实际问题,提高通信系统抗噪性能的主要方法之一就是选择适当的调制与解调方式。

必须指出,从消息的发送到消息的恢复,实际上并非仅有调制部分,通常在一个通信系统里可能还有滤波、放大、天线辐射与接收、控制等多个信号处理过程。对于模拟信号的传输而言,调制部分对信号变化起着决定性作用,因此,它是模拟通信过程的重要组成部分;而其他过程中信号没有发生质的变化,只是对信号进行了放大,或者改善了信号特性等,因此,这些过程都可以认为是理想的,因而这里不去专门讨论它们。

2. 数字通信系统

信道中传输数字信号的系统称为**数字通信系统**。

数字通信系统的基本特征是它的消息或信号具有“离散”或“数字”的特性,与模拟通信系统存在较大的差异。例如,在模拟通信系统中强调已调参量与代表消息的基带信号之间的比例特性;而在数字通信系统中,则强调已调参量与代表消息的数字信号之间的一一对应关系。

基于上述特点,在传输数字信号时,信道噪声或干扰所造成的差错原则上可以通过信道编码进行控制,要实现这一功能,需要在发送端增加一个编码器,在接收端相应需要一个译码器。同时,当需要实现保密通信时,可对数字基带信号进行人为“扰乱”(加密),与之相对应在接收端就必须进行解密。当然,由于数字通信传输是一个接一个按一定节拍传送数字信号,因而接收端必须有一个与发送端相同的节拍,否则就会因收发步调不一致而造成混乱。另外,为了表述消息内容,基带信号都是按消息特征进行编组的,于是,在收发端之间一组组编码的规律也必须一致,否则接收时消息的真正内容将无法恢复。在数字通信中还必须有“同步”这个重要概念,节拍一致称为“位同步”或“码元同步”,编组一致称为“群同步”或

“帧同步”。综上所述，点对点的数字通信系统模型一般可用图1-6所示。

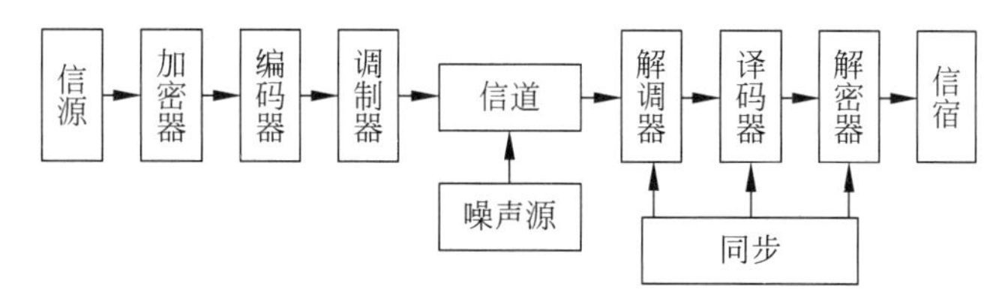

图1-6 数字通信系统的模型

图1-6所示模型中的调制器/解调器、加密器/解密器、编码器/译码器等，在具体的通信系统中是否全部采用，主要取决于具体的设计条件和要求。但是在一个通信系统中，如果发送端有调制器/加密器/编码器，则接收端必须有解调器/解密器/译码器。通常把有调制器/解调器的数字通信系统称为数字频带传输系统，把没有调制器/解调器的数字通信系统称为数字基带传输系统，把能够传输模拟信号的数字通信系统称为模拟信号数字化传输系统。

1.2.3 数字通信的主要特点

无论是模拟通信还是数字通信，在不同的通信业务中都得到了广泛的应用。但是，数字通信的发展速度已明显超过模拟通信，成为通信的主流。与模拟通信相比，数字通信更能适应现代社会对通信技术越来越高的要求。

1. 数字通信的主要优点

(1) **抗干扰能力强**。在数字通信系统中传输的是离散取值的数字信号，例如二进制信号，信号的取值只有两个，接收端只需判别两种状态，信号在传输过程中受到噪声的干扰，必然会使信号失真，接收端对其进行抽样判决，以辨别是两种状态中的哪一个，只要噪声的大小不足以影响判决的正确性，就能正确接收(再生)。而在模拟通信中，传输的信号幅度是连续变化的，一旦叠加上噪声，即使噪声很小，也很难消除。

(2) **噪声不积累**。在远距离数字中继传输时，例如数字微波中继通信，可以消除噪声积累。这是因为数字信号在每次再生后，只要不发生错码，就仍然像信源中发出的信号一样，没有叠加噪声。因此中继站再多，数字通信仍具有良好的通信质量。而模拟通信中继传输只能增加信号能量(对信号放大)，而不能消除噪声。

(3) **差错可控**。数字信号在传输过程中出现的差错，可通过信道编码技术来控制，以提高传输的可靠性。

(4) **易加密**。数字信号与模拟信号相比，更容易加密和解密。

(5) **易于与现代数字技术相结合**。由于计算机技术、数字存储技术、数字交换技术以及数字处理技术等现代数字技术飞速发展，如今许多设备、终端接口均已数字化，极易与数字通信系统相连接，实现系统集成，使得数字通信设备更加小型化和微型化，更加便携。

2. 数字通信的缺点

相对于模拟通信来说，数字通信的缺点是可能需要较大的传输带宽。以电话系统为例，一路模拟电话通常只占据4kHz带宽，但一路同样话音质量的数字电话可能要占据20～60kHz的带宽。另外，由于数字通信对同步要求高，因而系统设备复杂。但是，随着微电子技术、计算机技术的广泛应用，以及新的宽带传输信道(如光导纤维)的采用，数字通信的这些缺点已经弱化。

1.3 信息的度量

通信的根本目的在于传输消息中所包含的信息，信息是消息中所包含的有效内容，或者说是受信者预先不知而待知的内容。**消息是信息的物理形式，信息是消息的内涵，具有普遍性和抽象性**。不同形式的消息可以包含相同的信息，例如，用话音和文字发送的同一份天气预报，两种形式的消息所含信息内容相同。

1.3.1 信息量

如同用"货运量"衡量运输货物多少一样，也可以用"信息量"衡量传输信息的多少。

在一切有意义的通信中，虽然消息的传递意味着信息的传递，但对接收者而言，某些消息比另一些消息传递更多的信息。例如，甲告诉乙一件非常可能发生的事情，如"今天中午12点吃午餐"，比起甲告诉乙一件极不可能发生的事情，如"今天下午5点吃午餐"，前一消息包含的信息显然要比后者少些，因为对乙（接收者）来说，前一消息所述事情很可能发生，不足为奇，而后一消息所述事情却极难发生，听后会使人惊奇。这表明消息确实有量值的意义，而且可以看出，对接收者来说，事件愈不可能发生，愈不可预测，消息中所包含的信息量就愈大。

由概率论相关知识可知，事件的不确定程度可用事件出现的概率来描述，事件出现（发生）的可能性愈小，则概率愈小；反之概率愈大。基于这种认识，可以得到这样的结论：**消息中的信息量与消息发生的概率紧密相关，消息出现的概率愈小，消息中包含的信息量就愈大**。概率趋于零时，为不可能事件，信息量为无穷大；概率为1时，为必然事件，信息量为0。

综上所述，可以得出消息中所含信息量与消息出现的概率之间的关系应反映为如下规律。

（1）消息 x 中所含信息量 I 是消息 x 出现概率 $P(x)$ 的函数，即

$$I=I[P(x)]$$

（2）消息出现的概率愈小，它所含信息量愈大；反之信息量愈小。

（3）若干个互相独立事件构成的消息 $(x_1,x_2,\cdots)$，所含信息量等于各独立事件 x_1、x_2、…信息量的和，即

$$I[P(x_1,x_2,\cdots)]=I[P(x_1)]+I[P(x_2)]+\cdots \tag{1-2}$$

根据上述规律，可以对 I 与 $P(x)$ 之间的关系进行建模，可得

$$I=\log_a\frac{1}{P(x)}=-\log_a P(x) \tag{1-3}$$

式(1-3)就被定义为消息 x 所含信息量的表达式。

信息量 I 的单位取决于式(1-3)中对数底数 a 的取值，$a=2$，单位为比特（bit，简写为 b）；$a=e$，单位为奈特（nat，简写为 n）；$a=10$，单位为哈特莱（hart）。

通常广泛使用的单位为比特，即取 $a=2$。

例 1.1 设二进制离散信源，数字"0"和"1"以相等的概率出现，试计算每个符号的信息量。

解：由二进制、等概率可知

$$P(1)=P(0)=\frac{1}{2}$$

由式(1-3),有

$$I(1)=I(0)=-\log_2\frac{1}{2}=1\ \text{b}$$

即二进制符号等概率出现时,每个符号所包含的信息量为1b。

同理,对于离散信源,若 M 个符号等概率($P=1/M$)出现,且每一个符号的出现是独立的,则每个符号的信息量相等,为

$$I(1)=I(2)=\cdots=I(M)=I=-\log_2\frac{1}{M}=\log_2 M\ \text{b} \tag{1-4}$$

式中,P 为每一个符号出现的概率,M 为信源中所包含符号的数目。一般情况下,M 是 2 的整幂次,即 $M=2^k\ (k=1,2,3,\cdots)$,则上式可改写成

$$I(1)=I(2)=\cdots=I(M)=\log_2 M=\log_2 2^k=k\ \text{b} \tag{1-5}$$

式(1-5)所得结果表明,独立等概率情况下,$M(M=2^k)$进制的每一符号包含的信息量是二进制每一符号包含信息量的 k 倍。由于 k 就是每一个 M 进制符号用二进制符号表示时所需的符号数目,故传送每一个 $M(M=2^k)$进制符号的信息量,就等于用二进制符号表示该符号所需的符号数目。

1.3.2 熵

计算消息的信息量,常用到平均信息量的概念。**平均信息量 $\bar{I}$ 表示每个符号所含信息量的统计平均值**,即等于各个符号的信息量乘以各自出现的概率再相加所得之和。

二进制时,有

$$\bar{I}=-P(1)\log_2 P(1)-P(0)\log_2 P(0)\quad \text{b/符号} \tag{1-6}$$

多进制时,设各符号出现的概率为

$$\begin{bmatrix} x_1 & x_2 & \cdots & x_n \\ P(x_1) & P(x_2) & \cdots & P(x_n) \end{bmatrix} \quad 且 \quad \sum_{i=1}^{n} P(x_i)=1 \tag{1-7}$$

则每个符号所含信息量的统计平均值

$$\begin{aligned}\bar{I}&=P(x_1)[-\log_2 P(x_1)]+P(x_2)[-\log_2 P(x_2)]+\cdots+P(x_n)[-\log_2 P(x_n)]\\ &=\sum_{i=1}^{n}P(x_i)[-\log_2 P(x_i)]\quad \text{b/符号}\end{aligned} \tag{1-8}$$

由于式(1-8)与热力学中熵的形式一样,故又称 $\bar{I}$ 为信源的熵,其单位为b/符号。

例 1.2 设由5个符号组成的信源,各符号相应概率为

$$\begin{bmatrix} \text{A} & \text{B} & \text{C} & \text{D} & \text{E} \\ \frac{1}{2} & \frac{1}{4} & \frac{1}{8} & \frac{1}{16} & \frac{1}{16} \end{bmatrix}$$

试求信源的平均信息量 $\bar{I}$。

解:利用式(1-8),有

$$\bar{I}=\frac{1}{2}\log_2 2+\frac{1}{4}\log_2 4+\frac{1}{8}\log_2 8+\frac{1}{16}\log_2 16+\frac{1}{16}\log_2 16$$

$$=\frac{1}{2}+\frac{2}{4}+\frac{3}{8}+\frac{4}{16}+\frac{4}{16}=1.875\quad \text{b/符号}$$

例 1.3 某信源由 4 个符号 0、1、2、3 组成，它们出现的概率分别为 3/8、1/4、1/4、1/8，且每个符号的出现都是独立的。试求消息 201020130213001203210100321010023102002010312032100120210 的信息量。

解：信源输出的信息序列中，0 出现 23 次，1 出现 14 次，2 出现 13 次，3 出现 7 次，共有 57 个符号，则出现 0 的信息量为

$$23\log_2\frac{57}{23}\approx 30.11\ \text{b}$$

出现 1 的信息量为

$$14\log_2\frac{57}{14}\approx 28.36\ \text{b}$$

出现 2 的信息量为

$$13\log_2\frac{57}{13}\approx 27.72\ \text{b}$$

出现 3 的信息量为

$$7\log_2\frac{57}{7}\approx 21.18\ \text{b}$$

可得该消息总的信息量为

$$I=30.11+28.36+27.72+21.18=107.37\ \text{b}$$

每一个符号的平均信息量为

$$\bar{I}=\frac{I}{\text{符号总数}}=\frac{107.37}{57}\approx 1.884\ \text{b/符号}$$

上面的计算中没有利用每个符号出现的概率，而是用每个符号在 57 个符号中出现的次数（频度）来计算的。实际上，若直接用熵的概念来计算，由平均信息量公式(1-8)可得

$$\bar{I}=\frac{3}{8}\log_2\frac{8}{3}+\frac{1}{4}\times 2\times\log_2 4+\frac{1}{8}\log_2 8\approx 1.906\ \text{b/符号}$$

则得该消息总的信息量为

$$I=57\times 1.906=108.64\ \text{b}$$

可以看出，本例中两种方法的计算结果是有差异的，原因就是前一种方法中把频度视为概率来计算。当消息很长时，用熵的概念计算比较方便，而且随着消息序列长度的增加，两种计算方法的结果会趋于一致。

例 1.4 二元信源 $\boldsymbol{X}$ 的输出符号只有两个，设为 0 和 1，输出符号发生的概率分别为 p 和 q，$p+q=1$，这时信源的概率空间为

$$\begin{pmatrix}X\\P\end{pmatrix}=\begin{pmatrix}0 & 1\\p & q\end{pmatrix}$$

分析熵与概率 p 的关系。

解：经分析可得二元信源熵为

$$\bar{I}=-p\log_2 p-q\log_2 q=-p\log_2 p-(1-p)\log_2(1-p)=H(p)$$

从上式可以看到，信源的熵是概率 p 的函数，这样就可以用 $\bar{I}(p)$ 表示。p 的取值范围

是区间[0,1],可以得到 $\bar{I}(p)\sim p$ 曲线如图 1-7 所示。

从图 1-7 中可以看出,如果二元信源的输出符号是确定的,即 $p=1$ 或 $p=0$,则该信源不提供任何信息。反之,当二元信源符号“0”和“1”以等概率发生时,信息源的熵达到极大值,等于 1b。该结论可以推广,可以证明,当信源中每个符号等概率独立出现时,信息源的熵为最大值。

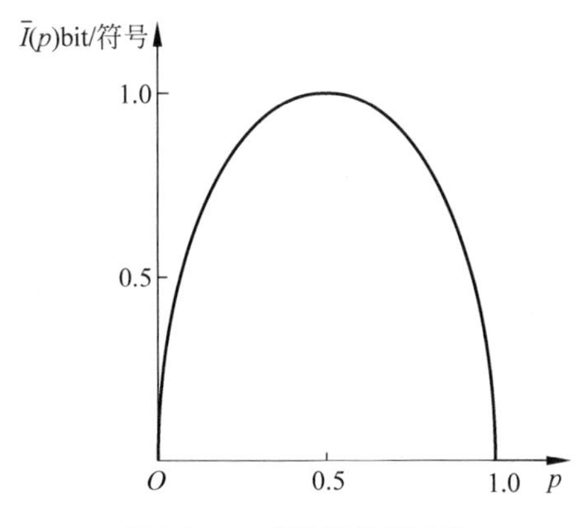

图 1-7 二元信源的熵函数

1.4 通信系统的主要性能指标

衡量通信系统性能的好坏,必然要涉及通信系统的性能指标,通信系统的主要性能指标也称主要质量指标,它们是从整个系统上综合提出或规定的。

1.4.1 基本描述

通信系统的性能指标归纳起来主要有以下几个方面。

(1) 有效性:指通信系统传输消息的“速率”问题,即快慢问题。

(2) 可靠性:指通信系统传输消息的“质量”问题,即好坏问题。

(3) 适应性:指通信系统使用时的环境条件。

(4) 经济性:指系统的成本问题。

(5) 保密性:指系统对所传信号的加密措施,对军用系统显得更加重要。

(6) 标准性:指系统的接口、各种结构及协议是否合乎国家、国际标准。

(7) 维修性:指系统维修是否方便。

(8) 工艺性:指通信系统各种工艺要求。

通信系统的任务是传递信息,因此,从信息的传输方面来说,有效性和可靠性是评价一个通信系统优劣的重要性能指标,也是通信技术讨论的重点。至于其他指标,如工艺性、经济性、适应性等,不属本书讨论范围。

但是,通信系统的有效性和可靠性始终是一对矛盾,通常要增加系统的有效性,就有可能降低可靠性,反之亦然。在实际中,常常依据实际系统的要求采取相对统一的办法,即在满足一定可靠性指标的情况下,尽量提高消息的传输速率,即有效性;或者在维持一定有效性的条件下,尽可能提高系统的可靠性。

对于模拟通信系统来说，有效性和可靠性具体可用系统频带利用率和输出信噪比来衡量。对于数字通信系统而言，可靠性和有效性则可以用误码率和传输速率来衡量。

1.4.2 数字通信系统的有效性指标

数字通信系统的有效性具体可用传输速率来衡量，传输速率越高，系统的有效性越好。通常可从以下两个角度来定义传输速率。

1. 码元速率 R_B

码元速率是码元传输速率的简称，通常又称为数码率、传码率、码率、信号速率或波形速率，用符号 R_B 表示。**码元速率是指单位时间（每秒）内传输码元的数目，单位为波特(Baud)，常用符号B表示。**例如，某系统在2s内共传送4800个码元，则该系统的码元速率为2400B。需要注意，码元速率 R_B 与信号的进制数 N 无关，只与码元周期（宽度）T_b 有关，即

$$R_B=\frac{1}{T_b} \tag{1-9}$$

通常在给出系统码元速率时，有必要说明码元的进制。

2. 信息速率 R_b

信息速率是信息传输速率的简称，又称为传信率、比特率等。信息速率用符号 R_b 表示，指单位时间（每秒）内传送的信息量，单位为比特/秒(b/s)。例如，若某信源在1s内传送1200个符号，且每一个符号的平均信息量为1(b)，则该信源的信息传输速率 $R_b=1200$b/s。

因为信息量与信号进制数 N 有关，因此，R_b 也与 N 有关。

3. R_b 与 R_B 之间的关系

根据码元速率和信息速率的定义可知，R_{bN} 与 R_{BN} 之间在数值上关系为

$$R_{bN}=R_{BN}\cdot\log_2 N \tag{1-10}$$

应当注意二者单位不同，前者为b/s，后者为B。

二进制时，式(1-10)为

$$R_{b2}=R_{B2}\cdot\log_2 2=R_{B2} \tag{1-11}$$

即二进制时，码元速率与信息速率数值相等，只是单位不同。

例1.5 用二进制信号传送信息，已知在30s内共传送了36 000个码元，问：

(1) 其码元速率和信息速率各为多少？

(2) 如果码元宽度不变（即码元速率不变），但改用八进制信号传送信息，则其码元速率为多少？信息速率又为多少？

解：(1) 依题意，有

$$R_{B2}=36000/30=1200\text{B}$$

根据式(1-11)，得

$$R_{b2}=R_{B2}=1200\text{b/s}$$

(2) 若改为八进制，则

$$R_{B8}=36000/30=1200\text{B}$$

根据式(1-10)，得

$$R_{b8}=R_{B8}\times\log_2 8=3600\text{b/s}$$

4. 频带利用率

在比较不同通信系统的有效性时，不能单看它们的传输速率，还应考虑所占用的频带宽度，因为两个传输速率相等的系统其传输效率并不一定相同。所以，真正衡量数据通信系统有效性的指标是频带利用率，它定义为单位带宽（每赫兹）内的传输速率，即

$$\eta=\frac{R_B}{B}\ \mathrm{B/Hz} \tag{1-12}$$

或者

$$\eta=\frac{R_b}{B}\ \mathrm{bit/(s\cdot Hz)} \tag{1-13}$$

1.4.3 数字通信系统的可靠性指标

衡量数字通信系统可靠性的指标，具体可用信号在传输过程中出错的概率来表述，即用差错率来衡量。差错率越大，表明系统的可靠性越差。差错率通常有误码率和误信率两种表示方法。

1. 误码率 P_e

误码率是码元差错率的简称，是指发生差错的码元数在传输总码元数中所占的比例。更确切地说，误码率就是码元在传输系统中被传错的概率，可以表示为

$$P_e=\frac{\text{接收的错误码元数}}{\text{系统传输的总码元数}} \tag{1-14}$$

2. 误信率 P_{eb}

误信率是信息差错率的简称，也称为误比特率，是指发生差错的信息量在传输的信息总量中所占的比例，或者说，它是码元的信息量在传输系统中被丢失的概率，可以表示为

$$P_{eb}=\frac{\text{系统传输中出错的比特数}}{\text{系统传输的总比特数}} \tag{1-15}$$

显然，在二进制通信系统中有 $P_{eb}=P_e$。

例 1.6 已知某八进制数字通信系统的信息速率为 3000b/s，在接收端 10min 内测得共出现了 18 个错误码元，试求系统的误码率。

解：依题意

$$R_{b8}=3000\mathrm{b/s}$$

则

$$R_{B8}=R_{b8}/\log_2 8=1000\mathrm{B}$$

由式(1-14)，得系统误码率

$$P_e=\frac{18}{1000\times10\times60}=3\times10^{-5}$$

这里需要注意的是，一定要把码元速率 R_B 和信息速率 R_b 的条件搞清楚，如不细心，此题容易误算出 $P_e=10^{-5}$ 的结果。

本章小结

作为当今国际社会和世界经济发展的强大推动力，通信与每一个人的生活与工作息息相关。本章介绍了通信的基本概念，通信系统的组成、分类和工作方式，分析了信息及其度

量，探讨了衡量通信系统的主要质量指标等。

通信是指借助电信号（含光信号）实现从一地向另一地（多地）进行消息的有效传递。按照不同的分类方法，可以将通信分为有线通信和无线通信，模拟通信与数字通信，基带传输和频带传输，移动通信和固定通信等，除此之外，还可以按工作频段、业务等分类。通信的方式有包括单工、半双工及全双工通信方式，串行和并行工通信方式，以及两点间直通、分支和交换通信方式等。

以点对点通信为例，模拟通信系统的核心是调制与解调；数字通信系统主要包括调制器/解调器、加密器/解密器、编码器/译码器等部分。相比于模拟通信系统，数字通信系统的优势主要在于抗干扰能力强、噪声不积累、差错可控、易加密、易于与现代数字技术相结合等。

信息是指消息中所包含的有效内容，通常用信息量来度量，消息出现的概率愈小，它所含信息量愈大。熵是概率的函数，单位是 b/符号。

对于模拟通信系统来说，其有效性和可靠性通常可用系统频带利用率和输出信噪比来衡量。对于数字通信系统而言，系统的可靠性和有效性则可以用误码率和传输速率来衡量，其中码元速率和信息速率是描述数字通信系统有效性的重要指标。

思考题

1. 什么是通信？常见的通信方式有哪些？
2. 通信系统是如何分类的？
3. 何谓数字通信？数字通信的优点是什么？
4. 试画出模拟通信系统的模型，并简要说明各部分的作用。
5. 为什么要进行调制？
6. 试画出数字通信系统的一般模型，并简要说明各部分的作用。
7. 信息量的定义是什么？单位是什么？它与什么因素有关？
8. 熵的定义是什么？单位是什么？它与什么因素有关？
9. 衡量通信系统性能的主要指标是什么？对于数字通信系统具体用什么来表述？
10. 何谓码元速率？何谓信息速率？它们之间的关系如何？

习题

1. 请计算电磁波 1MHz、10MHz、100MHz、1000MHz 所对应的波长。

2. 如果已知独立发送的符号中，符号“e”和“z”的概率分别为 0.1073 和 0.00063；又知中文电报中，数字“0”和“1”的概率分别为 0.155 和 0.06。试分别计算它们的信息量。

3. 某信源的符号集由 A、B、C、D、E、F 组成，设每个符号独立出现，其概率分别为 1/4、1/4、1/16、1/8、1/16、1/4，试求该信源输出符号的平均信息量 $\bar{I}$。

4. 设消息由符号 0、1、2 和 3 组成，已知 $P(0)=3/8$，$P(1)=1/4$，$P(2)=1/4$，$P(3)=1/8$，试求由 60 个符号构成的消息所含的信息量、平均信息量和熵。

5. 以二元信源为例，证明当符号等概率出现时熵最大。

6. 设一数字通信系统传送二进制信号，码元速率 $R_{B2}=2400\text{B}$，试求该系统的信息速率 R_{b2}。若该系统改为传送16进制信号，码元速率不变，则此时的系统信息速率为多少？

7. 已知二进制信号的传输速率为4800b/s，试问变换成四进制和八进制数字信号时的传输速率各为多少(码元速率不变)。

8. 已知某系统的码元速率为3600kB，接收端在1h内共收到1296个错误码元，试求系统的误码率 P_e。

9. 已知某四进制数字通信系统的信息速率为2400b/s，接收端在0.5h内共收到216个错误码元，试计算该系统 P_e。

10. 在强干扰环境下，某电台在5min内共接收到正确信息量为355Mb，假定系统信息速率为1200kb/s。

(1) 试问系统误信率 P_{eb} 为多少？

(2) 若具体指出系统所传数字信号为四进制信号，P_{eb} 值是否改变？为什么？

(3) 若假定信号为四进制信号，系统码元速率为800kB，则 P_{eb} 为多少？

第2章 信道分析

CHAPTER 2

任何一个通信系统均可以视为由发送端(信源和发送设备)、信道和接收端(接收设备和信宿)3部分组成,其中信道是通信系统重要的组成部分。信号在信道中传输不仅受到信道特性的限制和约束,也会受到各类噪声的损害,因此,对信道和噪声的分析是研究通信问题的基础。

随机过程的相关理论与知识是通信问题研究过程的数学基础,在此基础上,香农(C.E.Shannon)公式给出了在加性高斯噪声的干扰情况下信道容量的计算方法,并将通信系统的有效性和可靠性参数巧妙地融入一个公式中,伪随机序列给出了模拟白噪声的具体实现方法,在扩频和跳频通信以及通信系统仿真等方面发挥着重要的作用。

本章将通过分析信道的基本概念及其特性以及不同信道对所传信号的影响,给出改善信道特性的办法。同时以随机过程为数学基础,探讨各类噪声的特性,分析信道容量的计算过程,研究伪随机序列的产生与性质。

2.1 信道的基本概念

2.1.1 信道的定义

信道是指以传输媒质为基础的信号传输通路,具体来讲就是有线信号通路(有线信道)或无线信号通路(无线信道)。信道的作用是传输信号,它能够提供某一段频带通路,让对应频率的信号通过,同时又给信号加以限制和损害。

通常仅指信号传输媒介的信道称为狭义信道,常用的有线信道传输媒介有架空明线、电缆、光缆、波导等,无线信道传播包括中长波的地表波传播(地波),超短波、微波和光波的视距传播(视线),短波的电离层反射(天波),以及对流层散射、电离层散射等传播方式。

相对而言,狭义信道是指接在发送端设备和接收端设备中间的传输媒介,这种定义直观、易理解。但在通信理论的分析中,从研究消息传输的观点来看,显然不宜描述通信系统中的基本问题,因而,信道的范畴还需要进一步扩大。也就是说,信道除了包括传输媒介外,还应该包括相关的转换器,如馈线、天线、调制器、解调器等。

在讨论通信的一般原理时,通常采用的是广义信道。根据研究对象的不同,广义信道又可进一步划分为调制信道和编码信道,如图2-1所示。

1. 调制信道

调制信道是从研究调制与解调的基本问题出发而构成的,它的范围是从调制器输出端到解调器输入端。因为,从调制和解调的角度来看,调制信道仅关心解调器输出的信号形式

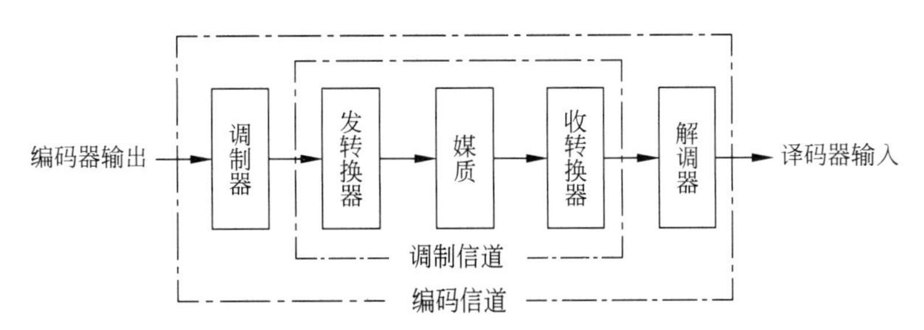

图 2-1　调制信道与编码信道

和解调器输入信号与噪声的特性,并不关心信号的中间变化过程。因此,定义调制信道对于研究调制与解调问题是方便且恰当的。通常,调制信道多用于对模拟通信系统的研究。

2. 编码信道

在数字通信系统中,如果仅着眼于编码和译码问题,则可得到另一种广义信道,也就是编码信道。这是因为,从编码和译码的角度看,编码器的输出仍是某一数字序列,而译码器输入同样也是一数字序列,它们在一般情况下是相同的数字序列。因此,**从编码器输出端到译码器输入端的所有转换器及传输媒质,可用一个完成数字序列变换的方框加以概括,这就是编码信道**。

当然,根据研究对象和关心问题的不同,还可以定义其他形式的广义信道。

2.1.2 信道的数学模型

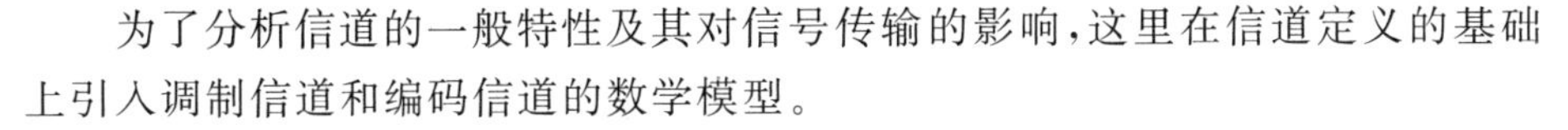

为了分析信道的一般特性及其对信号传输的影响,这里在信道定义的基础上引入调制信道和编码信道的数学模型。

1. 调制信道模型

为了简化调制信道描述,在建模时可以不管调制信道究竟包括什么样的变换器,也不管选用什么样的传输媒质以及发生了怎样的传输过程,只需关注已调信号通过调制信道后的最终结果,即只需关注调制信道输入信号与输出信号之间的关系。

通过对调制信道进行大量的分析研究,可以发现它们有如下共性。

(1) 有一对(或多对)输入端和一对(或多对)输出端。

(2) 绝大部分信道都是线性的,即满足叠加原理。

(3) 信号通过信道具有一定的迟延时间。

(4) 信道对信号有损耗(固定损耗或时变损耗)。

(5) 即使没有信号输入,在信道的输出端仍可能有一定的功率输出(噪声)。

根据上述共性,可用一个二对端或多对端的时变线性网络来描述调制信道,这个网络就称为调制信道模型,如图 2-2 所示。

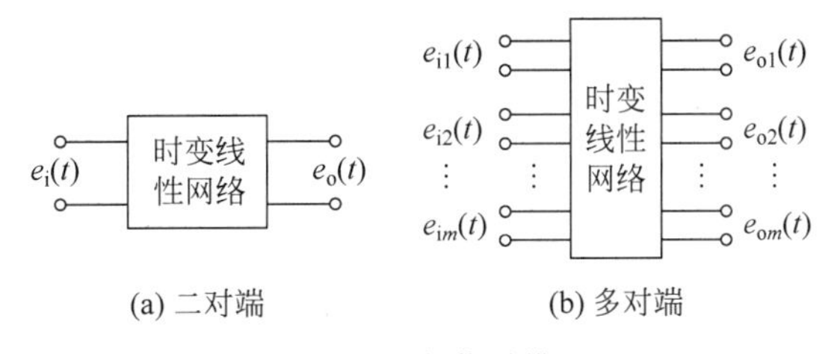

图 2-2　调制信道模型

对于二对端的信道模型来说，其输出与输入之间的关系式可表示成

$$e_o(t)=f[e_i(t)]+n(t) \tag{2-1}$$

式中，$e_i(t)$为输入的已调信号；$e_o(t)$为调制信道总输出波形；$n(t)$为信道噪声(或称信道干扰)，与$e_i(t)$无依赖关系，或者说$n(t)$独立于$e_i(t)$，常称$n(t)$为加性干扰(噪声)；$f[e_i(t)]$表示已调信号通过网络所发生的变换。

为更进一步理解信道对信号的影响，无妨假定$f[e_i(t)]$可简写成$k(t)e_i(t)$。其中，$k(t)$依赖于网络的特性，$k(t)$乘$e_i(t)$反映网络特性对$e_i(t)$的"时变线性"作用。$k(t)$的存在，对$e_i(t)$来说是一种干扰，常称为乘性干扰。于是，式(2-1)可写成

$$e_o(t)=k(t)e_i(t)+n(t) \tag{2-2}$$

由以上分析可见，**信道对信号的影响可归纳为两点，一是乘性干扰 $k(t)$，二是加性干扰 $n(t)$**。如果了解了$k(t)$和$n(t)$的特性，则信道对信号的具体影响就能确定。不同特性的信道，仅反映为信道模型有不同的$k(t)$及$n(t)$。

实际中，乘性干扰$k(t)$一般是一个复杂函数，由于信道的迟延特性和损耗特性随时间随机变化，故$k(t)$往往只能用随机过程加以表述。不过，经大量观察表明，有些信道的$k(t)$基本不随时间变化，也就是说，信道对信号的影响是固定的或变化极为缓慢的；而另一些信道却不然，它们的$k(t)$是随机快速变化的。因此，在分析研究乘性干扰$k(t)$时，通常可以把调制信道分为恒参信道和随参信道两类。

恒参信道(恒定参数信道)即它们的$k(t)$可看成不随时间变化或变化极为缓慢；随参信道(随机参数信道，或称变参信道)是非恒参信道的统称，其$k(t)$是随时间随机快变的。

通常，把前面所列的架空明线、电缆、光缆、波导、中长波的地波传播、超短波、微波和光波的视距传播等传输媒质构成的信道称为恒参信道，其他媒质构成的信道称为随参信道，例如短波信道、散射信道等。

2. 编码信道模型

编码信道是包括调制信道及调制器、解调器在内的信道。它与调制信道模型有明显的不同，调制信道对信号的影响是通过$k(t)$和$n(t)$使调制信号发生"模拟"变化，而编码信道对信号的影响则是一种数字序列的变换，即把一种数字序列变成另一种数字序列。故有时把调制信道看成一种模拟信道，而把编码信道看成一种数字信道。

常见二进制数字通信系统的编码信道模型如图 2-3 所示。之所以说这个模型是"简单的"，是因为在这里假设解调器每个输出码元的差错发生是相互独立的。

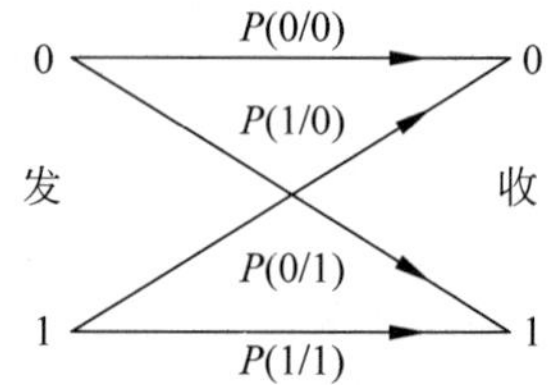

图 2-3　二进制编码信道模型

在这个模型里，$P(0/0)$、$P(1/0)$、$P(0/1)$、$P(1/1)$称为信道转移概率。以$P(1/0)$为例，其含义是"经信道传输，把 0 转移为 1 所出现的概率"。具体地，$P(0/0)$和$P(1/1)$称为正确转移概率，$P(1/0)$和$P(0/1)$称为错误转移概率，它们与数字通信系统的误码率紧密相关。根据概率性质可知

$$P(0/0)+P(1/0)=1 \tag{2-3a}$$

$$P(1/1)+P(0/1)=1 \tag{2-3b}$$

转移概率完全由编码信道的特性决定，一个特定的编码信道就会有相应确定的转移概率。应该指出，编码信道的转移概率一般需要对实际编码信道做大量的统计分析才能得到，

后续数字通信系统的误码率分析就是典型的应用。当然，对于多进制数字通信系统，其转移概率的描述更为复杂，感兴趣读者可以阅读相关文献。

由于编码信道包含调制信道，且其特性也强烈地依赖于调制信道，故在建立了编码信道和调制信道的一般概念之后，有必要对调制信道作进一步讨论。

2.2　恒参信道及其对所传输信号的影响

恒参信道对信号传输的影响是固定不变或者变化极为缓慢的，因而采用恒参信道传输信号的网络可以等效为一个非时变的线性网络。从理论上讲，只要得到这个网络的传输特性，则利用信号通过线性系统的分析方法，就可求得已调信号通过恒参信道后的变化规律。

2.2.1　信号不失真传输条件

所谓信号不失真传输，是指信号经过传输系统后，输出信号 $y(t)$ 与输入信号 $x(t)$ 相比较只是有衰减、放大和时延，而没有其他波形失真，用数学式表示为

$$y(t)=K_0x(t-t_0) \tag{2-4}$$

式中，K_0 和 t_0 均为常数，K_0 是衰减（或放大）系数；t_0 是时延常数，$t_0>0$ 表示时间延后，$t_0<0$ 表示时间超前，实际电路中都是时间延后（$t_0>0$）。

设 $X(\omega)$ 是输入信号 $x(t)$ 的傅里叶变换，对式(2-4)符号两边同时进行傅里叶变换，则

$$Y(\omega)=K_0X(\omega)\mathrm{e}^{-\mathrm{j}\omega t_0} \tag{2-5}$$

这样系统函数可以表示成为

$$H(\omega)=\frac{Y(\omega)}{X(\omega)}=K_0\mathrm{e}^{-\mathrm{j}\omega t_0}=|H(\omega)|\mathrm{e}^{\mathrm{j}\varphi(\omega)} \tag{2-6}$$

因此

$$|H(\omega)|=K_0,\quad \varphi(\omega)=-\omega t_0 \tag{2-7}$$

至此所以得到结论：要使任意信号通过传输系统不产生失真，要求系统应具备以下条件。

（1）系统的幅频特性应该是一个不随频率变化的常数，如图 2-4(a)所示。

（2）系统的相频特性应与频率呈直线关系，通过原点的负斜率直线如图 2-4(b)所示，或者表示为系统群延迟为正常数，如图 2-4(c)所示。

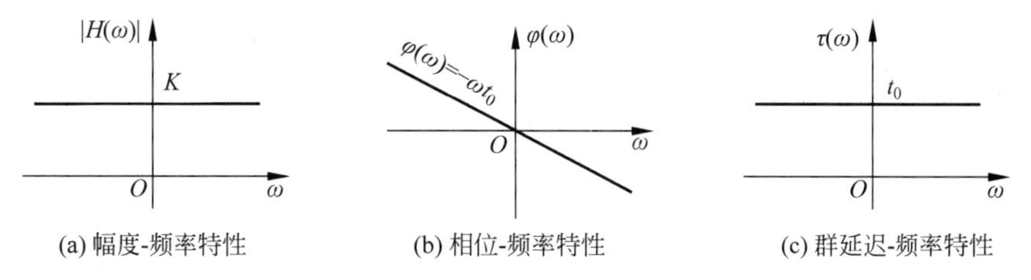

(a) 幅度-频率特性　(b) 相位-频率特性　(c) 群延迟-频率特性

图 2-4　信号不失真传输特性

2.2.2　信号传输失真及改善策略

实际上恒参信道并不是理想网络，它对信号的主要影响可用幅度-频率畸变和相位-频率畸变（群迟延-频率特性）来衡量。下面以典型的恒参信道，也就是有线电话的音频信道为

例，分析恒参信道等效网络的幅度-频率特性和相位-频率特性，以及它们对信号传输的影响。

1. 幅度-频率畸变

幅度-频率畸变是指信道的幅度-频率特性偏离图 2-4(a)所示关系所引起的畸变，这种畸变又称为频率失真。在通常的有线电话信道中可能存在各种滤波器，尤其是带通滤波器，还可能存在混合线圈、串联电容器和分路电感等，因此，电话信道的幅度频率特性总是不理想的。图 2-5 所示为典型音频电话信道的总衰耗-频率特性。

2. 相位-频率畸变(群迟延-频率畸变)

相位-频率畸变是指信道的相位-频率特性或群迟延-频率特性偏离图 2-4(b)和图 2-4(c)所示关系而引起的畸变。电话信道的相位-频率畸变主要来源于信道中的各种滤波器及可能有的加感线圈，尤其在信道频带的边缘更严重。图 2-6 所示是一个典型的电话信道的群迟延-频率特性，不难看出，当非单一频率的信号通过该电话信道时，信号频谱中的不同频率分量将有不同的迟延，即它们到达的时间先后不一，从而引起信号的畸变。

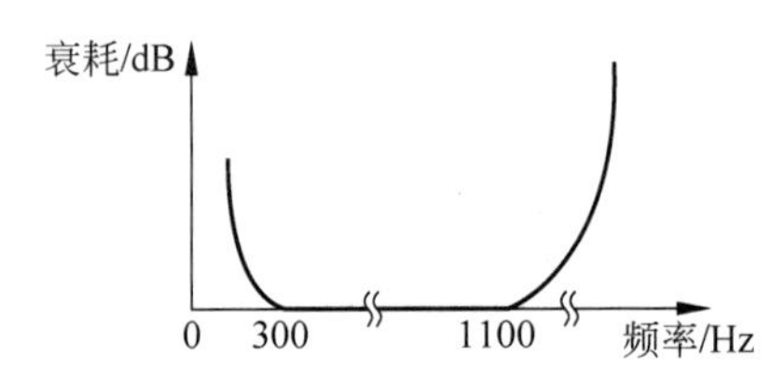

图 2-5 典型音频电话信道的相对衰耗

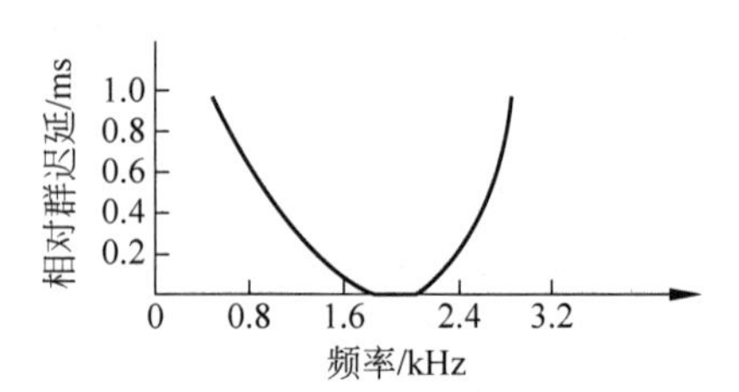

图 2-6 典型电话信道群迟延-频率特性

相位-频率畸变对模拟话音通道影响并不显著，这是因为人耳对相位-频率畸变不太敏感；但对数字信号传输有明显影响，尤其当传输速率比较高时，将会引起严重的码间串扰，给通信带来很大损害。所以，在模拟通信系统内往往只注意幅度失真和非线性失真，而将相移失真放在可忽略的地位。但是，在数字通信系统内一定要重视相移失真对信号传输可能带来的影响。

3. 减小畸变的措施

为了减小幅度-频率畸变，在设计总的电话信道传输特性时，一般都要求把幅度-频率畸变控制在一个允许的范围内。这就要求改善电话信道的滤波性能，或者再通过一个线性补偿网络使衰耗特性曲线变得平坦，接近于图 2-4(a)所示关系，这种线性补偿的措施通常称为“频域均衡”。同样，为了减少相位-频率畸变(群迟延-频率畸变)，也可采取相位均衡(或称“时域均衡”)技术补偿群迟延畸变，使得群迟延-频率特性接近于图 2-4(c)所示关系。

2.3 随参信道及其对所传信号的影响

2.3.1 随参信道的概念

随参信道的特性比恒参信道要复杂，对信号的影响也要更严重，根本原因在于它包含一个复杂且时变的传输媒质。随参信道的传输媒质主要以电离层反射、对流层散射等为代表，信号在这些媒质中传输的示意图如图 2-7 所示，图 2-7(a)为电离层反射传输示意图，图 2-7

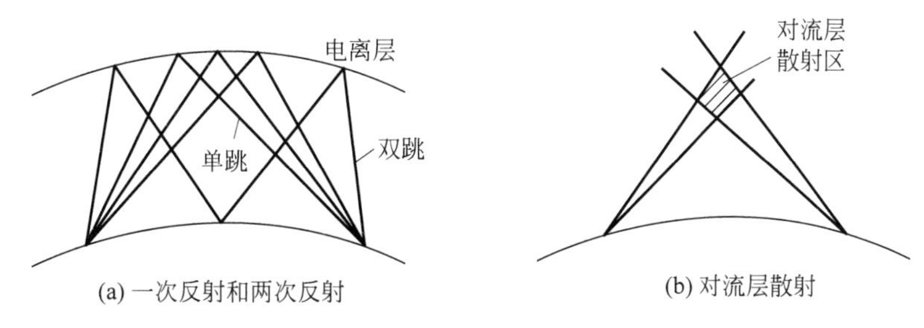

(a) 一次反射和两次反射　　(b) 对流层散射

图 2-7　多径传输示意图

(b)为对流层散射传输示意图。它们的共同特点是**由发射点出发的电波可能经多条路径到达接收点，这种现象称为多径传播**。同时，就每条路径信号而言，它的衰耗和时延都不是固定不变的，而是随电离层或对流层的变化机理而随机变化的。因此，多径传播后被接收的信号将是衰减和时延随时间变化的各路径信号的合成。

概括起来，随参信道传输媒质通常具有以下特点。

(1) 信号的衰耗随时间随机变化。

(2) 信号传输的时延随时间随机变化。

(3) 具有多条路径传播(多径效应)。

2.3.2　随参信道对信号传输的影响

由于随参信道具有上述特点，所以它对信号传输的影响要比恒参信道严重得多。下面从两个方面分别进行讨论。

1. 多径衰落与频率弥散

由上述讨论可知，信号经随参信道传播后，被接收的信号将是衰减和时延随时间变化的多路径信号的合成，为了进行定量分析，假设发射信号为 $A\cos\omega_c t$，则经过 n 条路径传播后的接收信号 $R(t)$可表述为

$$\begin{aligned} R(t) &= \sum_{i=1}^{n} a_i(t)\cos\omega_c[t - t_{di}(t)] \\ &= \sum_{i=1}^{n} a_i(t)\cos[\omega_c t + \varphi_i(t)] \end{aligned} \tag{2-8}$$

式中，$a_i(t)$为第 i 条路径接收信号的振幅，随时间不同而随机变化；$t_{di}(t)$为第 i 条路径的传输时延，随时间不同而随机变化；$\varphi_i(t)$为第 i 条路径的随机相位，其与 $t_{di}(t)$相对应，即

$$\varphi_i(t) = -\omega_c t_{di}(t)$$

可以证明，$a_i(t)$和 $\varphi_i(t)$随时间的变化比信号载频的周期变化通常要缓慢得多，即 $a_i(t)$和 $\varphi_i(t)$可看作是缓慢变化的随机过程。因此式(2-8)又可写成

$$R(t) = \left[\sum_{i=1}^{n} a_i(t)\cos\varphi_i(t)\right]\cos\omega_c t - \left[\sum_{i=1}^{n} a_i(t)\sin\varphi_i(t)\right]\sin\omega_c t \tag{2-9}$$

令

$$a_c(t) = \sum_{i=1}^{n} a_i(t)\cos\varphi_i(t) \tag{2-10}$$

$$a_s(t)=\sum_{i=1}^{n}a_i(t)\sin\varphi_i(t) \tag{2-11}$$

代入式(2-9)，得

$$R(t)=a_c(t)\cos\omega_c t-a_s(t)\sin\omega_c t=a(t)\cos[\omega_c t+\varphi(t)] \tag{2-12}$$

式中，$a(t)$是多路径信号合成后的包络，即

$$a(t)=\sqrt{a_c^2(t)+a_s^2(t)} \tag{2-13}$$

$\varphi(t)$是多路径信号合成后的相位，即

$$\varphi(t)=\arctan\frac{a_s(t)}{a_c(t)} \tag{2-14}$$

式(2-12)中的瞬时频率偏移可以表示为

$$\Delta\omega(t)=\frac{\mathrm{d}\varphi(t)}{\mathrm{d}t} \tag{2-15}$$

由于$a_i(t)$和$\varphi_i(t)$是缓慢变化的随机过程，因而$a_c(t)$、$a_s(t)$及包络$a(t)$、相位$\varphi(t)$也都是缓慢变化的随机过程。于是$R(t)$可视为一个窄带随机过程，其波形与频谱如图2-8所示。

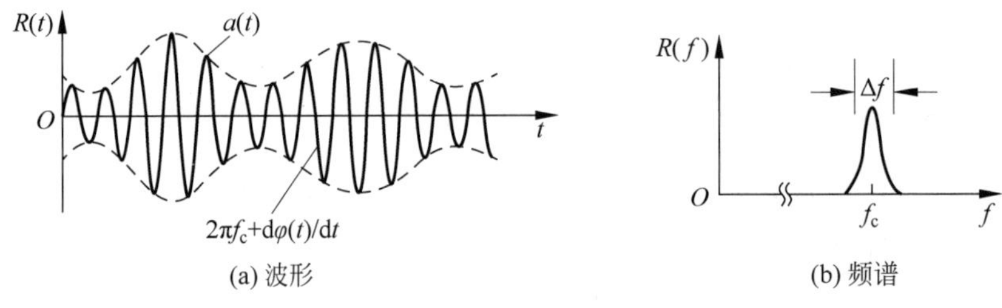

(a) 波形　　(b) 频谱

图2-8　衰落信号的波形与频谱示意图

由式(2-12)、式(2-15)和图2-8可以得到如下结论。

(1) 从波形上看，多径传播的结果使确定的载频信号$A\cos\omega_c t$变成了包络和相位都随机变化的窄带信号，这种信号称为衰落信号。

(2) 从频谱上看，多径传播引起了频率弥散(色散)，即由多个频率变成了窄带频谱。

2. 频率选择性衰落与相关带宽

由于电离层浓度变化比较缓慢，所以通常将**由于电离层浓度变化等因素所引起的信号衰落称为慢衰落；由于多径效应引起的信号衰落称为快衰落**，这种衰落具有频率选择性衰落的特点。当发送的是具有一定频带宽度的信号时，多径传播会产生频率选择性衰落。下面通过实例介绍这个概念。

为分析简单，假定多径传播的路径只有两条，且到达接收点的两路信号的强度相同，只是到达时间差时延τ。

假设发送信号为$f(t)$，它的傅里叶变换为$F(\omega)$，即

$$f(t)\leftrightarrow F(\omega) \tag{2-16}$$

则到达接收点的两路信号可分别表示为$Kf(t-t_0)$及$Kf(t-t_0-\tau)$。这里，假定两条路径的衰减皆为K，第一条路径的时延为t_0。显然，存在关系

$$Kf(t-t_0)\leftrightarrow KF(\omega)\mathrm{e}^{-\mathrm{j}\omega t_0}$$

$$Kf(t-t_0-\tau)\leftrightarrow KF(\omega)\mathrm{e}^{-\mathrm{j}\omega(t_0+\tau)} \tag{2-17}$$

这两条传输路径的信号合成，得

$$R(t)=Kf(t-t_0)+Kf(t-t_0-\tau) \tag{2-18}$$

相应地，它的傅里叶变换为

$$R(t)\leftrightarrow R(\omega)=KF(\omega)\mathrm{e}^{-\mathrm{j}\omega t_0}[1+\mathrm{e}^{-\mathrm{j}\omega\tau}] \tag{2-19}$$

因此，信道的传递函数为

$$H(\omega)=\frac{R(\omega)}{F(\omega)}=K\mathrm{e}^{-\mathrm{j}\omega t_0}[1+\mathrm{e}^{-\mathrm{j}\omega\tau}] \tag{2-20}$$

其幅频特性为

$$|H(\omega)|=|K\mathrm{e}^{-\mathrm{j}\omega t_0}(1+\mathrm{e}^{-\mathrm{j}\omega\tau})|=K|(1+\mathrm{e}^{-\mathrm{j}\omega\tau})|=2K\left|\cos\frac{\omega\tau}{2}\right| \tag{2-21}$$

$|H(\omega)|\sim\omega$ 的特性曲线如图 2-9 所示（设 $K=1$）。

由图 2-9 可知，两条路径传播时，对于不同的频率，信道的衰减不同，当 $\omega=2n\pi/\tau$（n 为整数）时，出现传播极点；当 $\omega=(2n+1)\pi/\tau$（n 为整数）时，出现传输零点。

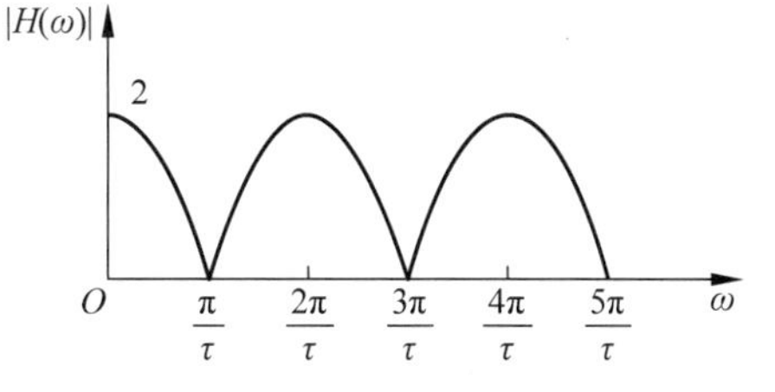

图 2-9　两条路径传播时选择性衰落特性

另外，相对时延差 τ 一般是随时间变化的，故传输特性出现的零、极点在频率轴上的位置也是随时间而变的。显然，**当一个传输信号的频谱宽于 $1/\tau(t)$ 时，将出现畸变，致使某些分量被衰落，这种现象称为频率选择性衰落，简称选择性衰落**。

上述概念可推广到一般的多径传播。虽然这时信道的传输特性要复杂得多，但出现频率选择性衰落的基本规律是同样的，即频率选择性将同样依赖于相对时延差。多径传播时的相对时延差通常用最大多径时延差来表征，并用它来估算传输零点和极点在频率轴上的位置。设信道的最大时延差为 τ_m，则相邻两个零点之间的频率间隔为

$$B_c=\frac{1}{\tau_m} \tag{2-22}$$

这个频率间隔通常称为多径传播信道的相关带宽。如果传输信号的频谱比相关带宽宽，则产生明显的选择性衰落。所以，为了减小选择性衰落，传输信号的频带必须小于多径传输信道的相关带宽。工程设计中，通常选择信号带宽为相关带宽的 1/5～1/3。

2.3.3　随参信道特性的改善

随参信道的衰落，将会严重降低通信系统的性能，必须设法改善。对于慢衰落，通常主要采取加大发射功率和在接收机内采用自动增益控制等技术和方法。对于快衰落，通常可采用多种措施，例如，各种抗衰落调制/解调技术、抗衰落接收技术及扩频技术等，明显有效且常用的抗衰落措施是分集接收技术。

1. 分集接收的基本思想

前面说过，快衰落信道中接收的信号是到达接收机的各径分量的合成，如式(2-8)所示。这样，如果能在接收端同时获得几个不同的合成信号，并将这些信号适当合并构成总的接收

信号，将有可能大大减小衰落的影响，这就是分集接收的基本思想，**其具体含义是分散得到几个合成信号，而后集中(合并)处理这些信号**。理论和实践均证明，只要被分集的几个合成信号之间是统计独立的，那么经适当的合并后就能使系统性能大为改善。

2. 分散得到合成信号的方式

为了获取互相独立或基本独立的合成信号，一般利用不同路径或不同频率、不同角度、不同极化等接收手段，大致有如下分集方式。

(1) 空间分集：在接收端架设几副天线，天线间要求有足够的距离(一般在100个信号波长以上)，以保证各天线上获得的信号基本相互独立。

(2) 频率分集：用多个不同载频传送同一个消息，如果各载频的频差相隔比较远，则各分散信号也基本互不相关。

(3) 角度分集：利用天线波束不同指向上的信号互不相关的原理形成的一种分集方式，例如在微波面天线上设置若干个反射器产生相关性很小的几个波束。

(4) 极化分集：分别接收水平极化和垂直极化波的一种分集方法。一般来说这两种波相关性极小。

当然还有其他分集方法，这里就不赘述了。但要指出的是分集方法均不是互相排斥的，在实际使用时可以互相组合。例如由二重空间分集和二重频率分集可以组成四重分集系统等。

3. 集中合成信号的方式

对各分散的合成信号进行合并的方法有多种，最常用的有如下3种。

(1) 最佳选择式：从几个分散信号中设法选择信噪比最小的一个作为接收信号。

(2) 等增益相加式：将几个分散信号以相同的支路增益进行直接相加，相加后的结果作为接收信号。

(3) 最大比值相加式：控制各支路增益，使它们分别与本支路的信噪比成正比，然后再相加获得接收信号。

2.4 随机过程概述

在实际通信系统中，信源发出的信号是随机的或者说是不可预知的，如话音信号、数字信号等，这类信号称为随机信号。不仅如此，携带了信息的信号在传输过程中将受到噪声的污染，噪声也是一种随机的波形。因此，关于通信系统，对随机信号(噪声)的分析与研究得到了人们的广泛关注。

2.4.1 基本概念

自然界中事物的变化过程可以分为两类。一类是其变化过程具有确定的形式，或者说具有必然的变化规律，其变化过程的基本特征可以用一个或几个时间 t 的确定函数来描述，这类过程称为确定性过程。例如，电容器通过电阻放电时，电容器两端的电压随时间的变化就是一个确定函数。另一类是与确定性过程有着本质差异的随机性过程，简称随机过程。

1. 随机过程的定义

与确定性过程相比，随机过程的变化要复杂多了，它没有确定的变化形式，也就是说，每次对它的测量结果没有确定的变化规律，用数学语言来说，就是这类事物变化的过程不可能用一个或几个时间 t 的确定函数来描述。

例如，有 n 台性能完全相同的通信机，它们的工作条件也都相同，现用 n 部记录仪同时记录各部通信机的输出噪声波形，测试结果表明，得到的 n 个记录并不会因为有相同的条件而输出相同的波形，而且，即使 n 足够大，也找不到两个完全相同的波形，具体情况如图 2-10 所示，通信机输出的噪声电压随时间的变化趋势是不可预知的，是随机过程。这里的一次记录就是一个实现，无数个记录构成的总体是一个样本空间。

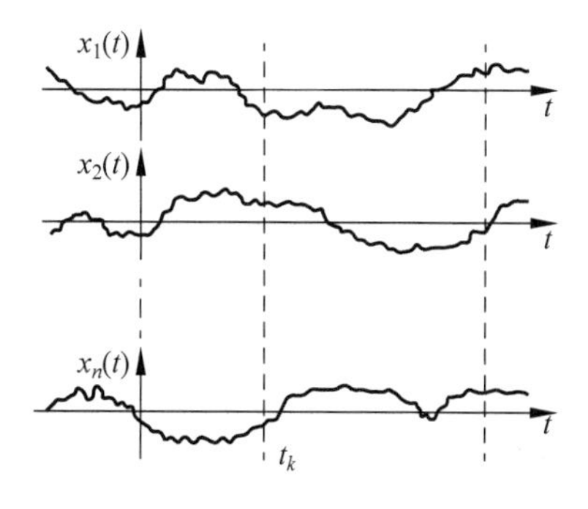

图 2-10　n 部通信机的噪声输出记录

为此，可以把对通信机输出噪声波形的观测看作是进行一次随机试验，每次随机试验的结果是得到一条时间波形，记作 $x_i(t)$，由此而得到的时间波形的全体$\{x_1(t), x_2(t), \cdots\}$就构成一个随机过程，记作 $X(t)$，$X(t)$的基本特征主要体现在两个方面，一是其为时间的函数，二是其具有随机特性。而某次试验的结果 $x_i(t)$则称作随机过程 $X(t)$的一个样本函数或实现。

2. 随机过程的统计描述

应当注意，仅观察图 2-10 所给出的样本函数，很难定量地描述这个随机过程的变化规律。因此，需要从统计的意义上来研究样本波形，将它们具有的共性，即相同的统计特性提纯出来，这也就是随机过程的统计描述。

在某一固定的时刻 t_1，随机过程 $X(t)$的取值就是一个一维随机变量 $X(t_1)$，根据概率论的知识，它的一维概率分布函数为

$$F_1(x_1, t_1) = P(X(t_1) \leqslant x_1) \tag{2-23}$$

设式(2-23)对 x_1 的偏导数存在，这时一维概率密度函数可以定义为

$$f_1(x_1, t_1) = \frac{\partial F_1(x_1, t_1)}{\partial x_1} \tag{2-24}$$

式(2-23)和式(2-24)描述了随机过程 $X(t)$在特定时刻 t_1 的统计分布情况，但它们只是一维概率分布函数和概率密度函数，仅描述了随机过程在某个时刻的统计分布特性，并没有反映出随机过程在不同时刻的取值间的关联程度。因此，有必要再研究随机过程 $X(t)$的二维概率分布。

设随机过程 $X(t)$在 $t=t_1$ 时，$X(t_1)\leqslant x_1$，在 $t=t_2$ 时，$X(t_2)\leqslant x_2$，则随机过程 $X(t)$的二维概率分布函数可以表示为

$$F_2(x_1, x_2; t_1, t_2) = P(X(t_1) \leqslant x_1, X(t_2) \leqslant x_2) \tag{2-25}$$

如果式(2-25)对 x_1 和 x_2 的二阶偏导数存在，那么二维概率密度函数可以定义为

$$f_2(x_1, x_2; t_1, t_2) = \frac{\partial^2 F_2(x_1, x_2; t_1, t_2)}{\partial x_1 \partial x_2} \tag{2-26}$$

为了更加充分地描述随机过程 $X(t)$，还需要考虑随机过程在更多时刻的多维概率分布函数，这时随机过程 $X(t)$的 n 维概率分布函数为

$$F_n(x_1, x_2, \cdots, x_n; t_1, t_2, \cdots, t_n) = P(X(t_1) \leqslant x_1, X(t_2) \leqslant x_2, \cdots, X(t_n) \leqslant x_n) \tag{2-27}$$

如果式(2-27)对 $x_1,x_2,\cdots,x_n$ 的偏导数存在，那么 n 维概率密度函数可以定义为

$$f_n(x_1,x_2,\cdots,x_n;t_1,t_2,\cdots,t_n)=\frac{\partial^n F_n(x_1,x_2,\cdots,x_n;t_1,t_2,\cdots,t_n)}{\partial x_1\partial x_2\cdots\partial x_n} \tag{2-28}$$

显然，n 越大，对随机过程 $X(t)$ 的统计特性的描述也越充分，但问题的复杂性也逐渐增加。实际上，对于本课程而言，掌握二维分布就已经足够了。

2.4.2 数字特征

随机过程除了可以用概率分布来描述外，还可以利用随机过程的数字特征进行描述。随机过程的数字特征包括数学期望、方差和相关函数，它们是由概率论学科中随机变量的数字特征的概念推广而来的，但不再是确定的数值，而是确定的时间函数。这些数字特征可以较容易用实验方法来确定，可以更简捷地解决实际工程问题。

1. 数学期望 $m(t)$

对某时刻 t，随机过程 $X(t)$ 的一维随机变量的数学期望可以表示为

$$m(t)=E\{X(t)\}=\int_{-\infty}^{\infty}xf_1(x;t)\mathrm{d}x \tag{2-29}$$

显然数学期望 $m(t)$ 是依赖于时间 t 变化的函数，表明随机过程 $X(t)$ 的所有样本都围绕着 $m(t)$ 变化。有时数学期望又称为统计平均值或均值。

在通信系统中，假定传送的是确定的时间信号 $s(t)$，噪声 $n(t)$ 是数学期望为零的随机过程，那么接收信号 $x(t)=s(t)+n(t)$ 为随机过程，它的数学期望就是信号 $s(t)$。

2. 方差 $\sigma^2(t)$

为了描述随机过程 $X(t)$ 的各个样本对数学期望的偏离程度，引入方差这个数字特征量，具体定义为

$$\sigma^2(t)=E\{[X(t)-m(t)]^2\}=\int_{-\infty}^{\infty}[x(t)-m(t)]^2f_1(x;t)\mathrm{d}x \tag{2-30}$$

3. 相关函数 $R_X(t_1,t_2)$

由式(2-29)和式(2-30)可见，数学期望和方差都只与随机过程的一维概率密度函数有关，因此它们只是描述了随机过程在各时间点的统计性质，而不能反映随机过程在任意两个时刻之间的内在联系。为了定量地描述随机过程的这种内在联系的特征，即随机过程在任意两个不同时刻上取值之间的相关程度，可以引入自相关函数的概念，具体定义为

$$R_X(t_1,t_2)=E\{X(t_1)X(t_2)\}=\int_{-\infty}^{\infty}\int_{-\infty}^{\infty}x_1x_2f_2(x_1,x_2;t_1,t_2)\mathrm{d}x_1\mathrm{d}x_2 \tag{2-31}$$

式中，t_1、t_2 为任意两个时刻。

4. 自协方差函数 $C_X(t_1,t_2)$

有时也可以用自协方差函数来描述随机过程的内在联系特征，定义为

$$\begin{aligned}C_X(t_1,t_2)&=E\{[X(t_1)-m(t_1)][X(t_2)-m(t_2)]\}\\&=\int_{-\infty}^{\infty}\int_{-\infty}^{\infty}[x_1-m(t_1)][x_2-m(t_2)]f_2(x_1,x_2;t_1,t_2)\mathrm{d}x_1\mathrm{d}x_2\end{aligned} \tag{2-32}$$

显然，自相关函数和自协方差函数之间关系为

$$C_X(t_1,t_2)=R_X(t_1,t_2)-m(t_1)m(t_2) \tag{2-33}$$

5. 互相关函数 $R_{XY}(t_1,t_2)$

相关函数的概念也可以用来描述两个随机过程之间的关联程度，这种关联程度称为互

相关函数。设有随机过程 $X(t)$和 $Y(t)$，那么它们的互相关函数为

$$R_{XY}(t_1,t_2)=E\{X(t_1)Y(t_2)\}=\int_{-\infty}^{\infty}\int_{-\infty}^{\infty}xyf_2(x,y;t_1,t_2)\mathrm{d}x\mathrm{d}y \tag{2-34}$$

式中，$f_2(x,y;t_1,t_2)$为随机过程 $X(t)$和 $Y(t)$的二维联合概率密度函数。

2.4.3 平稳随机过程

随机过程的种类很多，平稳随机过程是通信系统中广泛应用的一种特殊类型。

1. 定义与概念

所谓平稳随机过程，是指它的任何 n 维概率分布函数或概率密度函数与时间起点无关。也就是说，对于任意正整数 n，任意实数 t_1、t_2、…、t_n，以及 τ，如果随机过程 $X(t)$的 n 维概率密度函数满足

$$f_n(x_1,x_2,\cdots,x_n;t_1,t_2,\cdots,t_n)=f_n(x_1,x_2,\cdots,x_n;t_1+\tau,t_2+\tau,\cdots,t_n+\tau) \tag{2-35}$$

则称 $X(t)$是平稳随机过程，有时也称满足式(2-35)的平稳随机过程为严格平稳或狭义平稳随机过程。

对一维分布有

$$f_1(x,t)=f_1(x,t+\tau)=f_1(x) \tag{2-36}$$

对二维分布有

$$f_2(x_1,x_2;t_1,t_2)=f_2(x_1,x_2;t_1+\Delta t,t_2+\Delta t)=f_2(x_1,x_2;\tau) \tag{2-37}$$

式中，$\tau=t_2-t_1$。

式(2-37)表明平稳随机过程的二维概率分布仅与所取的两个时间点的间隔 τ 有关，或者说，平稳随机过程在具有相同间隔的任意两个时间点之间的联合概率分布保持不变。根据平稳随机过程的定义，可以求得平稳随机过程 $X(t)$的数学期望、方差和自相关函数，分别为

$$E\{X(t)\}=\int_{-\infty}^{\infty}xf_1(x)\mathrm{d}x=m \tag{2-38a}$$

$$E\{[X(t)-m(t)]^2\}=\int_{-\infty}^{\infty}[x-m]^2f_1(x)\mathrm{d}x=\sigma^2 \tag{2-38b}$$

$$R_X(t,t+\tau)=\int_{-\infty}^{\infty}\int_{-\infty}^{\infty}x_1x_2f_2(x_1,x_2;\tau)\mathrm{d}x_1\mathrm{d}x_2=R_X(\tau) \tag{2-38c}$$

可见，平稳随机过程的数字特征变得简单了，**其数学期望和方差是与时间无关的常数，自相关函数只是时间间隔 τ 的函数**。这样可以进一步引出另外一个非常有用的概念：**若某随机过程的数学期望与时间无关，而其相关函数仅与 τ 有关，则称这个随机过程是广义平稳的**。相应地，由式(2-35)定义的过程称为严格平稳或狭义平稳随机过程。

在通信系统中所遇到的信号及噪声大多可视为平稳随机过程，甚至是广义平稳随机过程。因此，研究平稳随机过程很有意义。

2. 各态历经性

式(2-38)给出了平稳随机过程的数字特征计算，实际上是对随机过程的全体样本函数按概率密度函数求加权积分，所以它们都是统计平均量。这样的求法在原则上是可行的，但实现起来却极为困难，因为在通常情况下无法确切知道随机过程 $X(t)$的一维和二维概率密度函数。

为了解决在实际中遇到的问题，经过对多个随机过程进行观察发现，部分**平稳随机过程的数字特征完全可由随机过程中任一实现的数字特征来决定，即随机过程的数学期望(统计平均值)可以由任一实现的时间平均值来代替；随机过程的自相关函数也可以用“时间平均”来代替“统计平均”**。

上述描述如果用数学语言来表述，则可以表示为

$$m = E\{X(t)\} = \overline{m} = \lim_{T\to\infty}\frac{1}{2T}\int_{-T}^{T}x(t)\mathrm{d}t \tag{2-39a}$$

$$\sigma^2 = E\{[X(t)-m(t)]^2\} = \overline{\sigma^2} = \lim_{T\to\infty}\frac{1}{2T}\int_{-T}^{T}[x(t)-\overline{m}]^2\mathrm{d}t \tag{2-39b}$$

$$R_X(\tau) = R_X(t,t+\tau) = \overline{R_X(\tau)} = \lim_{T\to\infty}\frac{1}{2T}\int_{-T}^{T}x(t)x(t+\tau)\mathrm{d}t \tag{2-39c}$$

如果平稳随机过程 $X(t)$的数字特征满足式(2-39)，就称该平稳随机过程 $X(t)$有各态历经性，因此，平稳随机过程的各态历经性可以理解为平稳过程的各个样本都同样地经历了随机过程的各种可能状态。任一样本都内蕴平稳过程的全部统计特性的信息，因而任一样本的时间特征就可以充分地代表整个平稳随机过程的统计特性。

如果一个平稳随机过程是具有各态历经性的，就可以通过随机过程的任一样本求得平稳随机过程的各数字特征，这是一个很有实际意义的结论。如果按电信号分析，从式(2-39)可以看到，实际上 $X(t)$的数学期望 m 就是其时间均值，也就是直流分量；$R_X(0)$表示信号总平均功率；σ^2 是交流平均功率。

需要注意，具有各态历经性的随机过程一定是平稳随机过程，但平稳随机过程却并不都具有各态历经性。在实际工作中经常把各态历经性作为一种假设，有兴趣的读者可参阅有关文献。

3. 相关函数与功率谱密度

对于平稳随机过程而言，相关函数是一个重要的函数，这是因为，一方面平稳随机过程的统计特性可通过相关函数来描述，另一方面相关函数还揭示了随机过程的功率频谱特性。为此，有必要了解平稳随机过程相关函数 $R(\tau)$的一些性质。

(1) $R(\tau)$是偶函数，即

$$R(\tau) = R(-\tau) \tag{2-40}$$

证明：根据定义，$R(\tau)=E\{X(t)X(t+\tau)\}$。

令 $t'=t+\tau$，则 $t=t'-\tau$，代入式(2-40)，有

$$R(\tau) = E\{X(t)X(t+\tau)\} = E\{X(t'-\tau)X(t')\} = R(-\tau)$$

证毕。

(2) $|R(\tau)| \leqslant R(0)$。

(3) $R(\tau)$与协方差函数、数学期望、方差的关系为

$$C(\tau) = E\{[X(t)-m]\cdot[X(t+\tau)-m]\} = R(\tau) - m^2 \tag{2-41}$$

从物理意义来讲，随机过程在相距非常远的两个时间点上的取值是毫无关联性可言的，因此 $C(\infty)=0$，这时利用式(2-41)就可以得到

$$\lim_{\tau\to\infty} R(\tau) = m^2 \tag{2-42}$$

进一步计算可以得到

$$C(0)=\sigma^2=R(0)-m^2=R(0)-R(\infty) \tag{2-43}$$

对于确知信号可以从时域和频域两方面进行分析，随机信号也同样存在时域和频域两种分析手段，利用相关函数 $R(\tau)$ 可以在时域对平稳随机过程进行描述，利用功率谱密度可以进行频域分析。

设平稳随机过程 $X(t)$ 的一个样本为 $x(t)$，它的频谱函数 $X(\omega)$ 可以通过傅里叶变换求得。根据帕塞瓦尔定理有

$$E=\int_{-\infty}^{\infty}x^2(t)\mathrm{d}t=\frac{1}{2\pi}\int_{-\infty}^{\infty}|X(\omega)|^2\mathrm{d}\omega$$

截取其中长 $2T$ 的一段计算功率，$T\to\infty$，这时上式的能量信号就可以表示为功率信号

$$\lim_{T\to\infty}\frac{1}{2T}\int_{-T}^{T}x^2(t)\mathrm{d}t=\frac{1}{2\pi}\int_{-\infty}^{\infty}\lim_{T\to\infty}\frac{|X(\omega)|^2}{2T}\mathrm{d}\omega \tag{2-44}$$

需要强调的是，式(2-44)仅仅给出了平稳随机过程 $X(t)$ 的样本 $x(t)$ 的平均功率，它不能代表整个随机过程的平均功率。样本 $x(t)$ 只是对平稳随机过程 $X(t)$ 做一次观测的结果，所以样本 $x(t)$ 的平均功率是随机变量，而平稳随机过程 $X(t)$ 的平均功率 S 只要对所有样本的平均功率进行统计平均即可，于是有

$$S=E\left\{\lim_{T\to\infty}\frac{1}{2T}\int_{-T}^{T}x^2(t)\mathrm{d}t\right\}=\frac{1}{2\pi}\int_{-\infty}^{\infty}\lim_{T\to\infty}\frac{E\{|X(\omega)|^2\}}{2T}\mathrm{d}\omega \tag{2-45}$$

令

$$P(\omega)=\lim_{T\to\infty}\frac{E\{|X(\omega)|^2\}}{2T} \tag{2-46}$$

则有

$$S=\frac{1}{2\pi}\int_{-\infty}^{\infty}P(\omega)\mathrm{d}\omega \tag{2-47}$$

这里将 $P(\omega)$ 称为平稳随机过程 $X(t)$ 的功率谱密度，简称功率谱。它具有如下性质。

(1) $P(\omega)$ 是确定函数，而不再具有随机特性。

(2) $P(\omega)$ 是偶函数，即

$$P(\omega)=P(-\omega) \tag{2-48}$$

(3) $P(\omega)$ 是非负函数。

(4) 可以证明，$P(\omega)$ 和 $R(\tau)$ 为傅里叶变换对，即

$$R(\tau)=\frac{1}{2\pi}\int_{-\infty}^{\infty}P(\omega)\mathrm{e}^{\mathrm{j}\omega\tau}\mathrm{d}\omega,\quad P(\omega)=\int_{-\infty}^{\infty}R(\tau)\mathrm{e}^{-\mathrm{j}\omega\tau}\mathrm{d}\tau \tag{2-49}$$

2.5　通信系统中常见的噪声

如式(2-1)所示，在通信过程中不可避免地存在着噪声，它们对通信质量有着直接的影响。如果根据噪声的来源对噪声进行分类，大体可以分为人为噪声和自然噪声等。人为噪声是由人类的活动产生的，例如电气开关瞬态造成的电火花、汽车点火系统产生的电火花、其他电台和家电用具产生的电磁波辐射等。自然噪声是自然界中存在的各种电磁波辐射，例如闪电、大气噪声及来自太阳和银河系等的宇宙噪声。此外，还有一种很重要的自然噪声，即热噪声，它来自一切电阻性元器件中电子的热运动，例如，导线、电阻和半导

体器件等均会产生热噪声。

当然，通信过程中的噪声还可以按其特性不同，分为脉冲型噪声和连续型噪声；按对信号作用的方式不同，分为加性噪声和乘性噪声；按噪声概率分布不同，分为高斯型和非高斯型；按噪声功率谱密度形状不同，分为白噪声和有色噪声等。总之，噪声的来源和表现形式是复杂多样的，其中最典型的是白噪声和高斯噪声。

2.5.1 白噪声

白噪声是指功率谱密度函数在整个频域为常数的噪声。它类似于光学中包括全部可见光频率的白光，凡是不符合上述条件的噪声就称为有色噪声。但是，实际上完全理想的白噪声是不存在的，通常只要噪声功率谱密度函数均匀分布的频率范围超过通信系统工作频率范围很多时，就可近似认为是白噪声。例如，热噪声的频率可以高到 10^{13} Hz，且功率谱密度函数在 $0\sim10^{13}$ Hz 内基本为常数，因此可以将它看作白噪声。而理想的白噪声的双边功率谱密度通常被定义为

$$P_n(f)=\frac{n_0}{2}\quad(-\infty<f<\infty)\tag{2-50}$$

式中，n_0 的取值为常数，单位为 W/Hz。

若采用单边描述，即白噪声的频率范围为$(0,\infty)$，功率谱密度函数又常写成

$$P_n(f)=n_0\quad(0<\omega<\infty)\tag{2-51}$$

由随机过程的有关理论可知，功率信号的功率谱密度与其自相关函数 $R(\tau)$互为傅里叶变换对，则白噪声的自相关函数为

$$R_n(\tau)=\frac{1}{2\pi}\int_{-\infty}^{\infty}\frac{n_0}{2}\mathrm{e}^{\mathrm{j}\omega\tau}\mathrm{d}\omega=\frac{n_0}{2}\delta(\tau)\tag{2-52}$$

式(2-52)表明，白噪声的自相关函数仅在 $\tau=0$ 时才不为零；而对于其他任意 τ，自相关函数都为零。这说明白噪声只有在 $\tau=0$ 时才相关，而它在任意两个时刻的随机变量都是不相关的。白噪声的功率谱密度及其自相关函数如图 2-11 所示。

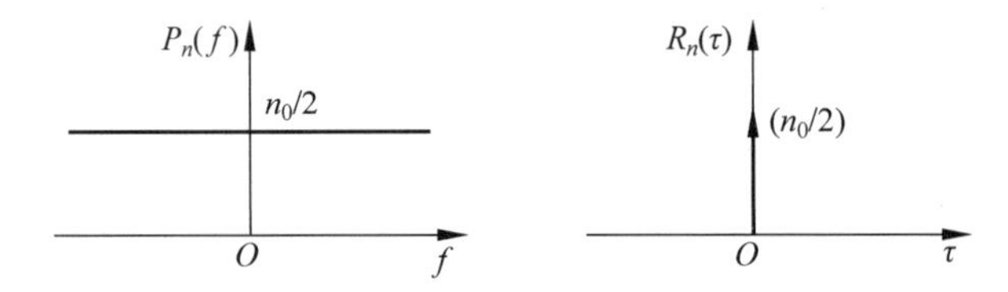

图 2-11 白噪声的功率谱密度与自相关函数

由于白噪声的均值为零，因此，其平均功率等于噪声的方差，即

$$\sigma^2=E\{[n(t)-m(t)]^2\}=E\{n^2(t)\}=R_n(0)\tag{2-53}$$

上述结论非常有用，在通信系统的性能分析中，常常通过求自相关函数或方差的方法来计算噪声的功率。

式(2-50)或者式(2-51)表述的功率谱密度覆盖整个频率范围，而在实际系统当中，带宽总是有限的，对于任意有限带宽 B，则有

$$\int_{-B}^{B}P_n(f)\mathrm{d}f=n_0B<\infty\tag{2-54}$$

对于有限带宽的白噪声，其功率谱密度函数为

$$P_{nc}(f)=\begin{cases}n_0/2 & |f|\leqslant B\\ 0 & \text{其他}\end{cases} \tag{2-55}$$

对功率谱密度进行傅里叶反变换，就可以得到有限带宽的白噪声的相关函数为

$$R_{nc}(\tau)=\int_{-B}^{B}\frac{n_0}{2}\mathrm{e}^{\mathrm{j}2\pi f\tau}\mathrm{d}f=Bn_0\frac{\sin\omega_0\tau}{\omega_0\tau}=Bn_0\mathrm{Sa}(\omega_0\tau) \tag{2-56}$$

式中，$\omega_0=2\pi B$。

由此看到，有限带宽的白噪声只有在 $\tau=k/2B(k=1,2,3,\cdots)$时得到的随机变量才不相关，自相关函数与功率谱密度如图 2-12 所示。

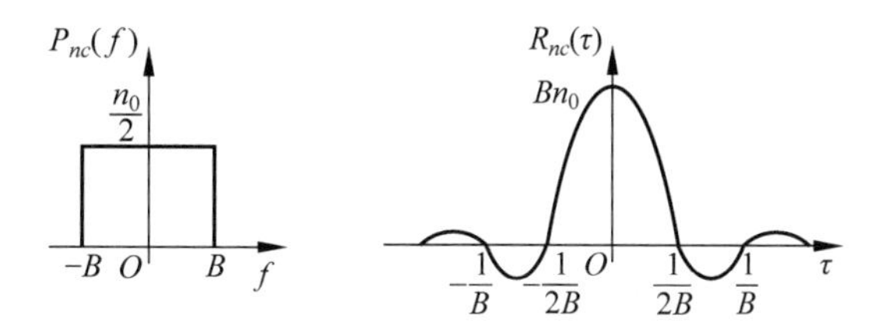

图 2-12 有限带宽的白噪声的功率谱密度与自相关函数

2.5.2 高斯噪声

1. 一维分布

高斯噪声是指概率密度函数服从高斯分布（即正态分布）的一类噪声。其一维概率密度函数可以表示为

$$f(x)=\frac{1}{\sqrt{2\pi}\sigma}\exp\left[-\frac{(x-a)^2}{2\sigma^2}\right] \tag{2-57}$$

式中，a 为噪声的数学期望值，也就是均值；σ^2 为噪声的方差。

由于高斯噪声在后续章节中计算系统抗噪声性能时要反复用到，这里予以进一步讨论。式(2-57)可用图 2-13 表示。

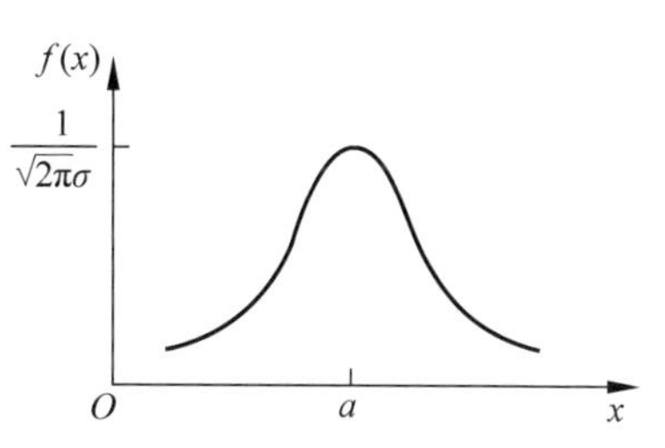

图 2-13 正态分布的密度函数

由式(2-57)和图 2-13 可以看出一维概率密度函数 $f(x)$具有如下特性。

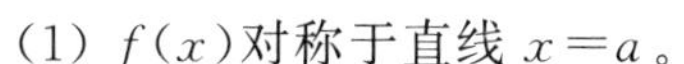

(1) $f(x)$对称于直线 $x=a$。

(2) $f(x)$在$(-\infty,a)$内单调上升，在(a,∞)内单调下降，且在点 a 处达到极大值$\frac{1}{\sqrt{2\pi}\sigma}$。当 $x\to\pm\infty$时，有 $f(x)\to 0$。

(3)

$$\int_{-\infty}^{\infty}f(x)\mathrm{d}x=1 \tag{2-58}$$

且

$$\int_{-\infty}^{a}f(x)\mathrm{d}x=\int_{a}^{\infty}f(x)\mathrm{d}x=\frac{1}{2}$$

(4) a 表示分布中心,σ 表示集中的程度。对不同的 a,$f(x)$的图形表现为左右平移;对不同的 σ,$f(x)$的图形将随 σ 减小而变高和变窄,或者随 σ 增大而变低和变宽。

(5) 当 $a=0$,$\sigma=1$ 时,相应的正态分布称为标准化正态分布,这时有

$$f(x)=\frac{1}{\sqrt{2\pi}}\exp\left(-\frac{x^2}{2}\right) \tag{2-59}$$

将概率密度函数 $f(x)$求积分,即

$$F(x)=\int_{-\infty}^{x} f(z)\mathrm{d}z \tag{2-60}$$

再将式(2-57)描述的正态概率密度函数代入,即可得到其概率分布函数 $F(x)$,即

$$F(x)=\int_{-\infty}^{x} f(z)\mathrm{d}z=\frac{1}{\sqrt{2\pi}\sigma}\int_{-\infty}^{x}\exp\left[-\frac{(z-a)^2}{2\sigma^2}\right]\mathrm{d}z \tag{2-61}$$

这个积分的值无法用闭合形式计算,一般把这个积分式与可以在数学手册上查出函数值的一些特殊函数联系起来灵活计算。例如,对式(2-61)进行变量代换,令新积分变量 $t=\frac{z-a}{\sqrt{2}\sigma}$,有 $\mathrm{d}z=\sqrt{2}\sigma\mathrm{d}t$,则有

$$F(x)=\frac{1}{2}\cdot\frac{2}{\sqrt{\pi}}\int_{-\infty}^{(x-a)/\sqrt{2}\sigma}\mathrm{e}^{-t^2}\mathrm{d}t=\frac{1}{2}+\frac{1}{2}\mathrm{erf}\left(\frac{x-a}{\sqrt{2}\sigma}\right) \tag{2-62}$$

式中 $\mathrm{erf}(x)$表示误差函数,其定义为

$$\mathrm{erf}(x)=\frac{2}{\sqrt{\pi}}\int_{0}^{x}\mathrm{e}^{-z^2}\mathrm{d}z \tag{2-63}$$

并称 $1-\mathrm{erf}(x)$为互补误差函数,记为 $\mathrm{erfc}(x)$,即

$$\mathrm{erfc}(x)=1-\mathrm{erf}(x)=\frac{2}{\sqrt{\pi}}\int_{x}^{\infty}\mathrm{e}^{-z^2}\mathrm{d}z \tag{2-64}$$

用误差函数表示 $F(x)$的好处是,借助于一般数学手册所提供的误差函数表,可方便地查出不同 x 值时误差函数的近似值(参见附录 B)。此外,了解误差函数的简明特性特别有助于通信系统的抗噪性能分析,在后续的内容中将会看到,式(2-63)和式(2-64)在讨论通信系统抗噪声性能时非常有用。

2. *n* 维分布

高斯噪声的任意 n 维($n=1,2,3,\cdots$)概率密度函数可以表示为

$$\begin{aligned}&f_n(x_1,x_2,\cdots x_n;t_1,t_2,\cdots t_n)\\&=\frac{1}{(2\pi)^{\frac{n}{2}}\sigma_1\sigma_2\cdots\sigma_n|\rho|^{\frac{1}{2}}}\exp\left[\frac{-1}{2|\rho|}\sum_{j=1}^{n}\sum_{k=1}^{n}|\rho|_{jk}\left(\frac{x_j-m_j}{\sigma_j}\right)\left(\frac{x_k-m_k}{\sigma_k}\right)\right]\end{aligned} \tag{2-65}$$

式中,$m_k=E\{x(t_k)\}$;$\sigma_k^2=E\{[X(t_k)-m_k]^2\}$;$|\rho|$ 为相关系数矩阵的行列式,且

$$|\rho|=\begin{vmatrix}1&\rho_{12}&\cdots&\rho_{1n}\\\rho_{21}&1&\cdots&\rho_{2n}\\\vdots&\vdots&&\vdots\\\rho_{n1}&\rho_{n2}&\cdots&1\end{vmatrix}$$

$$\rho_{jk}=\frac{E\{[X(t_j)-m_j][X(t_k)-m_k]\}}{\sigma_j\sigma_k} \tag{2-66}$$

$|\rho|_{jk}$ 是行列式中元素 ρ_{jk} 所对应的代数余因子。

3. 性质分析

可以证明 n 维高斯随机过程具有如下几个性质。

(1) 由式(2-65)可以看到,高斯过程的 n 维分布完全由各个随机变量的数学期望、方差以及相关函数决定,因此,对高斯过程来说,只要研究它的数字特征就可以了。

(2) 如果高斯过程是广义平稳的,即数学期望、方差与时间无关,相关函数仅取决于时间间隔,而与时间起点无关,那么,高斯过程的 n 维分布也与时间起点无关,所以,广义平稳的高斯过程也是严格平稳的;

(3) 如果高斯过程在不同时刻的取值是不相关的,即有 $j\neq k$ 时 $\rho_{jk}=0$,而 $j=k$ 时 $\rho_{jk}=1$,那么,式(2-65)就变为

$$
\begin{aligned}
f_n(x_1,x_2,\cdots,x_n;t_1,t_2,\cdots,t_n) &= \frac{1}{(2\pi)^{\frac{n}{2}}\prod\limits_{j=1}^{n}\sigma_j}\exp\left[-\sum_{j=1}^{n}\frac{(x_j-m_j)^2}{2\sigma_j^2}\right] \\
&= \prod_{j=1}^{n}\frac{1}{\sqrt{2\pi}\sigma_j}\exp\left[-\frac{(x_j-m_j)^2}{2\sigma_j^2}\right] \\
&= f(x_1,t_1)f(x_2,t_2)\cdots f(x_n,t_n)
\end{aligned}
\tag{2-67}
$$

这就是说,如果高斯过程中的随机变量之间互不相关,则它们也是统计独立的。

(4) 如果一个线性系统的输入随机过程是高斯过程,那么线性系统的输出过程仍然是高斯过程。

当噪声的概率密度函数满足正态分布统计特性,同时它的功率谱密度函数是常数时,称为高斯型白噪声,也称高斯白噪声。这里需要注意,高斯型白噪声同时涉及噪声两个不同方面的描述,即它的概率密度函数正态分布性和功率谱密度函数常数性,二者缺一不可。在通信系统理论分析中,特别在分析、计算系统的抗噪声性能时,经常假定系统信道中噪声为高斯型白噪声。这主要基于两个原因:一是高斯型白噪声可用具体数学表达式表述,便于推导分析和运算;二是高斯型白噪声确实反映了具体信道中的噪声情况,比较真实地代表了信道噪声的特性。

2.5.3 窄带高斯噪声

窄带系统是指通频带宽度远远小于通带中心频率($B\ll f_c$),且通带的中心频率满足 $f_c\gg 0$ 的系统,大多数通信信道实际都是窄带系统。信号通过窄带系统后就形成了窄带信号,**高斯噪声通过窄带系统后就形成了窄带高斯噪声**。无论是窄带信号还是窄带噪声,其频谱都局限在 f_c 附近很窄的频率范围内,图 2-14 给出了窄带高斯噪声的频谱及波形示意图,可以看到,其包络和相位都在做缓慢随机变化。

如用示波器观察其波形,它是一个频率近似为 f_c,包络和相位随机变化的正弦波。因此,窄带高斯噪声 $n(t)$ 可表示为

$$
n(t)=\rho(t)\cos[\omega_c t+\varphi(t)],\quad \rho(t)\geqslant 0 \tag{2-68}
$$

式中,$\rho(t)$为噪声 $n(t)$的随机包络;$\varphi(t)$为噪声 $n(t)$的随机相位,相对于载波 $\cos\omega_c t$ 的变化而言,它们的变化要缓慢得多。

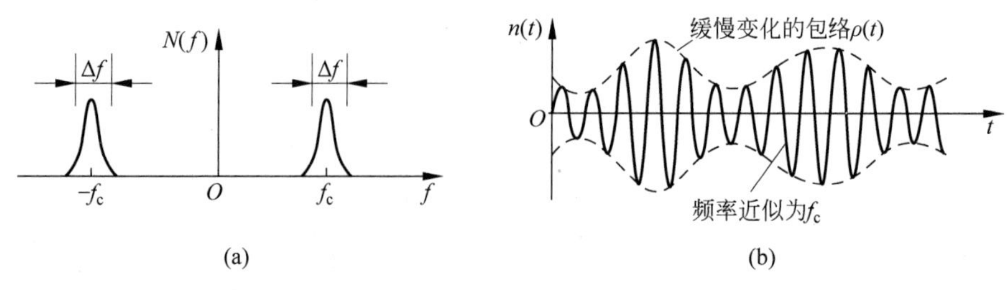

图 2-14 窄带高斯噪声的频谱及波形

将式(2-68)展开,可得窄带高斯噪声的另外一种表达形式,即

$$
\begin{aligned}
n(t) &= \rho(t)\cos\varphi(t)\cos\omega_c t - \rho(t)\sin\varphi(t)\sin\omega_c t \\
&= n_c(t)\cos\omega_c t - n_s(t)\sin\omega_c t
\end{aligned} \tag{2-69}
$$

式中,

$$n_c(t) = \rho(t)\cos\varphi(t) \tag{2-70}$$

$$n_s(t) = \rho(t)\sin\varphi(t) \tag{2-71}$$

$$\rho(t) = \sqrt{n_c^2(t) + n_s^2(t)} \tag{2-72}$$

$$\varphi(t) = \arctan\frac{n_s(t)}{n_c(t)} \tag{2-73}$$

$n_c(t)$及$n_s(t)$分别称为$n(t)$的同相分量和正交分量;$\rho(t)$及$\varphi(t)$是窄带随机过程的随机包络函数和随机相位函数。可以看出,上述随机过程的变化相对于载波$\cos\omega_c t$的变化要缓慢得多。

从式(2-70)～式(2-73)可以看到,窄带随机过程$n(t)$的统计特性将表现在$n_c(t)$和$n_s(t)$或者$\rho(t)$和$\varphi(t)$当中,当窄带随机过程$n(t)$的统计特性确定之后,就可以一步确定$n_c(t)$、$n_s(t)$、$\rho(t)$和$\varphi(t)$的统计特性。

对于某些特定的窄带随机过程$n(t)$,可以较为方便地求出$n_c(t)$和$n_s(t)$的统计特性,结合概率论知识,利用式(2-72)和式(2-73),就可以求出$\rho(t)$和$\varphi(t)$的统计特性。

假设$n(t)$是窄带平稳高斯过程,其均值为0,方差为σ_n^2,可以证明随机过程$n_c(t)$和$n_s(t)$有如下特性。

(1) $n_c(t)$和$n_s(t)$都是平稳的高斯过程。

(2) 它们的均值为0,即$E\{n_c(t)\}=E\{n_s(t)\}=0$;方差均为$\sigma_n^2$,也就是$\sigma_{n_c}^2=\sigma_{n_s}^2=\sigma_n^2$;

(3) $n_c(t)$和$n_s(t)$在同一时刻的取值是不相关的随机变量,因为它们是高斯的,所以也是统计独立的。

根据高斯过程的特点,当已知其均值方差和相关函数后,可以立即得到它的分布函数。根据$n_c(t)$和$n_s(t)$的特性,可以得到它们的联合概率密度函数为

$$f(n_c,n_s) = f(n_c)f(n_s) = \frac{1}{2\pi\sigma_n^2}\exp\left[-\frac{n_c^2+n_s^2}{2\sigma_n^2}\right] \tag{2-74}$$

根据概率论知识,利用式(2-74)可以计算$\rho(t)$和$\varphi(t)$的联合概率密度函数为

$$f(\rho,\varphi) = f(n_c,n_s)\left|\frac{\partial(n_c,n_s)}{\partial(\rho,\varphi)}\right| \tag{2-75}$$

式中,

$$\left|\frac{\partial(n_c,n_s)}{\partial(\rho,\varphi)}\right|=\begin{vmatrix}\partial n_c/\partial\rho & \partial n_s/\partial\rho\\ \partial n_c/\partial\varphi & \partial n_s/\partial\varphi\end{vmatrix}=\begin{vmatrix}\cos\varphi & \sin\varphi\\ -\rho\sin\varphi & \rho\cos\varphi\end{vmatrix}=\rho \tag{2-76}$$

利用式(2-74)和式(2-75)的关系以及式(2-76)的计算结论可得

$$f(\rho,\varphi)=\rho f(n_c,n_s)=\frac{\rho}{2\pi\sigma_n^2}\exp\left[-\frac{n_c^2+n_s^2}{2\sigma_n^2}\right]=\frac{\rho}{2\pi\sigma_n^2}\exp\left[-\frac{\rho^2}{2\sigma_n^2}\right] \tag{2-77}$$

在式(2-77)中，要求 $\rho\geqslant 0$，φ 在$(0,2\pi)$内取值，利用边际分布知识可分别求得 $f(\rho)$和 $f(\varphi)$分别为

$$f(\rho)=\int_{-\infty}^{\infty}f(\rho,\varphi)\mathrm{d}\varphi=\int_0^{2\pi}\frac{\rho}{2\pi\sigma_n^2}\exp\left[-\frac{\rho^2}{2\sigma_n^2}\right]\mathrm{d}\varphi=\frac{\rho}{\sigma_n^2}\exp\left[-\frac{\rho^2}{2\sigma_n^2}\right]\quad \rho\geqslant 0 \tag{2-78}$$

$$f(\varphi)=\int_{-\infty}^{\infty}f(\rho,\varphi)\mathrm{d}\rho=\int_0^{\infty}\frac{\rho}{2\pi\sigma_n^2}\exp\left[-\frac{\rho^2}{2\sigma_n^2}\right]\mathrm{d}\rho=\frac{1}{2\pi}\quad 0\leqslant\varphi\leqslant 2\pi \tag{2-79}$$

可见，包络服从瑞利(Rayleigh)分布，相位服从均匀分布，如图 2-15 所示，且有

$$f(\rho,\varphi)=f(\rho)\cdot f(\varphi) \tag{2-80}$$

这样可以得到结论：均值为 0、方差为 σ_n^2 的平稳窄带高斯过程的随机包络和随机相位是统计独立的。

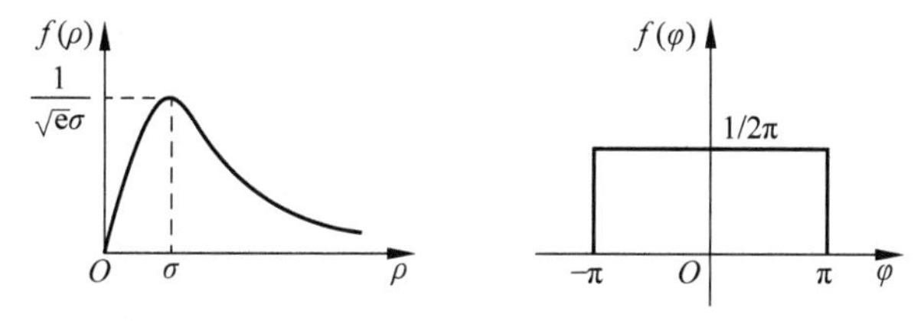

图 2-15　窄带高斯噪声的包络和相位概率密度函数曲线

2.5.4　正弦信号加窄带高斯噪声

信号经过信道传输后总会受到噪声的干扰，为了减轻噪声的影响，通常在接收机前端设置带通滤波器，以滤除信号频带以外的噪声。因此，带通滤波器的输出是信号与窄带噪声的混合波形，最常见的是正弦信号加窄带高斯噪声的混合信号。这是通信系统中常会遇到的一种情况，所以有必要了解混合信号的包络和相位的统计特性。

设输出的混合信号为

$$\begin{aligned}r(t)&=s(t)+n(t)=A\cos(\omega_c t+\theta)+n_c(t)\cos\omega_c t-n_s(t)\sin\omega_c t\\&=[A\cos\theta+n_c(t)]\cos\omega_c t-[A\sin\theta+n_s(t)]\sin\omega_c t\\&=z_c(t)\cos\omega_c t-z_s(t)\sin\omega_c t\\&=z\cos(\omega_c t+\varphi)\end{aligned} \tag{2-81}$$

则信号 $r(t)$的包络和相位分别为

$$z(t)=\sqrt{z_c^2(t)+z_s^2(t)} \tag{2-82}$$

$$\varphi(t)=\arctan\frac{z_s(t)}{z_c(t)} \tag{2-83}$$

且

$$z_c(t)=z(t)\cos\varphi(t)=A\cos\theta(t)+n_c(t) \tag{2-84}$$

$$z_s(t)=z(t)\sin\varphi(t)=A\sin\theta(t)+n_s(t) \tag{2-85}$$

如果 θ 值已给定，则 z_c 及 z_s 都是相互独立的高斯随机变量，其数字特征为

$$E\{z_c(t)\}=A\cos\theta,\quad E\{z_s(t)\}=A\sin\theta;\quad \sigma_{z_c}^2=\sigma_{z_s}^2=\sigma_n^2$$

所以，在给定相位 θ 时 z_c 及 z_s 的联合密度函数为

$$f(z_c,z_s/\theta)=\frac{1}{2\pi\sigma_n^2}\exp\left[-\frac{(z_c-A\cos\theta)^2+(z_s-A\sin\theta)^2}{2\sigma_n^2}\right] \tag{2-86}$$

利用式(2-84)和式(2-85)的关系，可得包络和相位的联合概率密度为

$$\begin{aligned}f(z,\varphi/\theta)&=f(z_c,z_s/\theta)\left|\frac{\partial(z_c,z_s)}{\partial(z,\varphi)}\right|\\&=\frac{z}{2\pi\sigma_n^2}\exp\left[-\frac{z^2+A^2-2Az\cos(\theta-\varphi)}{2\sigma_n^2}\right]\end{aligned} \tag{2-87}$$

求条件边际分布，经推导有

$$f(z/\theta)=\frac{z}{\sigma_n^2}\exp\left[-\frac{z^2+A^2}{2\sigma_n^2}\right]I_0\left(\frac{Az}{\sigma_n^2}\right) \tag{2-88}$$

这个概率密度函数称为广义瑞利分布，也称莱斯(Rice)分布。式中，$I_0(x)$为零阶修正贝塞尔函数，当 $x\geqslant 0$ 时，$I_0(x)$是单调上升函数，且有 $I_0(0)=1$。因此，式(2-88)存在如下两种极限情况。

(1) 当信号很小，也就是 $A\to 0$ 时，即信噪比 $r=A^2/2\sigma_n^2\to 0$ 时，$I_0(x)=1$，这时混合信号中只存在窄带高斯噪声，式(2-88)近似为式(2-78)，即由莱斯分布退化为瑞利分布。

(2) 当信噪比 r 很大，也就是 $z\approx A$ 时，$f(z)$近似为高斯分布。

需要指出，信号加噪声后的随机相位分布也与信噪比有关，小信噪比时，$f(\varphi/\theta)$接近于均匀分布，它反映这时窄带高斯噪声为主；大信噪比时，$f(\varphi/\theta)$主要集中在有用信号相位附近。图 2-16 给出了不同 r 值时 $f(z)$和 $f(\varphi/\theta)$的曲线。

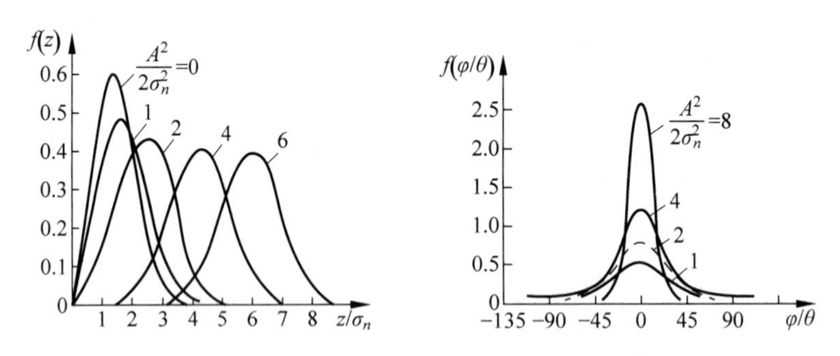

图 2-16　正弦信号加窄带高斯噪声的包络和相位分布示意

2.5.5 随机过程通过线性系统

随机过程是以某一概率出现的样本函数的全体，因此，把随机过程加到线性系统的输入端，实际上应当理解为是随机过程的某一可能的样本函数出现在线性系统的输入端。既然如此，就完全可以应用确知信号通过线性系统的分析方法求得相应的系统输出，例如加到线性系统输入端的是随机过程 $X(t)$的某一样本 $x(t)$，则系统的输出为

$$y(t)=x(t)*h(t)=\int_{-\infty}^{\infty}x(t-\tau)h(\tau)\mathrm{d}\tau \tag{2-89}$$

其中，$h(t)$为线性系统的冲激响应函数，且有

$$H(\omega)=\int_{-\infty}^{\infty}h(t)\mathrm{e}^{-\mathrm{j}\omega t}\mathrm{d}t \tag{2-90}$$

假设输入端输入的是随机过程 $X(t)$，则在线性系统的输出端将得到一组时间函数 $y(t)$，它们构成新的随机过程，记作 $Y(t)$，称为线性系统的输出随机过程，于是式(2-89)可以表示为

$$Y(t)=\int_{-\infty}^{\infty}X(t-\tau)h(\tau)\mathrm{d}\tau=\int_{-\infty}^{\infty}X(\tau)h(t-\tau)\mathrm{d}\tau \tag{2-91}$$

因此，就可以基于式(2-91)研究输出端随机过程 $Y(t)$的统计特性，主要包括 $Y(t)$的数学期望、自相关函数、功率谱密度以及概率函数。

这里首先假定线性系统的输入过程 $X(t)$是平稳的，它的数学期望 m_x、相关函数 $R_x(\tau)$和功率谱密度 $P_x(\omega)$均已知。

1. 输出过程 $Y(t)$的数学期望

对式(2-91)两边取统计平均，得

$$\begin{aligned}E\{Y(t)\}&=E\left\{\int_{-\infty}^{\infty}X(t-\tau)h(\tau)\mathrm{d}\tau\right\}=\int_{-\infty}^{\infty}E\{X(t-\tau)\}h(\tau)\mathrm{d}\tau\\&=m_x\int_{-\infty}^{\infty}h(\tau)\mathrm{d}\tau=m_xH(0)\end{aligned} \tag{2-92}$$

2. 输出过程 $Y(t)$的自相关函数

通过简单推导可以证明，当输入随机过程是平稳的时，线性系统的输出随机过程至少是广义平稳的，通常可以利用功率谱密度求得。

3. 输出随机过程 $Y(t)$的功率谱密度

利用 $Y(t)$的相关函数与功率谱密度的关系可以证明，线性系统输出平稳过程 $Y(t)$的功率谱密度是输入平稳过程的功率谱密度与系统传输函数模的平方乘积，即

$$P_Y(\omega)=H^*(\omega)H(\omega)P_X(\omega)=|H(\omega)|^2P_X(\omega) \tag{2-93}$$

式(2-93)是经常用到的重要公式，同时也给出了计算 $R_Y(\tau)$的新思路，就是首先利用式(2-93)计算功率谱密度 $P_Y(\omega)$，然后对 $P_Y(\omega)$进行傅里叶逆变换，就可以得到 $R_Y(\tau)$。这种算法比直接利用 $Y(t)$计算 $R_Y(\tau)$要容易得多。

例 2.1　试求功率谱密度为 $P_n(\omega)=n_0/2$ 的白噪声通过理想低通滤波器后的功率谱密度、自相关函数及噪声功率 N。

解：因为理想低通滤波器传输特性可表示为

$$H(\omega)=\begin{cases}K_0\mathrm{e}^{-\mathrm{j}\omega t_d}, & |\omega|\leqslant\omega_H\\0, & 其他\ \omega\end{cases}$$

可见 $|H(\omega)|^2=K_0^2$，$|\omega|\leqslant\omega_H$。

根据式(2-93)计算输出功率谱密度为

$$P_Y(\omega)=|H(\omega)|^2P_n(\omega)=\frac{K_0^2n_0}{2},\quad |\omega|\leqslant\omega_H$$

而自相关函数 $R_Y(\tau)$为

$$R_Y(\tau)=\frac{1}{2\pi}\int_{-\infty}^{\infty}P_Y(\omega)e^{j\omega\tau}d\omega=\frac{K_0^2n_0}{4\pi}\int_{-\omega_H}^{\omega_H}e^{j\omega\tau}d\omega=K_0^2n_0f_H\frac{\sin\omega_H\tau}{\omega_H\tau},\quad f_H=\frac{\omega_H}{2\pi}$$

于是,输出噪声功率 N 即为 $R_Y(0)$,即

$$N=R_Y(0)=K_0^2n_0f_H$$

综上可见,输出的噪声功率与 K_0^2、n_0 及 f_H 成正比。此题还有别的求解方法吗?

4. 输出过程的概率分布

原则上,可以通过线性系统输入随机过程的概率分布和式(2-91)来确定输出随机过程的概率分布,但是这个计算过程相当复杂,只有在输入过程是高斯分布时才是例外。如果一个线性系统的输入随机过程是高斯过程,那么线性系统的输出过程仍然是高斯过程,因此,只要确定了 $Y(t)$ 的数学期望、方差和自相关函数,就可以完全确定这个输出随机过程的概率分布。

2.6 信道容量的概念

当信道受到加性高斯白噪声的干扰时,如果信道传输信号的功率和信道的带宽已给定,则存在一个最高的信息传输速率,这就是所谓的信道容量。

2.6.1 香农公式

假设有扰波形信道的带宽为 B,信道输出的信号功率为 S,信号在传输过程中受到加性高斯白噪声的干扰,在输出端噪声功率为 N,可以证明该信道的信道容量为

$$C=B\log_2\left(1+\frac{S}{N}\right)\ \text{b/s} \tag{2-94}$$

式(2-94)就是著名的香农信道容量公式,简称为香农公式,它表明了当信号与作用在信道上的起伏噪声的平均功率给定后,在具有一定频带宽度 B 的信道上单位时间内可能传输的信息量的理论极限数值。同时,式(2-94)还是扩展频谱技术的理论基础。

噪声功率 N 与信道带宽 B 有关,N 将等于 n_0B,这里 n_0 表示噪声单边功率谱密度,因此,香农公式的另一形式为

$$C=B\log_2\left(1+\frac{S}{n_0B}\right)\ \text{b/s} \tag{2-95}$$

由香农公式可得如下结论。

(1) 提高信噪比能增加信道容量。

(2) 当噪声功率 $N\to0$ 时,信道容量 C 趋于 ∞,这意味着无干扰信道容量为无穷大。

(3) 当信号功率 $S\to\infty$ 时,信道容量 C 趋于 ∞。

(4) 增加信道频带宽度 B 并不能无限制地使信道容量增大。下面给出简要的说明。

$$C=B\log_2\left(1+\frac{S}{n_0B}\right)=\frac{S}{n_0}\frac{n_0B}{S}\log_2\left(1+\frac{S}{n_0B}\right)$$

$$\lim_{B\to\infty}C=\frac{S}{n_0}\lim_{B\to\infty}\frac{n_0B}{S}\log_2\left(1+\frac{S}{n_0B}\right)=1.44\frac{S}{n_0}$$

由此可见,即使信道带宽无限增大,信道容量仍然是有限的。

通常,实现极限信息速率的通信系统称为理想通信系统。但是,香农只证明了理想系统

的“存在性”，却没有指出这种通信系统的实现方法。因此，理想系统通常只能作为实际系统的理论界限。另外，上述讨论都是在信道噪声为高斯白噪声的前提下进行的，对于其他类型的噪声，香农公式需要加以修正。

2.6.2　香农公式的应用

从香农公式(2-94)可以看到，**对于一定的信道容量 C 来说，带宽 B 和信噪比 S/N 之间可以互相转换**。若信道带宽增加，可以换来信噪比的降低，反之亦然。如果信道容量 C 给定，互换前的带宽和信噪比分别为 B_1 和 S_1/N_1，互换后的带宽和信噪比分别为 B_2 和 S_2/N_2，那么应有

$$B_1\log_2\left(1+\frac{S_1}{n_0B_1}\right)=B_2\log_2\left(1+\frac{S_2}{n_0B_2}\right) \tag{2-96}$$

式(2-96)体现的就是扩频通信基本思想，有关扩频通信的内容请参阅相关文献。不仅如此，如果从传送信息量的角度来考虑，带宽或信噪比与传输时间也存在着互换关系，这将引出信号体积和信道容积的概念，可以更加直观地理解香农公式。

根据香农公式可知，在 T_C 时间内，信道能够传输的最平均信息量记为

$$I_C=T_CC=B_CT_C\log_2\left(1+\frac{S_C}{N_C}\right)=B_CT_CH_C \tag{2-97}$$

如果把 T_C、B_C、H_C 作为空间的 3 个坐标来表示，则 I_C 就代表 3 个信道参量相乘后的信道容积。当然，也可以利用相应的参数计算信号的体积为

$$I_S=B_ST_S\log_2\left(1+\frac{S_S}{N_S}\right)=B_ST_SH_S \tag{2-98}$$

可以证明，要使信号能够通过信道，必须满足 $I_C>I_S$，因为满足这个条件，才可以使信号体积的形状改变，实现信息的传输。

对于信道带宽 $B_1=3\text{kHz}$、信道传输时间 $T_1=4\text{min}$、信噪比 $S_1/N_1=K$ 的情况，如果要传输带宽 $B_2=9\text{kHz}$、持续时间 $T_2=1\text{min}$、$S_2/N_2=K$ 的信号，直接将这个信号送到信道上传输是不行的。但是，将信号经过改造后再通过信道，就有可能实现。例如，可以先把信号录下来，然后以原速的 1/3 来传送，此时信号带宽压缩到 3kHz，持续时间是原来的 3 倍，最后到收信端进行相反的变换就行了。带宽和时间互换的示意图如图 2-17 所示，这种互换方法适用于在窄带电缆信道中传输电视信号。

图 2-17　带宽和时间相互转换示意图

2.7　伪随机序列

在通信系统中，噪声会使模拟信号产生失真，会使数字信号出现误码，同时它还是限制信道容量的一个重要因素。因此，人们经常希望消除或减少通信系统中的噪声。另外，有时人们会希望获得噪声。例如，在实验室中对通信设备或系统性能进行仿真和测试时，可能要故意加入随机噪声。又如，为了实现高可靠性的保密通信，也需要利用噪声。为了实现上述

目的，必须能够获得符合要求的噪声。然而，利用噪声的最大困难是它难以重复产生和处理，伪随机序列使这一困难得到了解决。

伪随机序列具有类似于随机过程的某些统计特性，同时又能够重复产生。由于它具有噪声的优点，又避免了噪声的缺点，因此获得了日益广泛的实际应用。目前广泛应用的伪随机序列都是由周期性数字序列经过滤波等处理后得出的，根据不同的应用场景，有时又将它们称为伪随机信号或者伪随机码。

2.7.1 m序列

通常产生伪随机序列的电路为反馈移位寄存器，根据具体结构又可进一步分为线性反馈移位寄存器和非线性反馈移位寄存器两类。**由线性反馈移位寄存器产生的周期最长的二进制数字序列称为最大长度线性反馈移位寄存器序列，通常简称为m序列**。由于它的理论成熟、实现简便，在实际中被广泛应用。

1. 工作原理

为了帮助读者掌握其工作原理，这里首先给出一个关于m序列的例子，如图2-18所示。

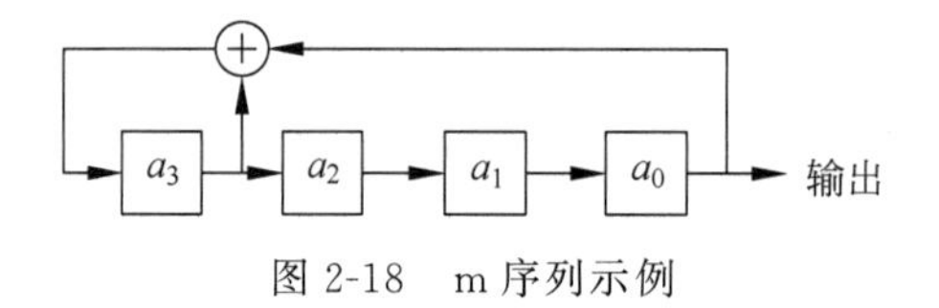

图2-18 m序列示例

图2-18给出了一个4级线性反馈移位寄存器，若其初始状态为$(a_3,a_2,a_1,a_0)=(1,0,0,0)$，移位一次，由$a_3$和$a_0$模2相加产生新的输入$a_4=1\oplus0=1$，则新的状态变为$(a_4,a_3,a_2,a_1)=(1,1,0,0)$；这样移位15次后又回到初始状态$(1,0,0,0)$，具体输出情况如表2-1所示。

表2-1 每次移位后移位寄存器的状态

序号	1	2	3	4	5	6	7	8	9	10	11	12	13	14	15	16	…
a_3	1	1	1	1	0	1	0	1	1	0	0	1	0	0	0	1	…
a_2	0	1	1	1	1	0	1	0	1	1	0	0	1	0	0	0	…
a_1	0	0	1	1	1	1	0	1	0	1	1	0	0	1	0	0	…
a_0	0	0	0	1	1	1	1	0	1	0	1	1	0	0	1	0	…

不难看出，若初始状态为全“0”，即$(0,0,0,0)$，则移位后得到的仍为全“0”状态。这就意味着在这种反馈移位寄存器中应避免出现全“0”状态，不然移位寄存器的状态将不会改变。由于4级线性移位寄存器共有$2^4=16$种可能的不同状态，除全“0”状态外，也就只剩15种状态可用，即由任何4级反馈移位寄存器产生的序列的周期最长为15。

2. 数学描述

图2-19给出了一个线性反馈移位寄存器组成的通用结构，每一级移位寄存器的状态用a_i表示，a_i为“0”或者“1”，其中i为整数；反馈线的连接状态用c_i表示，$c_i=1$表示此线接通(加反馈)，$c_i=0$表示此线断开。反馈线的连接状态不同，就可能改变此移位寄存器输出序列的周期p，为了进一步研究它们之间的关系，需要建立几个基本关系。

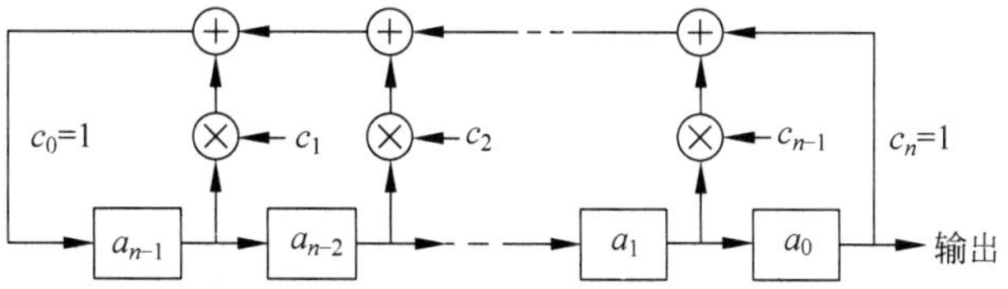

图 2-19 线性反馈移位寄存器

设 n 级线性移位寄存器的初始状态为$(a_{-1},a_{-2},\cdots,a_{-n})$，经过一次移位后，状态变为$(a_0,a_{-1},\cdots,a_{-n+1})$，经过 n 次移位后，状态变为$(a_{n-1},a_{n-2},\cdots,a_0)$，按线路连接关系，可以写出输出状态的表达式为

$$a_n=c_1a_{n-1}+c_2a_{n-2}+\cdots+c_{n-1}a_1+c_na_0=\sum_{i=1}^{n}c_ia_{n-i}\text{(模 2)} \qquad (2\text{-}99)$$

因此，对于任意一状态 a_k，都有

$$a_k=\sum_{i=1}^{n}c_ia_{k-i} \qquad (2\text{-}100)$$

式(2-100)中求和仍按模 2 运算。由于本节中类似方程都按模 2 运算，故公式中不再每次注明(模 2)。式(2-100)称为**递推方程**，它给出了移位输入 a_k 与移位前各级状态的关系。

前面曾经指出，c_i 的取值决定了移位寄存器的反馈连接和序列的结构，故 c_i 也是一个很重要的参量。现在将它用方程表示为

$$f(x)=c_0+c_1x+c_2x^2+\cdots+c_nx^n=\sum_{i=1}^{n}c_ix^i \qquad (2\text{-}101)$$

式(2-101)称为**特征方程**(或特征多项式)。式中系数 c_i 取“1”或“0”；x^i 仅指明 c_i 所在的位置，其本身的取值并无实际意义。例如，若特征方程为

$$f(x)=1+x+x^4 \qquad (2\text{-}102)$$

则它仅表示 x^0、x^1 和 x^4 的系数为 $1(c_0=c_1=c_4=1)$，其余 c_i 为 $0(c_2=c_3=0)$。按这一特征方程构成的反馈移位寄存器就是图 2-19 所示的结构。

同样，也可以将反馈移位寄存器的输出序列$\{a_k\}$用代数方程表示为

$$G(x)=a_0+a_1x+a_2x^2+\cdots+a_nx^n=\sum_{i=1}^{n}a_kx^k \qquad (2\text{-}103)$$

式(2-103)称为**母函数**。

当然还可以将式(2-101)中的系数与 n 次多项式关联起来，构成 $f(x)$的逆多项式

$$p(x)=c_0x^n+c_1x^{n-1}+\cdots+c_{n-1}x+c_n \qquad (2\text{-}104)$$

除了上述描述线性反馈移位寄存器组成和输出的方法外，还有许多描述方式，但是递推方程、特征方程和母函数就是关于产生或者描述 m 序列的 3 个基本关系式，同时也是分析移位寄存器产生 m 序列的有力工具。

3. 本原多项式

可以证明，n 级线性反馈移位寄存器的相继状态是具有周期性的，其周期最大值为 2^n-1，要产生这个最大周期$(p=2^n-1)$序列的充要条件就是线性反馈移位寄存器的特征多项式 $f(x)$为**本原多项式**。

假设多项式 $f(x)$是 n 次本原多项式，则 $f(x)$所需要满足的条件如下。

(1) $f(x)$为既约的多项式,即不能分解因子的多项式。

(2) $f(x)$能够被(x^p+1)整除,其中$p=2^n-1$。

(3) $f(x)$不能被(x^q+1)整除,其中$q<p$。

例 2.2 要求用4级线性反馈移位寄存器产生m序列,试求其特征多项式。

解:由于给定$n=4$,故此移位寄存器产生的m序列的长度为$p=2^n-1=15$,由于其特征多项式$f(x)$应能够被$(x^p+1)=(x^{15}+1)$整除,或者说应是$(x^{15}+1)$的因子,故将$(x^{15}+1)$分解因式,从其因子中找$f(x)$,即

$$(x^{15}+1)=(x^4+x+1)(x^4+x^3+1)(x^4+x^3+x^2+x+1)(x^2+x+1)(x+1) \tag{2-105}$$

$f(x)$不仅应为$(x^{15}+1)$的因子,而且还应该是4次本原多项式,注意式(2-105)的"+"运算是模2加运算,也就是"异或"运算。式(2-105)表明,$(x^{15}+1)$可以分解为5个既约因子,其中3个是4次多项式,可以证明这3个4次多项式中前两个是本原多项式,第3个不是,因为

$$(x^4+x^3+x^2+x+1)(x+1)=(x^5+1) \tag{2-106}$$

从式(2-106)可以看到,$(x^4+x^3+x^2+x+1)$不仅可以被$(x^{15}+1)$整除,而且还可以被(x^5+1)整除,故它不是本原多项式。因此,找到了两个4次本原多项式,即(x^4+x+1)和(x^4+x^3+1),其中任何一个都可产生m序列,用(x^4+x+1)作为特征多项式构成的4级线性反馈移位寄存器如图2-18所示。

由上述论述可知,只要找到了本原多项式,就能由它构成m序列产生器。但是寻找本原多项式并不简单。前人经过大量的计算,已将常用本原多项式列表备查,表2-2中列出了一部分。在制作m序列产生器时,本原多项式的项数确定移位寄存器反馈线(及模2加法电路)的数目,为了使m序列产生器的组成尽量简单,应尽量使用项数最少的那些本原多项式。由表2-2可见,本原多项式最少有3项,这时只需用一个模2加法器。对于某些n值,由于不存在3项的本原多项式,所以只好列入较长的本原多项式。

表 2-2 常用本原多项式

n	本原多项式		n	本原多项式	
	代数式	八进制表示法		代数式	八进制表示法
2	x^2+x+1	7	14	$x^{14}+x^{10}+x^6+x+1$	42103
3	x^3+x+1	13	15	$x^{15}+x+1$	100003
4	x^4+x+1	23	16	$x^{16}+x^{12}+x^3+x+1$	210013
5	x^5+x^2+1	45	17	$x^{17}+x^3+1$	400011
6	x^6+x+1	103	18	$x^{18}+x^7+1$	1000201
7	x^7+x^3+1	211	19	$x^{19}+x^5+x^2+x+1$	2000047
8	$x^8+x^4+x^3+x^2+1$	435	20	$x^{20}+x^3+1$	4000011
9	x^9+x^4+1	1021	21	$x^{21}+x^2+1$	10000005
10	$x^{10}+x^3+1$	2011	22	$x^{22}+x+1$	20000003
11	$x^{11}+x^2+1$	4005	23	$x^{23}+x^5+1$	40000041
12	$x^{12}+x^6+x^4+x+1$	10123	24	$x^{24}+x^7+x^2+x+1$	100000207
13	$x^{13}+x^4+x^3+x+1$	20033	25	$x^{25}+x^3+1$	200000011

由于本原多项式的逆多项式也是本原多项式，例如，式(2-105)中的(x^4+x+1)与(x^4+x^3+1)互为逆多项式，即 10011 与 11001 互为逆码，所以在表 2-2 中每一个本原多项式可以构成两种 m 序列产生器。将本原多项式用 8 进制数字表示，所以简化本原多项式的表示方法，例如，对于 $n=4$，表中给出“23”，它表示：

八进制数据	2	3
二进制数据	010	011
对应系数 c_i	$c_5c_4c_3$	$c_2c_1c_0$

根据上述对应关系及图 2-19 可以知道，在 $n=4$ 的线性反馈移位寄存器中，反馈连接 $c_4=c_1=c_0=1, c_5=c_3=c_2=0$。

2.7.2　m 序列的性质

1. 均衡特性

在 m 序列的一周期中，“1”和“0”的数目基本相等。准确地说，“1”比“0”多一个，这种特性称为 m 序列的均衡特性。以图 2-18 所示的 m 序列产生器为例，产生的 m 序列的周期 $p=15$，“1”的个数为 8 个，“0”的个数为 7 个。

2. 游程分布

在一个序列当中，取值相同的那些相继的(连在一起的)元素合称为“游程”，游程中元素的个数称为游程长度。下面分析由图 2-18 所示的序列产生器产生的 m 序列的游程情况，首先重新写出它的 m 序列输出为

$$\cdots\overbrace{100011110101100}^{p=15\text{个}}10\cdots$$

在上述 m 序列的一个周期(15 个元素)中共有 8 个游程，其中长度为 4 的游程有一个，即“1111”；长度为 3 的游程有一个，即“000”；长度为 2 的游程有 2 个，即“11”与“00”；长度为 1 的游程有 4 个，即两个“1”与两个“0”。一般说来，在 m 序列中，长度为 1 的游程占游程总数的 1/2；长度为 2 的游程占游程总数的 1/4；长度为 3 的占 1/8；……，依此规律向后递推，可以证明，长度为 k 的游程数目占游程总数的 2^{-k}，其中 $1\leqslant k\leqslant(n-1)$；而且在长度为 k 的游程中，连“1”的游程和连“0”的游程各占一半。

3. 移位相加

一个周期为 p 的 m 序列 M_p，与其任意次移位后的序列 M_r 模 2 相加，所得序列 M_s 必是 M_p 某次移位后的序列，即仍是周期为 p 的 m 序列。现在仍以图 2-18 构成的 m 序列产生器为例来说明。

假设 $M_p=100011110101100$，左移两位后得到 M_r，即 $M_r=001000111101011$，将 M_p 与 M_r 进行模 2 相加，得到 $M_s=M_p\oplus M_r$，即

$$M_p=100011110101100$$

$$M_r=001000111101011$$

$$M_s=101011001000111$$

从上述计算结果可以看到，所得到的 M_s 相当于将 M_p 左移 7 位后得到的序列。

4. 自相关函数

连续的周期函数 $s(t)$ 的自相关函数可以表示为

$$R(\tau)=\frac{1}{T}\int_{-T/2}^{T/2}s(t)s(t+\tau)\mathrm{d}t \tag{2-107}$$

式中，T 是 $s(t)$ 的周期。

对于用"0"和"1"表示二进制数序列来讲，根据编码理论可以证明，其自相关函数的计算公式为

$$R(j)=\frac{A-D}{A+D}=\frac{A-D}{p} \tag{2-108}$$

式中，A 表示该序列与其 j 次移位序列在一个周期中对应元素相同的数目；D 表示该序列与其 j 次移位序列在一个周期中对应元素不同的数目；p 表示该序列的周期。

假设 M_{p} 移 j 位后得到 M_{r}，则 M_{p} 序列元素 x_i 与 M_{r} 序列元素 x_{i+j} 相对应，这时式(2-108)就可以写为

$$R(j)=\frac{|x_i\oplus x_{i+j}=0|\text{ 的数目}-|x_i\oplus x_{i+j}=1|\text{ 的数目}}{p} \tag{2-109}$$

式中，$x_i=0$ 或 1。

利用式(2-109)可以计算 m 序列的自相关函数。对于式(2-109)的分子当中的模 2 运算相当于对 M_{r} 与 M_{p} 进行模 2 运算，由 m 序列的迟延相加特性可知，其产生的新序列还是 m 序列，所以式(2-109)的分子就等于 m 序列一个周期中"0"的数目与"1"的数目之差。另外，由 m 序列的均衡性可知，m 序列一个周期中"0"的数目比"1"的数目少 1，所以式(2-109)的分子等于(−1)，这样式(2-109)就可以写成

$$R(j)=\frac{-1}{p},\quad j=1,2,\cdots,p-1$$

式中，p 表示 m 序列的周期。当 $j=0$ 时，显然 $R(0)=1$。所以，m 序列的自相关函数可以表示为

$$R(j)=\begin{cases}1, & j=0\\ \dfrac{-1}{p}, & j=1,2,\cdots,p-1\end{cases} \tag{2-110}$$

不难看出，由于 m 序列具有周期性，故其自相关函数也具有周期性，且其周期为 p，即

$$R(j)=R(j+kp),\quad k=1,2,3,\cdots \tag{2-111}$$

而且，$R(j)$ 还是偶函数，即有

$$R(j)=R(-j),\quad j=1,2,\cdots,p-1 \tag{2-112}$$

由式(2-110)所示 m 序列自相关函数的计算结果来看，$R(j)$ 只可能有两种取值(1 和 $-1/p$)，通常把这类相关函数只有两种取值的序列称为**双值自相关序列**。

虽然上面数字序列的相关函数 $R(j)$ 只在离散点上取值，但也可以按式(2-109)计算 m 序列连续波形的自相关函数 $R(\tau)$。计算结果表明，$R(\tau)$ 曲线是由 $R(j)$ 各点连成的折线，如图 2-20 所示。

其相应的 $R(\tau)$ 曲线的数学表达式为

$$R(\tau)=\begin{cases}1-\dfrac{p+1}{T}|\tau-iT|, & 0\leqslant|\tau-iT|\leqslant\dfrac{T}{p},\quad i=0,1,2,\cdots\\ \dfrac{-1}{p}, & \text{其他}\end{cases} \tag{2-113}$$

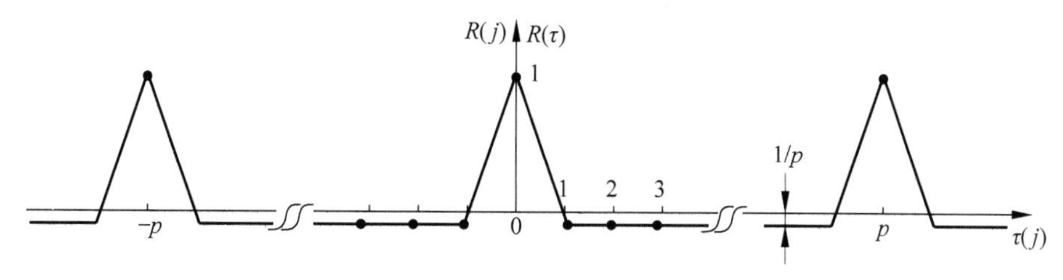

图 2-20　m 序列的自相关函数

5. 功率谱密度

在前面已经讨论过，信号的自相关函数与功率谱密度构成一对傅里叶变换。因此，当得到 m 序列的自相关函数 $R(\tau)$以后，经过傅里叶变换，就可以求出相应的功率谱密度 $P(\omega)$，其计算结果为

$$
\begin{aligned}
P(\omega) &= \int_{-\infty}^{\infty} R(\tau)\mathrm{e}^{-\mathrm{j}\omega\tau}\,\mathrm{d}\tau \\
&= \frac{p+1}{p^2}\cdot\left[\mathrm{Sa}\left(\frac{\omega T}{2p}\right)\right]^2\cdot\sum_{\substack{n=-\infty \\ n\neq 0}}^{\infty}\delta\left(\omega-\frac{2\pi n}{T}\right)+\frac{1}{p^2}\delta(\omega)
\end{aligned}
\tag{2-114}
$$

式(2-114)相应的曲线如图 2-21 所示，其中 $\omega_0=\dfrac{2\pi}{T}$。可以看到，在 $T\to\infty$时，功率谱密度 $P(\omega)$的特性趋于白噪声的功率谱特性。

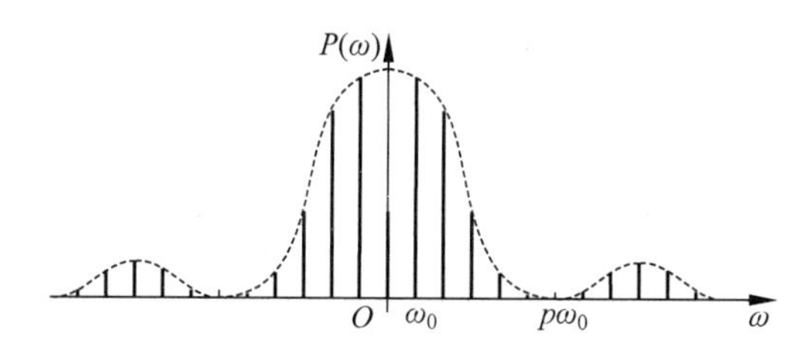

图 2-21　m 序列的功率谱密度

6. 伪噪声特性

如果对高斯白噪声进行抽样，若抽样值为正，记为“+”；若抽样值为负，记为“−”，每次抽样所得极性就构成随机序列，它具有如下基本性质。

(1) 序列中“+”和“−”的出现概率相等。

(2) 序列中长度为 1 的游程约占 1/2；长度为 2 的游程约占 1/4；长度为 3 的占 1/8；……，依此规律向后递推。一般说来，长度为 k 的游程数目占游程总数的 2^{-k}，而且在长度为 k 的游程中，连“1”的游程和连“0”的游程各占一半。

(3) 由于白噪声的功率谱密度为常数，功率谱密度的逆傅里叶变换即自相关函数为冲激函数 $\delta(\tau)$。当 $\tau\neq 0$ 时，$\delta(\tau)=0$；仅当 $\tau=0$ 时，$\delta(\tau)$是面积为 1 的脉冲。

由于 m 序列的均衡性、游程分布、自相关特性和功率谱密度与上述随机序列的基本性质很相似，所以通常认为 m 序列属于伪噪声序列或伪随机序列。但是，具有或基本具有上述特性的序列不仅只有 m 序列一种，m 序列只是其中最常见的一种。

本章小结

信号在信道中传输不仅受到信道特性的限制和约束，更会受到各类噪声的损害。本章通过分析信道的基本概念及其特性，以及不同信道对所传信号的影响，给出了改善信道特性的办法，探讨了各类噪声的特性，分析了信道容量的概念，研究了伪随机序列的产生与性质。

信道被分为狭义信道和广义信道，狭义信道重点围绕传输媒质进行研究，而广义信道则主要围绕通信系统中的相关问题行描述，例如以研究模拟通信系统为重点的调制信道以及以研究数字通信系统为核心的编码信道。对于调制信道，根据其数学模型可以将其对信号的影响归纳为乘性干扰和加性干扰，并以此为基础建立了恒参信道和随参信道的概念。对于编码信道，则通过转移概率给出了系统误码率的描述。

恒参信道对信号传输的影响是固定不变的，或者是变化极为缓慢的。当输出信号与输入信号相比较只是有衰减、放大和时延时，则称信号实现了不失真传输，此时，系统的幅频特性是常数，相频特性应是通过原点的负斜率直线。但是恒参信道并不都是理想的传输网络，有时可能出现幅度-频率畸变和相位-频率畸变等现象，为此可以采取频域和时域均衡技术改善信号传输效果。

随参信道对信号传输的影响较大，会造成信号幅度的随机衰落、传输时延的随机变化以及多径效应，进而出现多径衰落、频率弥散以及频率选择性衰落等问题，其中信道的最大时延差等参数直接影响信号传输的带宽，为此，提出了基于空间、频率、角度、极化等方面的分集接收手段，来改善系统的性能。

随机过程是研究通信系统的重要的数学工具，概率分布和数字特征是它们的重要研究方法。狭义平稳、广义平稳和各态历经性等假设，使得随机过程这一数学工具更加贴近于工程实践，特别是对相关函数与功率谱密度相互关系的分析，可以为后续通信信号、噪声和系统的研究打下坚实的基础。

基于上述随机过程的数学基础，本章对通信系统中常见的噪声进行了研究。首先，分析了白噪声和带限白噪声功率谱密度与自相关函数的关系；其次，分析了高斯随机过程的一维和 n 维统计特性，并对高斯随机过程的几个重要性质进行了探讨；再次，研究了窄带高斯噪声和正弦信号加窄带高斯噪声的包络和相位的分布；最后，对随机过程通过线性系统进行了研究，得到了输入平稳过程的功率谱密度与系统传输功率谱密度的关系。

信道受到加性高斯噪声的干扰时，如果信道传输信号的功率和信道的带宽给定，则存在一个最高的信息传输速率，这就是所谓的信道容量。信道容量可由香农公式进行描述，本章根据香农公式各变量的物理含义，分析了香农公式的典型应用。

伪随机序列具有类似于随机噪声的某些统计特性，同时又能够重复产生，因此，在通信系统中得以广泛应用，为此本章探讨了 m 序列产生的基本原理，给出了数学描述，最后对 m 序列的均衡特性、游程分布、移位相加和噪声等特性进行了介绍，并介绍了它的自相关函数性质和功率谱密度。

思考题

1. 什么是狭义信道？什么是广义信道？
2. 什么是调制信道？什么是编码信道？
3. 试画出调制信道模型和二进制编码信道模型。
4. 信道无失真传输的条件是什么？
5. 群迟延特性是如何定义的？它与相位-频率特性有何关系？
6. 恒参信道的主要特性有哪些？对所传信号有何影响？如何改善？
7. 随参信道的主要特性有哪些？
8. 什么是频率弥散？分析其产生的原因。
9. 什么是频率选择性衰落？分析其产生的原因。
10. 简述快衰落和慢衰落产生的原因。
11. 什么是相关带宽？相关带宽对于随参信道信号传输具有什么意义？
12. 什么是分集接收？其作用是什么？常见的几种分集方式是什么？
13. 什么是随机过程？它具有什么特点？
14. 随机过程的数字特征主要有哪些？分别表征随机过程的什么特性？
15. 什么是平稳随机过程？广义平稳与严格平稳有什么关系？
16. 什么是各态历经性？其意义何在？
17. 平稳过程的自相关函数有哪些性质？它与功率谱密度的关系如何？
18. 根据噪声的性质来分类，噪声可以分为哪几类？
19. 什么是高斯型白噪声？它的概率密度函数、功率谱密度函数如何表示？
20. 什么是窄带高斯噪声？在波形上有什么特点？其包络和相位各服从什么分布？
21. 窄带高斯噪声的同相分量和正交分量各具有什么样的统计特性？
22. 正弦信号加窄带高斯噪声的合成波包络服从什么概率分布？
23. 信道容量是如何定义的？香农公式有何意义？
24. 什么是 m 序列？
25. m 序列的本原多项式有什么要求？
26. 简述 m 序列的性质。

习题

1. 设某恒参信道的传递函数 $H(\omega)=K_0\mathrm{e}^{-\mathrm{j}\omega t_d}$，$K_0$ 和 t_d 都是常数，试确定信号 $s(t)$ 通过该信道后输出信号的时域表达式，并讨论信号有无失真。

2. 某恒参信道的传输函数为 $H(\omega)=[1+\cos\omega T_0]\mathrm{e}^{-\mathrm{j}\omega t_d}$，其中，$T_0$ 和 t_d 为常数，试确定信号 $s(t)$ 通过 $H(\omega)$ 后输出信号的表示式，并讨论有无失真。

3. 假设某随参信道的两径传输时延差 τ 为 $1\mu\mathrm{s}$，到达接收点的两路信号的强度相同，试问在该信道哪些频率上传输衰耗最大？选用哪些频率传输信号最有利（即增益最大，衰耗最小）？

4. 一个均值为 0 的随机信号 $s(t)$，具有如图 P2-1 所示的三角形功率谱。

(1) 信号的平均功率为多少？

(2) 计算其自相关函数。

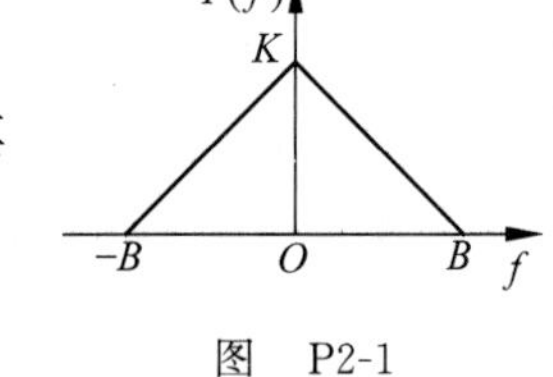

图 P2-1

5. 频带有限的白噪声 $n(t)$，功率谱 $P_n(f)=10^{-6}\mathrm{V}^2/\mathrm{Hz}$，其频率范围为－100～100kHz。

(1) 试证噪声的均方根值约为 0.45V。

(2) 求 $R_n(\tau)$、$n(t)$和 $n(t+\tau)$在什么间距上不相关？

(3) 设 $n(t)$是服从高斯分布的，试求在任一时刻 t，$n(t)$超过 0.45V 的概率。

6. 已知噪声 $n(t)$的自相关函数 $R(\tau)=\dfrac{a}{2}\mathrm{e}^{-a|\tau|}$，$a$ 为常数。

(1) 计算功率谱密度。

(2) 绘制自相关函数及功率谱密度的图形。

7. 将一个均值为 0、功率谱密度为 $n_0/2$ 的高斯白噪声加到一个中心角频率为 ω_c、带宽为 B 的理想带通滤波器上，如图 P2-2 所示。

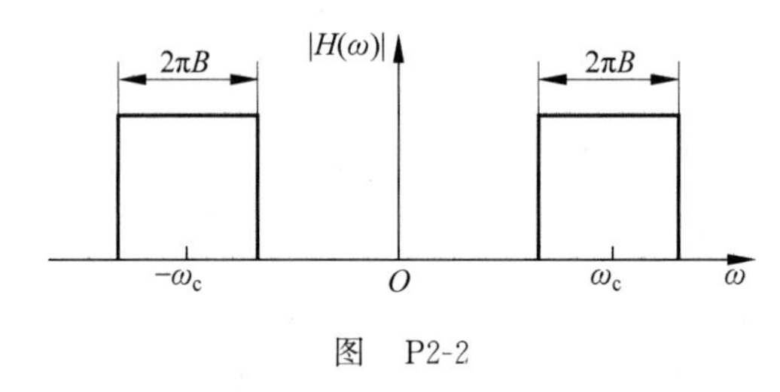

图 P2-2

(1) 求滤波器输出噪声的自相关函数。

(2) 写出输出噪声的一维概率密度函数。

8. 已知高斯信道的带宽为 4kHz，信噪比为 63，试确定这种理想通信系统的极限传输速率。

9. 已知有线电话信道的传输带宽为 3.4kHz。

(1) 试求信道输出信噪比为 30dB 时的信道容量。

(2) 若要求在该信道中传输 33.6kb/s 的数据，试求接收端要求的最小信噪比。

10. 有 6.5MHz 带宽的高斯信道，若信道中信号功率与噪声功率谱密度之比为 45.5MHz，试求其信道容量。

11. 黑白电视图像每幅由 3×10^5 个像素组成，每个像素有 16 个等概率出现的亮度等级，要求每秒传输 30 帧图像。若信道输出 $S/N=30\mathrm{dB}$，计算传输该黑白电视图像所要求的信道的最小带宽。

第二部分

PART 2

信号发送与接收

通信系统的信号发送与接收是实现消息有效传递的关键，根据传输系统的结构以及所传输的信号类型不同，可以将这些系统划分为模拟调制系统、数字基带传输系统、数字频带传输系统和数字信号最佳接收系统，其中，数字信号最佳接收系统则是在忽略数字信号是否调制时基础上，以误码率最小为准则的最佳接收系统。

传统的 AM 和 FM 收音机以及对讲机都是典型的模拟调制系统，它们实际上是根据调制信号控制载波的参数不同而形成的不同的通信方式。如果从频谱上分析，这些模拟调制系统又可以分为线性调制系统和非线性调制系统。AM 是最早应用的线性调制系统，虽然它解调简单，但是在传输过程中不携带信息的载波浪费了大量的能量，为此，提出了抑制载波的双边带调幅(DSB-SC)技术，简称 DSB。分析 DSB 信号的上、下两个边带可以发现，它们是完全对称的，均携带了调制信号的全部信息，为此出现了一种新的调制方式，就是单边带调制(SSB)。由于 SSB 工程实现较为困难，人们对其进行了改进，得到了残留边带调制(VSB)。VSB 是介于 SSB 与 DSB 之间的一种调制方式，应用广泛。非线性调制主要包括频率调制(FM)和相位调制(PM)，由于角频率和相位之间存在微分与积分的关系，所以 FM 与 PM 之间是可以相互转换的。与线性调制相比，FM 的调制制度增益更高，但信号带宽更大。

有线网络接口(例如 RJ-45)、HDMI 接口和 USP 接口等能够将计算机接入数字基带传输系统，在这些系统中传输的都是数字基带信号，它需要进行周密的设计以匹配相应的有线信道传输，为此，分析信号的时域和频域是非常重要的。误码率是衡量数字基带传输系统性能的重要可靠性指标，码间串扰和噪声是产生误码的根本原因，为此，需要设计无码间串扰的基带传输系统，以及确定噪声与误码之间的关系。当然，眼图是利用实验的方法估计传输系统性能的有效方法，而利用时域均衡与部分响应系统能够较好地改善数字基带传输系统的性能。

移动通信和无线互联网都依托数字频带传输技术的发展，而幅移键控(ASK)、频移键控(FSK)和相移键控(PSK 或 DPSK)是最为基本的数字调制技术。为此，研究 ASK、FSK、PSK 和 DPSK 信号的时域和频域特性，分析数字频带传输系统的调制与解调机理以及主要性能指标，对于深化现代数字调制技术和系统的研究异常重要。当然，多进制数字频带传输技术和系统也很受人们的关注。

数字基带传输系统和数字频带传输系统都属于数字传输系统，这些信号的最佳接收通常按照“错误概率最小”为准则进行信号的接收。基于错误概率最小准则，在零均值高斯白噪声环境下，利用相关理论知识能够推导出数字传输系统的最佳接收机结构。但这个接收机是一种理想情况，在实际工程中还需要考虑随相信号和起伏信号类型的最佳接收机结构。当然可以证明上述最佳接收机性能一定优于实际接收机性能，这一点可以通过数学和物理推导得到证实。

匹配滤波器是指符合输出最大信噪比准则的最佳线性滤波器，当然在抽样判决时“最大信噪比”对应“错误概率最小”，因此，依据此描述可知，这类与最佳接收机性能一致的接收机就是由匹配滤波器组成的数字最佳接收机。

第3章 模拟调制系统

CHAPTER 3

信源产生的原始电信号,例如拾音器输出的话音信号等,大多属于低通信号,需要转换成适合信道传输的信号,这一转换称为调制。这样看来,所谓调制,就是按原始电信号的变化规律去改变载波某些参量的过程,载波起着运载原始电信号的作用,通常可以选择正弦信号或者脉冲串信号。这里的**原始电信号常称为调制信号或基带信号,调制后所得到的信号称为已调信号或频带信号**。

调制的方式很多,根据调制信号的形式不同,调制可分为模拟调制和数字调制。根据载波的形式不同,调制可以分为以正弦信号作为载波的连续波调制和以脉冲串作为载波的脉冲调制。根据调制信号控制载波的参数不同,调制可以分为幅度调制、频率调制和相位调制,或者幅度调制和角度调制。根据已调信号与调制信号频谱之间的关系,调制可以分为线性调制和非线性调制。除此之外,调制还有多种分类方式,这里不再一一赘述。

本章将讨论调制信号为模拟信号,载波为正弦信号的连续波调制,也就是模拟调制系统。并根据调制信号与已调制信号频谱之间的关系,重点介绍各种线性调制(AM、DSB、SSB、VSB)与非线性调制(FM、PM)信号的产生(调制)与接收(解调),分析它们的基本原理、方法和技术,研究不同调制系统的性能指标。

3.1 线性调制原理

如果已调信号的频谱和调制信号的频谱之间满足线性搬移关系,则称为线性调制,通常也称为幅度调制。线性调制的主要特征是调制前、后的信号频谱在形状上没有发生根本变化,仅仅是频谱的幅度和位置发生了变化,即把基带信号的频谱线性搬移到与信道相应的某个频带上。通常线性调制具体包括常规双边带调幅(AM)、抑制载波双边带调幅(DSB)、单边带调制(SSB)和残留边带调制(VSB)等。

3.1.1 常规双边带调幅

1. 信号描述

如果已调信号的包络与调制信号呈线性对应关系,则称这种调制为常规双边带调幅(AM),其数学表达式可以写为

$$s_{\mathrm{AM}}(t)=[A_0+m(t)]\cos\omega_c t=A_0\cos\omega_c t+m(t)\cos\omega_c t \tag{3-1}$$

式中,A_0 为外加的直流分量;$m(t)$是调制信号,通常认为其平均值为0,即 $\overline{m(t)}=0$。

式(3-1)为 AM 信号的时域表达式，对应的频域描述为

$$S_{AM}(\omega)=\pi A_0[\delta(\omega+\omega_c)+\delta(\omega-\omega_c)]+\frac{1}{2}[M(\omega+\omega_c)+M(\omega-\omega_c)] \tag{3-2}$$

AM 信号的典型波形和频谱示意图如图 3-1 所示。由图 3-1(a)可见，AM 信号波形的包络与调制信号 $m(t)$成正比。而从图 3-1(b)所示的频域描述可以看到：调制前后信号频谱形状没有变化，仅仅是信号频谱的位置和幅度的大小出现了变化；信号频谱由位于$\pm f_c$处的冲激函数以及分布在$\pm f_c$处两边的边带频谱组成；调制前调制信号的频带宽度为 f_H，调制后 AM 信号的频带宽度变为

$$B_{AM}=2B_m=2f_H \tag{3-3}$$

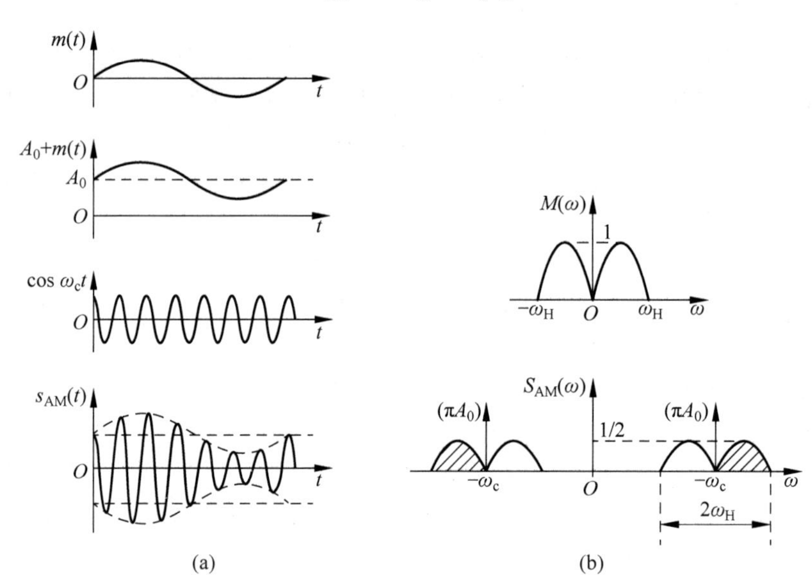

图 3-1 AM 信号的典型波形和频谱示意图

2. 调幅指数

观察图 3-1(a)可以看出，为了载波包络能够准确反映调制信号，则要求

$$A_0+m(t)\geqslant 0 \quad 或 \quad A_0\geqslant |m(t)|_{max} \tag{3-4}$$

通常也可以用调幅指数定量描述 A_0 与$|m(t)|_{max}$的关系。如果调制信号为单频信号，设调制信号为

$$m(t)=A_m\cos\omega_m t \tag{3-5}$$

则

$$\begin{aligned} s_{AM}(t)&=[A_0+A_m\cos\omega_m t]\cos\omega_c t\\ &=A_0[1+\beta\cos\omega_m t]\cos\omega_c t \end{aligned} \tag{3-6}$$

式中，$\beta=\dfrac{A_m}{A_0}\leqslant 1$ 称为**调幅指数**，也叫做**调幅度**。调幅指数的数值介于 0 和 1 之间，因此，正常情况下 $\beta<1$，当 $\beta>1$ 时称为过调幅，当 $\beta=1$ 时称为满调幅(临界调幅)。

3. 功率分配及调制效率

AM 信号在 1Ω 电阻上的平均功率应等于 $s_{AM}(t)$的均方值，当 $m(t)$为确知信号时，$s_{AM}(t)$的均方值即为其平方的时间平均，即

$$P_{AM}=\overline{s_{AM}^2(t)}=\overline{[A_0+m(t)]^2\cos^2\omega_c t}$$
$$=\overline{A_0^2\cos^2\omega_c t}+\overline{m^2(t)\cos^2\omega_c t}+\overline{2A_0 m(t)\cos^2\omega_c t}$$

因为调制信号不含直流分量，即 $\overline{m(t)}=0$，所以

$$P_{AM}=\frac{A_0^2}{2}+\frac{\overline{m^2(t)}}{2}=P_c+P_s \tag{3-7}$$

式中，$P_c=A_0^2/2$ 为载波功率；$P_s=\overline{m^2(t)}/2$ 为边带功率。

由此可见，AM 信号的平均功率包括载波功率和边带功率两部分，而且只有边带功率分量才与调制信号有关，载波功率分量不携带信息。因此，有用信号功率占总功率的比例可以写为

$$\eta_{AM}=\frac{P_s}{P_{AM}}=\frac{\overline{m^2(t)}}{A_0^2+\overline{m^2(t)}} \tag{3-8}$$

式中，η_{AM} 为调制效率，显然，AM 信号的调制效率总是小于 1。

例 3.1　设 $m(t)$为正弦信号，进行 100%的常规双边带调幅，求此时的调制效率。

解：依题意无妨设 $m(t)=A_1\cos\omega_1 t$，而 100%调制就是 $A_0=|m(t)|_{max}$ 的调制，即 $A_0=A_1$。因此

$$\overline{m^2(t)}=\frac{A_1^2}{2}=\frac{A_0^2}{2}$$

$$\eta_{AM}=\frac{\overline{m^2(t)}}{A_0^2+\overline{m^2(t)}}=\frac{A_0^2/2}{A_0^2+A_0^2/2}=\frac{1}{3}=33.3\%$$

由此可见，正弦波做 100%调制时，调制效率也仅为 33.3%。

4. 调制与解调

AM 信号产生的原理图可以直接由式(3-1)得到，由于存在两种等价的数学描述方法，所以其实现方法也有两种，如图 3-2 所示。

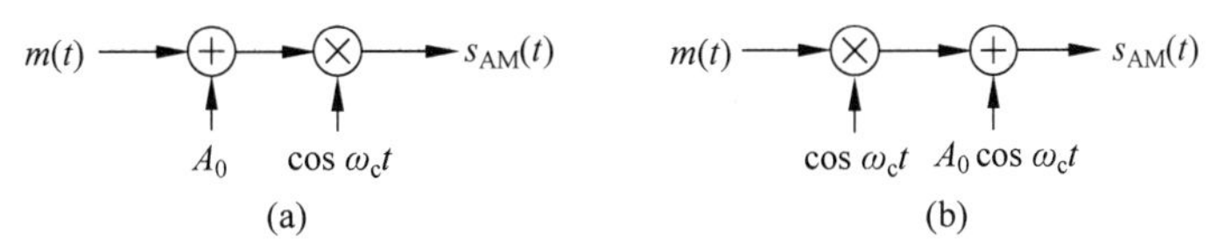

图 3-2　AM 信号产生原理

调制过程的逆过程叫做解调，AM 信号的解调是把接收到的已调信号 $s_{AM}(t)$还原为调制信号 $m(t)$。**AM 信号的解调方法有相干解调和包络检波解调两种**。

(1) 相干解调。

解调与调制的实质一样，均是频谱搬移，由图 3-1(b)所示 AM 信号的频谱可知，如果将已调信号的频谱搬回原点位置，即可得到原始的调制信号频谱，从而恢复出原始信号。解调中的频谱搬移同样可用调制时的相乘运算来实现，如图 3-3 所示，这种解调方法称为同步解调或相干解调，也叫同步检波。

从图 3-3 可以看出，将已调信号乘上一个与调制器同频同相的载波，得

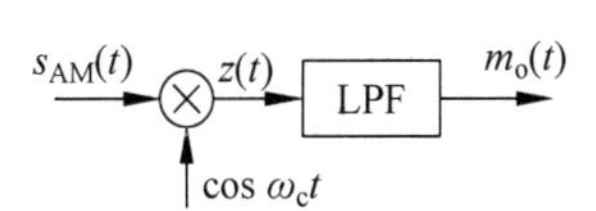

图 3-3　相干解调原理框图

$$z(t)=s_{AM}(t)\cos\omega_c t$$
$$=[A_0+m(t)]\cos^2\omega_c t$$

$$=\frac{1}{2}[A_0+m(t)]+\frac{1}{2}[A_0+m(t)]\cos 2\omega_c t$$

可知，只要用一个低通滤波器(LPF)，就可以将第1项与第2项分离，从而无失真地恢复出原始的调制信号

$$m_o(t)=\frac{1}{2}[A_0+m(t)] \tag{3-9}$$

在式(3-9)中，$A_0/2$ 为直流成分，可以用一个隔直流电容来去除，从而得到调制信号 $m(t)$。

从上述实现过程可以看到，相干解调的关键是必须产生一个与调制器同频同相的载波，如果同频同相的条件得不到满足，则会影响原始信号的恢复。

(2) 包络检波解调。

由图3-1(a)所示 $s_{AM}(t)$ 的波形可见，AM信号波形的包络与输入基带信号 $m(t)$ 成正比，故可以用包络检波的方法恢复原始调制信号。包络检波器一般由半波或全波整流器和低通滤波器组成，如图3-4所示。

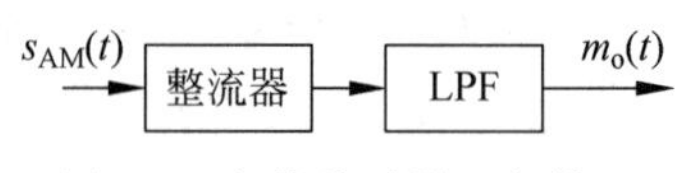

图3-4 包络检波器一般模型

图3-5所示为串联型包络检波器的具体电路及其输出波形，电路由二极管D、电阻R和电容C组成。当 RC 值选择得当时，包络检波器的输出与输入信号的包络会十分相近。包络检波器输出的信号中通常含有频率为 ω_c 的波纹，可由低通滤波器滤除。

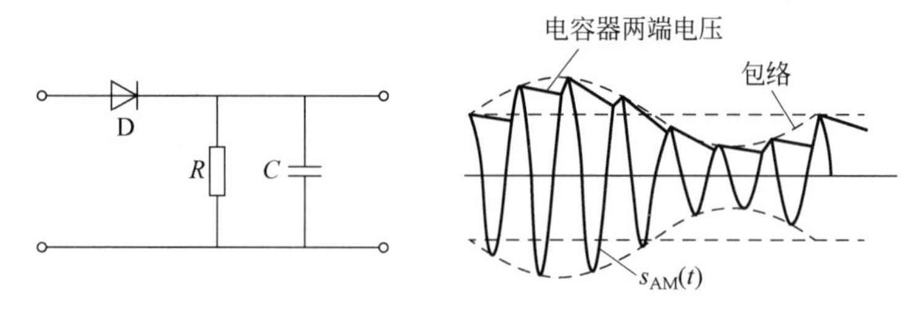

图3-5 串联型包络检波器电路及其输出波形

包络检波法属于非相干解调法，其特点是解调电路简单，特别是接收端不需要与发送端同频同相的载波，大大降低了实现难度和成本。因此，几乎所有调幅(AM)式接收机都采用这种电路。

综上所述，采用AM调制传输信息的好处在于解调电路简单，可采用包络检波法；缺点是调制效率低，载波分量不携带信息但却占据了大部分功率。如果抑制载波分量的传送，则可演变出另一种调制方式，即抑制载波的双边带调幅(DSB)。

3.1.2 抑制载波的双边带调幅

1. 信号描述

由于调制信号 $m(t)$ 中无直流分量，将式(3-1)中的载波抑制掉，则输出的已调信号就是无载波分量的双边带调制信号，或称抑制载波双边带(DSB)调制信号，DSB信号的时域和频域描述分别为

$$s_{DSB}(t)=m(t)\cos\omega_c t \tag{3-10}$$

$$S_{\mathrm{DSB}}(\omega)=\frac{1}{2}[M(\omega+\omega_{\mathrm{c}})+M(\omega-\omega_{\mathrm{c}})] \tag{3-11}$$

对应的波形和频谱示意图如图 3-6 所示。

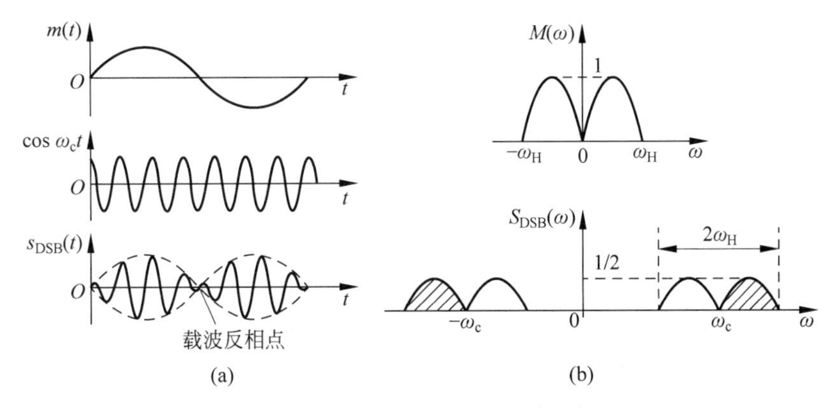

图 3-6 DSB 信号的波形和频谱示意图

由图 3-6 可见，DSB 信号的包络不再与 $m(t)$ 成正比，故不能进行包络检波，需采用相干解调。除了不再含有载频分量的离散谱外，DSB 信号的频谱与 AM 信号的完全相同，仍由上下对称的两个边带组成，故 DSB 信号是不带载波的双边带信号，因此，它的带宽与 AM 信号相同，也为基带信号带宽的 2 倍，即

$$B_{\mathrm{DSB}}=B_{\mathrm{AM}}=2B_m=2f_{\mathrm{H}} \tag{3-12}$$

式中，$B_m=f_{\mathrm{H}}$ 为调制信号带宽，f_{H} 为调制信号的最高频率。

2. 功率分配及调制效率

由于不再包含载波成分，因此，DSB 信号的功率就等于边带功率，即

$$P_{\mathrm{DSB}}=P_{\mathrm{s}}=\frac{1}{2}\overline{m^2(t)} \tag{3-13}$$

式中，P_{s} 为边带功率，显然，DSB 信号的调制效率为 100%。

3. 调制与解调

DSB 调制器模型可以由式(3-10)直接得到，具体结构如图 3-7 所示。可见，DSB 信号实质上就是基带信号与载波相乘得到的。

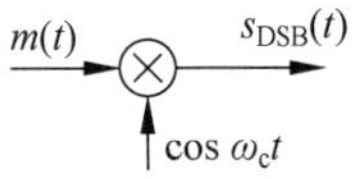

DSB 信号只能采用相干解调，其模型与 AM 信号相干解调时完全相同，如图 3-3 所示。此时，乘法器输出为

$$\begin{aligned}z(t)&=s_{\mathrm{DSB}}(t)\cos\omega_{\mathrm{c}}t=m(t)\cos^2\omega_{\mathrm{c}}t\\&=\frac{1}{2}m(t)+\frac{1}{2}m(t)\cos 2\omega_{\mathrm{c}}t\end{aligned}$$

m(t) → ⊗ → $s_{\mathrm{DSB}}(t)$；$\cos\omega_{\mathrm{c}}t$

图 3-7 DSB 调制器模型

经低通滤波器，得

$$m_{\mathrm{o}}(t)=\frac{1}{2}m(t) \tag{3-14}$$

DSB 的好处是节省了载波发射功率，调制效率高，调制电路简单，仅用一个乘法器就可实现；缺点是占用频带宽度比较宽，为基带信号的 2 倍，解调必须采用相干解调方式。

3.1.3 单边带调制

由于 DSB 信号的上、下两个边带是完全对称的，皆携带了调制信号的全部信息，因此，从信息传输的角度来考虑，仅传输其中一个边带就够了。这就演变出另一种新的调制方式，也就是单边带调制(SSB)。

1. 信号带宽和功率

从图 3-6 可以清楚地看出，SSB 信号的频谱是 DSB 信号频谱的一个边带，其带宽为 DSB 信号的一半，与基带信号带宽相同，即

$$B_{SSB}=\frac{1}{2}B_{DSB}=B_m=f_H \tag{3-15}$$

式中，$B_m=f_H$ 为调制信号带宽，f_H 为调制信号的最高频率。

由于仅包含一个边带，因此 SSB 信号的功率为 DSB 信号的一半，即

$$P_{SSB}=\frac{1}{2}P_{DSB}=\frac{1}{4}\overline{m^2(t)} \tag{3-16}$$

显然，因 SSB 信号不含有载波成分，SSB 的调制效率为 100%。

2. SSB 信号的产生

产生 SSB 信号的方法很多，其中最基本的方法为滤波法和相移法。

(1) 滤波法

用滤波法实现单边带调制的原理如图 3-8 所示，图中的 $H_{SSB}(\omega)$为单边带滤波器。

产生 SSB 信号最直观的方法是将 $H_{SSB}(\omega)$设计成图 3-9 所示的具有理想高通特性 $H_H(\omega)$或理想低通特性 $H_L(\omega)$的单边带滤波器，从而只让所需的一个边带通过，滤除另一个边带，其传递函数可以表示为

$$H_{SSB}(\omega)=H_H(\omega)=\begin{cases}1, & |\omega|>\omega_c\\ 0, & |\omega|\leqslant\omega_c\end{cases} \tag{3-17a}$$

$$H_{SSB}(\omega)=H_L(\omega)=\begin{cases}1, & |\omega|<\omega_c\\ 0, & |\omega|\geqslant\omega_c\end{cases} \tag{3-17b}$$

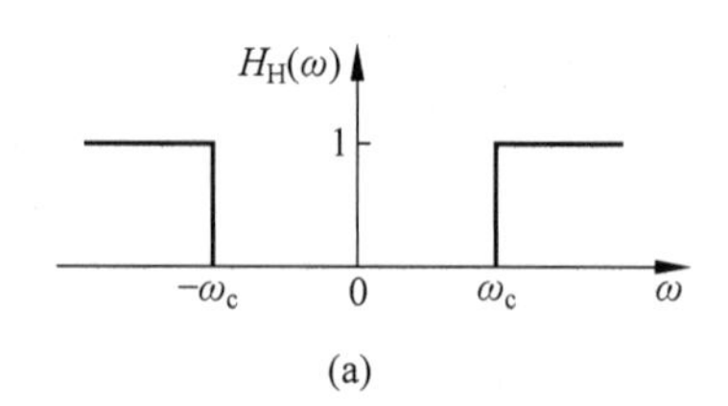

图 3-8 SSB 信号的滤波法产生

图 3-9 SSB 信号的滤波器

产生上边带信号时 $H_{SSB}(\omega)$ 为 $H_H(\omega)$，产生下边带信号时 $H_{SSB}(\omega)$ 为 $H_L(\omega)$，则

$$S_{SSB}(\omega)=S_{SSB}(\omega)H_{SSB}(\omega) \tag{3-18}$$

对应式(3-18)，上、下边带信号的频谱 $S_{USB}(\omega)$ 和 $S_{LSB}(\omega)$ 分别如图 3-10 所示。

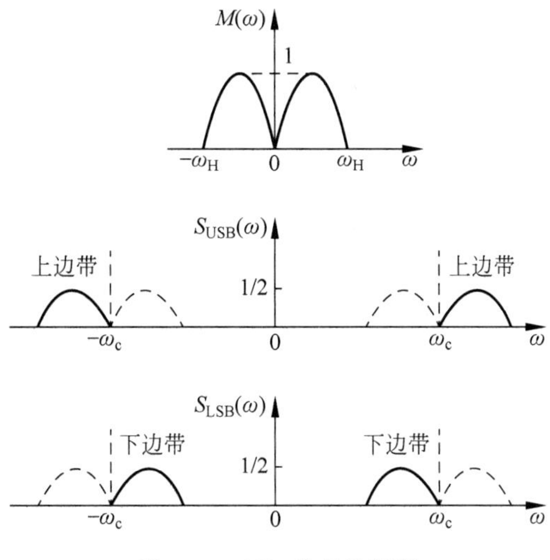

图 3-10　SSB 信号的频谱

用滤波法产生 SSB 信号的原理框图简洁、直观，但存在的一个重要问题是单边带滤波器不易实现。这是因为理想特性的滤波器是不可能做到的，实际滤波器从通带到阻带总有一个过渡带。滤波器的实现难度与过渡带相对于载频的归一化值有关，过渡带的归一化值愈小，分割上、下边带就愈难实现。通常从工程上讲，需要过渡带 α 与载频 f_c 满足关系

$$f_c \leqslant \frac{2\alpha}{0.01} \tag{3-19}$$

例 3.2　对于 300～3400Hz 的话音信号，如何使用滤波法实现单边带短波通信。

解：已知短波通信工作频率为 3～30MHz 范围，把 300～3400Hz 的话音信号直接用单边带调制方法调制到这样高的工作频率上显然是不行的，因为它满足不了式(3-19)的约束，因此，必须经过多级单边带频谱搬移。

根据式(3-19)计算可以得到，直接单边带频谱搬移的最大频率为

$$f_{c1} \leqslant \frac{2\alpha}{0.01}=\frac{2\times 300}{0.01}=60\text{kHz}$$

说明滤波器的中心工作频率不应超过 60kHz，显然不能满足短波通信频段的要求。为此，需要进行再次频谱搬移，此时，过渡带 $\alpha=60.3\text{kHz}$，利用式(3-19)可以得到

$$f_{c2} \leqslant \frac{2\alpha}{0.01}=\frac{2\times 60.3}{0.01}\approx 12\text{MHz}$$

此时 12MHz 载波满足了短波通信工作频率要求。

上述两次频谱搬移的工作原理框图如图 3-11 所示。

当然，如果工作频率超过 12MHz，则需要采用 3 次或者更多次频谱搬移才能满足要求。这种多级频谱搬移的方法在单边带电台中已被广泛应用。

(2) 相移法

SSB 信号的频域表示直观且简明，但其时域表达式的推导比较困难，当调制信号是单音

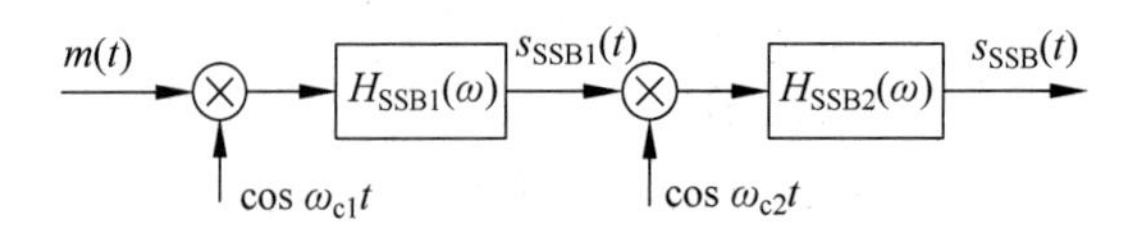

图 3-11　二次频谱搬移的框图

信号时，能够比较方便地推导出单音调制的单边带信号时域表达式。

设单音信号 $m(t)=A\cos\omega_m t$，经图 3-8 所示的乘法器之后成为双边带信号，可以表示为

$$\begin{aligned}s_{DSB}(t)&=m(t)\cos\omega_c t=A\cos\omega_m t\cos\omega_c t\\&=\frac{A}{2}[\cos(\omega_c+\omega_m)t+\cos(\omega_c-\omega_m)t]\end{aligned}\tag{3-20}$$

如果通过上边带滤波器 $H_H(\omega)$，则得到 USB 信号为

$$s_{USB}(t)=\frac{A}{2}\cos(\omega_c+\omega_m)t=\frac{A}{2}\cos\omega_m t\cos\omega_c t-\frac{A}{2}\sin\omega_m t\sin\omega_c t$$

如果通过下边带滤波器 $H_L(\omega)$，则得到 LSB 信号为

$$s_{LSB}(t)=\frac{A}{2}\cos(\omega_c-\omega_m)t=\frac{A}{2}\cos\omega_m t\cos\omega_c t+\frac{A}{2}\sin\omega_m t\sin\omega_c t$$

把上、下两个边带合并起来，可以写成

$$s_{SSB}(t)=\frac{A}{2}\cos\omega_m t\cos\omega_c t\mp\frac{A}{2}\sin\omega_m t\sin\omega_c t\tag{3-21}$$

式中，“−”对应上边带信号，“+”对应下边带信号。虽然，式(3-21)是在单音调制下得到的，但是它不失一般性，可以证明对于任意调制信号，其单边带调制的时域表达式为

$$s_{SSB}(t)=\frac{A}{2}m(t)\cos\omega_c t\mp\frac{A}{2}\hat{m}(t)\sin\omega_c t\tag{3-22}$$

同样，“−”对应上边带信号，“+”对应下边带信号；$\hat{m}(t)$表示把 $m(t)$的所有频率成分均相移 $\pi/2$，称为 $m(t)$的希尔伯特变换。

根据式(3-22)可得到用相移法形成 SSB 信号的一般模型如图 3-12 所示，图中 $H_h(\omega)$为希尔伯特滤波器，它实质上是一个宽带相移网络，使 $m(t)$中的任意频率分量均相移 $\pi/2$。

相移法形成 SSB 信号的困难在于宽带相移网络的制作，该网络要对调制信号的所有频率分量严格相移 $\pi/2$，这一点即使近似达到也是很困难的。为了解决这个难题，可以采用混合法，限于篇幅，本书不做介绍。

3. SSB 信号的解调

由式(3-22)不难看出，SSB 信号的包络不再与调制信号 $m(t)$成正比，因此 SSB 信号的解调也不能采用简单的包络检波，需采用相干解调，如图 3-13 所示。

从图 3-13 可以看到，乘法器输出为

$$\begin{aligned}s_p(t)&=s_{SSB}(t)\cos\omega_c t=\frac{1}{2}[m(t)\cos\omega_c t\mp\hat{m}(t)\sin\omega_c t]\cos\omega_c t\\&=\frac{1}{2}m(t)\cos^2\omega_c t\mp\frac{1}{2}\hat{m}(t)\cos\omega_c t\sin\omega_c t\\&=\frac{1}{4}m(t)+\frac{1}{4}m(t)\cos2\omega_c t\mp\frac{1}{4}\hat{m}(t)\sin2\omega_c t\end{aligned}$$

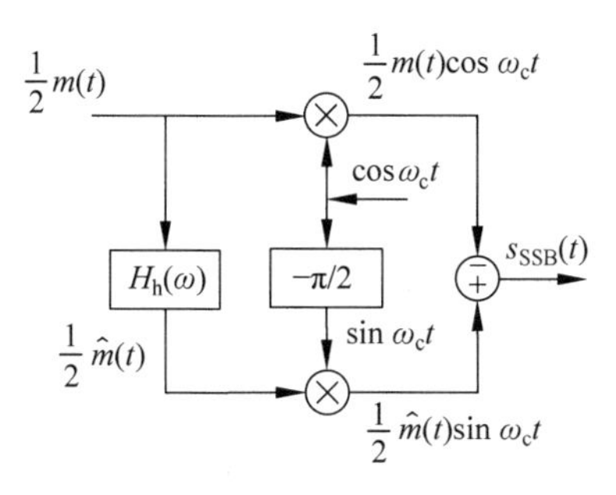

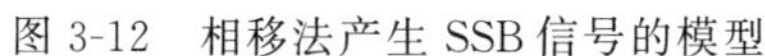
图 3-12　相移法产生 SSB 信号的模型

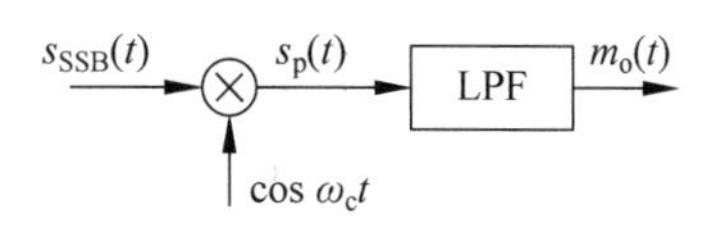

图 3-13　SSB 信号的相干解调

经低通滤波后解调输出为

$$m_o(t)=\frac{1}{4}m(t) \tag{3-23}$$

综上所述，单边带幅度调制的好处是节省了载波发射功率，调制效率高，频带宽度只有双边带的一半，频带利用率提高了一倍；缺点是单边带滤波器实现难度大。

3.1.4　残留边带调制

残留边带调制(VSB)是介于 SSB 与 DSB 之间的一种调制方式，它既克服了 DSB 信号占用频带宽的问题，又解决了单边带滤波器因过于陡峭而不易实现的难题。

1. 调制原理

为避免 SSB 系统中单边带滤波器过度陡峭的问题，在 VSB 中除了传送一个边带外，还保留了另外一个边带的一部分，使得物理实现变得方便可行。对应 DSB、SSB 和 VSB 的边带滤波器特性示意如图 3-14 所示。

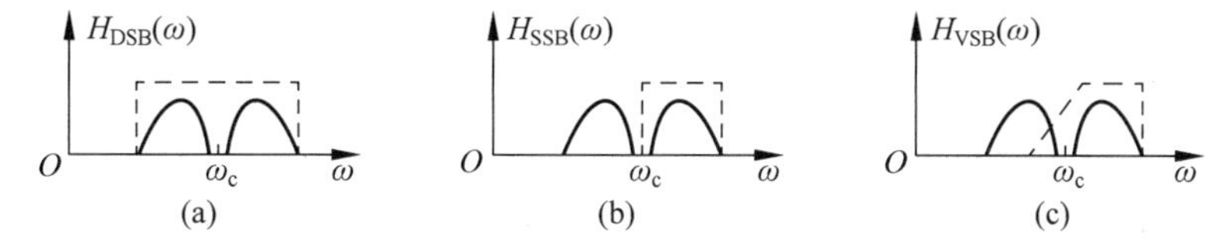

图 3-14　边带滤波器特性示意图

从图 3-14(c)可以看出，残留边带滤波器的特性是让一个边带绝大部分顺利通过，仅衰减 f_c 附近一小部分信号的频谱分量；让另一个边带绝大部分被抑制，只保留 f_c 附近的一小部分。利用图 3-14(c)所示特性对应的残留边带滤波器 $H_{VSB}(\omega)$，可以基于滤波法实现残留边带调制，如图 3-15 所示。

对应图 3-15，VSB 信号的频域表达式为

$$\begin{aligned}S_{VSB}(\omega)&=S_{DSB}(\omega)H_{VSB}(\omega)\\&=\frac{1}{2}[M(\omega-\omega_c)+M(\omega+\omega_c)]H_{VSB}(\omega)\end{aligned} \tag{3-24}$$

式中，$S_{VSB}(\omega)$、$S_{DSB}(\omega)$和 $M(\omega)$分别是 $s_{VSB}(t)$、$s_{DSB}(t)$和 $m(t)$的傅里叶变换。

2. 解调原理

VSB 信号显然也不能采用包络检波，而必须采用图 3-16 所示的相干解调。

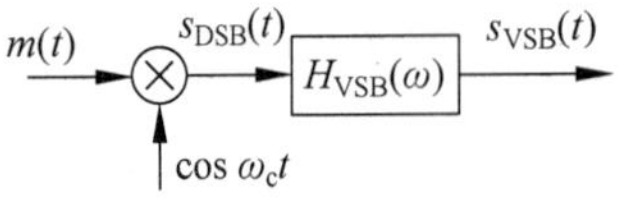

图 3-15　VSB 信号的滤波法产生

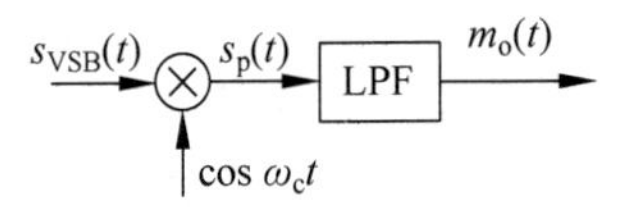

图 3-16　VSB 信号的相干解调

由图 3-16 可得乘法器输出为

$$s_p(t)=s_{VSB}(t)\cos\omega_c t$$

相应的频域表达式为

$$S_p(\omega)=\frac{1}{2}[S_{VSB}(\omega-\omega_c)+S_{VSB}(\omega+\omega_c)]$$

将式(3-24)代入，得

$$\begin{aligned}S_p(\omega)&=\frac{1}{4}H_{VSB}(\omega-\omega_c)[M(\omega-2\omega_c)+M(\omega)]\\&\quad+\frac{1}{4}H_{VSB}(\omega+\omega_c)[M(\omega)+M(\omega+2\omega_c)]\\&=\frac{1}{4}M(\omega)[H_{VSB}(\omega-\omega_c)+H_{VSB}(\omega+\omega_c)]\\&\quad+\frac{1}{4}[M(\omega-2\omega_c)H_{VSB}(\omega-\omega_c)+M(\omega+2\omega_c)H_{VSB}(\omega+\omega_c)]\end{aligned}$$

经过 LPF 滤除高频分量，可以得到解调器的输出为

$$M_o(\omega)=\frac{1}{4}M(\omega)[H_{VSB}(\omega-\omega_c)+H_{VSB}(\omega+\omega_c)]$$

显然，为了保证相干解调的输出无失真地重现调制信号 $m(t)$，只需要在 $M(\omega)$的频谱范围内存在

$$H_{VSB}(\omega+\omega_c)+H_{VSB}(\omega-\omega_c)=k(\text{常数}),\quad |\omega|\leqslant\omega_H \tag{3-25}$$

此时，低通滤波器的输出为

$$M_o(\omega)=\frac{k}{4}M(\omega)$$

相应的时域表达式为 $m_o(t)=\frac{k}{4}m(t)$，解调器恢复出了调制信号。

3. 残留边带滤波器

式(3-25)给出了残留边带滤波器的约束条件，其几何意义就是所谓的互补对称特性。图 3-17 给出的是满足该特性的典型实例，残留下边带滤波器的传递函数如图 3-17(a)所示，残留上边带滤波器的传递函数如图 3-17(b)所示。

图 3-17 所示的滤波器，可以看作是对截止频率为 ω_c 的理想滤波器进行“平滑”的结果，习惯上称这种“平滑”为“滚降”。显然，由于“滚降”，滤波器截止频率的“陡度”变缓，实现难度降低，但滤波器的带宽变宽。

满足互补对称特性的滚降形状可以有无穷多种，目前用得最多的是直线滚降和余弦滚降，图 3-17 示出的残留边带滤波器即是按余弦进行滚降的。当然，通过分析不难发现，图 3-9 所示的 SSB 信号的滤波器其实是式(3-25)给出的残留边带滤波器的一个特例。

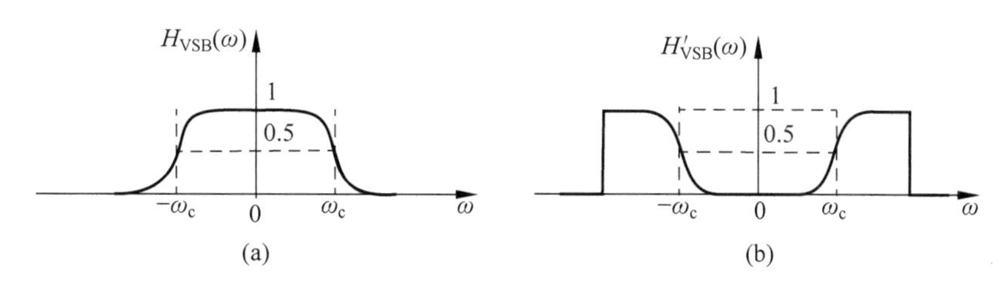

图 3-17　残留边带滤波器特性

4. 信号带宽和功率

VSB 信号的频带宽度介于单边带和双边带之间，可以表示为

$$B_{\mathrm{SSB}} \leqslant B_{\mathrm{VSB}} \leqslant B_{\mathrm{DSB}} \tag{3-26}$$

当然其功率也满足

$$P_{\mathrm{SSB}} \leqslant P_{\mathrm{VSB}} \leqslant P_{\mathrm{DSB}} \tag{3-27}$$

由于 VSB 基本性能接近于 SSB，VSB 调制中的边带滤波器比 SSB 中的边带滤波器容易实现，所以 VSB 调制在广播电视、通信等系统中得到了广泛应用。

3.2　线性调制系统的抗噪声性能

通信系统都会受到噪声的影响，抗噪声性能分析实际上就是对模拟通信系统的可靠性进行分析，由于各种信道中的加性高斯白噪声是普遍存在的一种噪声，本节将要在信道加性高斯白噪声的背景下，介绍各种线性调制系统的抗噪声性能。

3.2.1　性能分析模型

DSB、AM、SSB 和 VSB 等线性调制信号通过信道传输到接收端，由于信道特性的不理想和信道中存在的各种噪声，信号不可避免地要受到信道噪声的影响，因此，为了简化问题，在分析系统性能时，可以认为信道中的噪声是加性噪声，即到达接收机输入端的波形是信道所传信号与信道噪声相加的形式，为此，可以得到如图 3-18 所示解调器抗噪性能的分析模型。

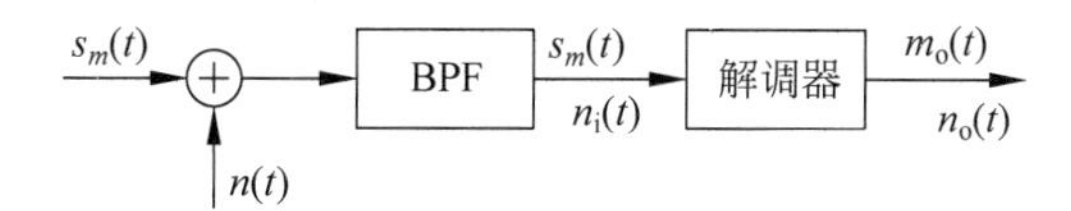

图 3-18　抗噪声性能的分析模型

图 3-18 中，$s_m(t)$为已调信号；$n(t)$为传输过程中叠加的高斯白噪声。中心频率为 f_c 的带通滤波器(Bandpass Filter，BPF)的作用是滤除已调信号频带以外的噪声。因此，经过带通滤波器后，到达解调器输入端的信号仍为 $s_m(t)$，而噪声变为窄带高斯噪声 $n_i(t)$。当然，解调器可以是相干解调器或包络检波器，其输出的有用信号为 $m_o(t)$，噪声为 $n_o(t)$。图 3-18 中的窄带高斯噪声 $n_i(t)$可表示为

$$n_i(t) = n_c(t)\cos\omega_c t - n_s(t)\sin\omega_c t \tag{3-28}$$

或者

$$n_{\mathrm{i}}(t)=V(t)\cos[\omega_0 t+\theta(t)] \tag{3-29}$$

可以证明，窄带高斯噪声 $n_{\mathrm{i}}(t)$ 的同相分量 $n_{\mathrm{c}}(t)$ 和正交分量 $n_{\mathrm{s}}(t)$ 均为高斯随机过程，它们的均值和方差(平均功率)分别为

$$\overline{n_{\mathrm{c}}(t)}=\overline{n_{\mathrm{s}}(t)}=\overline{n_{\mathrm{i}}(t)}=0 \tag{3-30}$$

$$\overline{n_{\mathrm{c}}^2(t)}=\overline{n_{\mathrm{s}}^2(t)}=\overline{n_{\mathrm{i}}^2(t)}=N_{\mathrm{i}} \tag{3-31}$$

从2.5节的分析中可知，窄带高斯噪声 $n_{\mathrm{i}}(t)$ 的包络 $V(t)$ 服从瑞利分布，相位 $\theta(t)$ 服从均匀分布。式(3-31)中的 N_{i} 为解调器的输入噪声功率。

若高斯白噪声的双边功率谱密度为 $n_0/2$，带通滤波器的传输特性是幅度为1、带宽为 B 的理想矩形函数，如图3-19所示，则

$$N_{\mathrm{i}}=n_0 B \tag{3-32}$$

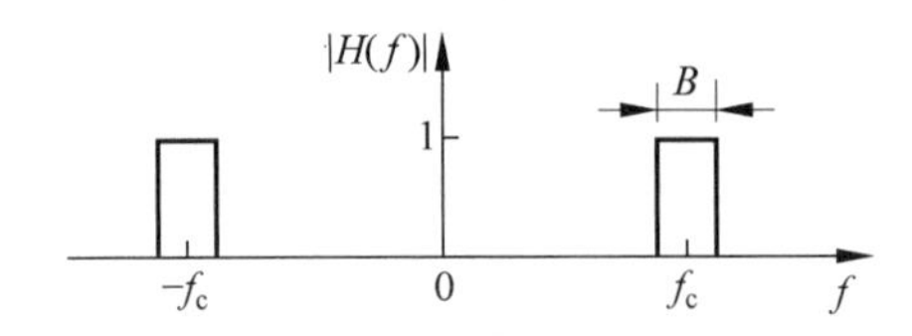

图3-19　带通滤波器传输特性

为了使已调信号无失真地进入解调器，同时又最大限度地抑制噪声，带通滤波器的带宽 B 通常选择为已调信号的带宽，中心频率为 f_{c} 的矩形函数。

在模拟通信系统中，常用解调器输出信噪比来衡量通信质量的好坏。输出信噪比定义为

$$\frac{S_{\mathrm{o}}}{N_{\mathrm{o}}}=\frac{\text{解调器输出有用信号的平均功率}}{\text{解调器输出噪声的平均功率}}=\frac{\overline{m_{\mathrm{o}}^2(t)}}{\overline{n_{\mathrm{o}}^2(t)}} \tag{3-33}$$

输出信噪比与调制方式有关，也与解调方式有关。因此，在已调信号平均功率相同，而且信道噪声功率谱密度也相同的条件下，输出信噪比反映了系统的抗噪声性能。由于输出信噪比与输入信噪比紧密相关，为了比较不同调制方式下解调器的抗噪性能，人们通常用信噪比增益 G 来度量系统性能，其定义为

$$G=\frac{S_{\mathrm{o}}/N_{\mathrm{o}}}{S_{\mathrm{i}}/N_{\mathrm{i}}} \tag{3-34}$$

信噪比增益也称为调制制度增益。其中，$S_{\mathrm{i}}/N_{\mathrm{i}}$ 为输入信噪比，定义为

$$\frac{S_{\mathrm{i}}}{N_{\mathrm{i}}}=\frac{\text{解调器输入已调信号的平均功率}}{\text{解调器输入噪声的平均功率}}=\frac{\overline{s_m^2(t)}}{\overline{n_{\mathrm{i}}^2(t)}} \tag{3-35}$$

显然，调制制度增益越高，解调器的抗噪声性能越好。下面在给定 $s_m(t)$ 及 n_0 的情况下，推导DSB、AM、SSB、VSB解调器的输入和输出信噪比，并在此基础上对各种调制系统的抗噪声性能做出评价。

3.2.2　相干解调性能分析

线性调制相干解调接收系统的一般模型如图3-20所示。此时，图3-18

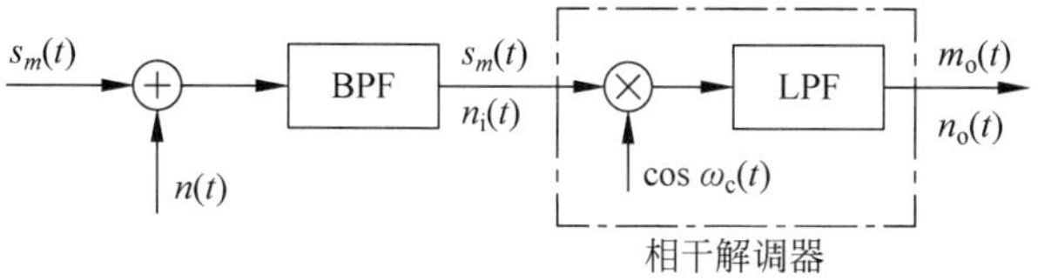

图 3-20 线性调制系统相干解调的抗噪性能分析模型

中的解调器为相干解调器，它由乘法器和 LPF 构成，同时假设本地载波与发射端载波同频同相。由于是线性系统，所以可以分别计算解调器输出的信号功率和噪声功率。

1. DSB 系统的性能

(1) 输入信噪比

对于 DSB 系统，解调器输入信号为

$$s_m(t)=m(t)\cos\omega_c t$$

解调器输入信号平均功率为

$$S_i=\overline{s_m^2(t)}=\overline{[m(t)\cos\omega_c t]^2}=\frac{1}{2}\overline{m^2(t)} \tag{3-36}$$

由式(3-36)及式(3-32)可得解调器的输入信噪比为

$$\frac{S_i}{N_i}=\frac{\frac{1}{2}\overline{m^2(t)}}{n_0 B} \tag{3-37}$$

(2) 输出信噪比

如前所述，由于解调系统是线性系统，可以分别计算解调器输出的信号功率和噪声功率。对于 DSB 系统，解调器输入信号与接收端本地载波 $\cos\omega_c t$ 相乘后，得

$$s_m(t)\cos\omega_c t=m(t)\cos^2\omega_c t=\frac{1}{2}m(t)+\frac{1}{2}m(t)\cos 2\omega_c t$$

经低通滤波器后，输出信号为

$$m_o(t)=\frac{1}{2}m(t) \tag{3-38}$$

解调器输出端的有用信号功率 S_o 为

$$S_o=\overline{m_o^2(t)}=\frac{1}{4}\overline{m^2(t)} \tag{3-39}$$

当然，系统在解调 DSB 信号的同时，窄带高斯噪声 $n_i(t)$ 也被解调，结合式(3-28)，它与本地载波 $\cos\omega_c t$ 相乘，得

$$\begin{aligned} n_i(t)\cos\omega_c t &= [n_c(t)\cos\omega_c t-n_s(t)\sin\omega_c t]\cos\omega_c t \\ &= \frac{1}{2}n_c(t)+\frac{1}{2}[n_c(t)\cos 2\omega_c t-n_s(t)\sin 2\omega_c t] \end{aligned}$$

经低通滤波器后，解调器最终的输出噪声为

$$n_o(t)=\frac{1}{2}n_c(t) \tag{3-40}$$

故输出噪声功率为

$$N_o=\overline{n_o^2(t)}=\frac{1}{4}\overline{n_c^2(t)} \tag{3-41}$$

根据式(3-31)和式(3-32),则有

$$N_o = \frac{1}{4}\overline{n_i^2(t)} = \frac{1}{4}N_i = \frac{1}{4}n_0 B \tag{3-42}$$

这里,$B=2f_H$ 为 DSB 信号带宽。

根据式(3-39)及式(3-42),可得解调器的输出信噪比为

$$\frac{S_o}{N_o} = \frac{\frac{1}{4}\overline{m^2(t)}}{\frac{1}{4}N_i} = \frac{\overline{m^2(t)}}{n_0 B} \tag{3-43}$$

根据式(3-37)及式(3-43),可得调制制度增益为

$$G_{DSB} = \frac{S_o/N_o}{S_i/N_i} = 2 \tag{3-44}$$

由此可见,**DSB 调制系统的调制制度增益为 2**。这说明,DSB 信号的解调器使信噪比提高了一倍。这是因为采用同步解调把噪声中的正交分量 $n_s(t)$ 抑制掉了,因此使噪声功率减半。

2. AM 系统的性能

(1) 输入信噪比

对于 AM 系统,解调器输入信号为

$$s_m(t) = [A_0 + m(t)]\cos\omega_c t$$

解调器输入信号平均功率为

$$\begin{aligned} S_i &= \overline{s_m^2(t)} = \overline{[A_0 + m(t)]^2\cos^2\omega_c t} \\ &= \frac{1}{2}\overline{[A_0^2 + m^2(t) + 2A_0 m(t)]} = \frac{1}{2}A_0^2 + \frac{1}{2}\overline{m^2(t)} \end{aligned} \tag{3-45}$$

由式(3-45)及式(3-32),可得解调器的输入信噪比为

$$\frac{S_i}{N_i} = \frac{\frac{1}{2}A_0^2 + \frac{1}{2}\overline{m^2(t)}}{n_0 B} = \frac{A_0^2 + \overline{m^2(t)}}{2n_0 B} \tag{3-46}$$

(2) 输出信噪比

类似 DSB 系统的求解方法,解调器输入信号与接收端本地载波 $\cos\omega_c t$ 相乘,得

$$s_m(t)\cos\omega_c t = [A_0 + m(t)]\cos^2\omega_c t = \frac{1}{2}[A_0 + m(t)] + \frac{1}{2}[A_0 + m(t)]\cos 2\omega_c t$$

经低通滤波器后,输出信号为如式(3-9)。经过一个隔直流电容去除直流 $A_0/2$,得到解调器输出端的有用信号 $m(t)/2$,其功率 S_o 为

$$S_o = \overline{m_o^2(t)} = \frac{1}{4}\overline{m^2(t)} \tag{3-47}$$

当然,系统在解调 AM 信号的同时,窄带高斯噪声 $n_i(t)$ 也被解调,类似于 DSB 系统解调过程,经低通滤波器后,解调器最终的输出噪声功率为

$$N_o = \frac{1}{4}\overline{n_i^2(t)} = \frac{1}{4}N_i = \frac{1}{4}n_0 B \tag{3-48}$$

这里,$B=2f_H$ 为 AM 信号带宽。

根据式(3-47)及式(3-48),可得解调器的输出信噪比为

$$\frac{S_o}{N_o}=\frac{\frac{1}{4}\overline{m^2(t)}}{\frac{1}{4}N_i}=\frac{\overline{m^2(t)}}{n_0 B} \tag{3-49}$$

根据式(3-46)及式(3-49),可得调制制度增益为

$$G_{AM}=\frac{S_o/N_o}{S_i/N_i}=\frac{2\overline{m^2(t)}}{A_0^2+\overline{m^2(t)}} \tag{3-50}$$

可以看出,由于载波幅度 A_0 比调制信号幅度大,所以,AM 信号的调制制度增益通常小于 1。对于单音调制信号,即 $m(t)=A\cos\omega_m t$,则

$$\overline{m^2(t)}=\frac{A^2}{2}$$

如果采用 100%调制,即 $A=A_0$,则调制制度增益为最大值,即

$$G_{AM}=\frac{2\overline{m^2(t)}}{A_0^2+\overline{m^2(t)}}=\frac{2\cdot\frac{A_0^2}{2}}{A_0^2+\frac{A_0^2}{2}}=\frac{2}{3} \tag{3-51}$$

式(3-51)表示 **AM 系统的调制制度增益在单音调制时最多为 2/3**。因此,AM 系统的抗噪声性能没有 DSB 系统的抗噪声性能好。

3. SSB 系统的性能

(1) 输入信噪比

对于 SSB 系统,解调器输入信号

$$s_m(t)=\frac{1}{2}m(t)\cos\omega_c t\mp\frac{1}{2}\hat{m}(t)\sin\omega_c t$$

解调器输入信号平均功率为

$$S_i=\overline{s_m^2(t)}=\overline{\left[\frac{1}{2}m(t)\cos\omega_c t\mp\frac{1}{2}\hat{m}(t)\sin\omega_c t\right]^2}=\frac{1}{8}\left[\overline{m^2(t)}+\overline{\hat{m}^2(t)}\right]$$

因为 $\hat{m}(t)$与 $m(t)$的所有频率分量仅相位不同,幅度相同,所以两者具有相同的平均功率。由此,上式变成

$$S_i=\frac{1}{4}\overline{m^2(t)} \tag{3-52}$$

由式(3-52)及式(3-32),可得解调器的输入信噪比为

$$\frac{S_i}{N_i}=\frac{\frac{1}{4}\overline{m^2(t)}}{n_0 B}=\frac{\overline{m^2(t)}}{4n_0 B} \tag{3-53}$$

(2) 输出信噪比

对于 SSB 系统,解调器输入信号与相干载波 $\cos\omega_c t$ 相乘,并经低通滤波器滤除高频成分后,得解调器输出信号为

$$m_o(t)=\frac{1}{4}m(t) \tag{3-54}$$

因此，解调器输出信号功率为

$$s_o = \overline{m_o^2(t)} = \frac{1}{16}\overline{m^2(t)} \tag{3-55}$$

类似于 DSB 系统的输出噪功率计算，可以得到

$$N_o = \frac{1}{4}\overline{n_i^2(t)} = \frac{1}{4}N_i = \frac{1}{4}n_0 B \tag{3-56}$$

需要注意，这里 $B=f_H$，为 SSB 信号带宽。

由式(3-55)及式(3-56)，可得解调器的输出信噪比为

$$\frac{S_o}{N_o} = \frac{\frac{1}{16}\overline{m^2(t)}}{\frac{1}{4}n_0 B} = \frac{\overline{m^2(t)}}{4n_0 B} \tag{3-57}$$

结合式(3-53)和式(3-57)的计算结果，SSB 相干解调系统调制制度增益为

$$G_{SSB} = \frac{S_o/N_o}{S_i/N_i} = 1 \tag{3-58}$$

由此可见，**SSB 系统的调制制度增益为 1**。这说明，SSB 信号的解调器对信噪比没有改善。这是因为在 SSB 系统中，信号和噪声具有相同的表示形式，所以相干解调过程中，信号和噪声的正交分量均被抑制掉，故信噪比不会得到改善。

比较式(3-44)和式(3-58)可见，DSB 系统解调器的调制制度增益是 SSB 系统的 2 倍。但不能因此就说双边带系统的抗噪性能优于单边带系统。因为 DSB 信号所需带宽为 SSB 的 2 倍，因而在输入噪声功率谱密度相同的情况下，DSB 解调器的输入噪声功率将是 SSB 的 2 倍。不难看出，如果解调器的输入噪声功率谱密度 n_0 相同，输入信号的功率 S_i 也相等，则有

$$\left(\frac{S_o}{N_o}\right)_{DSB} = G_{DSB}\left(\frac{S_i}{N_i}\right)_{DSB} = 2\cdot\frac{S_i}{N_{iDSB}} = 2\cdot\frac{S_i}{n_0 B_{DSB}} = \frac{S_i}{n_0 f_H} \tag{3-59a}$$

$$\left(\frac{S_o}{N_o}\right)_{SSB} = G_{SSB}\left(\frac{S_i}{N_i}\right)_{SSB} = 1\cdot\frac{S_i}{N_{iSSB}} = \frac{S_i}{n_0 B_{SSB}} = \frac{S_i}{n_0 f_H} \tag{3-59b}$$

式(3-59)说明，**在相同的噪声背景和相同的输入信号功率条件下，DSB 系统和 SSB 系统解调器输出信噪比是相等的**。因此，从抗噪声的观点说，DSB 系统的抗噪性能与 SSB 系统是相同的，但 SSB 信号所占用的频带仅为 DSB 的一半。

4. VSB 系统的性能

VSB 系统抗噪性能的分析方法与 SSB 类似。但是，由于所采用的残留边带滤波器的频率特性形状可能不同，所以难以确定抗噪性能的一般计算公式。不过，在残留边带滤波器滚降范围不大的情况下，可将 VSB 信号近似看成 SSB 信号，即

$$s_{VSB}(t) \approx s_{SSB}(t)$$

在这种情况下，VSB 系统的抗噪性能与 SSB 系统基本相同。

3.2.3 非相干解调性能分析

线性调制系统(DSB、AM、SSB 和 VSB)当中，只有 AM 系统既可以采用相干解调也可以采用非相干解调(包络检波)，图 3-21 给出了 AM 包络检波的接收系统模型。

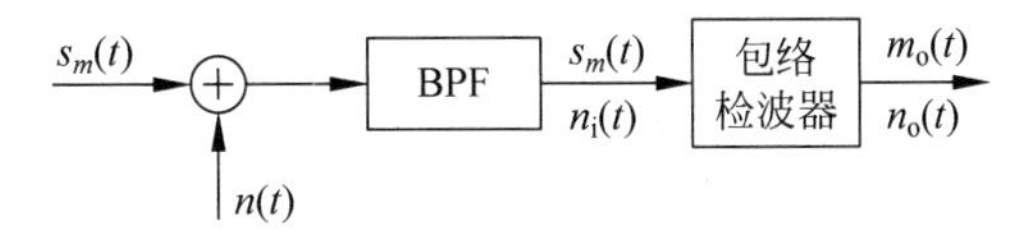

图 3-21 AM 包络检波的抗噪性能分析模型

从图 3-21 可以看出,解调器输入是信号加噪声的合成波形,即

$$\begin{aligned}s_m(t)+n_i(t)&=[A_0+m(t)+n_c(t)]\cos\omega_c t-n_s(t)\sin\omega_c t\\&=A(t)\cos[\omega_c t+\psi(t)]\end{aligned}$$

其中,$A(t)$为合成包络,且

$$A(t)=\sqrt{[A_0+m(t)+n_c(t)]^2+n_s^2(t)} \tag{3-60}$$

理想包络检波器的输出就是 $A(t)$。由式(3-60)可知,检波器输出中的有用信号与噪声无法完全分开,因此,计算输出信噪比是件困难的事。为简化计算,这里考虑两种特殊情况。

1. 大信噪比情况

此时输入信号功率远大于噪声功率,即

$$[A_0+m(t)+n_c(t)]^2\gg n_s^2(t)$$

因此可以忽略 $n_s^2(t)$项,则式(3-60)可简化为

$$\begin{aligned}A(t)&=\sqrt{[A_0+m(t)+n_c(t)]^2+n_s^2(t)}\approx\sqrt{[A_0+m(t)+n_c(t)]^2}\\&=A_0+m(t)+n_c(t)\end{aligned} \tag{3-61}$$

经隔直流处理,输出的信号为

$$E(t)=m(t)+n_c(t) \tag{3-62}$$

从式(3-62)中可以看到,有用信号与噪声清晰地分成两项,因而可分别计算输出信号功率及噪声功率,可得

$$S_o=\overline{m^2(t)} \tag{3-63}$$

$$N_o=\overline{n_c^2(t)}=\overline{n_i^2(t)}=n_0B \tag{3-64}$$

则输出信噪比为

$$\frac{S_o}{N_o}=\frac{\overline{m^2(t)}}{n_0B} \tag{3-65}$$

由于解调器输入端的信号与噪声特性与 AM 相干解调系统相同,可借用式(3-46)的计算结果,再结合式(3-65)可得调制制度增益为

$$G_{AM}=\frac{S_o/N_o}{S_i/N_i}=\frac{\overline{2m^2(t)}}{A_0^2+\overline{m^2(t)}} \tag{3-66}$$

比较式(3-50)所示的 AM 相干解调调制制度增益,可以发现它与式(3-66)完全相同,这说明,对于 AM 系统,在大信噪比时,采用包络检波与采用相干解调的性能几乎完全一样。由于非相关解调方法简单,因此被广泛应用。

2. 小信噪比情况

此时噪声功率远大于输入信号功率,即

$$|n_c(t)|\gg|A_0+m(t)|$$

这时,式(3-61)可简化为

$$A(t)=\sqrt{[A_0+m(t)+n_c(t)]^2+n_s^2(t)} \approx \sqrt{n_c^2(t)+n_s^2(t)} \tag{3-67}$$

式(3-67)表明包络解调失败,无法得到调制信号 $m(t)$。在这种情况下,输出信噪比不是按比例地随着输入信噪比下降,而是急剧下降。通常把这种现象称为门限效应,开始出现门限效应时的输入信噪比被称为门限值。有必要指出,用同步检测的方法解调各种线性调制信号时,由于解调过程可视为信号与噪声分别解调,故解调器输出端总是单独存在有用信号。因而,**同步解调器不存在门限效应**。

由以上分析可得出结论:**在大信噪比情况下,AM 信号包络检波器的性能几乎与同步检测器相同;但随着信噪比的减小,包络检波器将在一个特定输入信噪比值上出现门限效应**。一旦出现门限效应,解调器的输出信噪比将急剧变坏,系统无法正常工作。

3.3 非线性调制原理

非线性调制与线性调制不同,其已调信号频谱不再是调制信号频谱的线性搬移,而是频谱的非线性变换,在这个变换过程中会产生新的频率成分,故又称为非线性调制。角度调制是典型的非线性调制,主要包括频率调制(FM)和相位调制(PM),也就是说这类已调信号的载波幅度保持不变,而载波的频率或相位将随调制信号发生变化。

3.3.1 角度调制的基本概念

1. 一般表达式

角度调制信号的一般表达式为

$$s_m(t)=A\cos[\omega_c t+\varphi(t)] \tag{3-68}$$

式中,A 为**载波振幅**;$[\omega_c t+\varphi(t)]$为信号的**瞬时相位**,$\varphi(t)$为**瞬时相位偏移**;$\mathrm{d}[\omega_c t+\varphi(t)]/\mathrm{d}t$为信号的**瞬时角频率**,$\mathrm{d}\varphi(t)/\mathrm{d}t$ 为信号相对于载频 ω_c 的**瞬时角频偏**。

2. 相位调制(PM)

相位调制是指瞬时相位偏移 $\varphi(t)$随基带信号 $m(t)$线性变化的调制方式,即

$$\varphi(t)=K_P m(t) \tag{3-69}$$

式中,K_P 为比例常数,于是调相信号可表示为

$$s_{PM}(t)=A\cos[\omega_c t+K_P m(t)] \tag{3-70}$$

式中,A 为已调信号的振幅,保持恒定不变;$[\omega_c t+K_P m(t)]$ 为 PM 信号的瞬时相位,$K_P m(t)$为瞬时相位偏移;$\left[\omega_c+K_P\frac{\mathrm{d}m(t)}{\mathrm{d}t}\right]$为瞬时角频率,$K_P\frac{\mathrm{d}m(t)}{\mathrm{d}t}$为瞬时角频率偏移。

3. 频率调制(FM)

频率调制是指瞬时角频率偏移 $\mathrm{d}\varphi(t)/\mathrm{d}t$ 随基带信号 $m(t)$线性变化的调制方式,即

$$\frac{\mathrm{d}\varphi(t)}{\mathrm{d}t}=K_F m(t) \tag{3-71}$$

式中,K_F 为比例常数,对式(3-71)进行变上限积分,就可以得到瞬时相位偏移,即

$$\varphi(t)=K_F\int_{-\infty}^{t} m(\tau)\mathrm{d}\tau \tag{3-72}$$

将式(3-72)代入式(3-68),则可得调频信号为

$$s_{FM}(t)=A\cos\left[\omega_c t+K_F\int_{-\infty}^{t}m(\tau)d\tau\right] \tag{3-73}$$

式中，$K_F\int_{-\infty}^{t}m(\tau)d\tau$ 是瞬时相位偏移；$K_F m(t)$为瞬时频率偏移。

4. 单音的 FM 和 PM

设调制信号为单一频率的正弦信号，即

$$m(t)=A_m\cos\omega_m t=A_m\cos 2\pi f_m t \tag{3-74}$$

当 $m(t)$对载波进行相位调制时，由式(3-70)可得 PM 信号为

$$s_P(t)=A\cos[\omega_c t+K_P A_m\cos\omega_m t]=A\cos[\omega_c t+m_P\cos\omega_m t] \tag{3-75}$$

式中，$m_P=K_P A_m$ 为**调相指数**，表示最大的相位偏移。

当 $m(t)$对载波进行频率调制时，由式(3-73)可得 FM 信号为

$$s_F(t)=A\cos\left[\omega_c t+K_F A_m\int_{-\infty}^{t}\cos\omega_m\tau d\tau\right]=A\cos[\omega_c t+m_f\sin\omega_m t] \tag{3-76}$$

式中，m_f 为**调频指数**，表示最大的相位偏移。

$$m_f=\frac{K_F A_m}{\omega_m}=\frac{\Delta\omega}{\omega_m}=\frac{\Delta f}{f_m} \tag{3-77}$$

式中，Δf 为最大频率偏移。

由式(3-70)和式(3-73)可以看出 **FM 和 PM 的波形非常相似，如果预先不知道调制信号的具体形式，则无法判断已调信号到底是调频信号还是调相信号**，图 3-22 所示为单一频率的正弦波所对应的瞬时频率 $\omega(t)$、PM 信号和 FM 信号波形，读者可以自行进行分析。

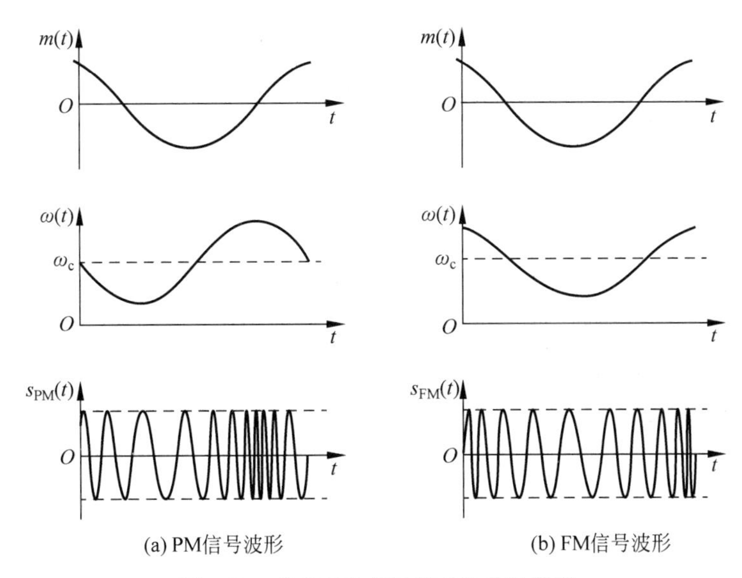

图 3-22 单音 PM 信号和 FM 信号波形

5. FM 与 PM 之间的关系

由于角频率和相位之间存在微分与积分的关系，所以 FM 信号与 PM 信号之间是可以相互转换的。比较式(3-70)和式(3-73)还可看出，如果将调制信号先微分，而后进行调频，则得到的是调相信号，如图 3-23(b)所示；同样，如果将调制信号先积分，而后进行调相，则得到的是调频信号，如图 3-24(b)所示。

图 3-23(b)所示的产生调相信号的方法称为**间接调相法**,图 3-24(b)所示的产生调频信号的方法称为**间接调频法**。相对而言,图 3-23(a)所示的产生调相信号的方法称为**直接调相法**,图 3-24(a)所示的产生调频信号的方法称为**直接调频法**。由于实际相位调制器的调节范围不可能超出$(-\pi,\pi)$,因而直接调相和间接调频的方法仅适于相位偏移和频率偏移不大的窄带调制情形,而直接调频和间接调相则适于宽带调制情形。

从以上分析可见,调频与调相并无本质区别,两者之间可以互换。鉴于实际应用中多采用 FM 信号,这里重点讨论频率调制。

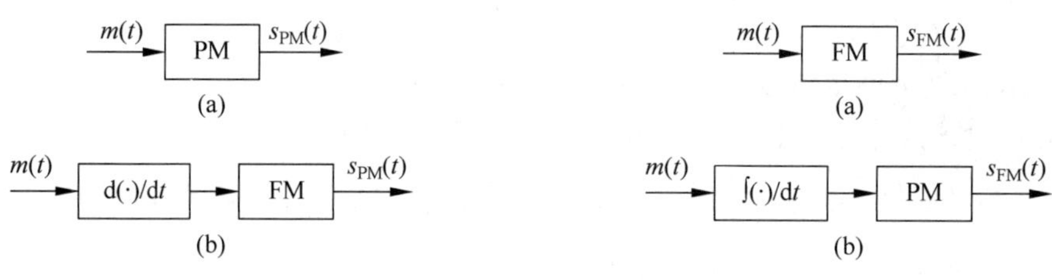

图 3-23 直接调相和间接调相　　　　图 3-24 直接调频和间接调频

3.3.2 窄带角度调制

在角度调制表达式(3-68)中,如果最大相位偏移满足式(3-78)所示的条件,则属于窄带角度调制。

$$|\varphi(t)| \ll \frac{\pi}{6}(\text{或 } 0.5) \tag{3-78}$$

窄带角度调制可分为窄带调相(NBPM)和窄带调频(NBFM)。

1. 窄带调相(NBPM)

依据式(3-68),如果调相信号的最大相位偏移满足式(3-79)所示的条件,则称其成为窄带调相。

$$|\varphi(t)|_{\max} = |K_P m(t)|_{\max} \ll \frac{\pi}{6}(\text{或 } 0.5) \tag{3-79}$$

这时,调相信号的频谱宽度比较窄。如果最大相位偏移不满足式(3-79),调相信号的频谱比较宽,则属于宽带调相。在式(3-79)约束情况下,利用式(3-70)(忽略幅度 A),可以写出窄带调相信号的表达式为

$$s_{\text{NBPM}}(t) = \cos[\omega_c t + K_P m(t)] = \cos\omega_c t\cos[K_P m(t)] - \sin\omega_c t\sin[K_P m(t)]$$

在式(3-79)假设条件下,$\cos[K_P m(t)] \approx 1$,$\sin[K_P m(t)] \approx K_P m(t)$,则上式可近似写为

$$s_{\text{NBPM}}(t) = \cos[\omega_c t + K_P m(t)] \approx \cos\omega_c t - K_P m(t)\sin\omega_c t \tag{3-80}$$

2. 窄带调频(NBFM)

同样,依据式(3-68),如果调频信号的最大相位偏移满足式(3-81)所示的条件,则属于窄带调频。

$$|\varphi(t)|_{\max} = \left|K_F\int_{-\infty}^{t} m(\tau)\mathrm{d}\tau\right|_{\max} \ll \frac{\pi}{6}(\text{或 } 0.5) \tag{3-81}$$

这时,调频信号的频谱宽度比较窄。如果最大相位偏移不满足式(3-81),调频信号的频谱比较宽,则属于宽带调频。在式(3-81)约束情况下,利用式(3-73)(忽略幅度 A),可以写

出窄带调频信号的表达式为

$$\begin{aligned} s_{\mathrm{NBFM}}(t) &= \cos\left[\omega_c t + K_F\int_{-\infty}^{t} m(\tau)\mathrm{d}\tau\right] \\ &= \cos\omega_c t\cos\left[K_F\int_{-\infty}^{t} m(\tau)\mathrm{d}\tau\right] - \sin\omega_c t\sin\left[K_F\int_{-\infty}^{t} m(\tau)\mathrm{d}\tau\right] \end{aligned}$$

在式(3-81)假设条件下，$\cos\left[K_F\int_{-\infty}^{t} m(\tau)\mathrm{d}\tau\right] \approx 1, \sin\left[K_F\int_{-\infty}^{t} m(\tau)\mathrm{d}\tau\right] \approx K_F\int_{-\infty}^{t} m(\tau)\mathrm{d}\tau$，则上式可近似写为

$$s_{\mathrm{NBFM}}(t) \approx \cos\omega_c t - \left[K_F\int_{-\infty}^{t} m(\tau)\mathrm{d}\tau\right]\sin\omega_c t \tag{3-82}$$

3. 频谱和带宽

比较式(3-80)和式(3-82)可以发现，化简后它们具有类似的表达形式，即载波加上已调信号。这里仅对式(3-82)进行进一步分析处理，式(3-80)分析处理情况类似。根据傅里叶变换及其性质，对式(3-82)各时域表达式进行傅里叶变换，可得

$$m(t) \Leftrightarrow M(\omega)$$

$$\cos\omega_c t \Leftrightarrow \pi[\delta(\omega+\omega_c)+\delta(\omega-\omega_c)]$$

$$\sin\omega_c t \Leftrightarrow \mathrm{j}\pi[\delta(\omega+\omega_c)-\delta(\omega-\omega_c)]$$

$$\int m(t)\mathrm{d}t \Leftrightarrow \frac{M(\omega)}{\mathrm{j}\omega} \quad (\text{设 } m(t) \text{ 的均值为 } 0)$$

$$\left[\int m(t)\mathrm{d}t\right]\sin\omega_c t \Leftrightarrow \frac{1}{2}\left[\frac{M(\omega+\omega_c)}{\omega+\omega_c} - \frac{M(\omega-\omega_c)}{\omega-\omega_c}\right]$$

则处理式(3-82)可得 NBFM 信号的频域表达式为

$$s_{\mathrm{NBFM}}(\omega) = \pi[\delta(\omega+\omega_c)+\delta(\omega-\omega_c)] - \frac{K_F}{2}\left[\frac{M(\omega+\omega_c)}{\omega+\omega_c} - \frac{M(\omega-\omega_c)}{\omega-\omega_c}\right] \tag{3-83}$$

AM 信号的频谱为

$$S_{\mathrm{AM}}(\omega) = \pi A_0[\delta(\omega+\omega_c)+\delta(\omega-\omega_c)] + \frac{1}{2}[M(\omega+\omega_c)+M(\omega-\omega_c)]$$

与式(3-83)进行比较，可以清楚地看出两种调制频域成分比较类似，也就是它们都含有一个载波以及位于$\pm\omega_c$处的 2 个边带，所以它们的带宽相同，即

$$B_{\mathrm{NBFM}} = B_{\mathrm{AM}} = 2B_m = 2f_H \tag{3-84}$$

式中，$B_m = f_H$ 为调制信号 $m(t)$ 的带宽，f_H 为调制信号的最高频率。不同的是，NBFM 信号的正、负频率分量分别乘了因式 $1/(\omega+\omega_c)$ 和 $1/(\omega-\omega_c)$，且负频率分量与正频率分量反相。

4. 单频调制频谱的定性分析

设调制信号为

$$m(t) = A_m\cos\omega_m t$$

则 NBFM 信号为

$$\begin{aligned} s_{\mathrm{NBFM}}(t) &\approx \cos\omega_c t - \left[K_F\int_{-\infty}^{t} m(\tau)\mathrm{d}\tau\right]\sin\omega_c t \\ &= \cos\omega_c t - A_m K_F\frac{1}{\omega_m}\sin\omega_m t\sin\omega_c t \end{aligned}$$

$$=\cos\omega_c t+\frac{A_m K_F}{2\omega_m}[\cos(\omega_c+\omega_m)t-\cos(\omega_c-\omega_m)t]$$

AM 信号为

$$\begin{aligned}s_{AM}(t)&=(1+A_m\cos\omega_m t)\cos\omega_c t\\&=\cos\omega_c t+A_m\cos\omega_m t\cos\omega_c t\\&=\cos\omega_c t+\frac{A_m}{2}[\cos(\omega_c+\omega_m)t+\cos(\omega_c-\omega_m)t]\end{aligned}$$

它们的频谱如图 3-25 所示，矢量图如图 3-26 所示。

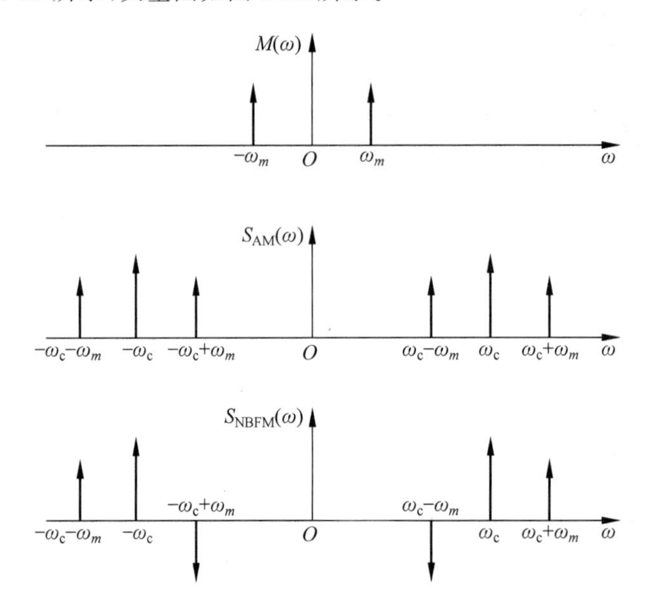

图 3-25 单音调制的 AM 信号与 NBFM 信号频谱

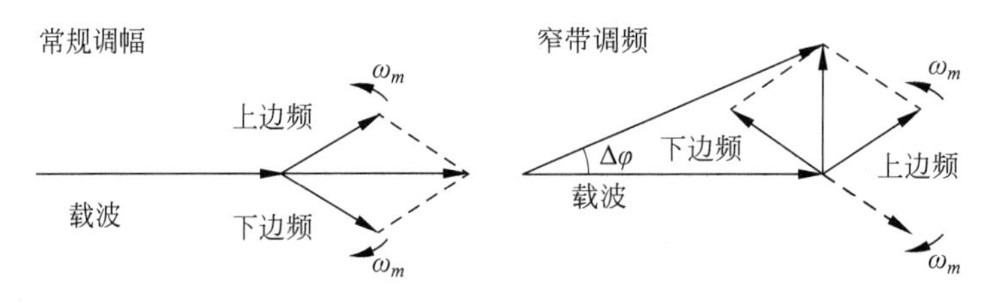

图 3-26 AM 与 NBFM 信号频谱的矢量图

在 AM 中，载波与上、下边频的合成矢量与载波同相，只发生幅度变化；而在 NBFM 中，由于下边频为负，因而合成矢量不与载波同相，而是存在相位偏移，当最大相位偏移满足式(3-81)时，合成矢量的幅度基本不变，这样就形成了 FM 信号。

由于 NBFM 信号最大频率偏移较小，占据的带宽较窄，但是其抗干扰性能比 AM 系统要好得多，因此得到了较广泛的应用。但是，对于高质量通信(调频立体声广播、电视伴音等)需要采用宽带调频(WBFM)。

3.3.3 宽带调频

当式(3-81)不满足时，调频信号为宽带调频，此时不能采用式(3-82)

所示的近似式，因而使得宽带调频的分析变得很困难。为使问题简化，这里先研究单音调制的情况，然后把分析结果推广到多音情况。

1. 信号描述

设单频调制信号为

$$m(t)=A_m\cos\omega_m t$$

代入式(3-73)，可得单音调频信号的时域表达式为

$$\begin{aligned}s_{\mathrm{FM}}(t)&=A\cos\left[\omega_c t+K_F\int_{-\infty}^{t}m(\tau)\mathrm{d}\tau\right]\\&=A\cos\left[\omega_c t+K_F\int_{-\infty}^{t}A_m\cos\omega_m\tau\mathrm{d}\tau\right]\\&=A\cos\left[\omega_c t+\frac{K_F A_m}{\omega_m}\sin\omega_m t\right]\\&=A\cos[\omega_c t+m_f\sin\omega_m t]\end{aligned}\tag{3-85}$$

式(3-85)较为复杂，经推导可展开成级数形式

$$s_{\mathrm{FM}}(t)=A\sum_{n=-\infty}^{\infty}J_n(m_f)\cos(\omega_c+n\omega_m)t\tag{3-86}$$

式中，$J_n(m_f)$为第一类n阶贝塞尔函数，是调频指数m_f的函数。图3-27所示为$J_n(m_f)$随m_f变化的曲线，详细数据可参见贝塞尔函数的相关文献。

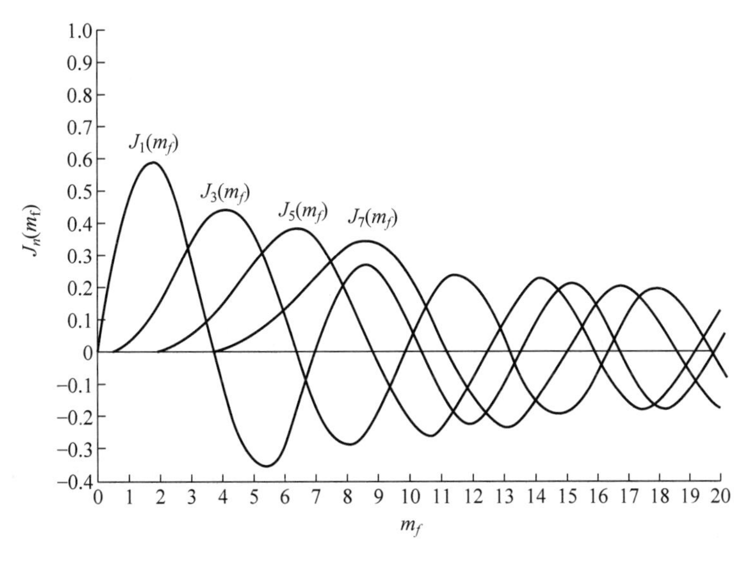

图3-27　$J_n(m_f)\sim m_f$曲线

式(3-86)描述的信号的傅里叶变换(即频谱)为

$$S_{\mathrm{FM}}(\omega)=\pi A\sum_{n=-\infty}^{\infty}J_n(m_f)[\delta(\omega-\omega_c-n\omega_m)+\delta(\omega+\omega_c+n\omega_m)]\tag{3-87}$$

由式(3-86)和(3-87)可知，宽带调频信号的频谱中含有无穷多个频率分量，其载波分量幅度正比于$J_0(m_f)$，而围绕着ω_c的各次边频分量$\omega_c\pm n\omega_m$的幅度则正比于$J_n(m_f)$。

2. 带宽分析

由于调频信号的频谱包含无穷多个频率分量，理论上调频信号的带宽为无限宽，然而实

际上各次边频幅度(正比于 $J_n(m_f)$)随着 n 的增大而减小,因此,只要取适当的 n 值,使边频分量小到可以忽略的程度,调频信号就可以近似认为具有有限频谱。经研究发现,$n>m_f+1$ 时归一化边频幅度 $J_n(m_f)$ 均小于 0.1,如果信号带宽定义为包括幅度大于未调载波 10% 以上边频分量的频率成分,则调频波频带宽度的计算公式为

$$B_{FM}=2(m_f+1)f_m=2(\Delta f+f_m) \tag{3-88}$$

式中,Δf 为最大频率偏移。式(3-88)通常称为卡森(Carson)公式。

分析卡森公式可以发现:当 $m_f \ll 1$ 时,式(3-88)可近似为

$$B_{FM}\approx 2f_m(\text{NBFM}) \tag{3-89a}$$

当 $m_f \gg 1$ 时,式(3-88)可近似为

$$B_{FM}\approx 2\Delta f(\text{WBFM}) \tag{3-89b}$$

3. 功率分配分析

根据式(3-86)可知,单音调频信号可以分解为无穷多对边频分量之和,由帕斯瓦尔定理可知,调频信号的平均功率等于它所包含的各分量的平均功率之和,即

$$P_{FM}=\overline{s_{FM}^2(t)}=\frac{A^2}{2}\sum_{n=-\infty}^{\infty}J_n^2(m_f) \tag{3-90}$$

根据贝塞尔函数的性质,有

$$\sum_{n=-\infty}^{\infty}J_n^2(m_f)=1$$

所以

$$P_{FM}=\frac{A^2}{2} \tag{3-91}$$

这说明,调频信号的平均功率等于未调载波的平均功率。这是因为调频信号虽然频率不停变化,但振幅始终保持不变,而功率仅由幅度决定,与频率无关,故它的功率即为式(3-91),这与调频信号为等幅波的物理含义相一致。

由式(3-90)可以看出,调频信号的功率由载波平均功率 $\frac{1}{2}A^2J_0^2(m_f)$ 及各次边频平均功率 $\frac{1}{2}A^2J_n^2(m_f)$ 之和所构成,因此可以说调频信号的功率是按 $J_n^2(m_f)$ 的大小分配在载波及各边频上的,当 m_f 改变时,调频信号功率的分配也将发生变化。

4. 任意限带信号情况

上述讨论是单音调频情况,对于多音或其他任意信号调制的调频波的频谱分析非常复杂,这里不做详细介绍了。经验表明,对卡森公式做适当修改,即可得到任意限带信号调制时调频信号带宽的估算公式,即

$$B_{FM}=2(D+1)f_m \tag{3-92}$$

式中,f_m 是调制信号 $m(t)$ 的最高频率;$D=\Delta f/f_m$ 为频偏比;$\Delta f=K_F|m(t)|_{\max}$ 是最大频率偏移。例如,调频广播中规定的最大频偏 Δf 为 75kHz,最高调制频率 f_m 为 15kHz,故频偏比为 5,由式(3-92)可计算出此 FM 信号的频带宽度为 180kHz。

3.3.4 调制与解调

1. 调频信号的产生

产生调频信号的方法通常有直接法和间接法两种。

(1) 直接法

直接法就是利用调制信号直接控制振荡器的频率，使其按调制信号的规律线性变化。

振荡频率由外部电压控制的振荡器叫作压控振荡器(VCO)，它的输出频率正比于所加的控制电压，即

$$\omega_{o}(t)=\omega_{c}+K_{F}m(t)$$

式中，ω_c 是外加控制电压为 0 时压控振荡器的自由振荡频率，也就是压控振荡器的中心频率。用调制信号控制电压，产生的就是 FM 波。

控制 VCO 振荡频率的常用方法是改变振荡器谐振回路的电抗元件 L 或 C。L 或 C 可控的元件有电抗管、变容管。变容管电路简单，性能良好，目前在调频器中广泛使用。直接法的主要优点是在实现线性调频的要求下，可以获得较大的频偏，缺点是频率稳定性不高，往往需要附加稳频电路来稳定中心频率。

(2) 间接法

如前所述，间接法是先对调制信号积分，再对载波进行相位调制，从而产生调频信号。但这样只能获得窄带调频信号，为了获得宽带调频信号，可利用倍频器再把 NBFM 信号变换成 WBFM 信号。其原理框图如图 3-28 示。

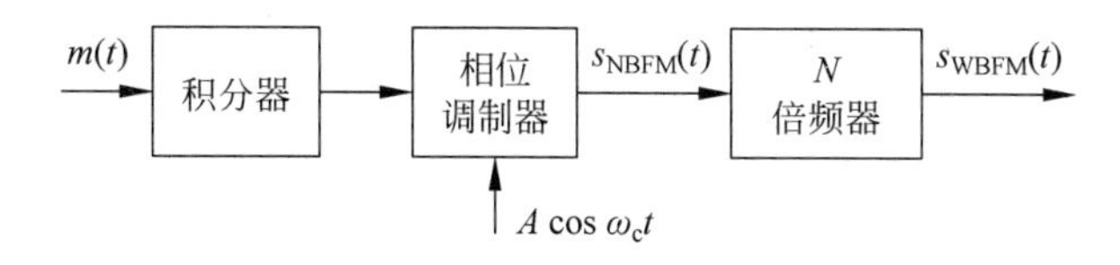

图 3-28 间接调频框图

图 3-28 中的 NBFM 信号可利用式(3-82)描述，按照图 3-29 所示的框图来实现。

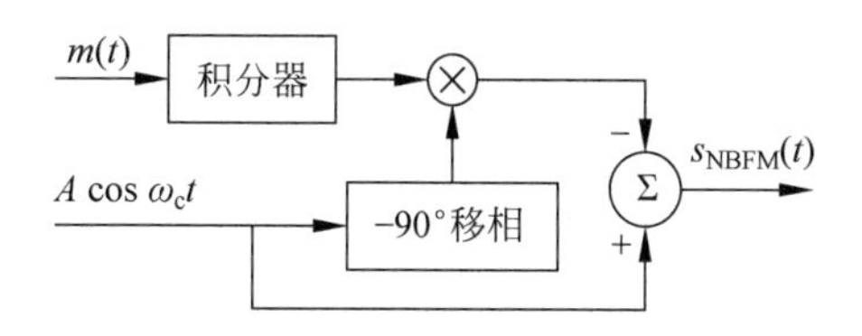

图 3-29 窄带调频信号产生

图 3-28 中倍频器的作用是提高调频指数 m_f，从而获得宽带调频。倍频器可以用非线性器件实现，然后用带通滤波器滤除不必要的分量。以理想平方律器件为例，其输入输出特性为

$$s_{o}(t)=ks_{i}^{2}(t)$$

当输入信号 $s_i(t)$ 为调频信号时，有

$$s_{i}(t)=A\cos[\omega_{c}t+\varphi(t)]$$

$$s_{o}(t)=\frac{1}{2}kA^{2}\{1+\cos[2\omega_{c}t+2\varphi(t)]\}$$

由上式可知，滤除直流成分后可得到新的调频信号，其载频和相位偏移均增为 2 倍，由于相位偏移增为 2 倍，因而调频指数也必然增为 2 倍。同理，经 N 次倍频后可以使调频信号的载频和调制指数增为 N 倍。对于因此而导致的中心频率(载频)过高的问题，可以采用

线性调制把频谱从很高的频率搬移到所要求的载波频率上来解决。倍频法在带宽要求较宽的调频系统中常常使用。

2. 调频信号的解调

调频信号的解调是要产生一个与输入调频波的频率成线性关系的输出电压，进而恢复出原来的调制信号。完成这个频率/电压变换关系的器件就是频率检波器，简称鉴频器。鉴频器的种类很多，这里简要介绍它们的基本工作原理。

(1) 非相干解调

由于调频信号的瞬时频率正比于调制信号的幅度，因而调频信号的解调必须能产生正比于输入频率的输出电压。设输入调频信号为

$$s_{FM}(t)=A\cos\left[\omega_c t+K_F\int_{-\infty}^{t}m(\tau)\mathrm{d}\tau\right] \tag{3-93}$$

则解调器的输出应当为

$$m_o(t)\propto K_F m(t) \tag{3-94}$$

最简单的解调器是具有频率/电压转换作用的鉴频器，图 3-30 所示为理想鉴频特性和鉴频器的框图。

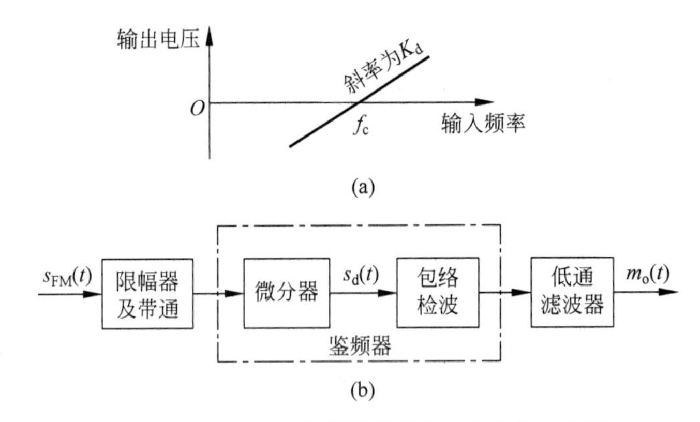

图 3-30 理想鉴频特性及调频信号的非相干解调

从图 3-30 可以看到，理想鉴频器可看成是微分器与包络检波器的级联。微分器输出为

$$s_d(t)=-A\left[\omega_c+K_F m(t)\right]\sin\left[\omega_c t+K_F\int_{-\infty}^{t}m(\tau)\mathrm{d}\tau\right] \tag{3-95}$$

式(3-95)描述了一个典型的调幅调频(AM-FM)信号，其幅度和频率皆包含调制信息。用包络检波器取出其包络，并滤去直流后输出为

$$m_o(t)=K_d K_F m(t) \tag{3-96}$$

即恢复出了原始调制信号。这里，K_d 称为鉴频器灵敏度。

上述解调方法称为包络检测，又称为非相干解调，这种方法的缺点是包络检波器对于由信道噪声和其他原因引起的幅度起伏有反应，因而使用中常在微分器之前加一个限幅器和带通滤波器。

(2) 相干解调

由于窄带调频信号可分解成正交分量与同相分量之和，因而可以采用相干解调法来进行解调。其原理框图如图 3-31 所示，带通滤波器用来限制信道所引入的噪声，但调频信号应能正常通过。

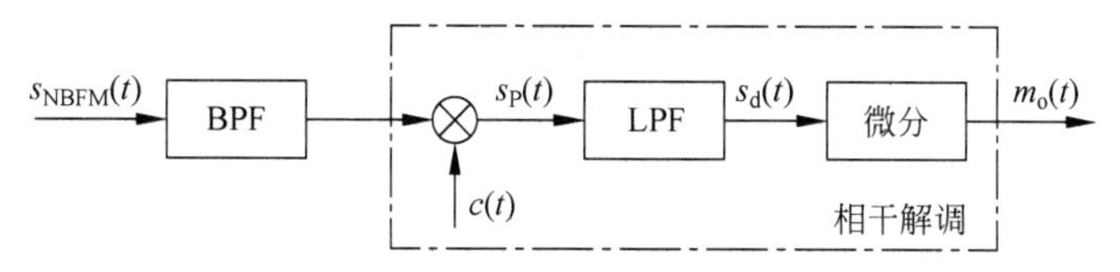

图 3-31　窄带调频信号的相干解调

设窄带调频信号为

$$s_{\mathrm{NBFM}}(t)=A\cos\omega_{\mathrm{c}}t-A\left[K_{\mathrm{F}}\int_{-\infty}^{t}m(\tau)\mathrm{d}\tau\right]\sin\omega_{\mathrm{c}}t$$

相干载波为

$$c(t)=-\sin\omega_{\mathrm{c}}t$$

则乘法器输出为

$$s_{\mathrm{P}}(t)=-\frac{A}{2}\sin2\omega_{\mathrm{c}}t+\left[\frac{A}{2}K_{\mathrm{F}}\int_{-\infty}^{t}m(\tau)\mathrm{d}\tau\right](1-\cos2\omega_{\mathrm{c}}t)$$

经低通滤波器后滤除高频分量，得

$$s_{\mathrm{d}}(t)=\frac{A}{2}K_{\mathrm{F}}\int_{-\infty}^{t}m(\tau)\mathrm{d}\tau \tag{3-97}$$

再经微分，得输出信号为

$$m_{\mathrm{o}}(t)=\frac{A}{2}K_{\mathrm{F}}m(t) \tag{3-98}$$

可见，相干解调可以恢复原调制信号，这种解调方法与线性调制中的相干解调一样，要求本地载波与调制载波同步，否则会使解调信号失真。

3.4　调频系统的抗噪声性能

调频系统的抗噪性能分析方法与线性调制系统相似，仍可用图 3-18 所示的模型，但此时其中的解调器应是调频解调器，带通滤波器的带宽应大于或等于 FM 信号带宽。

3.4.1　性能分析模型

从前面的讨论可知，调频信号的解调有相干解调与非相干解调两种。相干解调仅适用于窄带调频信号，且需要同步信号；而非相干解调对于多数调频信号都适用，且不需要同步信号，因而是 FM 系统的主要解调方式。为此这里仅讨论调频信号非相干解调系统的抗噪性能，其基本组成包括限幅器、鉴频器(微分器加包络检波器)和低通滤波器，如图 3-32 所示。

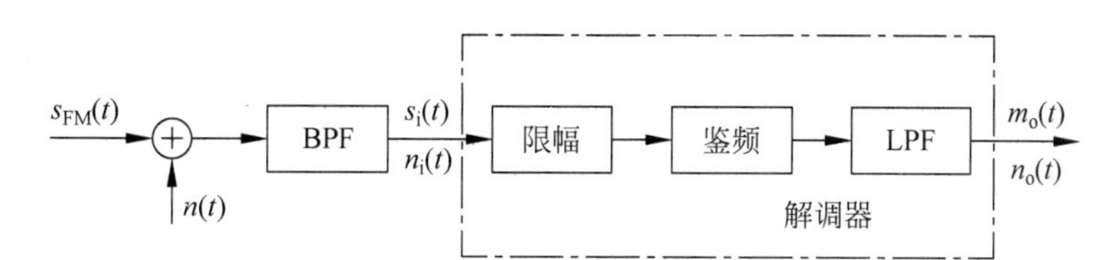

图 3-32　调频系统抗噪性能分析模型

加法器和 BPF 组成信道的模型，BPF 应让 FM 信号顺利通过，同时抑制带外噪声，BPF 的中心频率就是 FM 信号的载波频率，频带宽度为 FM 信号的宽度，对于 NBFM 信号，带宽为 $B=2f_m$；对于宽带调频信号，带宽为 $B=2(m_f+1)f_m$。这里假设 $n(t)$ 是均值为 0、双边功率谱密度为 $n_0/2$ 的高斯白噪声，经过带通滤波器后变为窄带高斯噪声 $n_i(t)$，由式(3-28)或式(3-29)确定。

FM 信号经过信道(加法器和 BPF)后自然会受到噪声的影响，使得限幅器输入端的波形出现随机变化，为此可以通过限幅器消除噪声对信号振幅的影响，形成恒包络波形。鉴频器中的微分器把调频信号变成调幅调频(AM-FM)波，后面的包络检波器用来检出 AM-FM 信号的包络，最后通过 LPF 取出调制信号。LPF 的作用是抑制调制信号最高频率 f_m 以外的噪声，实际上 LPF 在这里仅仅起到平滑的作用。

FM 非相干解调系统的抗噪声性能分析也和线性调制的一样，主要讨论计算解调器输入端的输入信噪比、输出端的输出信噪比以及调制制度增益等。由于噪声对相位有影响且很复杂，同时又因鉴频器的非线性作用使得计算输出信号和噪声非常繁琐，因此这里借鉴 AM 信号的非相干解调分析方法考虑两种极端情况，即大信噪比和小信噪比时的情况，以简化系统性能分析。

3.4.2 系统性能参数计算

1. 输入信噪比

设输入调频信号为

$$s_{FM}(t)=A\cos\left[\omega_c t+K_F\int_{-\infty}^{t}m(\tau)\mathrm{d}\tau\right]$$

因而输入信号功率为

$$S_i=\frac{A^2}{2} \tag{3-99}$$

BPF 的带宽与调频信号带宽 B_{FM} 相同，所以输入噪声功率为

$$N_i=\frac{n_0}{2}\cdot 2B_{FM}=n_0B_{FM} \tag{3-100}$$

对于宽带调频，有

$$B_{FM}=2(m_f+1)f_m=2(\Delta f+f_m)$$

因此，输入信噪比为

$$\frac{S_i}{N_i}=\frac{A^2}{2n_0B_{FM}} \tag{3-101}$$

2. 输出信噪比

由于调频信号的解调过程是一个非线性过程，严格地讲不能用线性系统的分析方法。因此，在计算输出信号功率和输出噪声功率时，要考虑非线性的作用，即计算输出信号时要考虑噪声对它的影响；计算输出噪声时也要考虑信号对它的影响，这样会使计算过程复杂化。但是，在大输入信噪比情况下，已经证明信号和噪声间的相互影响可以忽略不计，即计算输出信号时可以假设噪声为 0，而计算输出噪声时可以假设调制信号 $m(t)$ 为 0。

首先计算输出信号功率，假设输入噪声为 0，由式(3-96)可以得到解调器输出信号为

$$m_o(t)=K_dK_Fm(t)$$

故输出信号平均功率为

$$S_o = \overline{m_o^2(t)} = (K_d K_F)^2 \overline{m^2(t)} \tag{3-102}$$

现在计算解调器输出端噪声的平均功率，假设调制信号 $m(t)=0$，此时加到解调器输入端的是未调载波与窄带高斯噪声之和，即

$$\begin{aligned} A\cos\omega_c t + n_i(t) &= [A + n_c(t)]\cos\omega_c t - n_s(t)\sin\omega_c t \\ &= A(t)\cos[\omega_c t + \psi(t)] \end{aligned} \tag{3-103}$$

式中，包络和相位分别为

$$A(t) = \sqrt{[A + n_c(t)]^2 + n_s^2(t)}$$

$$\psi(t) = \arctan\frac{n_s(t)}{A + n_c(t)}$$

图 3-32 中的限幅器不影响信号的相位信息，因此，在大信噪比时，$A \gg n_c(t)$，$A \gg n_s(t)$，式(3-103)中的相位偏移可近似为

$$\psi(t) = \arctan\frac{n_s(t)}{A + n_c(t)} \approx \arctan\frac{n_s(t)}{A} \approx \frac{n_s(t)}{A} \tag{3-104}$$

由于鉴频器的输出与输入调频信号的频偏成比例，故鉴频器的输出噪声可以表示为

$$n_d(t) = K_d\frac{\mathrm{d}\psi(t)}{\mathrm{d}t} = \frac{K_d}{A}\frac{\mathrm{d}n_s(t)}{\mathrm{d}t} \tag{3-105}$$

式中，$n_s(t)$为窄带高斯噪声 $n_i(t)$的正交分量，由第 2 章的分析可知，$n_s(t)$的平均功率在数值上与 $n_i(t)$的相同，但应注意 $n_i(t)$是带通型噪声，而 $n_s(t)$是解调后的低通型噪声，其双边功率谱密度在$|f| \leqslant B_{FM}/2$ 范围内为 n_0，如图 3-33(a)所示。

由于$\frac{\mathrm{d}n_s(t)}{\mathrm{d}t}$实际上就是 $n_s(t)$通过理想微分电路的输出，故它的功率谱密度应等于 $n_s(t)$的功率谱密度乘以理想微分电路传输函数模的平方。

已知 $n_s(t)$的功率谱密度为 $P_i(f)=n_0$，理想微分电路的传输函数为

$$H(f) = \mathrm{j}2\pi f \tag{3-106}$$

由式(3-105)和式(3-106)，可以得到输出噪声 $n_d(t)$的功率谱密度为

$$P_d(f) = \left(\frac{K_d}{A}\right)^2 |H(f)|^2 P_i(f) = \left(\frac{2\pi K_d}{A}\right)^2 n_0 f^2, \quad |f| \leqslant \frac{B_{FM}}{2} \tag{3-107}$$

鉴频器前、后的噪声功率谱密度如图 3-33 所示。

由图 3-33(b)可见，鉴频器输出噪声 $n_d(t)$的功率谱密度已不再是常数，而是与 f^2 成正比。该噪声再经过低通滤波器滤除调制信号带宽 $f_m\left(f_m \leqslant \frac{B_{FM}}{2}\right)$以外的频率分量，故最终

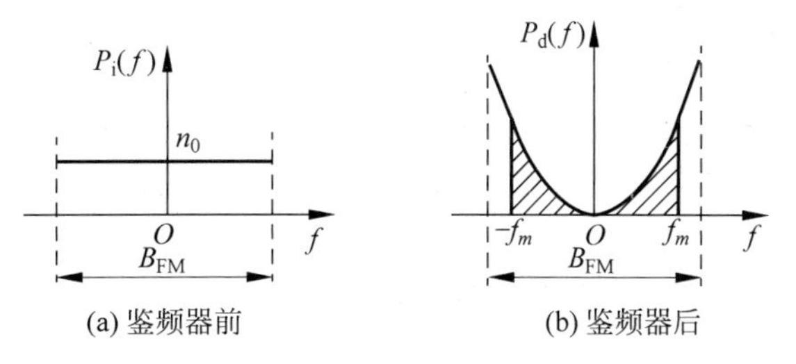

(a) 鉴频器前　　(b) 鉴频器后

图 3-33　鉴频器前、后的噪声功率谱密度

解调器输出(LPF 输出)的噪声功率为图中阴影部分。利用式(3-107)可以计算得到

$$N_o=\int_{-f_m}^{f_m}P_d(f)\mathrm{d}f=\int_{-f_m}^{f_m}\frac{4\pi^2K_d^2n_0}{A^2}f^2\mathrm{d}f=\frac{8\pi^2K_d^2n_0f_m^3}{3A^2} \tag{3-108}$$

式(3-102)结合式(3-108),可得解调器的输出信噪比为

$$\frac{S_o}{N_o}=\frac{3A^2K_F^2\overline{m^2(t)}}{8\pi^2n_0f_m^3} \tag{3-109}$$

式中,f_m 为低通滤波器截止频率(亦即调制信号最高频率)。

3. 调制制度增益

式(3-101)结合式(3-109)可得大信噪比时调频系统调制制度增益为

$$G_{FM}=\frac{S_o/N_o}{S_i/N_i}=\frac{3K_F^2B_{FM}\overline{m^2(t)}}{4\pi^2f_m^3} \tag{3-110}$$

为获得简明的结果,这里考虑单频调制时的情况,设调制信号为

$$m(t)=\cos\omega_mt$$

则

$$\overline{m^2(t)}=\frac{1}{2}$$

这时的调频信号为

$$s_{FM}(t)=A\cos[\omega_ct+m_f\sin\omega_mt]$$

式中

$$m_f=\frac{K_F}{\omega_m}=\frac{\Delta\omega}{\omega_m}=\frac{\Delta f}{f_m}$$

将这些关系式分别代入式(3-109),得解调器输出信噪比为

$$\frac{S_o}{N_o}=\frac{3}{2}m_f^2\frac{A^2/2}{n_0f_m} \tag{3-111}$$

代入式(3-110)可得调制制度增益为

$$G_{FM}=\frac{S_o/N_o}{S_i/N_i}=\frac{3}{2}m_f^2\frac{B_{FM}}{f_m} \tag{3-112}$$

宽带调频时,信号带宽为

$$B_{FM}=2(m_f+1)f_m=2(\Delta f+f_m)$$

所以,式(3-112)还可以写成

$$G_{FM}=3m_f^2(m_f+1)\approx 3m_f^3 \tag{3-113}$$

式(3-113)表明,在大信噪比的情况下,调频解调器的调制制度增益是很高的,与调制指数的三次方成正比。例如,调频广播中常取 $m_f=5$,则调制制度增益 $G_{FM}=450$。可见,加大调制指数 m_f,可使系统抗噪性能大大改善。

例 3.3 以单音调制为例,试比较调频系统与常规调幅系统的性能。假设两者接收信号功率 S_i 相等,信道双边噪声功率谱密度均为 $n_0/2$。调制信号频率为 f_m,AM 信号为100%调制。

解:由 AM 系统和 FM 系统性能分析可知

$$\left(\frac{S_o}{N_o}\right)_{AM}=G_{AM}\left(\frac{S_i}{N_i}\right)_{AM}=G_{AM}\frac{S_i}{n_0B_{AM}}$$

$$\left(\frac{S_o}{N_o}\right)_{FM}=G_{FM}\left(\frac{S_i}{N_i}\right)_{FM}=G_{FM}\frac{S_i}{n_0B_{FM}}$$

两者输出信噪比的比值为

$$\frac{(S_o/N_o)_{FM}}{(S_o/N_o)_{AM}}=\frac{G_{FM}}{G_{AM}}\frac{B_{AM}}{B_{FM}}$$

根据本题假设条件,有

$$G_{AM}=\frac{2}{3},\quad G_{FM}=3m_f^2(m_f+1)$$

$$B_{AM}=2f_m,\quad B_{FM}=2(m_f+1)f_m$$

将这些关系代入上式,得

$$\frac{(S_o/N_o)_{FM}}{(S_o/N_o)_{AM}}=4.5m_f^2 \tag{3-114}$$

由此可见,FM 系统的调制指数 m_f 较大时,FM 系统的输出信噪比远大于 AM 信号。例如,$m_f=5$ 时,FM 系统的输出信噪比是 AM 系统的 112.5 倍。这也可以理解成当两者输出信噪比相等时,FM 信号的发射功率可减小至 AM 信号的 1/112.5。

应当指出,调频系统的这一优越性是以增加传输带宽来换取的,因为

$$B_{FM}=2(m_f+1)f_m=(m_f+1)B_{AM}$$

当 $m_f\gg1$ 时,有

$$B_{FM}\approx m_fB_{AM}$$

代入式(3-109),有

$$\frac{(S_o/N_o)_{FM}}{(S_o/N_o)_{AM}}=4.5\left(\frac{B_{FM}}{B_{AM}}\right)^2 \tag{3-115}$$

这说明**宽带 FM 输出信噪比相对于 AM 的改善,与它们传输带宽比的平方成正比**。这就意味着,对于 FM 系统来说,增加传输带宽就可以改善抗噪性能。调频方式的这种以带宽换取更优信噪比的特性是十分有益的。而 AM 系统中,由于信号带宽是固定的,因而不能实现带宽与信噪比的互换,这也正是在抗噪性能方面调频系统优于调幅系统的重要原因。

3.4.3 小信噪比情况与门限效应

当处于小信噪比情况时,这里假设信号未被调制,也就是信噪比为 0 的这种极限情况,此时 $\psi(t)=0$,调制信号为

$$s_{FM}(t)=A\cos[\omega_ct+\psi(t)]=A\cos\omega_ct \tag{3-116}$$

窄带高斯噪声可以写成

$$n_i(t)=n_c(t)\cos\omega_ct-n_s(t)\sin\omega_ct=V_n(t)\cos[\omega_ct+\varphi_n(t)] \tag{3-117}$$

调制信号加噪声可以写成

$$\begin{aligned}s_{FM}(t)+n_i(t)&=A\cos\omega_ct+n_i(t)=[A+n_c(t)]\cos\omega_ct-n_s(t)\sin\omega_ct\\&=A(t)\cos[\omega_ct+\varphi(t)]\end{aligned} \tag{3-118}$$

与标量不同,矢量是指既有大小又有方向的量,因此可以借助矢量的概念描述上述几个表达式。其中,式(3-116)的大小为 A,方向为 0;式(3-117)的大小为 $V_n(t)$,方向为 $\varphi_n(t)$;式(3-118)的大小为 $A(t)$,方向为 $\varphi(t)$;因此,式(3-118)可以理解为两个矢量相加的结果,

具体描述如图 3-34 所示。

大输入信噪比时，如图 3-34(a)所示，$V_n(t)$在大多数时间里远小于 A，噪声随机相位 $\varphi_n(t)$即使在 $0\sim2\pi$ 内随机变化，合成矢量 $A(t)$的矢量端点轨迹如图 3-34(a)中虚线所示，信号和噪声的合成矢量的相位 $\varphi(t)$变化范围不大，故输出信噪比是足够高的，调制制度增益可以由式(3-110)描述。

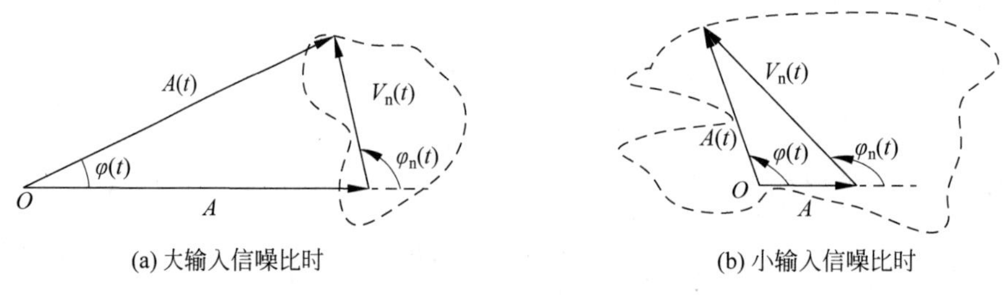

图 3-34 FM 信号加噪声的矢量图

小输入信噪比时，大多数时间里 $V_n(t)$大于载波幅度 A，因此，当噪声的随机相位在 $0\sim2\pi$ 范围内随机变化时，信号与噪声的合成矢量 $A(t)$的矢量端点轨迹如图 3-34(b)所示，合成矢量的相位 $\varphi(t)$围绕原点在 $0\sim2\pi$ 范围内变化，解调器的输出几乎完全由噪声决定，因而输出信噪比急剧下降。这种情况与常规调幅包络检波时相似，称为门限效应，出现门限效应时所对应的输入信噪比的值称为门限值。

图 3-35 所示为调频解调器输入输出信噪比性能曲线，可以看出，输入信噪比在门限值以上时，输出信噪比和输入信噪比呈线性关系，即输出信噪比随着输入信噪比的大小做线性变化；在门限值以下时，输出信噪比急剧下降。不同的调频指数有着不同门限值，m_f 大的门限值相对高，m_f 小的门限值相对低，但是门限值的变化范围不大。

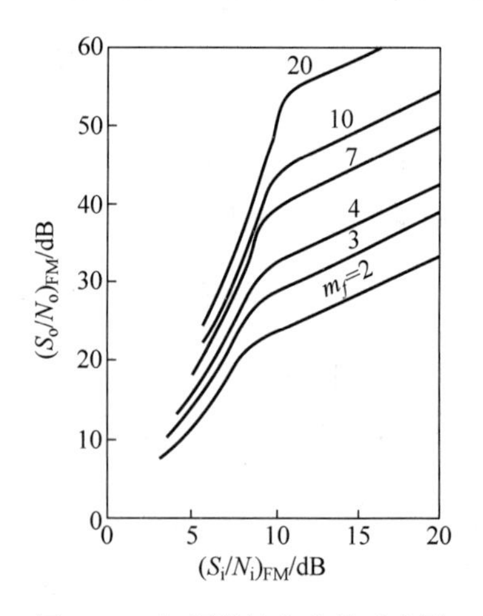

图 3-35 解调器性能曲线示意图

理论计算和实践均表明，应用普通鉴频器解调 FM 信号时，其门限效应与输入信噪比有关，一般发生在输入信噪比为 10dB 左右时。在空间通信等领域中，对调频接收机的门限效应十分关注，希望在接收到最小信号功率时仍能满意地工作，这就要求门限值向低输入信噪比方向扩展。改善门限效应有许多种方法，目前应用较多的是锁相环路鉴频法以及“预加重”“去加重”技术等。

如同包络检测器一样，FM 解调器的门限效应也是由它的非线性的解调作用所引起的。由于在门限值以上时 FM 解调器具有良好的性能，故在实际中除设法改善门限效应外，一般都使系统工作在门限值以上。

*3.4.4 加重技术

从图 3-33 所示的鉴频器输出噪声功率谱密度可以看到，它随频率 f 呈抛物线形状增大。进而造成高频端的输出信噪比明显下降，这对解调信号质量会带来很大的影响，甚至会出现门限效应。为了改善调频解调器的输出信噪比，针对鉴频器输出噪声谱呈抛物线形状这个特点，可以在调频系统中采用加重技术，包括“预加重”和“去加重”措施。其设计思想是在保持输出信号不变的前提下有效降低输出噪声，以达到提高输出信噪比的目的。

所谓“去加重”，就是在解调器输出端接一个传输特性随频率增加而滚降的线性网络$H_d(f)$，其目的是使调制频率高频端的噪声衰减，减小总的噪声功率。但是，由于去加重网络的加入，在有效地减弱输出噪声的同时，必将使传输信号产生频率失真，因此，必须在调制器前加入一个预加重网络$H_p(f)$人为地提升调制信号的高频分量，以抵消去加重网络$H_d(f)$的影响。显然，为了使传输信号不失真，应该有

$$H_p(f)\cdot H_d(f)=1 \tag{3-119}$$

这是保证输出信号不变的必要条件。图3-36所示为预加重和去加重网络在调频系统中的具体位置。可见，预加重网络是在信道噪声介入之前加入的，它对噪声没有影响，因此，并未提升噪声功率；输出端的去加重网络可将输出噪声功率降低，因此，有效地提高了调制信号高频端的输出信噪比，进一步改善了调频系统的抗噪声性能。

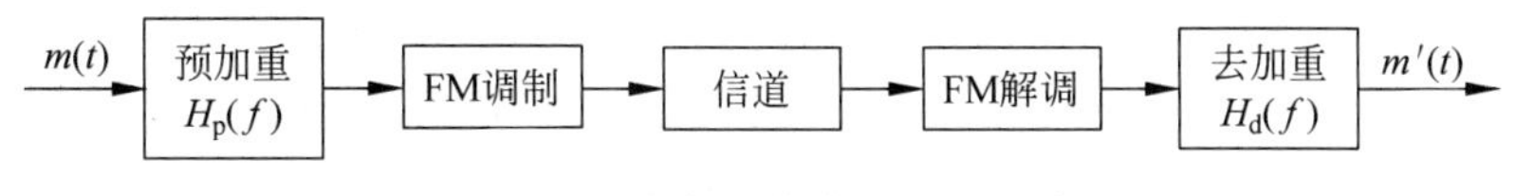

图3-36　有加重技术的FM系统

图3-37所示为一种实际中常采用的预加重和去加重电路，在保持信号传输带宽不变的条件下合理配置电容和电阻参数，可使输出信噪比提高6dB左右。

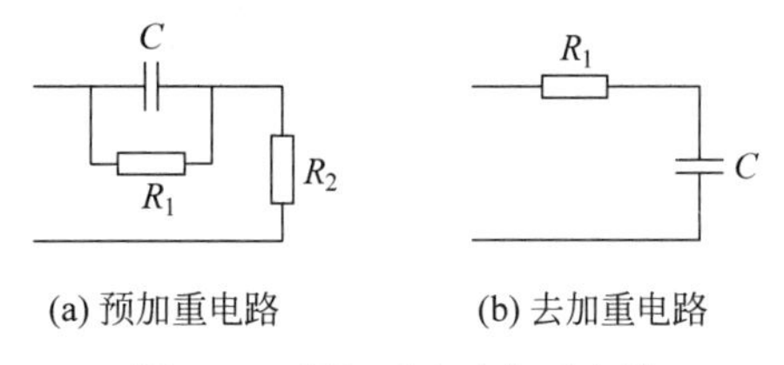

图3-37　预加重和去加重电路

加重技术不但在调频系统中得到了实际应用，同时也在音频传输和录音系统的录音、放音设备中得以应用。例如，录音和放音设备中广泛应用的杜比(Dolby)降噪声系统就采用了加重技术。

3.5　各种模拟调制系统的比较

假定所有调制系统在接收机输入端具有相等的信号功率，加性噪声都是均值为0、双边功率谱密度为$n_0/2$的高斯白噪声，基带信号$m(t)$带宽为f_m，且所有调制系统信号都满足

$$\begin{cases}\overline{m(t)}=0\\ \overline{m^2(t)}=\dfrac{1}{2}\\ |m(t)|_{\max}=1\end{cases} \tag{3-120}$$

例如，$m(t)$为正弦信号，综合前文分析，可总结各种模拟调制方式的信号带宽、制度增益、输出信噪比、设备(调制与解调)复杂程度、主要应用等要素，如表3-1所示。表中还进一步假设了AM为100%调制。

表 3-1　各种模拟调制方式总结

调制方式	信号带宽	制度增益	S_o/N_o	设备复杂程度	主要应用
DSB	$2f_m$	2	$\frac{S_i}{n_0 f_m}$	中等	应用较少，原理分析的基础
SSB	f_m	1	$\frac{S_i}{n_0 f_m}$	复杂	短波无线电广播、话音频分多路复用
VSB	略大于 f_m	近似 SSB	近似 SSB	复杂	数据传输、电视广播
AM	$2f_m$	$\frac{2}{3}$	$\frac{1}{3}\cdot\frac{S_i}{n_0 f_m}$	简单	中短波无线电广播
FM	$2(m_f+1)f_m$	$3m_f^2(m_f+1)$	$\frac{3}{2}m_f^2\frac{S_i}{n_0 f_m}$	中等	超短波小功率电台（窄带）、卫星通信、调频立体声广播（宽带）

1. 频带利用率比较

就频带利用率而言，SSB 最好，VSB 与 SSB 接近，DSB、AM、NBFM 次之，WBFM 最差。由表 3-1 还可看出，FM 的调频指数越大，抗噪性能越好，但占据带宽越宽，频带利用率越低。

2. 抗噪性能比较

就抗噪性能而言，WBFM 最好，DSB、SSB、VSB 次之，AM 最差。图 3-38 所示为各种模拟调制系统的性能曲线，圆点表示门限点。门限点以下，曲线迅速下跌；门限点以上，DSB、SSB 的信噪比比 AM 高 4.7dB 以上，而 FM($m_f=6$)的信噪比比 AM 高 22dB。

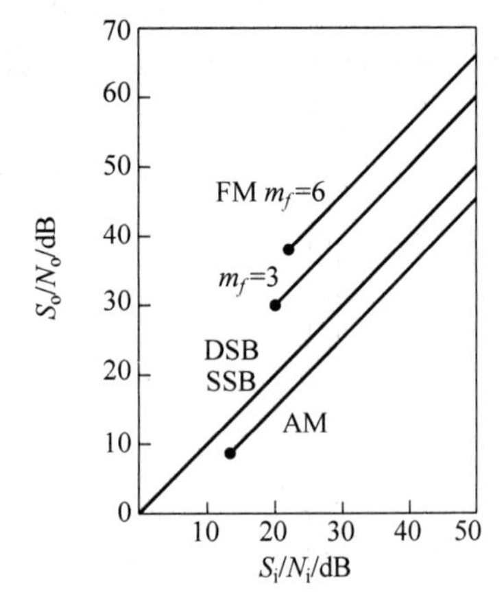

图 3-38　各种模拟调制系统的性能曲线

3. 特点与应用

AM 调制的优点是接收设备简单；缺点是功率利用率低，抗干扰能力差。AM 制式主要用在中波和短波的调幅广播中。

DSB 调制的优点是功率利用率高，且带宽与 AM 相同，但接收要求同步解调，设备较复杂。DSB 应用较少，一般只用于点对点的专用通信。

SSB 调制的优点是功率利用率和频带利用率都较高，抗干扰能力和抗选择性抗衰落能力均优于 AM，而带宽只有 AM 的一半；缺点是发送和接收设备都复杂。鉴于这些特点，SSB 常用于频分多路复用系统中。

VSB 的抗噪声性能和频带利用率与 SSB 相当。VSB 的诀窍在于部分抑制了发送边带，同时又利用平缓滚降滤波器补偿了被抑制部分，这对包含低频和直流分量的基带信号特别适用，因此，VSB 在电视广播等系统中得到了广泛应用。

FM 波的幅度恒定不变，这使它对非线性器件不甚敏感，给 FM 带来了抗快衰落能力。利用自动增益控制和带通限幅技术，还可以消除快衰落造成的幅度变化效应。宽带 FM 的抗干扰能力强，可以实现带宽与信噪比的互换，不仅应用于调频立体声广播，而且还广泛应用于长距离的高质量通信系统中，如卫星通信、超短波对空通信等。宽带 FM 的缺点是频带利用率低，存在门限效应，因此在接收信号弱、干扰大的情况下宜采用窄带 FM，这也是小型通信机常采用窄带调频的原因。

3.6 频分复用

为了提高通信系统的信道利用率，话音信号的传输往往采用多路复用的方式。所谓多路复用，通常是指**在一个信道上同时传输多个话音信号的技术，有时也将这种技术简称为复用技术**。复用技术有多种工作方式，例如频分复用(FDM)、时分复用(TDM)以及码分复用(CDM)等。

频分复用是将所给的信道带宽分割成互不重叠的许多小区间，每个小区间能顺利通过一路信号。在一般情况下可以通过正弦信号调制的方法实现频分复用。频分复用的多路信号在频率上不会重叠，但在时间上是重叠的。

时分复用是将连续信号在时间上进行离散处理，也就是抽样(采样)，当抽样脉冲占据较短时间时，抽样脉冲之间就留出了时间空隙，利用这种空隙便可以传输其他信号的抽样值。因此，这就有可能沿一条信道同时传送若干个基带信号。

码分复用是一种以扩频技术为基础的复用技术。

本节重点讨论频分复用。通常在通信系统中，信道所能提供的带宽往往要比传送一路信号所需的带宽宽许多。因此，一个信道只传输一路信号是非常浪费的。为了充分利用信道的带宽，提出了信道的频分复用。图 3-39 所示为一个频分复用电话系统的组成框图。

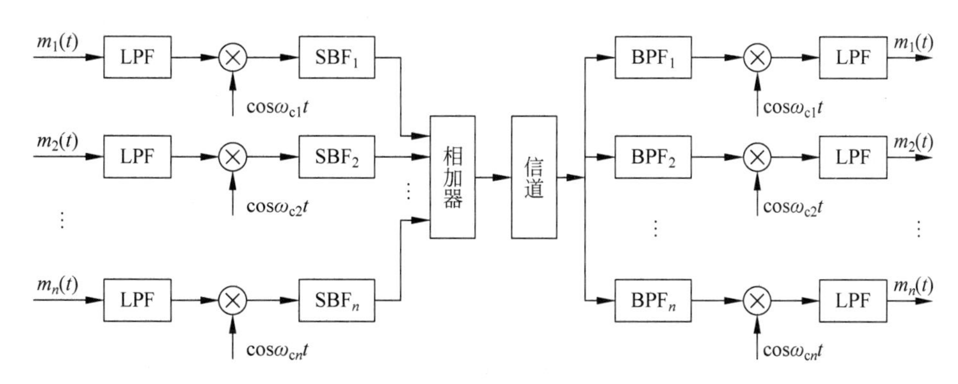

图 3-39 频分复用系统组成框图

图 3-39 所示系统中复用的信号共有 n 路，每路信号首先通过低通滤波器(LPF)限制各路信号的最高频率 f_m。简单起见，无妨假设各路的 f_m 都相等。例如，若各路都是话音信号，则每路信号的最高频率皆为 3400Hz。

然后，各路信号通过各自的调制器进行频谱搬移。调制器的电路一般是相同的，但所用的载波频率不同。调制的方式原则上可任意选择，但最常用的是 SSB，因为它最节省频带。因此，图示系统中的调制器由相乘器和边带滤波器(SBF)构成。在选择载频时，既应考虑到边带频谱的宽度，还应留有一定的防护频带 f_g，以防止邻路信号间相互干扰，即

$$f_{c(i+1)}=f_{ci}+(f_m+f_g),\quad i=1,2,\cdots,n \tag{3-121}$$

式中，f_{ci} 和 $f_{c(i+1)}$ 分别为第 i 路和第$(i+1)$路的载波频率。显然，邻路间隔防护频带越大，对边带滤波器的技术要求越低，但这时占用的总频带要加宽，这对提高信道复用率不利。因

此，实际中应尽量提高边带滤波技术，以使 f_g 尽量缩小。目前，按ITU-T标准，防护频带间隔应为900Hz。

经过调制的各路信号在频率位置上被分开了，因此，可以通过相加器将它们合并成适合信道内传输的复用信号，其频谱结构示意图如图3-40所示。

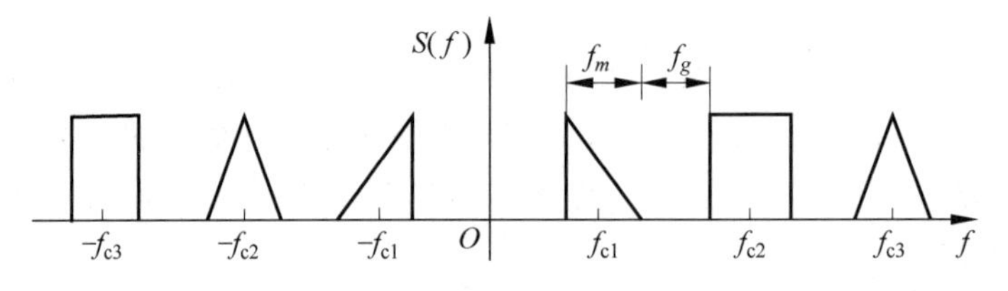

图3-40 频分复用信号的频谱结构示意图

图3-40所示频谱结构中，各路信号具有相同的 f_m，但它们的频谱结构可能不同。n 路单边带信号的总频带宽度为

$$B_n = nf_m + (n-1)f_g = (n-1)(f_m + f_g) + f_m = (n-1)B_1 + f_m \tag{3-122}$$

式中，$B_1 = f_m + f_g$ 为一路信号占用的带宽。

合并后的复用信号原则上可以在信道中传输，但有时为了更好地利用信道的传输特性，还可以再进行一次调制。

在接收端，可利用相应的带通滤波器（BPF_i）来区分开各路信号的频谱。然后，再通过各自的相干解调器便可恢复各路调制信号。

频分复用系统的最大优点是信道复用率高，容许复用的路数多，分路也很方便。因此，它目前已成为模拟通信系统中采用的最主要的一种复用方式，特别是在有线和微波通信系统中应用十分广泛。频分复用系统的主要缺点是设备比较复杂，如果滤波器件特性不够理想，或信道内存在非线性，就会产生路间干扰。

本章小结

调制就是用调制信号的变化规律去改变载波某些参量的过程，调制后所得到的信号称为已调信号或频带信号。本章讨论了模拟通信系统中的线性调制和非线性调制，介绍了信号产生（调制）与接收（解调）的基本原理、方法和技术，并对调制系统的性能进行了分析。

通常线性调制主要包括常规双边带调幅（AM）、抑制载波双边带调幅（DSB）、单边带调制（SSB）和残留边带调制（VSB）信号等。线性调制的主要特征是调制前和调制后的信号频谱在形状上没有发生根本变化，仅仅是频谱的幅度和位置发生了变化，即把基带信号的频谱线性搬移到与信道相应的某个频带上。由于AM和DSB信号的上、下两个边带是完全对称的，皆携带了调制信号的全部信息，因此，从信息传输的角度来考虑，仅传输其中一个边带就够了，由此演变出SSB。为了解决了单边带滤波器因过于陡峭而不易实现的难题又演变出VSB。

DSB、AM、SSB和VSB等线性调制信号通过信道传输到接收端，由于信道特性的不理想和信道中存在的各种噪声，信号不可避免地受到信道噪声的影响，为此，通常使用信噪比增益（也称为调制制度增益）对其进行评估，包括针对DSB、AM、SSB和VSB的相干解调性能分析，以及针对 AM 的非相干解调性能分析。大信噪比情况下，AM 的相干或者非相干解调性能接近，但在小信噪比情况下解调会出现门限效应。

角度调制是典型的非线性调制，主要包括频率调制（FM）和相位调制（PM）。非线性调制与线性调制不同，其已调信号频谱不再是原调制信号频谱的线性搬移，而是频谱的非线性变换，这个变换会产生新的频率成分。由于都是角度调制，FM 与 PM 之间是可以相互转换的。如果将调制信号先微分，而后进行调频，则得到的是调相信号；如果将调制信号先积分，而后进行调相，则得到的是调频信号。本章重点研究 FM 系统，根据非线性调制最大相位偏移量大小不同可将其划分为窄带调频和宽带调频；根据调频信号的解调方式不同，可将其划分为相干或者非相干解调。

对于 FM 系统来说，增加传输带宽就可以改善抗噪性能。调频方式的这种以带宽换取更优信噪比的特性是十分有益的。当然，在非相干解调情况下，也存在门限效应，其应对策略主要是采用锁相环路鉴频法以及“预加重”“去加重”技术等。多路复用方式主要有频分复用（FDM）、时分复用（TDM）与码分复用（CDM），按频率进行复用的方法叫频分复用，按时间进行复用的方法叫时分复用，按扩频码进行复用的方式称为码分复用。

思考题

1. 调制如何进行分类？
2. 什么是线性调制？常见的线性调制方式有哪些？
3. 什么是调幅指数（调幅度）？说明其物理含义。
4. SSB 信号的产生方法有哪些？
5. VSB 滤波器的传输特性应满足什么条件？为什么？
6. 请说明，从滤波法实现角度来看，SSB 可以当作 VSB 的一个特例。
7. 如果在发射单边带信号的同时加上一个大载波，是否可以用包络检波法接收？
8. 什么叫调制制度增益？其物理意义是什么？
9. DSB 调制系统和 SSB 调制系统的抗噪性能是否相同？为什么？
10. 什么是门限效应？会出现在什么样的系统当中？
11. AM 信号采用包络检波法解调时为什么会产生门限效应？
12. 什么是频率调制？什么是相位调制？两者关系如何？
13. 分析图 3-22 所示的单音 PM 信号和 FM 信号波形。
14. 什么是窄带角度调制？说明其优缺点。
15. 什么是宽带调频？如何实现？
16. 简述调频信号的解调方式。
17. FM 系统产生门限效应的主要原因是什么？
18. 简述加重技术。
19. FM 系统调制制度增益和信号带宽的关系如何？这一关系说明什么？
20. 什么是频分复用？频分复用的目的是什么？

习题

1. 设调制信号 $m(t)=\cos 2000\pi t$，载波频率为 6kHz。

(1) 试画出 AM 信号的波形图。

(2) 试画出 DSB 信号的波形图。

2. 设有一个双边带信号为 $s_{\mathrm{DSB}}(t)=m(t)\cos\omega_c t$，为了恢复 $m(t)$，接收端用 $\cos(\omega_c t+\theta)$ 作为载波进行相干解调。仅考虑载波相位对信号的影响，为了使恢复出的信号是其最大可能值的 90%，相位 θ 的最大允许值为多少？

3. 已知调制信号为 $m(t)=\cos 2000\pi t+\cos 4000\pi t$，载波为 $\cos 10^4\pi t$，试确定 SSB 信号的表达式，并画出其频谱图。

4. 已知调制信号 $m(t)=\cos 2000\pi t$，载波为 $c(t)=2\cos 10^4\pi t$，分别写出 AM、DSB、SSB(上边带)、SSB(下边带)信号的表示式，并画出频谱图。

5. 已知线性调制信号表示式为

(1) $s_m(t)=\cos\Omega t\cos\omega_c t$

(2) $s_m(t)=(1+0.5\cos\Omega t)\cos\omega_c t$

式中，$\omega_c=6\Omega$，试分别画出它们的波形图和频谱图。

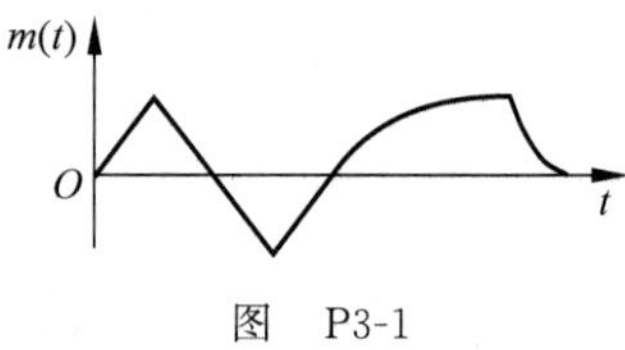

图 P3-1

6. 根据图 P3-1 所示的调制信号波形，试画出 DSB 及 AM 信号的波形图，并比较它们分别通过包络检波器后的波形差别。

7. 已知某调幅波的展开式为

$$s_{\mathrm{AM}}(t)=0.125\cos 2\pi(10^4)t+4\cos 2\pi(1.1\times 10^4)t+0.125\cos 2\pi(1.2\times 10^4)t$$

(1) 试确定载波信号的表达式。

(2) 试确定调制信号的表达式。

(3) 试绘制其时域和频域波形。

8. 设有一调制信号为 $m(t)=\cos\Omega_1 t+\cos\Omega_2 t$，载波为 $A\cos\omega_c t$，当 $\Omega_2=2\Omega_1$，载波频率 $\omega_c=5\Omega_1$ 时，试写出相应的 SSB 信号的表达式，并画出频谱图。

9. 某线性调制系统解调器输出端的输出信噪比为 20dB，输出噪声功率为 10^{-9}W，发射机输出端到解调器输入端之间的总传输衰减为 100dB。

(1) 试求 DSB 系统的发射机输出功率。

(2) 试求 SSB 系统的发射机输出功率。

(3) 试求 AM 系统(100%调幅)的发射机输出功率。

10. 设某信道具有均匀的双边噪声功率谱密度 $n_0/2=0.5\times 10^{-3}$W/Hz，该信道中传输 DSB 信号，并将调制信号 $m(t)$ 的频带限制在 5kHz，载波为 100kHz，已调信号的功率为 10kW。接收机的输入信号在加至解调器之前先经过一理想带通滤波器滤波。

(1) 试问该理想带通滤波器该具有怎样的传输特性 $H(\omega)$。

(2) 求解调器输入端的信噪比。

(3) 求解调器输出端的信噪比。

11. 若对某一信号用 DSB 系统进行传输，设加至接收机的调制信号 $m(t)$ 的功率谱密度为

$$P_m(f)=\begin{cases}\dfrac{n_m}{2}\dfrac{|f|}{f_m}, & |f|\leqslant f_m\\ 0, & |f|>f_m\end{cases}$$

(1) 试求接收机的输入信号功率。

(2) 试求接收机的输出信号功率。

(3) 若叠加于DSB信号的白噪声具有双边功率谱密度为 $n_0/2$,设解调器的输出端接截止频率为 f_m 的理想带通滤波器,则输出信噪比是多少?

12. 在DSB和SSB中,若基带信号均为3kHz限带低频信号,载频为1MHz,接收信号功率为1mW,加性高斯白噪声双边功率谱密度为 $10^{-3}\mu W/Hz$。接收信号经带通滤波器后,进行相干解调。

(1) 比较解调器输入信噪比。

(2) 比较解调器输出信噪比。

13. 已知某调频波的振幅是10V,瞬时频率为

$$f(t)=10^6+10^4\cos 2000\pi t\ \text{Hz}$$

(1) 试确定此调频波的表达式。

(2) 试确定此调频波的最大频偏、调频指数和频带宽度。

(3) 若调制信号频率提高到 2×10^3 Hz,则调频波的最大频偏、调频指数和频带宽度如何变化?

14. 设FM信号的表达式为 $s_{FM}(t)=A\cos\left[\omega_c t+K_F\int_{-\infty}^{t}m(\tau)d\tau\right]$,PM信号的表达式为 $s_{PM}(t)=A\cos[\omega_c t+K_P m(t)]$,完成题表。

	FM	PM
瞬时相位		
瞬时相位偏移		
最大相位偏移		
瞬时频率		
瞬时频率偏移		
最大频率偏移		

15. 在50Ω的负载电阻上有一角度调制信号,其表达式为

$$s(t)=10\cos[10^8\pi t+3\sin 2\pi 10^3 t]V$$

(1) 试计算角度调制信号的平均功率。

(2) 试计算角度调制信号的最大频偏。

(3) 试计算信号的频带宽度。

(4) 试计算信号的最大相位偏移。

(5) 此角度调制信号是调频波还是调相波?为什么?

16. 10MHz载波受10kHz单频正弦信号调频,峰值频偏为100kHz。

(1) 求调频信号的带宽。

(2) 调频信号幅度加倍时,求调频信号的带宽。

(3) 调制信号频率加倍时,求调频信号的带宽。

(4) 若峰值频偏变为1MHz,重复计算(1)、(2)、(3)。

17. 已知调制信号是 8MHz 的单频余弦信号，若要求输出信噪比为 40dB，试比较调制制度增益为 2/3 的 AM 系统和调频指数为 5 的 FM 系统的带宽和发射功率。设信道噪声单边功率谱密度 $n_0=5\times10^{-15}$ W/Hz，信道衰耗为 60dB。

18. 假设音频信号 $m(t)$ 经调制后在高频信道传输。要求接收机输出信噪比 $S_o/N_o=50$dB。已知信道中传输损耗为 50dB，信道噪声为窄带高斯白噪声，其双边功率谱密度为 $n_o/2=10^{-12}$ W/Hz，音频信号 $m(t)$ 的最高频率 $f_m=15$kHz，并且有 $E[m(t)]=0$，$E[m^2(t)]=1/2$，$|m(t)|_{max}=1$。

(1) 进行 DSB 调制时，接收端采用同步解调，画出解调器的框图，求已调信号的频带宽度、平均发送功率。

(2) 进行 SSB 调制时，接收端采用同步解调，求已调信号的频带宽度、平均发送功率。

(3) 进行 100%振幅调制时，接收端采用非相干解调，画出解调器的框图，求已调信号的频带宽度、平均发送功率。

(4) 设调频指数 $m_f=5$，接收端采用非相干解调，计算 FM 信号的频带宽度和平均发送功率。

19. 将 60 路基带复用信号进行频率调制，形成 FDM/FM 信号。接收端用鉴频器解调调频信号。解调后的基带复用信号用带通滤波器分路，各分路信号经 SSB 同步解调得到各路话音信号。设鉴频器输出端各路话音信号功率谱密度相同，鉴频器输入端为带限高斯白噪声。

(1) 画出鉴频器输出端的噪声功率谱密度分布图。

(2) 各话路输出端的信噪比是否相同？为什么？

(3) 设复用信号频率范围为 12～252kHz(每路按 4kHz 计)，频率最低的那一路输出信噪比为 50dB。若话路输出信噪比小于 30dB 时认为不符合要求，则符合要求的话路有多少？

第4章 数字基带传输系统

CHAPTER 4

直接来自信源或者仅经过编码的信号通常称为基带信号，例如，由信源产生的文字、话音、图像和数据等信号都是基带信号，它们的特点是通常包含较低频率的分量，有的甚至包含直流成分。在数字传输系统中，传输对象通常是某一进制的数字信息，在设计这类系统时，首先需要考虑的是选择一组有限的离散波形来表示这些数字信息。离散的波形可以是未经调制的不同电平的信号，也可以是调制后的信号，未经调制的脉冲信号所占据的频带通常是从直流或低频开始，所以称为数字基带信号。目前，利用各类电缆构成的近程数据通信系统中广泛采用了这种传输方式；同时，理论上证明，大多数频带传输系统也可以等效为一个基带传输系统来研究，因此，对于基带传输系统的研究，在信息发送和接收体系中有着十分重要的意义。

本章将介绍数字基带传输系统中的各类信号、信号通过系统时产生的码间串扰以及噪声对传输的影响等问题，同时，对观测数字基带传输系统性能的眼图以及改善系统性能的相关方法进行简要介绍。

4.1 数字基带信号及其频谱特性

数字信息通常可以表示成数字代码序列，例如，计算机中的信息是以约定的二进制码“0”和“1”的形式存储。但是，在实际传输中，为了匹配信道的特性，需要选择不同的传输波形来表示“0”和“1”，有时将这种传输波形简称为传输码或者线路码。传输码的设计也就是数字基带信号的设计，归纳起来应考虑以下原则。

(1) 码型中应不含直流分量，低频分量应尽量少。

(2) 码型中高频分量应尽量少，这样既可以节省传输频带，也可以提高信道的频带利用率。

(3) 码型中最好包含定时信息。

(4) 码型应具有一定的检错能力。

(5) 编码方案对发送消息类型不应有任何限制，即能适用于信源变化，这种与信源的统计特性无关的性质称为对信源具有透明性。

(6) 低误码增殖。对于某些基带传输码型，信道中产生的单个误码会扰乱一段译码过程，从而导致译码输出信息中出现多个错误，这种现象称为误码增殖。

(7) 高的编码效率，编译码设备应尽量简单等。

上述各项原则并不是任何基带传输码型均能完全满足的，往往是根据实际要求满足其中若干项。

4.1.1 数字基带信号的常用码型

由于数字基带信号的码型种类繁多，这里仅以矩形脉冲组成的基带信号为例，介绍一些目前常用的二进制基本码型，它们的波形如图 4-1 所示。

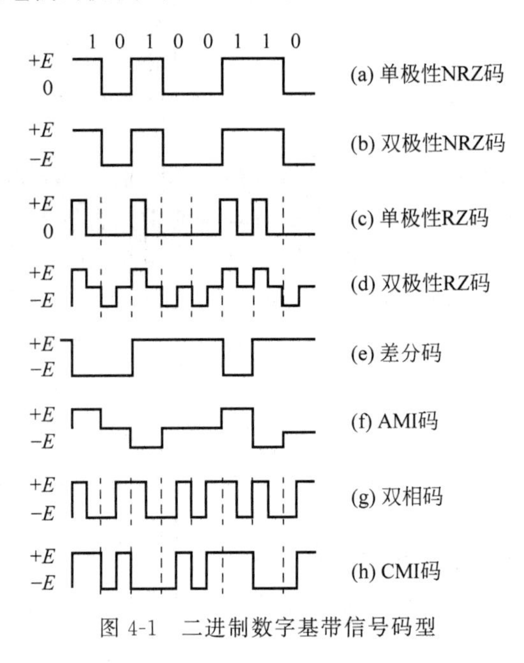

图 4-1 二进制数字基带信号码型

1. 单极性不归零(NRZ)码

单极性 NRZ 码波形如图 4-1(a)所示，它将符号“1”和“0”分别与基带信号的正电平和零电平相对应，在整个码元持续时间内电平保持不变。单极性 NRZ 码具有如下特点。

(1) 发送能量大，有利于提高接收端信噪比。

(2) 在信道上占用频带较窄。

(3) 有直流分量，将导致信号的失真与畸变，且由于直流分量的存在，无法使用一些交流耦合的线路和设备。

(4) 不能直接提取位同步信息。

(5) 抗衰落性能差。接收单极性 NRZ 码的判决电平应取“1”码电平的一半。由于信道衰减或特性随各种因素变化时，接收波形的振幅和宽度容易变化，因而判决门限不能稳定在最佳电平，使得抗噪性能变坏。

由于单极性 NRZ 码的诸多缺点，数字基带信号传输中很少采用这种码型，它只适合于计算机内部或极短距离(如印制电路板上和机箱内)的信号传输。

2. 双极性不归零(NRZ)码

双极性 NRZ 码在编码过程中，“1”和“0”分别对应正、负电平，波形如图 4-1(b)所示。其特点除与单极性 NRZ 码特点(1)、(2)、(4)相同外，还有以下不同特点。

(1) 直流分量小。当二进制符号“1”和“0”等概率出现时,无直流成分。

(2) 接收端判决门限为零电平,容易设置并且稳定,抗干扰能力强。

双极性 NRZ 码已被 ITU-T 的 V 系列接口标准以及美国电工协会(EIA)制定的 RS-232 接口标准使用。

3. 单极性归零(RZ)码

RZ 码是指有电脉冲宽度比码元宽度窄,每个脉冲都回到零电平,即还没有到一个码元终止时刻就回到零值的码型。

单极性 RZ 码波形如图 4-1(c)所示,传送“1”码时,发送一个宽度小于码元持续时间的归零脉冲;传送“0”码时不发送脉冲。脉冲宽度 τ 与码元宽度 T_b 之比称为占空比。

单极性 RZ 码与单极性 NRZ 码比较,缺点是发送能量小、占用频带宽,优点是可以直接提取同步信号。此优点虽不意味着单极性 RZ 码能广泛应用到信道上传输,但它却是其他码型提取同步信号需采用的一个过渡码型。即**对于适合信道传输但不能直接提取同步信号的码型,可先变为单极性 RZ 码,再提取同步信号**。

4. 双极性归零(RZ)码

双极性 RZ 码构成原理与单极性 RZ 码相同,波形如图 4-1(d)所示,“1”和“0”在传输线路上分别用正和负脉冲表示,且相邻脉冲间必有零电平区域存在。

对于双极性 RZ 码,在接收端根据接收波形归于零电平便可知道一个码元已接收完毕,以便准备下个码元的接收。可以认为正负脉冲前沿起到了启动信号的作用,后沿起到了终止信号的作用。因此,可以较为容易地保持正确的位同步。同时,双极性 RZ 码具有双极性 NRZ 码的抗干扰能力强,以及码中不含直流成分的优点,因此应用比较广泛。

5. 差分码

在差分码中,**“1”和“0”分别用电平跳变或不变来表示**。若用电平跳变来表示“1”,称为传号差分码(在电报通信中,常把“1”称为传号,把“0”称为空号),波形如图 4-1(e)所示。若用电平跳变来表示“0”,称为空号差分码。对于差分码,虽然在形式上与单极性或双极性码型相同,但它代表的信息符号与码元本身电位或极性无关,而仅与相邻码元的电位变化有关。具体来讲,对于传号差分码,编码时可采用“**遇到 1 状态翻转,遇到 0 状态不变**”的策略;译码时可采用“**波形有变化输出 1,无变化输出 0**”的策略;空号差分码的编码和译码策略正好与之相反。

差分码也称相对码,相应地可称前面介绍的单极性或双极性码为绝对码。差分码的特点是,即使接收端收到的码元极性与发送端完全相反,也能正确地进行判决。

6. AMI 码

AMI 码的全称是传号交替反转码,是 ITU-T 推荐使用的码型。其编码规则是将消息码中的“0”码仍与零电平对应,而“1”码对应发送极性交替的正、负电平,波形如图 4-1(f)所示。这种码型实际上把二进制脉冲序列变为了 3 电平序列,故也叫伪三元序列,其优点如下。

(1) 在“1”和“0”码不等概率的情况下,也无直流成分,且零频附近低频分量小。因此,对具有交流耦合的传输信道来说,不易受电路隔直特性的影响。

(2) 若接收端收到的码元极性与发送端的完全相反,也能正确判决。

(3) 便于观察误码情况。

此外,AMI 码还有编译码电路简单等优点,因此得到了广泛使用。

不过，AMI 码有一个重要缺点，即当它用来获取定时信息时，由于它可能出现长的连 0，所以会造成提取定时信号困难。

7．HDB_3 码

为了保持 AMI 码的优点而克服其缺点，人们提出了许多种类的改进 AMI 码，其中广泛为人们接受的是高密度双极性码 HDB_n，三阶高密度双极性码（HDB_3 码）就是高密度双极性码中最重要的一种。

HDB_3 码的编码规则如下。

(1) 先把消息代码变成 AMI 码，然后检查 AMI 码的连“0”情况，当无 3 个以上连“0”码时，AMI 码就是 HDB_3 码。

(2) 当出现 4 个或 4 个以上连 0 码时，则将每 4 个连“0”的第 4 个“0”变换成“非 0”码。这个由“0”码改变来的“非 0”码称为破坏码，用符号 V 表示，而原来的二进制码元序列中所有“1”码称为信码，用符号 B 表示。

当信码序列中加入破坏码以后，信码 B 与破坏码 V 的正负必须满足如下两个条件。

(1) B 码和 V 码各自都应始终保持极性交替变化的规律，以便确保编好的码中没有直流成分。

(2) V 码必须与前一个码(信码 B)同极性，以便和正常的 AMI 码区分开来。如果这个条件得不到满足，那么应该在 4 个连“0”码的第 1 个“0”码位置上加 1 个与 V 码同极性的补信码，用符号 B′表示，并做调整，使 B 码和 B′码合起来，保持信码（含 B 及 B′）极性交替变换的规律，示例如下。

(a) 代码：	0	1	0	0	0	0	1	1	0	0	0	0	0	1	0	1
(b) AMI 码：	0	+1	0	0	0	0	−1	+1	0	0	0	0	0	−1	0	+1
(c) 加 V：	0	+1	0	0	0	V+	−1	+1	0	0	0	V+	0	−1	0	+1
(d) 加 B′：	0	+1	0	0	0	V+	−1	+1	B'_-	0	0	V+	0	−1	0	+1
(e) HDB_3：	0	+1	0	0	0	+1	−1	+1	−1	0	0	−1	0	+1	0	−1

虽然 HDB_3 码的编码规则比较复杂，但译码却比较简单。从上述原理可以看出，每一破坏码总是与前一个非 0 符号同极性。据此，从收到的符号序列中很容易找到破坏码 V，于是断定 V 码及其前面的 3 个码必定是连“0”码，从而恢复 4 个连“0”码，再将所有＋1、－1 变成“1”，便得到原信息代码。

HDB_3 的特点是明显的，它除了保持 AMI 码的优点外，还增加了使连“0”减少至不多于 3 个的优点，而不管信息源的统计特性如何，这对于定时信号的恢复是极为有利的。需要注意，HDB_3 也是 ITU-T 推荐使用的码型。

8．Manchester 码

曼彻斯特（Manchester）码又称为双相码。它的特点是每个码元用两个连续的、极性相反的脉冲来表示。如“1”码用正、负脉冲表示，“0”码用负、正脉冲表示，波形如图 4-1(g)所示。该码的优点是无直流分量，最长连“0”或连“1”数为 2，定时信息丰富，编译码电路简单。但其码元速率比输入的信码速率提高了一倍。双相码适用于近距离传输，局域网常采用该码作为传输码型。

9. CMI 码

CMI 码是传号反转码的简称，其编码规则为“1”码交替用“00”和“11”表示，“0”码用“01”表示，示例波形如图 4-1(h)所示。CMI 码的优点是没有直流分量，且有频繁出现波形跳变，便于定时信息提取，具有误码监测能力。

由于 CMI 码具有上述优点，再加上编、译码电路简单，容易实现，因此，在高次群脉冲编码调制终端设备中广泛用作接口码型，低速光纤数字传输系统中被建议作为线路传输码型。

除了图 4-1 给出的基带码型外，近年来，高速光纤数字传输系统中还应用到 5B6B 码，将每 5 位二元码输入信息编成 6 位二元码码组输出(分相码和 CMI 码属于 1B2B 类)。这种码型输出虽比输入增加 20% 的码速，但却换来了便于提取定时、低频分量小、同步迅速等优点。除此之外，差分双相码、密勒码等也是广泛应用的基带码型。

10. 多进制码

上面介绍的是用得较多的二进制码型，实际上还常用到多进制码型，其波形特点是多个二进制符号对应一个脉冲码元。如图 4-2 所示为两种四进制代码波形，图 4-2(a)为单极性信号，只有正电平，分别用 $+3E$、$+2E$、$+E$、0 对应两个二进制符号(1 位四进制)00、01、10、11；图 4-2(b)为双极性信号，具有正负电平，分别用 $+3E$、$+E$、$-E$、$-3E$ 对应两个二进制符号(一位四进制)00、01、10、11。由于这种码型的一个脉冲可以代表多个二进制符号，故在高速数字传输系统中采用这种信号形式是适宜的。多进制码的目的是在码元速率一定时提高信息速率。

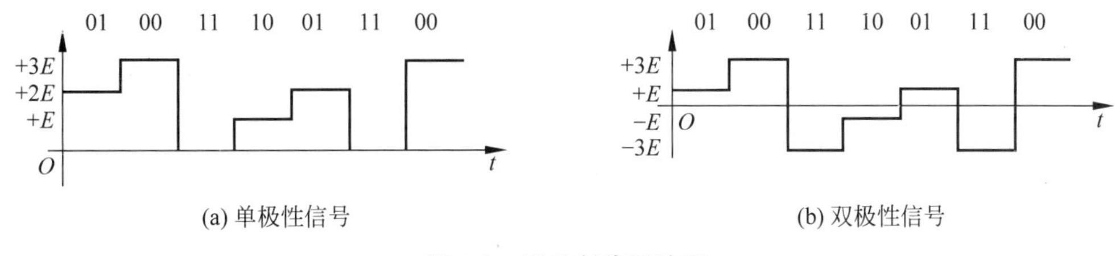

图 4-2 四进制代码波形

实际上，组成基带信号的单个码元波形并非一定是矩形的。根据实际的需要，还可有多种多样的波形形式，比如升余弦脉冲、高斯形脉冲等，感兴趣的读者可阅读相关文献。

4.1.2 数字基带信号的功率谱

不同形式的数字基带信号具有不同的频谱结构，分析数字基带信号的频谱特性，可以确定信号需要占用的频带宽度，获得信号谱中的直流分量、位定时分量、主瓣宽度和谱滚降衰减速度等信息，这样就可以针对信号谱的特点来选择相匹配的信道，或者根据信道的传输特性来选择适合的信号波形或码型。

在通信中，除特殊情况(如测试信号)外，数字基带信号通常都是随机脉冲序列。因为，如果在数字通信系统中所传输的数字序列是确知的，则消息就不携带任何信息，通信也就失去了意义。为此，数字基带信号的谱分析实际上就是随机序列的谱分析。

1. 功率谱分析

设有二进制随机脉冲序列 $s(t)$，分别用脉冲 $g_1(t)$和 $g_2(t)$表示二进制码“1”和“0”，T_b 为码元的间隔，在任一码元时间 T_b 内，$g_1(t)$和 $g_2(t)$出现的概率分别为 P 和 $1-P$，则随

机脉冲序列 $s(t)$ 可表示成

$$s(t)=\sum_{n=-\infty}^{\infty}s_{n}(t) \tag{4-1}$$

其中

$$s_{n}(t)=\begin{cases}g_{1}(t-nT_{b}), & \text{概率为 } P\\ g_{2}(t-nT_{b}), & \text{概率为 } 1-P\end{cases} \tag{4-2}$$

研究由式(4-1)、式(4-2)所确定的随机脉冲序列的功率谱密度,要用到概率论与随机过程的有关知识,这里不进行推导,感兴趣的同读者可以参阅相关文献。

可以证明,随机脉冲序列 $s(t)$ 的双边功率谱密度 $P_{s}(f)$ 可以表示为

$$P_{s}(f)=f_{b}P(1-P)\,|G_{1}(f)-G_{2}(f)|^{2} + \sum_{m=-\infty}^{\infty}|f_{b}[PG_{1}(mf_{b})+(1-P)G_{2}(mf_{b})]|^{2}\delta(f-mf_{b}) \tag{4-3}$$

式中,$G_{1}(f)$、$G_{2}(f)$ 分别为 $g_{1}(t)$ 和 $g_{2}(t)$ 的傅里叶变换,$f_{b}=\dfrac{1}{T_{b}}$。

进一步整理式(4-3)可以得到

$$P_{s}(f)=f_{b}P(1-P)\,|G_{1}(f)-G_{2}(f)|^{2}+|f_{b}[PG_{1}(0)+(1-P)G_{2}(0)]|^{2}\delta(f) + \sum_{m\neq 0}|f_{b}[PG_{1}(mf_{b})+(1-P)G_{2}(mf_{b})]|^{2}\delta(f-mf_{b}) \tag{4-4}$$

从式(4-4)可以得出如下结论。

(1) 当 $g_{1}(t)$、$g_{2}(t)$、P 及 T_{b} 给定后,随机脉冲序列功率谱就确定了,它是个确定值。

(2) 随机脉冲序列功率谱包括连续谱(第一项)和离散谱(第二项和第三项)两部分。

(3) 对于连续谱,由于代表数字信息的 $g_{1}(t)$ 和 $g_{2}(t)$ 不能完全相同,故 $G_{1}(f)\neq G_{2}(f)$,因此,连续谱总是存在。该项反映了信号能量主要集中区域,根据它可以确定序列的带宽,并进行发送和接收滤波器的设计。

(4) 对于离散谱,其是否存在取决于随机序列 $g_{1}(t)$、$g_{2}(t)$ 和 P 等参数。离散谱当中的 $|f_{b}[PG_{1}(0)+(1-P)G_{2}(0)]|^{2}\delta(f)$ 项表示信号的直流分量,该项存在(不为 0),表示信号中包含直流分量,否则无直流分量;$\sum\limits_{m\neq 0}|f_{b}[PG_{1}(mf_{b})+(1-P)G_{2}(mf_{b})]|^{2}\delta(f-mf_{b})$ 项表示随机脉冲序列是否包含位同步信息。

2. 典型信号分析

为了进一步说明式(4-4)中各项的物理意义,这里以矩形脉冲构成的基带信号为例进行分析,其分析结果对后续问题的研究具有实际应用价值。

例 4.1 求单极性 NRZ 信号的功率谱密度,假定 $P=1/2$。

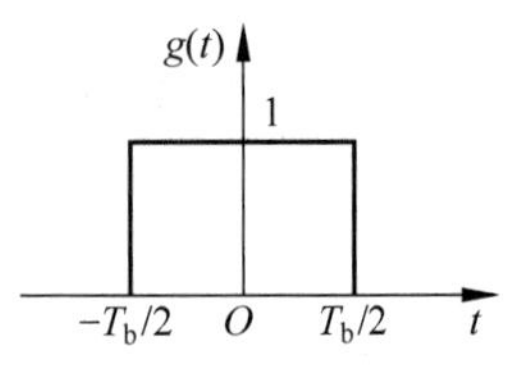

图 4-3 全占空矩形脉冲

解:$g(t)$ 为图 4-3 所示的幅度为 1、宽度为 T_{b} 的全占空矩形脉冲。

对于单极性 NRZ 信号,有

$$g_{1}(t)=0,\quad g_{2}(t)=g(t)$$

则

$$G_{1}(f)=0$$

$$G_2(f)=G(f)=T_b\mathrm{Sa}(\omega T_b/2)=T_b\mathrm{Sa}(\pi f T_b)$$

$$G_2(mf_b)=T_b\mathrm{Sa}(\pi m f_b T_b)=T_b\mathrm{Sa}(\pi m)=\begin{cases}T_b, & m=0\\ 0, & m\neq 0\end{cases}$$

代入式(4-4),并考虑到 $P=1/2$,得单极性 NRZ 信号的功率谱密度为

$$P_s(f)=\frac{1}{4}T_b\mathrm{Sa}^2(\pi f T_b)+\frac{1}{4}\delta(f) \tag{4-5}$$

式(4-5)对应的单极性 NRZ 信号的功率谱密度如图 4-4 所示,可以看出,单极性 NRZ 信号的功率谱密度只有连续谱和直流分量,由离散谱仅含直流分量可知,单极性 NRZ 信号的功率谱密度不含可用于提取位同步信息的分量,由连续分量可方便地求出单极性 NRZ 信号的功率谱密度的带宽近似为(Sa 函数第一个零点)

$$B=\frac{1}{T_b} \tag{4-6}$$

例 4.2　求双极性 NRZ 信号的功率谱密度,假定 $P=1/2$。

解:对于双极性 NRZ 信号,有

$$g_1(t)=-g_2(t)=g(t)$$

这里,$g(t)$也为图 4-3 所示的幅度为 1、宽度为 T_b 的全占空矩形脉冲。则

$$G_1(f)=-G_2(f)=G(f)=T_b\mathrm{Sa}(\omega T_b/2)=T_b\mathrm{Sa}(\pi f T_b)$$

代入式(4-4),并考虑到 $P=1/2$,可得双极性 NRZ 信号的谱密度为

$$P_s(f)=T_b\mathrm{Sa}^2(\pi f T_b) \tag{4-7}$$

式(4-7)对应的双极性 NRZ 信号的功率谱密度如图 4-5 所示,可以看出,双极性 NRZ 信号的功率谱密度只有连续谱,不含任何离散分量,当然也不含可用于提取位同步信息的分量;双极性 NRZ 信号的功率谱密度的带宽同于单极性 NRZ 信号,为

$$B=\frac{1}{T_b} \tag{4-8}$$

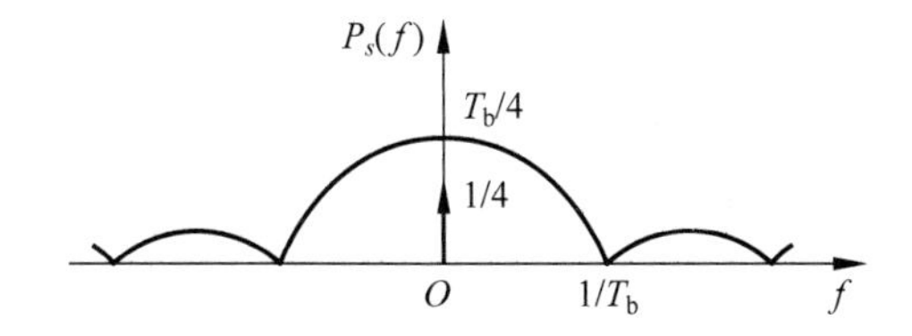

图 4-4　单极性 NRZ 信号的功率谱

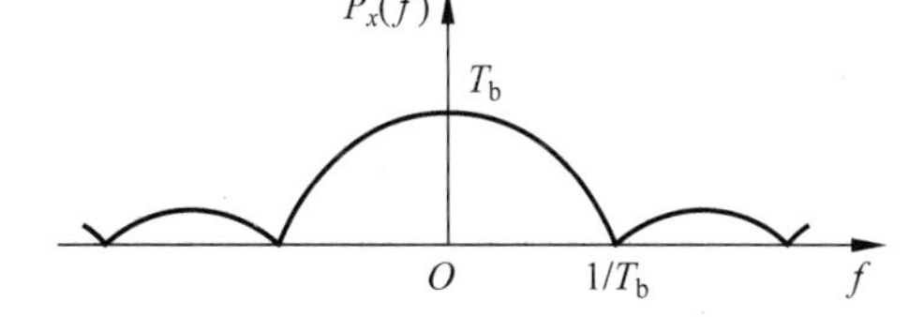

图 4-5　双极性 NRZ 信号的功率谱密度

例 4.3　求单极性 RZ 信号的功率谱密度,假定 $P=1/2$。

解:对于单极性 RZ 信号,有

$$g_1(t)=0,\quad g_2(t)=g(t)$$

这里,$g(t)$为图 4-6 所示的幅度为 1、宽度为 τ 的矩形脉冲(占空比 $\gamma=\tau/T_b\leqslant 1$),则

$$G_1(f)=0$$

$$G_2(f)=G(f)=\tau\mathrm{Sa}(\omega\tau/2)=\tau\mathrm{Sa}(\pi f\tau)$$

$$G_2(mf_b)=\tau\mathrm{Sa}(\pi m f_b\tau)$$

代入式(4-4),考虑到 $P=1/2$,可得单极性 RZ 信号的功率谱密度为

$$P_s(f)=\frac{1}{4}f_b\tau^2\mathrm{Sa}^2(\pi f\tau)+\frac{1}{4}f_b^2\tau^2\delta(f)+\frac{1}{4}f_b^2\tau^2\sum_{m\neq 0}\mathrm{Sa}^2(m\pi f_b\tau)\delta(f-mf_b) \tag{4-9}$$

式(4-9)对应的单极性 RZ 信号的功率谱密度如图 4-7 所示，可以看出，单极性 RZ 信号的功率谱密度不但有连续谱，而且在 $\omega=0$、$\pm\omega_b$、$\pm 2\omega_b$、…处还存在离散谱；由离散谱可知，单极性 RZ 信号的功率谱密度含可用于提取位同步信息的分量，由连续谱可求出单极性 RZ 信号的功率谱密度的带宽近似为

$$B=\frac{1}{\tau} \tag{4-10}$$

较之单极性 NRZ 信号变宽。

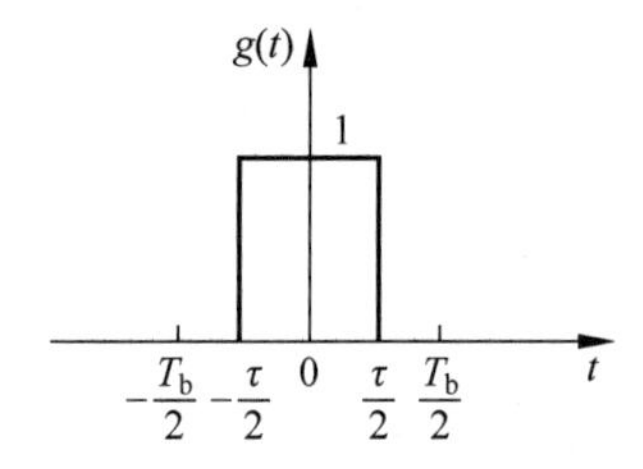

图 4-6 占空比为 τ/T_b 的矩形脉冲

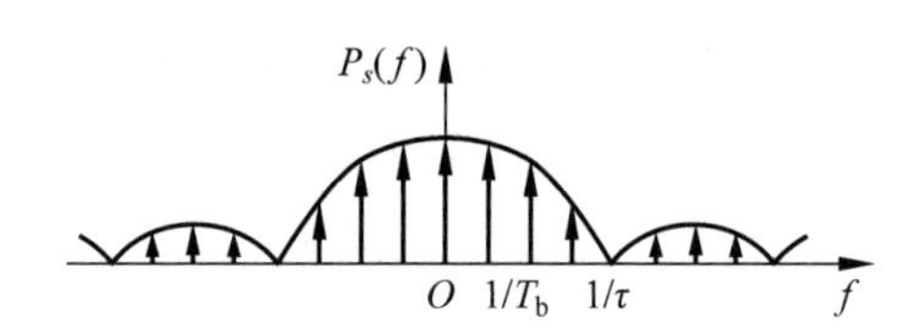

图 4-7 单极性 RZ 信号的功率谱密度

例 4.4 求双极性 RZ 信号的功率谱密度，假定 $P=1/2$。

解：对于双极性 RZ 信号，有

$$g_1(t)=-g_2(t)=-g(t)$$

这里，$g(t)$也为图 4-6 所示的幅度为 1、宽度为 τ 的矩形脉冲（占空比 $\gamma=\tau/T_b\leqslant 1$）。则

$$G_1(f)=-G_2(f)=G(f)=\tau\mathrm{Sa}(\omega\tau/2)=\tau\mathrm{Sa}(\pi f\tau)$$

代入式(4-4)，并考虑到 $P=1/2$，可得双极性 RZ 信号的功率谱密度为

$$P_s(f)=f_b\tau^2\mathrm{Sa}^2(\pi f\tau) \tag{4-11}$$

式(4-11)对应的双极性 RZ 信号的功率谱密度如图 4-8 所示，可以看出，双极性 RZ 信号的功率谱密度只有连续谱，不含任何离散分量，当然不含可用于提取位同步信息的 f_b 分量，双极性 RZ 信号的功率谱密度的带宽同于单极性 RZ 信号，为

$$B=\frac{1}{\tau} \tag{4-12}$$

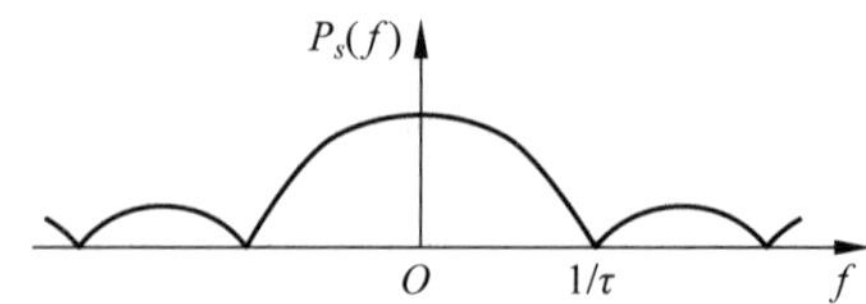

图 4-8 双极性 RZ 信号的功率谱密度

4.2 数字基带系统传输模型

数字信号的在基带系统中传输时，会受到来自系统外部和内部因素的影响，对这些内外因素进行分析和研究，有利于提升数字基带系统的传输性能。

4.2.1　系统的工作原理

数字基带传输系统的基本组成框图如图 4-9 所示，主要包括脉冲形成器、发送滤波器、信道、接收滤波器、抽样判决器与码元再生电路等，系统工作过程及各部分作用如下所述。

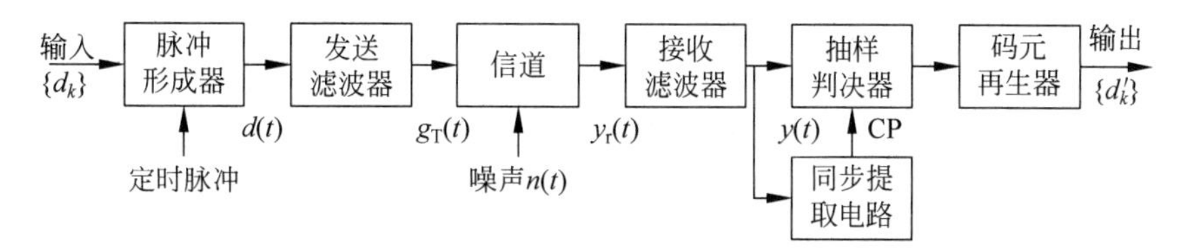

图 4-9　数字基带传输系统框图

(1) 输入脉冲形成器的是由数字终端发送来的二进制数据序列，或者是经模数转换后的二进制（也可是多进制）脉冲序列，它们一般为脉冲宽度为 T_b 的单极性 NRZ 码，波形如图 4-10(a)所示。根据基带信号分析可知，$\{d_k\}$并不适合信道传输，脉冲形成器的作用是将$\{d_k\}$变换成为比较适合信道传输，具有较强抗衰落能力的码型，比如图 4-10(b)所示的双极性 RZ 码元序列 $d(t)$。

(2) 发送滤波器进一步将输入的矩形脉冲序列 $d(t)$ 变换成适合信道传输的波形 $g_T(t)$。这是因为矩形波含有丰富的高频成分，若直接送入信道传输，容易产生失真。这里假定构成 $g_T(t)$的基本波形为升余弦脉冲，如图 4-10(c)所示。

(3) 基带传输系统的信道通常采用电缆、架空明线等。信道既传送信号，同时又因存在噪声 $n(t)$，频率特性不理想而对数字信号造成损害，使得接收端得到的波形 $y_r(t)$与发送波形 $g_T(t)$的具有较大差异，如图 4-10(d)所示。

(4) 接收滤波器是接收端为了减轻信道特性不理想和噪声对信号传输的影响而设置的。其主要作用是滤除带外噪声并对已接收的波形进行均衡，以便抽样判决器正确判决。接收滤波器的输出波形 $y(t)$如图 4-10(e)所示。

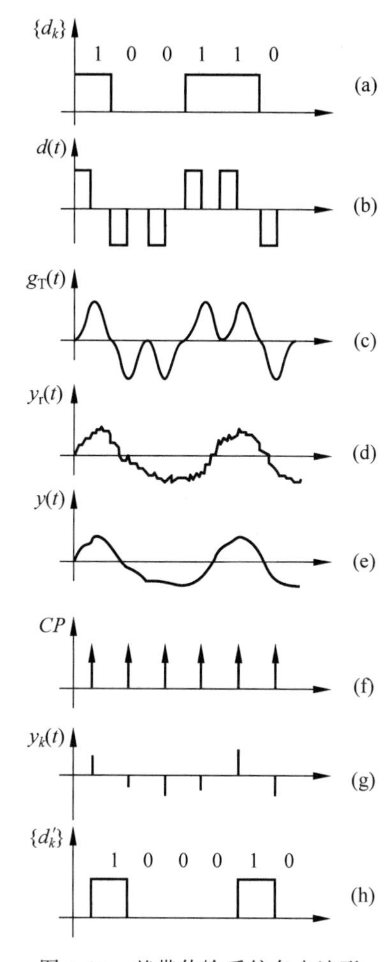

图 4-10　基带传输系统各点波形

(5) 抽样判决器首先对接收滤波器输出的信号 $y(t)$在规定的时刻（由定时脉冲 CP 控制，见图 4-10(f)）进行抽样，获得抽样信号 $y_k(t)$，然后对抽样值进行判决，以确定各码元是“1”码还是“0”码。抽样信号 $y_k(t)$波形如图 4-10(g)所示。

(6) 码元再生电路的作用是对抽样判决器输出的“1”和“0”进行原始码元再生，以获得图 4-10(h)所示与输入波形相应的数字脉冲序列$\{d_k'\}$。

(7) 同步提取电路的任务是从接收信号中提取定时脉冲 CP,供接收系统同步使用。

对比图 4-10(a)中的$\{d_k\}$和图 4-10(h)中的$\{d'_k\}$可以看出,传输过程中第 4 个码元发生了误码。从上述基带系统的工作过程不难发现,**产生该误码的原因就是信道加性噪声和频率特性不理想引起的波形畸变。**

4.2.2 系统的数学分析

为了分析上述过程中产生误码的原因,依据图 4-9 建立基带传输系统的数学模型,如图 4-11 所示。图中 $G_T(\omega)$表示发送滤波器的传递函数,$C(\omega)$表示基带传输系统信道的传递函数,$G_R(\omega)$表示接收滤波器的传递函数。

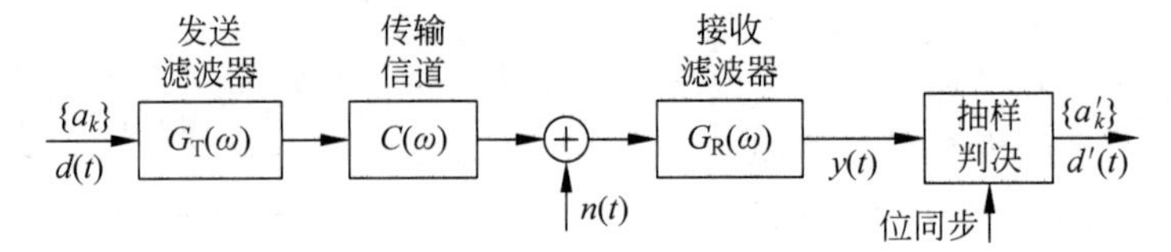

图 4-11 基带传输系统数学模型

为方便分析,假定已经获得准确的位同步信息,输入基带信号的基本脉冲为单位冲激函数 $\delta(t)$,这样由输入符号序列$\{a_k\}$决定的发送滤波器输入信号可以表示为

$$d(t)=\sum_{n=-\infty}^{\infty} a_k\delta(t-kT_b) \tag{4-13}$$

其中 a_k 是数字序列的第 k 个码元,对于二进制数字信号,a_k 的取值为"0"和"1"(单极性信号)或者"-1"和"+1"(双极性信号)。

如果图 4-11 给出的系统是线性时不变(LTI)系统,则可以用 $H(\omega)$表示从发送滤波器至接收滤波器总的传输特性,即

$$H(\omega)=G_T(\omega)C(\omega)G_R(\omega) \tag{4-14}$$

则可以得到更为简化的数学模型,如图 4-12 所示。

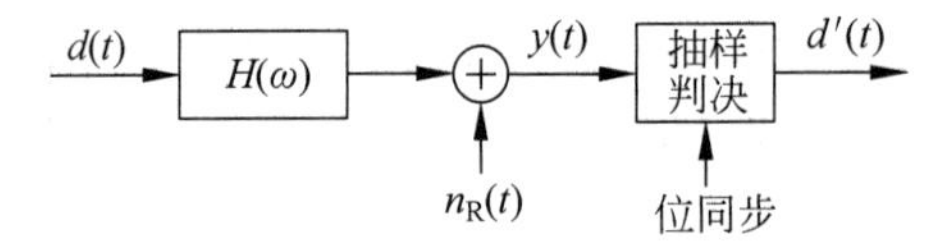

图 4-12 简化的数字基带传输系统数学模型

根据图 4-12 所示模型,可以得到抽样判决器的输入信号为

$$y(t)=d(t)*h(t)+n_R(t)=\sum_{k=-\infty}^{\infty} a_k h(t-kT_b)+n_R(t) \tag{4-15}$$

式中,$n_R(t)$是加性噪声 $n(t)$通过接收滤波器 $G_R(\omega)$后所产生的输出噪声; $h(t)$是 $H(\omega)$的傅里叶反变换,表示系统的单位冲激响应,即

$$h(t)=\frac{1}{2\pi}\int_{-\infty}^{\infty} H(\omega)e^{j\omega t}d\omega \tag{4-16}$$

抽样判决器对 $y(t)$进行抽样判决,以确定所传输的数字信息序列$\{a_k\}$。为了判定其中第 j 个码元 a_j 的值,应在 $t=jT_b+t_0$ 瞬间对 $y(t)$抽样。这里 t_0 是传输时延,通常取决于系统的传输函数 $H(\omega)$。显然,此抽样值为

$$
\begin{aligned}
y(jT_b+t_0) &= \sum_{k=-\infty}^{\infty} a_k h[(jT_b+t_0)-kT_b] + n_R(jT_b+t_0) \\
&= \sum_{k=-\infty}^{\infty} a_k h[(j-k)T_b+t_0] + n_R(jT_b+t_0) \\
&= a_j h(t_0) + \sum_{k\neq j} a_k h[(j-k)T_b+t_0] + n_R(jT_b+t_0)
\end{aligned}
\tag{4-17}
$$

式(4-17)中的三项分别代表不同的物理含义。

(1) 第一项 $a_j h(t_0)$表示第 j 个接收基本波形在抽样瞬间 $t=jT_b+t_0$ 所取得的值，它是确定 a_j 信息的依据，是有用信息。

(2) 第二项 $\sum_{k\neq j} a_k h[(j-k)T_b+t_0]$ 表示除了第 j 个码元以外其他所有接收码元波形在 $t=jT_b+t_0$ 时刻瞬间所取值的总和，它对当前码元 a_j 的判决起着干扰的作用，称为码间串扰(ISI)，如图 4-13 所示。

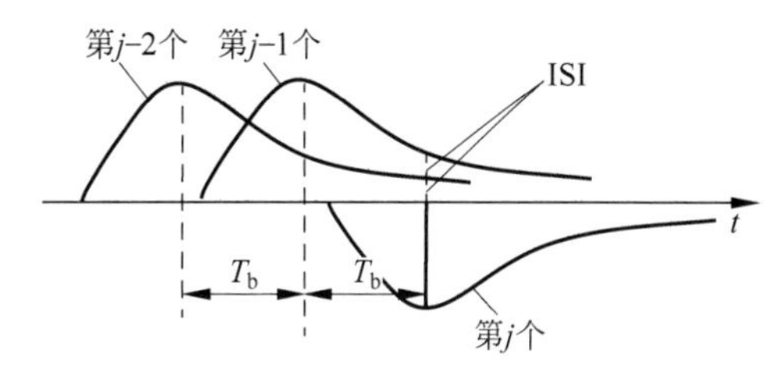

图 4-13　码间串扰示意图

存在码间串扰是因为信道频率特性不理想引起了波形畸变，导致实际抽样判决值是本码元脉冲波形的值与其他所有脉冲波形拖尾的叠加，并在接收端造成判决有可能出现错误的现象，有时也称为码间干扰。由于 a_j 是随机的，所以码间串扰值也是随机变量。

(3) 第三项 $n_R(jT_b+t_0)$是输出噪声在抽样瞬间的值，它是随机干扰。

从上述分析可以看出，由于随机性的码间串扰和噪声的存在，抽样判决电路在判决时可能判对，也可能判错。例如，假设 a_j 的可能取值为"1"和"0"，判决电路的判决门限为 v_0，则这时的判决规则为：若 $y(jT_b+t_0)>v_0$ 成立，则判 a_j 为"1"；反之则判 a_j 为"0"。显然，只有当码间串扰和随机干扰很小时，才能保证上述判决正确；当干扰及噪声严重时，则判错的可能性就很大。

由此可见，为使基带信号传输获得足够小的误码率，必须最大限度地减小码间串扰 $\sum_{k\neq j} a_k h[(j-k)T_b+t_0]$ 和随机噪声 $n_R(jT_b+t_0)$对于基带信号的影响。这也是研究基带信号传输的基本出发点。

4.3　无码间串扰的基带传输系统

码间串扰和信道噪声是数字基带传输系统产生误码的原因，本节将围绕如何消除码间串扰进行讨论。

4.3.1　消除码间串扰的基本思路

从式(4-17)可以看出，只要

$$
\sum_{k\neq j} a_k h[(j-k)T_b+t_0]=0 \tag{4-18}
$$

即可消除码间串扰，且码间串扰的大小取决于 a_k 和系统冲激响应波形 $h(t)$在抽样 j 时刻上的取值。

由于 a_k 是随机变化的，要想通过各项互相抵消使码间串扰为 0 是不可能的。然而，由式(4-16)可以看到，系统冲激响应 $h(t)$ 与传输特性 $H(\omega)$ 为傅里叶变换对，因此，只要合理构建 $H(\omega)$，就能使得前一个码元系统冲激响应在后一个码元抽样判决时刻衰减到 0，如图 4-14(a)所示。但这样的波形不易实现，比较合理的方式是采用如图 4-14(b)所示这种波形，虽然到达 t_0+T_b 以后并没有衰减到 0，但可以让它在 t_0+T_b、t_0+2T_b 等后面的码元抽样判决时刻正好为 0，这就是消除码间串扰的基本原理。

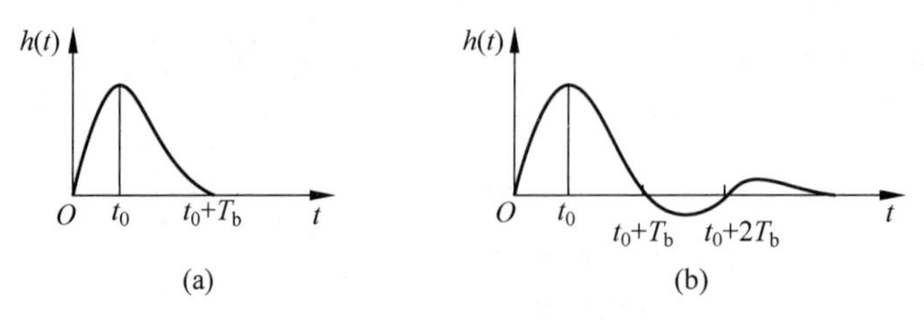

图 4-14 理想的系统冲激响应波形

如果像图 4-14(b)所示的 $h(t)$ 尾巴拖得太长，当定时不准时，任一个码元都会对后面好几个码元都会产生串扰，或者说后面任一个码元都要受到前面几个码元的串扰。因此，考虑到实际应用时，定时判决时刻不一定非常准确，要消除码间串扰，除了要求 $h[(j-k)T_b+t_0]=0(k\neq j)$ 以外，还要求 $h(t)$ 适当衰减快一些，即尾巴不要拖得太长。

基于上述分析，可将无码间串扰对基带传输系统冲激响应 $h(t)$ 的要求概括如下。

(1) 基带信号经过传输后在抽样点上无码间串扰，即瞬时抽样值应满足

$$h[(j-k)T_b+t_0]=\begin{cases}1(\text{或常数}), & j=k\\0, & j\neq k\end{cases} \tag{4-19}$$

(2) $h(t)$ 尾部衰减要快。

式(4-19)所给出的无码间串扰条件是针对第 j 个码元在 $t=jT_b+t_0$ 时刻进行抽样判决得来的，其中，t_0 是一个时延常数，为了分析简便起见，假设 $t_0=0$，这样无码间串扰的条件就变为

$$h[(j-k)T_b]=\begin{cases}1(\text{或常数}), & j=k\\0, & j\neq k\end{cases}$$

再令 $k'=j-k$，并考虑到 k' 也为整数，可用 k 表示，可得无码间串扰的条件为

$$h(kT_b)=\begin{cases}1(\text{或常数}), & k=0\\0, & k\neq 0\end{cases} \tag{4-20}$$

式(4-20)说明，无码间串扰的基带系统冲激响应除 $t=0$ 时取值不为零外，其他抽样时刻 $t=kT_b$ 上的抽样值均为零。习惯上称式(4-20)为无码间串扰基带传输系统的时域条件。当然，能满足这个要求的 $h(t)$ 是可以找到的，而且很多，比如图 4-15 所示的 $h(t)=\mathrm{Sa}(\pi t/T_b)$ 曲线就是典型的例子。

4.3.2 理想基带传输系统

上面给出了无码间串扰对基带传输系统冲激响应 $h(t)$ 的要求，下面着重讨论无码间串扰对基带传输系统传输函数 $H(\omega)$ 的要求，以及可能实现的方法。

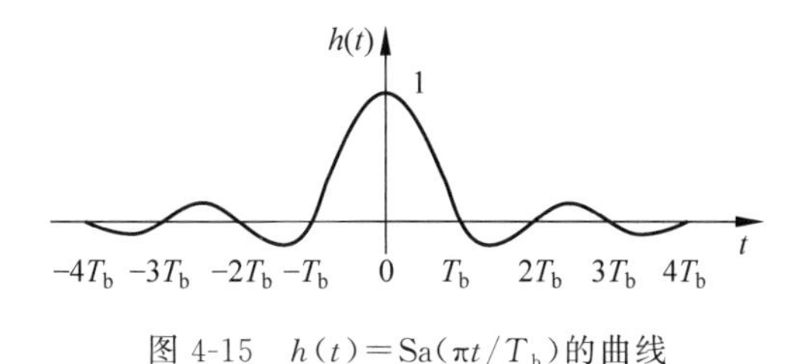

图 4-15　$h(t)=\mathrm{Sa}(\pi t/T_b)$的曲线

显然，图 4-15 所示函数 $h(t)=\mathrm{Sa}(\pi t/T_b)$的傅里叶变换为门函数，也就是理想低通函数，可以表示为

$$H(\omega)=\begin{cases}1(\text{或常数}), & |\omega|\leqslant\omega_b/2\\ 0, & |\omega|>\omega_b/2\end{cases}\tag{4-21}$$

式中，$\omega_b/2=\pi/T_b$，波形如图 4-16(a)所示。如果用理想低通滤波器带宽 B 来表示图 4-15 所示的函数，则

$$h(t)=2B\mathrm{Sa}(2\pi Bt),\quad B=\frac{\omega_b/2}{2\pi}=\frac{f_b}{2}\tag{4-22}$$

式(4-22)的函数波形如图 4-16(b)所示，可以看到，$h(t)$在 $t=0$ 时有最大值 $2B$，而在 $t=k/(2B)$(k 为非零整数)的各瞬间均为零。显然，只要令 $T_b=1/(2B)=1/f_b$，也就是码元宽度为 $1/(2B)$，就可以满足式(4-20)的要求，接收端在 $k/2B$ 时刻(忽略 $H(\omega)$造成时间延迟)的抽样值中无串扰值积累，从而消除码间串扰。

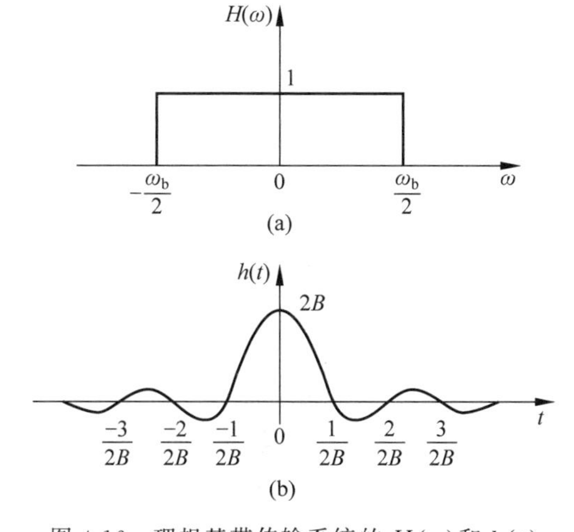

图 4-16　理想基带传输系统的 $H(\omega)$和 $h(t)$

分析基带传输系统带宽 B 和传输速率 R_B 的关系可以发现，如图 4-16 所表示的截止频率为 B 的基带传输系统，其 $T_b=1/(2B)$为系统传输无码间串扰的最小码元间隔，也就是说，$R_B=1/T_b=2B$ 为最大码元传输速率，因此，**该基带传输系统称为理想基带传输系统，具备理想低通特性**。**而此时的最小码元间隔 T_b 称为奈奎斯特(Nyquist)间隔，最大码元传输速率 R_B 称为奈奎斯特速率**。反过来说，输入序列若以 $1/T_b$ 的码元速率进行无码间串扰传输，则所需的最小传输带宽为 $1/(2T_b)$(Hz)，通常称 $1/(2T_b)$为奈奎斯特带宽。

利用第 1 章对频带利用率的描述，数字基带传输系统频带利用率可以表示为

$$\eta = R_B / B (\text{Baud/Hz}) \tag{4-23}$$

式中，R_B 为码元速率，B 为基带传输系统带宽。显然，理想低通传输系统的频带利用率为 2Baud/Hz。这是最大的频带利用率，因为如果系统传输高于 $1/T_b$ 的码元速率的码元，系统将无法传输。若降低传码率，即增加码元宽度 T_b，使之为 $1/(2B)$ 的整数倍，则由图 4-16(b)可知，在抽样点上也不会出现码间串扰，但是此时系统的频带利用率将相应降低。

从前面讨论的结果可知，理想低通传输函数具有最大传码率和频带利用率。但是，理想基带传输系统实际上不可能得到应用，这是因为首先这种特性在物理上是不能实现的；其次，即使能设法接近理想低通特性，但由于这种理想低通特性冲激响应 $h(t)$ 的拖尾(即衰减型振荡起伏)很大，因此，抽样定时发生某些偏差、外界条件对传输特性稍加影响、信号频率发生漂移等，都会导致码间串扰明显增加。

4.3.3 无码间串扰的等效特性

如前所述，能满足式(4-20)的 $h(t)$ 可以找到且很多，为此，必定存在满足无码间串扰条件的等效传输特性，下面进行简要分析。

依据式(4-16)，令 $t = kT_b$，则

$$h(kT_b) = \frac{1}{2\pi}\int_{-\infty}^{\infty} H(\omega) e^{j\omega k T_b} d\omega$$

把上式的积分区间用角频率 $2\pi/T_b$ 等间隔分割，如图 4-17 所示，则可得

$$h(kT_b) = \frac{1}{2\pi}\sum_i \int_{(2i-1)\pi/T_b}^{(2i+1)\pi/T_b} H(\omega) e^{j\omega k T_b} d\omega \tag{4-24}$$

做变量代换：令 $\omega' = \omega - 2\pi i/T_b$，则有 $d\omega' = d\omega$ 及 $\omega = \omega' + 2\pi i/T_b$。于是

$$\begin{aligned} h(kT_b) &= \frac{1}{2\pi}\sum_i \int_{-\pi/T_b}^{\pi/T_b} H\left(\omega' + \frac{2\pi i}{T_b}\right) e^{j\omega' k T_b} e^{j2\pi i k} d\omega', \quad |\omega'| \leqslant \frac{\pi}{T_b} \\ &= \frac{1}{2\pi}\sum_i \int_{-\pi/T_b}^{\pi/T_b} H\left(\omega' + \frac{2\pi i}{T_b}\right) e^{j\omega' k T_b} d\omega', \quad |\omega'| \leqslant \frac{\pi}{T_b} \end{aligned} \tag{4-25}$$

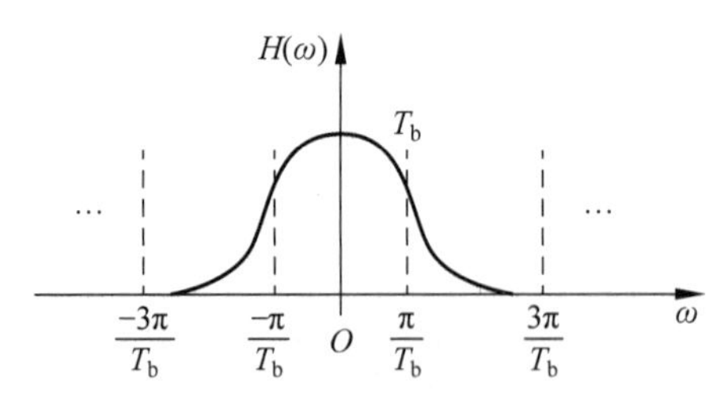

图 4-17 $H(\omega)$的分割

当式(4-25)之和为一致收敛时，求和与积分的次序可以互换，把变量 ω' 重记为 ω，于是有

$$h(kT_b) = \frac{1}{2\pi}\int_{-\pi/T_b}^{\pi/T_b} \sum_i H\left(\omega + \frac{2\pi i}{T_b}\right) e^{j\omega k T_b} d\omega, \quad |\omega| \leqslant \frac{\pi}{T_b} \tag{4-26}$$

式中，$\sum_i H(\omega + 2\pi i/T_b)$ 的物理意义是把 $H(\omega)$的分割各段平移到$(-\pi/T_b \sim \pi/T_b)$区间对应叠加求和，简称为“切段叠加”。显然，它仅存在于$|\omega| \leqslant \pi/T_b$ 区间内，即低通特性。

令

$$H_{eq}(\omega)=\sum_{i}H\left(\omega+\frac{2\pi i}{T_b}\right),\quad |\omega|\leqslant\pi/T_b \tag{4-27}$$

则 $H_{eq}(\omega)$就是 $H(\omega)$的“切段叠加”的结果，称 $H_{eq}(\omega)$为等效传输函数。将其代入式(4-26)，可得

$$h(kT_b)=\frac{1}{2\pi}\int_{-\pi/T_b}^{\pi/T_b}H_{eq}(\omega)e^{j\omega kT_b}d\omega \tag{4-28}$$

在理想低通传输系统中，由式(4-21)可以得到

$$h(t)=\frac{1}{2\pi}\int_{-2\pi B}^{2\pi B}e^{j\omega t}d\omega=\frac{1}{2\pi}\int_{-\pi/T_b}^{\pi/T_b}e^{j\omega t}d\omega$$

当 $t=kT_b$ 时

$$h(kT_b)=\frac{1}{2\pi}\int_{-\pi/T_b}^{\pi/T_b}e^{j\omega kT_b}d\omega \tag{4-29}$$

此时是无码间串扰的。

把式(4-28)与理想低通的表示式(4-29)进行比较可知，如果式(4-28)要满足无码间串扰，则要求

$$H_{eq}(\omega)=\sum_{i}H\left(\omega+\frac{2\pi i}{T_b}\right)=K,\quad |\omega|\leqslant\pi/T_b \tag{4-30}$$

式中，K 为常数。

式(4-30)就是无码间串扰的等效特性，它表明把基带传输系统的传输特性 $H(\omega)$等间隔分割为 $2\pi/T_b$ 宽度，若各段在$(-\pi/T_b,\pi/T_b)$区间内能叠加成矩形频率特性，那么它在以 $f_b=1/T_b$ 速率传输基带信号时，就能做到无码间串扰。**习惯上称式(4-30)为无码间串扰基带传输系统的频域条件，也就是奈奎斯特第一准则**。同时由式(4-30)可知，基带传输特性 $H(\omega)$的形式不是唯一的。

4.3.4 余弦滚降传输特性

理想低通滤波器的冲激响应 $h(t)$拖尾衰减很慢的原因是系统的频率特性截止得过于陡峭，为了解决这个问题，可以使理想低通滤波器特性的边沿缓慢下降，称为“滚降”。常用的滚降特性是余弦滚降特性，如图 4-18 所示。

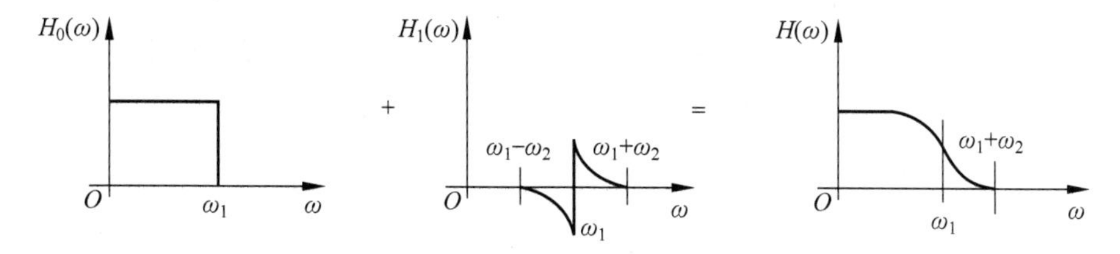

图 4-18　滚降特性的构成(正频率部分)

从图 4-18 可以看到，滚降的方法是使 $H(\omega)$在滚降段中心频率处(与奈奎斯特带宽相对应)呈奇对称的振幅特性，就必然可以满足奈奎斯特第一准则，从而实现无码间串扰传输。这种设计也可看成是理想低通特性以奈奎斯特带宽为中心，按奇对称条件进行滚降的结果。按余弦特性滚降的传输函数 $H(\omega)$可表示为

$$H(\omega)=H_0(\omega)+H_1(\omega) \tag{4-31}$$

式中，$H(\omega)$视为对截止角频率为 ω_1 的理想低通特性 $H_0(\omega)$，按 $H_1(\omega)$的特性进行“圆滑”而得到。这里，$\omega_1=\pi/T_b$，滚降特性 $H_1(\omega)$的上、下截止角频率分别为 $\omega_1+\omega_2$、$\omega_1-\omega_2$，则定义滚降系数为

$$\alpha=\frac{\omega_2}{\omega_1} \tag{4-32}$$

显然，$0\leqslant\alpha\leqslant1$。

当然，$H_1(\omega)$可根据需要选择构成不同的实际系统，常见的有直线滚降、三角形滚降、余弦滚降等。下面以用得最多的余弦滚降特性为例作进一步的讨论。

图 4-19 显示了 α 不同时的余弦滚降特性，图中 $\omega_1=\pi/T_b$。

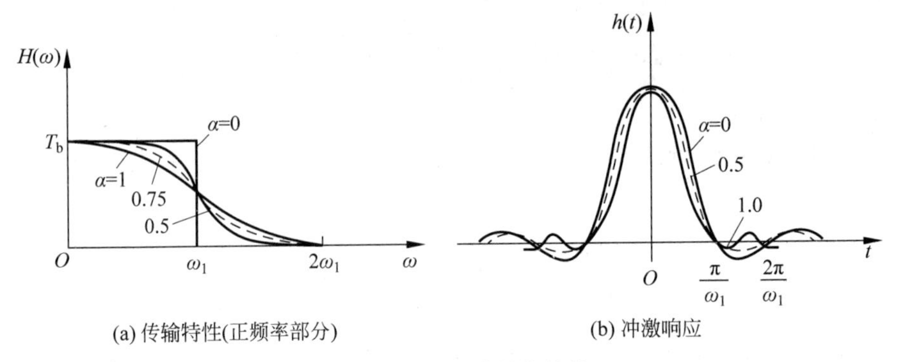

图 4-19　余弦滚降传输特性

$\alpha=0$ 时，无滚降，余弦滚降传输特性 $H(\omega)$就是截止角频率为 ω_1 的理想低通特性 $H_0(\omega)$。$\alpha=1$ 时，$H(\omega)$就是实际中常采用的升余弦滚降传输特性，可表示为

$$H(\omega)=\begin{cases}\dfrac{T_b}{2}\left(1+\cos\dfrac{\omega T_b}{2}\right), & |\omega|<\dfrac{2\pi}{T_b}\\ 0, & \text{其他}\end{cases} \tag{4-33}$$

相应地，$h(t)$为

$$h(t)=\frac{\sin\pi t/T_b}{\pi t/T_b}\cdot\frac{\cos\pi t/T_b}{1-(2t/T_b)^2} \tag{4-34}$$

应该注意，此时所形成的 $h(t)$波形，除在 $t=\pm T_b$、$\pm 2T_b$、…时刻幅度为 0 外，在 $\pm 3T_b/2$、$\pm 5T_b/2$、…这些时刻其幅度也是 0。由以上关于余弦滚降传输特性的分析，结合图 4-19 给出的不同 α 时余弦滚降特性的频谱和波形，不难得出如下结论。

(1) 当 $\alpha=0$ 时，为无“滚降”的理想基带传输系统，$h(t)$的“尾巴”按 $1/t$ 的规律衰减。当 $\alpha\neq0$，即采用余弦滚降时，对应的 $h(t)$仍旧保持从 $t=\pm T_b$ 开始向左、向右每隔 T_b 出现一个零点的特点，满足抽样瞬间无码间串扰的条件。但式(4-34)中第二个因子对波形的衰减速度是有很大影响的，一方面，$\cos\alpha\pi t/T_b$ 的存在会产生新的零点，加速 $h(t)$的“尾巴”衰减；另一方面，波形的“尾巴”按 $1/t^3$ 的规律衰减，比理想低通时小得多。$h(t)$衰减的快慢还与 α 有关，α 越大，衰减越快，码间串扰越小，错误判决的可能性越小。

(2) $H(\omega)$带宽 $B=(1+\alpha)f_b/2$。当 $\alpha=0$ 时，$B=f_b/2$，频带利用率为 2Baud/Hz；$\alpha=1$ 时，$B=f_b$，频带利用率为 1Baud/Hz；一般情况下，$\alpha=0\sim1$ 时，$B=f_b/2\sim f_b$，频带利用

率为 2～1Baud/Hz。可以看出，α 越大，“尾部”衰减越快，但带宽越宽，频带利用率越低。因此，用滚降特性来改善理想低通，实质上是以牺牲频带利用率为代价换取的。

余弦滚降特性的实现比理想低通容易许多，因此，广泛应用于频带利用率不高，但允许定时系统和传输特性有较大偏差的场合。

4.4　无码间串扰基带系统的抗噪声性能

式(4-17)表明了码间串扰和噪声是影响接收端正确判决，造成误码的直接因素。假设这两种影响相互独立，本节将讨论数字基带系统仅叠加噪声后的抗噪性能，即计算噪声引起的误码率。

4.4.1　性能分析模型

1. 系统描述

数字基带系统的信道噪声对接收端产生的影响性能分析模型如图 4-20 所示。

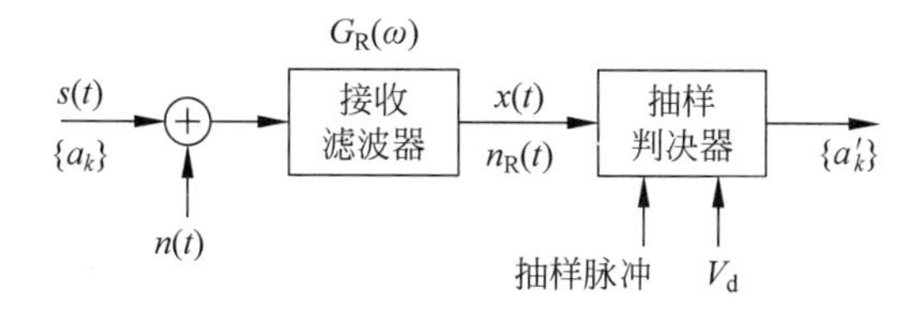

图 4-20　抗噪性能分析模型

在图 4-20 中，设二进制接收波形为 $s(t)$，信道噪声 $n(t)$ 为双边功率谱密度为 $n_0/2$ 的高斯白噪声，其通过接收滤波器后的输出噪声为 $n_R(t)$，接收滤波器的输出信号可以表示为

$$x(t)=s(t)+n_R(t) \tag{4-35}$$

2. 噪声分析

由于接收滤波器是线性的，故输出噪声 $n_R(t)$ 为均值且为 0 的高斯噪声，它的功率谱密度为

$$P_n(\omega)=|G_R(\omega)|^2\frac{n_0}{2} \tag{4-36}$$

其方差 σ_n^2 也就是噪声平均功率，与式(4-36)和接收滤波器的带宽有关。因此，$n_R(t)$ 的瞬时值的一维概率密度函数可表述为

$$f(V)=\frac{1}{\sqrt{2\pi}\sigma_n}\exp\left[-\frac{V^2}{2\sigma_n^2}\right] \tag{4-37}$$

式中，V 表示噪声的瞬时取值。

3. 单极性信号

若图 4-20 中的二进制基带信号为单极性信号，设它在抽样时刻的电平取值为 $+A$ 或 0，则 $x(t)$ 在抽样时刻的取值为

$$x(kT_b)=\begin{cases}A+n_R(kT_b), & \text{发送“1”时}\\ n_R(kT_b), & \text{发送“0”时}\end{cases} \tag{4-38}$$

由于 $n_R(t)$服从正态分布，混合信号 $x(t)$的抽样值 $x(kT_b)$（简记为 x）也是方差为 σ_n^2 的高斯变量，发送“1”时均值为 $+A$，其一维概率密度函数为

$$f_1(x)=\frac{1}{\sqrt{2\pi}\sigma_n}\exp\left[-\frac{(x-A)^2}{2\sigma_n^2}\right] \tag{4-39}$$

发送“0”时均值为 0，其一维概率密度函数为

$$f_0(x)=\frac{1}{\sqrt{2\pi}\sigma_n}\exp\left[-\frac{x^2}{2\sigma_n^2}\right] \tag{4-40}$$

4. 双极性信号

若二进制基带信号为双极性，设它在抽样时刻的电平取值为 $+A$ 或 $-A$，则 $x(t)$在抽样时刻的取值为

$$x(kT_b)=\begin{cases}A+n_R(kT_b), & \text{发送“1”时}\\ -A+n_R(kT_b), & \text{发送“0”时}\end{cases} \tag{4-41}$$

类似于对单极性信号的分析，发送“1”时均值为 $+A$，其一维概率密度函数为

$$f_1(x)=\frac{1}{\sqrt{2\pi}\sigma_n}\exp\left[-\frac{(x-A)^2}{2\sigma_n^2}\right] \tag{4-42}$$

发送“0”时均值为 $-A$，其一维概率密度函数为

$$f_0(x)=\frac{1}{\sqrt{2\pi}\sigma_n}\exp\left[-\frac{(x+A)^2}{2\sigma_n^2}\right] \tag{4-43}$$

4.4.2 误码率的计算

图 4-20 中的抽样判决器的判决过程实际就是设置判决门限，实施判决规则。

设判决门限为 V_d，判决规则为

$$\begin{cases}x(kT_b)>V_d, & \text{判为“1”}\\ x(kT_b)<V_d, & \text{判为“0”}\end{cases} \tag{4-44}$$

1. 定性描述

这里以双极性信号为例进行描述，单极性信号的情况与之类似。依据式(4-42)和式(4-43)，可以在一个坐标系内分别绘制出它们相应的概率密度曲线示如图 4-21 所示。

根据式(4-44)描述的判决规则，可以得到噪声所引起的两种误码概率 $P(0/1)$和 $P(1/0)$，也就是图 4-21 中阴影部分。

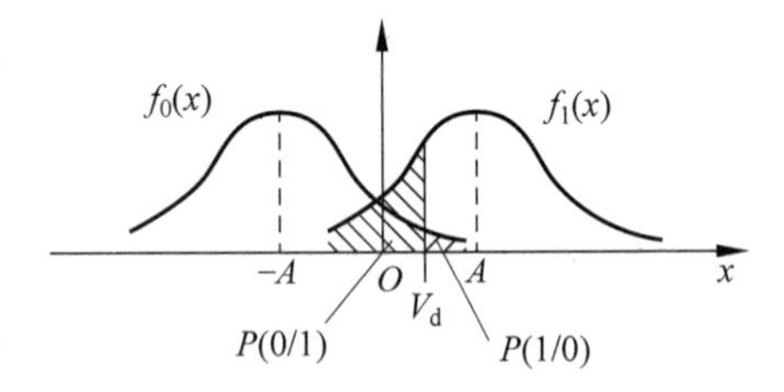

图 4-21 双极性信号时 $x(t)$的概率密度曲线

2. 定量计算

对于图 4-21 中阴影部分表示的两种误码概率，可以具体描述如下

(1) 发“1”错判为“0”的概率 $P(0/1)$

$$P(0/1)=P(x<V_d)=\int_{-\infty}^{V_d}f_1(x)\mathrm{d}x=\int_{-\infty}^{V_d}\frac{1}{\sqrt{2\pi}\sigma_n}\exp\left[\frac{-(x-A)^2}{2\sigma_n^2}\right]\mathrm{d}x$$

$$=\frac{1}{2}+\frac{1}{2}\operatorname{erf}\left[\frac{V_d-A}{\sqrt{2}\sigma_n}\right] \tag{4-45}$$

(2) 发“0”错判为“1”的概率 $P(1/0)$

$$P(1/0)=P(x>V_d)=\int_{V_d}^{\infty}f_0(x)\mathrm{d}x=\int_{V_d}^{\infty}\frac{1}{\sqrt{2\pi}\sigma_n}\exp\left[\frac{-(x+A)^2}{2\sigma_n^2}\right]\mathrm{d}x$$

$$=\frac{1}{2}-\frac{1}{2}\operatorname{erf}\left[\frac{V_d+A}{\sqrt{2}\sigma_n}\right] \tag{4-46}$$

3. 误码率描述

无论对于双极性信号还是单极性信号,在发送端若信源发送“1”的概率为 $P(1)$,发送“0”的概率为 $P(0)$,则基带传输系统平均误码率可表示为

$$P_e=P(1)P(0/1)+P(0)P(1/0)$$

$$=P(1)\int_{-\infty}^{V_d}f_1(x)\mathrm{d}x+P(0)\int_{V_d}^{\infty}f_0(x)\mathrm{d}x \tag{4-47}$$

可以看出,误码率 P_e 与 $P(1)$、$P(0)$、$f_1(x)$、$f_0(x)$ 和 V_d 有关。

4. 最佳判决门限

通常 $P(1)$ 和 $P(0)$ 是给定的,而 $f_1(x)$ 和 $f_0(x)$ 又与信号的抽样值 A 和噪声功率 σ_n^2 有关,因此,误码率 P_e 最终将由 A、σ_n^2 和门限 V_d 决定。在 A 和 σ_n^2 一定的条件下,可以找到一个使误码率最小的判决门限电平,这个门限电平称为最佳门限电平。由式(4-47)可知,误码率 P_e 是判决门限 V_d 的函数,所以可以由 $\mathrm{d}P_e/\mathrm{d}V_d=0$ 求得最佳判决门限 V_d。

$$\frac{\mathrm{d}P_e}{\mathrm{d}V_d}=\frac{\mathrm{d}}{\mathrm{d}V_d}\left[P(1)\int_{-\infty}^{V_d}f_1(x)\mathrm{d}x+P(0)\int_{V_d}^{\infty}f_0(x)\mathrm{d}x\right]$$

$$=P(1)f_1(V_d)-P(0)f_0(V_d)=0 \tag{4-48}$$

(1) 单极性信号。

由式(4-48)结合式(4-39)和式(4-40)可得

$$P(1)\cdot\frac{1}{\sqrt{2\pi}\sigma_n}\exp\left[-\frac{(V_d-A)^2}{2\sigma_n^2}\right]=P(0)\cdot\frac{1}{\sqrt{2\pi}\sigma_n}\exp\left[-\frac{V_d^2}{2\sigma_n^2}\right]$$

经化简,可求得最佳门限电平为

$$V_d^*=\frac{A}{2}+\frac{\sigma_n^2}{A}\ln\frac{P(0)}{P(1)} \tag{4-49a}$$

当 $P(1)=P(0)=1/2$ 时,

$$V_d^*=\frac{A}{2} \tag{4-49b}$$

(2) 双极性信号。

由式(4-48)结合式(4-42)和式(4-43)可得

$$P(1)\cdot\frac{1}{\sqrt{2\pi}\sigma_n}\exp\left[-\frac{(V_d-A)^2}{2\sigma_0^2n}\right]=P(0)\cdot\frac{1}{\sqrt{2\pi}\sigma_n}\exp\left[-\frac{(V_d+A)^2}{2\sigma_n^2}\right]$$

经化简,可求得最佳门限电平为

$$V_d^*=\frac{\sigma_n^2}{2A}\ln\frac{P(0)}{P(1)} \tag{4-50a}$$

当 $P(1)=P(0)=1/2$ 时，

$$V_{\mathrm{d}}^{*}=0 \tag{4-50b}$$

5. 结果计算

利用求得的最佳判决门限，可以计算数字基带系统的误码率。

(1) 单极性信号。

由式(4-47)，结合单极性信号的概率密度函数式(4-39)和式(4-40)，以及最佳判决门限式(4-49b)，可得数字基带传输系统的误码率为

$$P_{\mathrm{e}}=\frac{1}{2}P(0/1)+\frac{1}{2}P(1/0)=\frac{1}{2}\mathrm{erfc}\left(\frac{A}{2\sqrt{2}\sigma_n}\right) \tag{4-51}$$

(2) 双极性信号。

由式(4-47)，结合双极性信号的概率密度函数式(4-42)和式(4-43)，以及最佳判决门限式(4-50b)，可得数字基带传输系统的误码率为

$$P_{\mathrm{e}}=\frac{1}{2}P(0/1)+\frac{1}{2}P(1/0)=\frac{1}{2}\mathrm{erfc}\left(\frac{A}{\sqrt{2}\sigma_n}\right) \tag{4-52}$$

6. 分析与比较

式(4-51)和式(4-52)分别是单极性信号和双极性信号在等概率发送“1”码和“0”码时最佳判决门限电平下的基带传输系统误码率表示式，可以看到，系统的总误码率仅依赖于信号峰值 A 与噪声均方根值 σ_n 的比值，而与采用什么样的信号形式无关。比值 A/σ_n 越大，P_{e} 就越小。

(1) 基带信号峰值 A 相等、噪声均方根值 σ_n 也相同时，单极性基带传输系统的抗噪性能不如双极性基带传输系统。

(2) 在等概率发送“1”和“0”码的情况下，单极性基带传输系统的最佳判决门限电平为 $A/2$，当信道特性发生变化时，信号幅度 A 将随之变化，故最佳判决门限也随之改变，不能保持最佳判决状态，从而导致误码率增大；双极性基带传输系统的最佳门限电平为 0，与信号幅度无关，因而不随信道特性变化而变，故能保持最佳判决状态。

如果将式(4-51)与式(4-52)用信噪比表示，可以得到双极性和单极性基带传输系统的误码率表达式为

$$P_{\mathrm{e}}=\frac{1}{2}\mathrm{erfc}\left(\frac{A}{\sqrt{2}\sigma_n}\right)=\frac{1}{2}\mathrm{erfc}(\sqrt{r/2})\quad \text{双极性信号} \tag{4-53a}$$

$$P_{\mathrm{e}}=\frac{1}{2}\mathrm{erfc}\left(\frac{A}{2\sqrt{2}\sigma_n}\right)=\frac{1}{2}\mathrm{erfc}(\sqrt{r/4})\quad \text{单极性信号} \tag{4-53b}$$

式中，双极性信号信噪比为 $r=\dfrac{A^2}{\sigma_n^2}$；单极性信号信噪比为 $r=\dfrac{A^2}{2\sigma_n^2}$。

大信噪比时

$$P_{\mathrm{e}}=\frac{1}{\sqrt{2\pi r}}\mathrm{e}^{-\frac{r}{2}}\quad \text{双极性信号} \tag{4-54a}$$

$$P_{\mathrm{e}}=\frac{1}{\sqrt{\pi r}}\mathrm{e}^{-\frac{r}{4}}\quad \text{单极性信号} \tag{4-54b}$$

从信噪比分析可以得出结论，即**在信噪比相同的条件下，双极性信号的误码率比单极性信号的误码率低，抗噪声性能好；在误码率相同的条件下，单极性信号需要的信噪比要比双极性信号高 3dB**。因此，数字基带传输系统多采用双极性信号进行传输。

4.5　眼图

从理论上讲，一个基带传输系统的传递函数 $H(\omega)$ 只要满足式(4-30)，就可消除码间串扰。但在实际系统中要想做到这一点非常困难，有时甚至是不可能的。这是因为码间串扰与发送滤波器特性、信道特性、接收滤波器特性等因素有关，在工程实际中，如果部件调试不理想或信道特性发生变化，都可能使 $H(\omega)$ 改变，从而引起系统性能下降。实践中，为了使系统性能达到最佳，除了用专门的精密仪器进行测试和调整外，大量的维护工作希望能够使用简单实用的方法，利用通用的仪器，定性地监测通信系统性能，而观察眼图就是其中一个常用的实验方法。

眼图是指利用实验的手段估计传输系统性能的方法。具体做法是用一个示波器跨接在抽样判决器的输入端，然后调整示波器扫描周期，使示波器水平扫描周期与接收码元的周期同步，这时示波器显示屏上会显示类似人眼睛的图形，故称为"眼图"。从眼图上可以观察码间串扰和噪声的影响，从而估计系统性能。

1. 无噪声眼图

为解释眼图和系统性能之间的关系，图 4-22 给出了无噪声情况下无码间串扰和有码间串扰眼图的示意图。

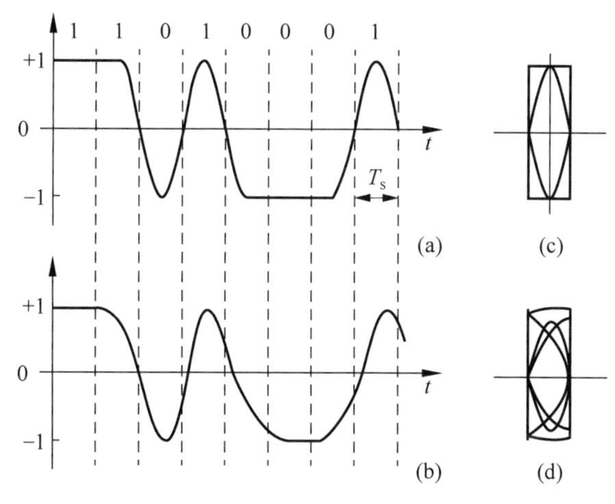

图 4-22　基带信号波形及眼图

图 4-22(a)所示是无码间串扰的双极性基带脉冲序列，用示波器观察它，并将水平扫描周期调到与码元周期 T_b 一致，由于荧光屏的余晖作用，扫描线所得的每一个码元波形将重叠在一起，形成如图 4-22(c)所示的线迹细而清晰的大"眼睛"。

对于图 4-22(b)所示有码间串扰的双极性基带脉冲序列，由于存在码间串扰，此波形已经失真，当用示波器观察时，示波器的扫描迹线不会完全重合，于是形成的眼图线迹杂乱且不清晰，"眼睛"张开得较小，且眼图不端正，如图 4-22(d)所示。

对比图 4-22(c)和图 4-22(d)可知，眼图的"眼睛"张开的大小反映了码间串扰的强弱。"眼睛"张得越大，且眼图越端正，表示码间串扰越小；反之表示码间串扰越大。

2. 存在噪声和串扰的眼图

当存在噪声时，噪声将叠加在信号上，观察到的眼图的线迹会变得模糊不清。若同时存在码间串扰,“眼睛”将张开得更小,与无码间串扰时的眼图相比,原来清晰端正的细线迹变成了比较模糊的带状线,而且不很端正。噪声越大,线迹越宽,越模糊;码间串扰越大,眼图越不端正。

3. 眼图的模型

眼图对于展示数字信号传输系统的性能提供了很多有用的信息,一是可以从中看出码间串扰的大小和噪声的强弱,有助于直观地了解码间串扰和噪声的影响,评价一个基带传输系统的性能优劣;二是可以指示接收滤波器的调整,以减小码间串扰等。为了说明眼图和系统性能的关系,可以把眼图简化为图 4-23 所示的形状,称为眼图的模型。

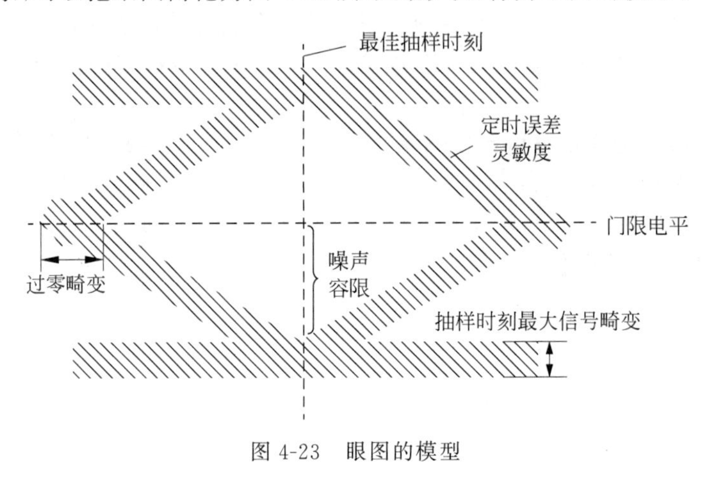

图 4-23　眼图的模型

(1) 最佳抽样时刻应在“眼睛”张开最大的时刻。

(2) 对定时误差的灵敏度可由眼图斜边的斜率决定,斜率越大,对定时误差就越灵敏。

(3) 在抽样时刻上,眼图上下两分支阴影区的垂直高度表示最大信号畸变。

(4) 眼图中央的横轴位置应对应判决门限电平。

(5) 在抽样时刻上,上下两分支离门限最近的线迹至门限的距离表示各相应电平的噪声容限,如果噪声瞬时值超过它,就可能发生错误判决。

(6) 对于利用信号过零点取平均来得到定时信息的接收系统,眼图倾斜分支与横轴相交的区域大小表示零点位置的变动范围,这个变动范围的大小对提取定时信息有重要的影响。

4. 信号分析

在接收二进制双极性信号时,如果水平扫描周期与码元周期 T_b 一致,则在显示屏上只能看到一只眼睛;如果水平扫描周期是码元周期 T_b 的 N 倍,则可以在显示屏上看到 N 只眼睛,因此,利用这一方法通过调整水平扫描周期可以估算码元速率。

若接收的是经过码型变换后得到的 AMI 码或 HDB_3 码,由于它们的波形具有 3 电平,在眼图中间会出现一根代表连“0”的水平线。图 4-24(a)所示为接收二进制双极性波形时显示屏上出现的眼图示意图,图 4-24(b)所示为接收 AMI 码或 HDB_3 码时出现的眼图示意图。

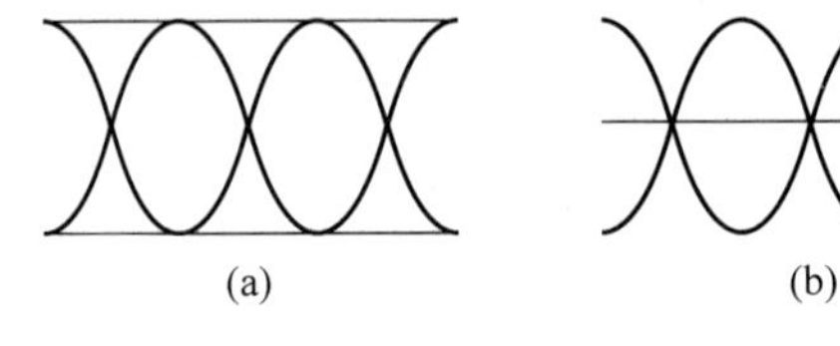

图 4-24　不同码型的眼图示意图

*4.6 时域均衡与部分响应系统

为了改善数字基带传输系统的性能，通常采用时域均衡技术减小码间串扰，采用部分响应系统提高频带利用率。

4.6.1 时域均衡技术

实际的基带传输系统不可能完全满足无码间串扰传输条件，因而码间串扰是不可避免的。当串扰严重时，必须对系统的传输函数 $H(\omega)$进行校正，使其接近于无码间串扰要求的特性。理论和实践表明，在基带传输系统中插入可调(或不可调)滤波器可以补偿整个系统的幅频和相频特性，从而减小码间串扰的影响。这个对系统调整和补偿的过程被称为均衡，而实现均衡的滤波器称为均衡器。

均衡分为时域均衡和频域均衡。频域均衡是从滤波器的频率特性考虑，利用一个可调滤波器的频率特性去补偿基带传输系统的频率特性，使得包括可调滤波器在内的基带传输系统的总特性接近于无失真传输条件。而时域均衡器用来直接校正已失真的响应波形，使包括可调滤波器在内的整个系统的冲激响应，满足无码间串扰条件，或者减少系统的码间串扰。

横向滤波器是时域均衡的一种典型结构，其基本思想可用图 4-25 所示的波形来简单说明，时域均衡结构如图 4-25(a)所示，它利用波形补偿的方法对失真的波形直接加以校正，如图 4-25(b)所示。这可以利用观察波形或者眼图等方法直接进行调节。

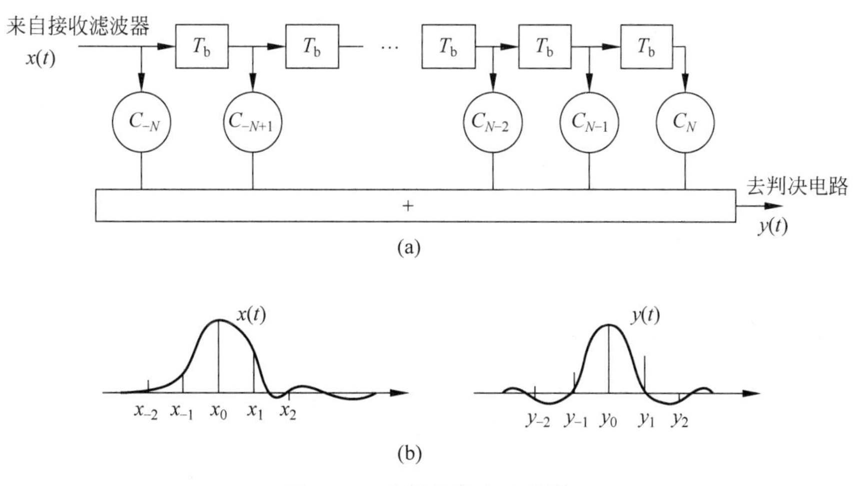

图 4-25 有限长横向滤波器

现在以只有 3 个抽头的横向滤波器为例，说明横向滤波器消除码间串扰的工作原理。

例 4.5 假定滤波器的一个输入码元 $x(t)$在抽样时刻 t_0 达到最大值 $x_0=1$，而在相邻码元的抽样时刻 t_{-1} 和 t_1 的码间串扰值分别为 $x_{-1}=1/4$ 和 $x_1=1/2$。采用 3 抽头均衡器来均衡，经调试，得此滤波器的 3 个抽头增益调制为

$$C_{-1}=-1/4,\quad C_0=+1,\quad C_1=-1/2$$

计算调整后的滤波器输出波形 $y(t)$。

解：参考图 4-25 给定的均衡器结构，可以设计出如图 4-26 所示的均衡器。

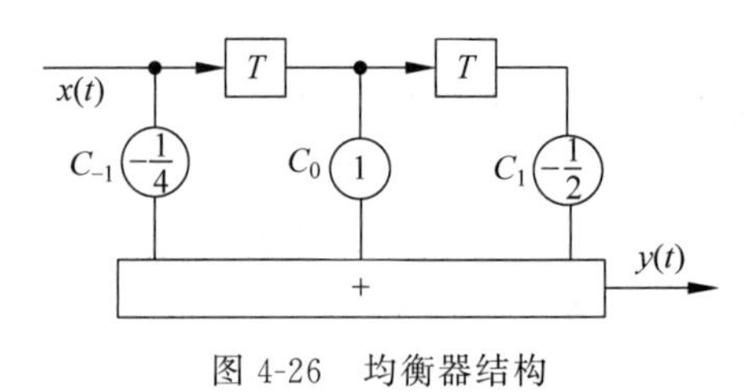

图 4-26 均衡器结构

通过计算可以得到各抽样点上的值如下。

$$y_{-2}=\sum_{i=-1}^{1}C_i x_{-2-i}=C_{-1}x_{-1}+C_0 x_{-2}+C_1 x_{-3}=-\frac{1}{16}$$

$$y_{-1}=\sum_{i=-1}^{1}C_i x_{-1-i}=C_{-1}x_0+C_0 x_{-1}+C_1 x_{-2}=0$$

$$y_0=\sum_{i=-1}^{1}C_i x_{0-i}=C_{-1}x_1+C_0 x_0+C_1 x_{-1}=\frac{3}{4}$$

$$y_1=\sum_{i=-1}^{1}C_i x_{1-i}=C_{-1}x_2+C_0 x_1+C_1 x_0=0$$

$$y_2=\sum_{i=-1}^{1}C_i x_{2-i}=C_{-1}x_3+C_0 x_2+C_1 x_1=-\frac{1}{4}$$

由以上结果可见，输出波形的最大值 y_0 降低为 3/4，相邻抽样点上消除了码间串扰，即 $y_{-1}=y_1=0$，但在其他点上又产生了串扰，即 y_{-2} 和 y_2。这说明，用有限长的横向滤波器有效减小码间串扰是可能的，但完全消除是不可能的。

时域均衡按调整方式可分为手动均衡和自动均衡。自动均衡又可分为预置式自动均衡和自适应均衡。预置式均衡是在实际数据传输之前先传输预先规定的测试脉冲(如重复频率很低的周期性脉冲波形)，然后自动(或手动)调整抽头增益。自适应均衡是在数据传输过程中连续自适应调整，以获得最佳的均衡效果，因此自适应均衡很受重视。自适应均衡虽然实现起来比较复杂，但随着大规模、超大规模集成电路的广泛应用，其发展十分迅速。有关自适应均衡的详细分析与设计请参阅相关文献。

4.6.2 部分响应系统

如果将数字基带传输系统的总特性 $H(\omega)$ 设计成理想低通特性，以 $H(\omega)$ 带宽 B 的两倍作为码元速率传输码元，不仅能消除码间串扰，还能实现极限频带利用率。但是理想低通传输特性实际上是无法实现的，即使能够实现，它的冲激响应“尾巴”振荡幅度大、收敛慢，因而对抽样判决定时脉冲要求十分严格，稍有偏差就会造成码间串扰。为此提出利用各种滚降传输特性，这种特性的冲激响应虽然“尾巴”振荡幅度减小，对定时脉冲也可以放松要求，然而频带利用率却下降了，这对于高速传输尤其不利。

那么，是否存在一种频带利用率高又使“尾巴”衰减大、收敛快的传输波形呢？奈奎斯特第二准则回答了这个问题，该准则告诉人们，**人为地、有规律地在码元的抽样时刻引入码间串扰，并在接收端判决前加以消除，可以达到改善频谱特性、压缩传输频带、使频带利用率提高到理论上的最大值、加速传输波形尾巴的衰减和降低对定时精度要求的目的**。通常把这种波形称为部分响应波形，利用部分响应波形传输的基带系统称为部分响应系统。

1. 部分响应波形

观察 $\mathrm{Sa}(x)=\dfrac{\sin x}{x}$ 波形可以发现，虽然该波形“尾巴”振荡幅度大、收敛慢，也就是“拖尾”严重，但是两个时间上相隔一个码元 T_b 的 Sa(x)波形的“拖尾”刚好正负相反，这样的两个波形相加，就可以构成“拖尾”衰减很快的脉冲波形，具体情况如图 4-27(a)所示。由图 4-27(a)可见，除了在相邻的抽样时刻 $t=\pm T_b/2$ 处 $g(t)=1$ 外，其余抽样时刻的 $g(t)$具有等间隔零点。

将图 4-27(a)所对应的波形 $g(t)$用数学描述，可以表示为

$$g(t)=\frac{\sin\dfrac{\pi}{T_b}\left(t+\dfrac{T_b}{2}\right)}{\dfrac{\pi}{T_b}\left(t+\dfrac{T_b}{2}\right)}+\frac{\sin\dfrac{\pi}{T_b}\left(t-\dfrac{T_b}{2}\right)}{\dfrac{\pi}{T_b}\left(t-\dfrac{T_b}{2}\right)}$$
$$=\mathrm{Sa}\left[\frac{\pi}{T_b}\left(t+\frac{T_b}{2}\right)\right]+\mathrm{Sa}\left[\frac{\pi}{T_b}\left(t-\frac{T_b}{2}\right)\right] \tag{4-55}$$

经简化后可得

$$g(t)=\frac{4}{\pi}\left[\frac{\cos(\pi t/T_b)}{1-(4t^2/T_b^2)}\right] \tag{4-56}$$

对式(4-56)进行傅里叶变换，可得 $g(t)$的频谱函数为

$$G(\omega)=\begin{cases}2T_b\cos\dfrac{\omega T_b}{2}, & |\omega|\leqslant\dfrac{\pi}{T_b}\\ 0, & |\omega|>\dfrac{\pi}{T_b}\end{cases} \tag{4-57}$$

显而易见，$g(t)$的频谱 $G(\omega)$限制在$(-\pi/T_b,\pi/T_b)$内，且呈缓变的半余弦滤波特性，如图 4-27(b)所示。

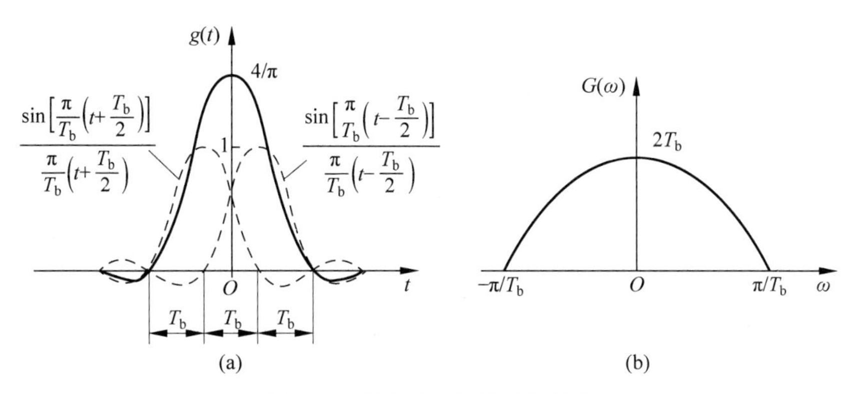

图 4-27　部分响应波形及其频谱

下面对 $g(t)$的波形特点做进一步讨论。

(1) 由式(4-56)可见，$g(t)$波形的拖尾幅度与 t^2 成反比，而 Sa(x)波形幅度与 t 成正比，这说明 $g(t)$波形比由理想低通形成的 $h(t)$衰减大，收敛也快。

(2) 若用 $g(t)$作为传送波形，且传送码元间隔为 T_b，则在抽样时刻发送码元仅与其前后码元相互干扰，而与其他码元不发生干扰，如图 4-28 所示。

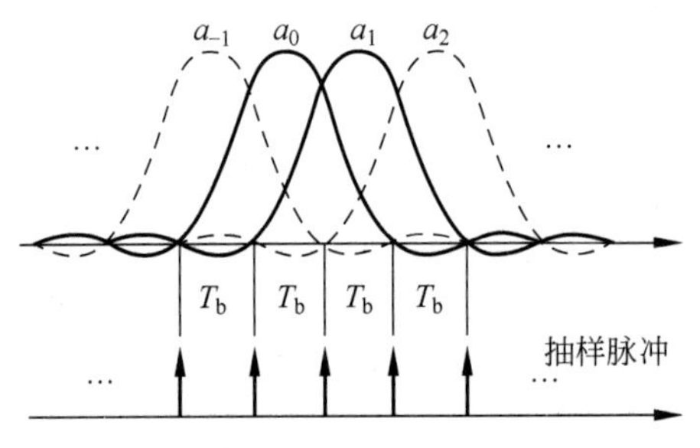

图 4-28　码元发生串扰的示意图

2. 差错扩散

表面上看，由于前后码元的干扰很大，似乎无法按 $1/T_b$ 的速率进行传送。但由于这种"干扰"是确定的，在接收端可以按计划消除掉，故仍可按 $1/T_b$ 的速率传送码元。

设输入的二进制码元序列为$\{a_k\}$，并设 a_k 在抽样点上的取值为$+1$和-1，则当发送码元 a_k 时，接收波形 $g(t)$在抽样时刻的取值 c_k 为

$$c_k = a_k + a_{k-1} \tag{4-58}$$

式中，a_{k-1} 表示 a_k 前一码元在第k 个时刻的抽样值。不难看出，c_k 将可能有-2、0 及$+2$三种取值。显然，如果前一码元 a_{k-1} 已经判定，则 a_k 的取值为

$$a_k = c_k - a_{k-1} \tag{4-59}$$

3. 相关编码和预编码

上述判决方法虽然在原理上是可行的，但可能会造成误码的传播。因为在 $g(t)$的形成过程中，首先要形成相邻码元的串扰，然后再经过响应网络形成所需要的波形。所以，在有控制地引入码间串扰的过程中，使原本互相独立的码元变成了相关码元，也正是码元之间的这种相关性导致了接收判决的差错传播。这种串扰所对应的运算称为相关运算，所以式(4-58)称为相关编码。可见，相关编码是为了得到预期的部分响应信号频谱所必需的，但却带来了差错传播问题。

为了避免因相关编码而引起的差错传播问题，可以在发送端相关编码之前进行预编码，实质上就是输入信码 a_k 变换成"差分码"b_k，其编码规则是

$$b_k = a_k \oplus b_{k-1} \tag{4-60}$$

这里，$\oplus$表示模 2 和。

然后，把$\{b_k\}$送给发送滤波器形成由式(4-55)决定的部分响应波形序列 $g(t)$。于是，参照式(4-58)可得

$$c_k = b_k + b_{k-1} \tag{4-61}$$

显然，若对 c_k 进行模 2(mod 2)处理，便可直接得到 a_k，即

$$[c_k]_{\text{mod }2} = [b_k + b_{k-1}]_{\text{mod }2} = b_k \oplus b_{k-1} = a_k$$

或

$$a_k = [c_k]_{\text{mod }2} \tag{4-62}$$

上述整个过程不需要预先知道 a_{k-1}，故不存在错误传播现象。

通常把 a_k 按式(4-60)变成 b_k 的过程叫做"预编码"，而把式(4-58)或式(4-62)的关系称为相关编码。因此，整个上述处理过程可概括为"预编码－相关编码－模 2 判决"。

上述部分响应系统组成框图如图 4-29 所示，其中图 4-29(a)为原理框图，图 4-29(b)为实际组成框图。为简明起见，图中没有考虑噪声的影响。

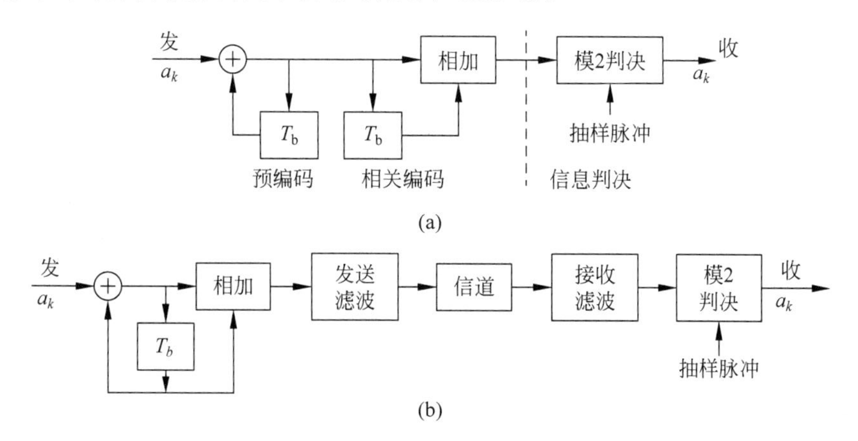

图 4-29 部分响应系统组成框图

本章小结

数字基带传输系统是近程有线数据传输的主要方式，也是分析大多数频带传输系统的有力工具。本章在介绍数字基带传输系统各类信号波形的基础上，分析了数字基带信号的频谱，研究了数字基带传输系统的工作原理和数学模型，得出结论：信号传输过程中产生的误码是由码间串扰和噪声造成的，为此，研究了无码间串扰的基带传输系统，分析了无码间串扰基带系统的抗噪声性能，介绍了利用眼图评估数字基带传输系统性能的方法，分析了改善系统性能的相关技术。

在数字基带传输系统中，为了匹配信道的特性，需要选择不同的传输波形来表示"0"和"1"，有时将这种传输波形简称为传送码或者线路码，传送码的设计也就是数字基带信号的设计，为此，出现了单极性与双极性，归零与不归零，以及差分码、AMI、HDB_3、CMI 和双相码等多码型。不同形式的数字基带信号具有不同的频谱结构，但其功率谱均由连续谱和离散谱两部分组成。连续谱始终存在反映了信号能量主要集中区域，根据它可以确定序列的带宽，并进行发送和接收滤波器设计；离散谱有可能存在，它表示信号是否存在直流分量，或者是否包含位同步信息。

数字基带传输系统主要由脉冲形成器、发送滤波器、信道、接收滤波器、抽样判决器与码元再生器等部件组成，经数学分析表明，系统传输误码是由码间串扰和噪声造成的。为消除码间串扰，基带传输系统冲激响应在整数倍码元周期时刻必须为 0，同时其尾部衰减还要快。理想的基带传输系统是理想低通滤波器，如果基带传输系统带宽为 B，则 $T_b=1/(2B)$ 为系统传输无码间串扰的最小码元间隔，这个间隔也称为奈奎斯特间隔，所对应的最大码元传输速率称为奈奎斯特速率。

能满足无码间串扰基带传输系统的时域条件的系统可以找到很多，因此，存在无码间串扰的基带传输系统等效特性，就是把一个基带传输系统的传输特性 $H(\omega)$ 等间隔分割为 $2\pi/T_b$ 宽度，若各段在 $(-\pi/T_b,\pi/T_b)$ 区间内能平移叠加成一个矩形频率特性，那么它以

$f_b=1/T_b$ 速率传输基带信号时就能做到无码间串扰。而余弦滚降传输特性是其等效特性的一个特例,其带宽由滚降系数 α 确定。

无码间串扰基带传输系统的抗噪声性能由误码率 P_e 描述,其与 $P(1)$、$P(0)$、$f_1(x)$、$f_0(x)$和 V_d 有关,而 $f_1(x)$和 $f_0(x)$又与信号的抽样值 A 和噪声功率 σ_n^2 有关。通常 $P(1)$ 和 $P(0)$是给定的,A 和 σ_n^2 取决于发射与环境,仅 V_d 与接收有关,因此,可以根据信号的类型得到不同的最佳判决门限,进而计算出单极性和双极性信号的误码率。

眼图是指利用实验的方法估计传输系统性能的方法。利用眼图的模型可以确定最佳抽样时刻、判决门限电平、噪声容限等参数,还可以表示最大信号畸变、定时误差灵敏度、零点位置的变动范围等。进而通常采用时域均衡技术减小码间串扰,采用部分响应系统提高频带利用率。

思考题

1. 什么是数字基带信号?
2. 数字基带信号有哪些常用码型?它们各有什么特点?
3. 构造 AMI 码和 HDB_3 码的规则是什么?
4. 研究数字基带信号功率谱的目的是什么?信号带宽怎么确定?
5. 数字基带信号功率谱中的离散分量表示什么物理含义?
6. 简述数字基带传输系统的基本结构。
7. 分析数字基带传输系统误码产生的原因。
8. 什么叫码间串扰?它是怎样产生的?对通信质量有什么影响?
9. 满足无码间串扰条件的传输特性的冲激响应 $h(t)$是怎样的?为什么说能满足无码间串扰条件的 $h(t)$不是唯一的?
10. 为了消除码间串扰,基带传输系统的传递函数应满足什么条件?
11. 什么是奈奎斯特间隔和奈奎斯特速率?
12. 简述奈奎斯特第一准则。
13. 简述等效传输特性研究的意义。
14. 为什么要引入余弦滚降传输特性?
15. 无码间串扰情况下误码率与什么因素有关?
16. 什么是最佳判决门限电平?当 $P(0)=P(1)=1/2$ 时,传送单极性基带波形和双极性基带波形的最佳判决门限各为多少?
17. 什么叫眼图?它有什么用处?
18. 根据眼图选择最佳判决时刻的依据是什么?
19. 什么是时域均衡?它与频域均衡有何差异?
20. 部分响应技术解决了什么问题?
21. 如何处理部分响应技术造成的差错扩散问题?

习题

1. 设二进制符号序列为 110010001110，试以矩形脉冲为例，分别画出相应的单极性 NRZ 码、双极性 NRZ 码、单极性 RZ 码、双极性 RZ 码、二进制差分码波形。

2. 已知信息代码为 100000000011，求相应的 AMI 码和 HDB_3 码。

3. 已知 HDB_3 码为 0＋100－1000－1＋1000＋1－1＋1－100－1＋100－1，试译出原信息代码。

4. 设某二进制数字基带信号的基本脉冲如图 P4-1 所示。图中 T_b 为码元宽度，数字信息“1”和“0”分别用 $g(t)$ 的有无表示，它们出现的概率分别为 P 及 $(1-P)$，其中 $P=0.5$。

(1) 求该数字信号的功率谱密度，并画图。

(2) 该序列是否存在 $f_b=1/T_b$ 离散分量？

(3) 计算数字基带信号的带宽。

5. 若数字信息“1”和“0”改用 $g(t)$ 和 $-g(t)$ 表示，重做习题 4。

6. 设某二进制数字基带信号的基本脉冲为三角形脉冲，如图 P4-2 所示。图中 T_b 为码元宽度，数字信息“1”和“0”分别用 $g(t)$ 的有无表示，且“1”和“0”出现的概率相等。

(1) 求该数字信号的功率谱密度，并画图。

(2) 能否从该数字基带信号中提取 $f_b=1/T_b$ 的位定时分量？若能，试计算该分量的功率。

(3) 计算数字基带信号的带宽。

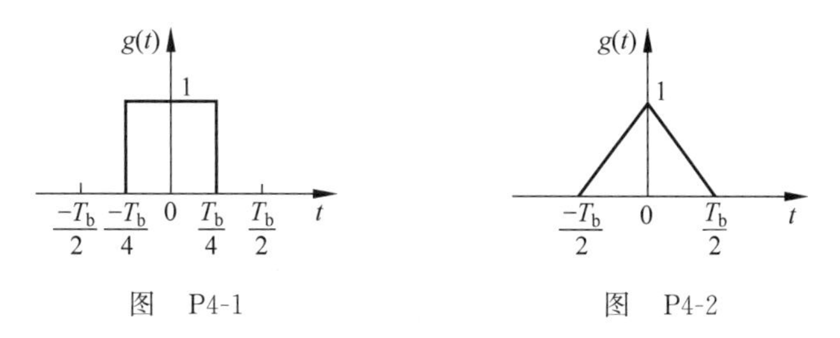

图 P4-1　　　　图 P4-2

7. 设基带传输系统的发送滤波器、信道、接收滤波器组成总特性为 $H(\omega)$，若要求以 $2/T_b$ 的速率进行数据传输，试检验图 P4-3 所示各种系统是否满足无码间串扰条件。

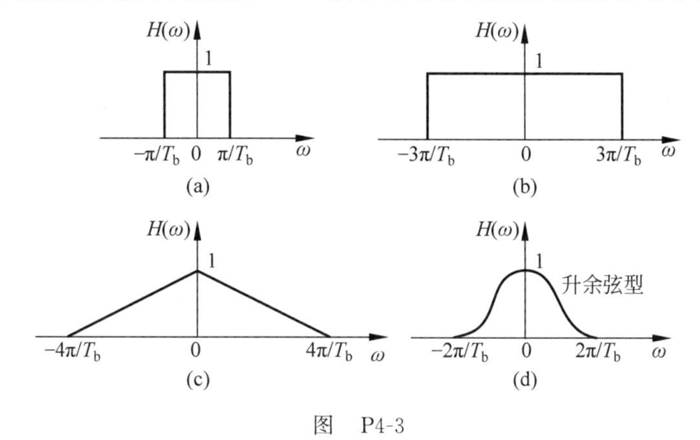

图 P4-3

8. 已知滤波器的 $H(\omega)$具有如图 P4-4 所示的特性(码元速率变化时特性不变),采用以下码元速率(假设码元经过了理想抽样才加到滤波器)。

(a) 码元速率 500Baud。

(b) 码元速率 750Baud。

(c) 码元速率 1000Baud。

(d) 码元速率 1500Baud。

问:(1) 分析上述码元速率的可用性,以及会不会产生码间串扰。

(2) 如果滤波器的 $H(\omega)$改为图 P4-5,重新回答(1)。

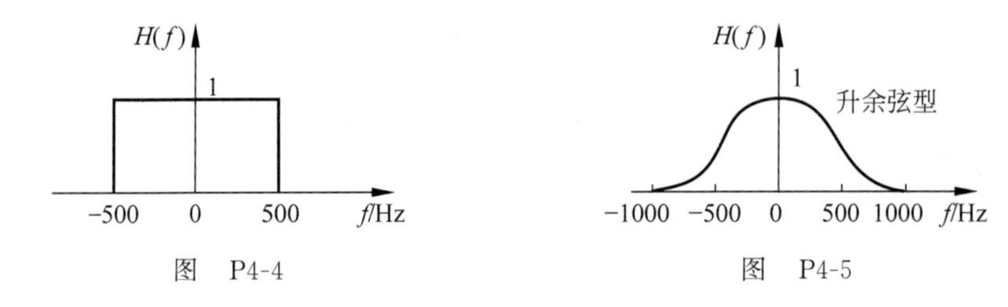

图　P4-4　　　　图　P4-5

9. 设由发送滤波器、信道、接收滤波器组成的二进制基带系统的总传输特性 $H(\omega)$为

$$H(\omega)=\begin{cases}\tau_0(1+\cos\omega\tau_0), & |\omega|\leqslant\dfrac{\pi}{\tau_0}\\ 0, & \text{其他}\end{cases}$$

试确定该系统的最高传码率 R_B 及相应的码元间隔 T_b。

10. 已知基带传输系统的发送滤波器、信道、接收滤波器组成总特性为如图 P4-6 所示的直线滚降特性 $H(\omega)$,其中 α 为某个常数($0\leqslant\alpha\leqslant1$)。

(1) 检验该系统实现无码间串扰传输的传码率。

(2) 试求该系统的最大码元传输速率多大? 这时的频带利用率为多大?

11. 为了传送码元速率 $R_B=10^3$Baud 的数字基带信号,系统采用图 P4-7 所示的哪一种传输特性较好? 简要说明其理由。

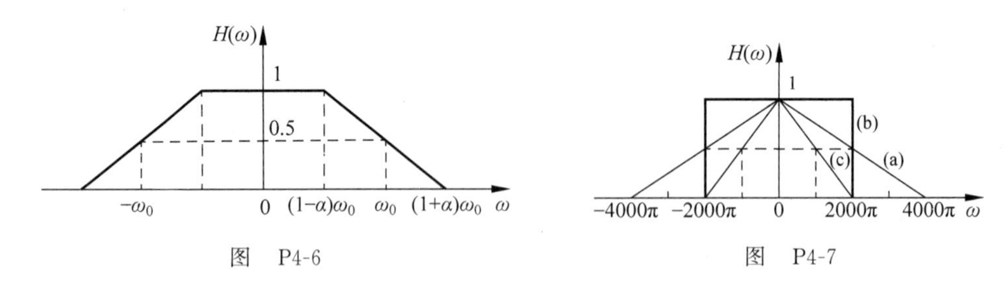

图　P4-6　　　　图　P4-7

12. 某二进制数字基带系统所传送的是单极性基带信号,且数字信息“1”和“0”的出现概率相等。

(1) 若数字信息为“1”时,接收滤波器输出信号在抽样判决时刻的值 $A=1(\mathrm{V})$,且接收滤波器输出噪声是均值为 0,均方根值 $\sigma_n=0.2\mathrm{V}$,试求这时的误码率 P_e。

(2) 若要求误码率 P_e 不大于 10^{-5},试确定 A 至少应该是多少。

13. 若将习题 12 中的单极性基带信号改为双极性基带信号,其他条件不变,重做习题 12。

14. 试画出信号 1110010011010…的眼图(水平扫描速率 $f=1/T_b$)。"1"码用 $g(t)$表示,"0"码用$-g(t)$表示。

(1) $g(t)=[1+\cos(\pi t/T_b)]/2$。

(2) $g(t)=[1+\cos(2\pi t/T_b)]/2$。

15. 设有一个 3 抽头的时域均衡器,结构如图 P4-8 所示。输入波形 $x(t)$在各抽样点的值依次为 $x_{-2}=1/8$、$x_{-1}=1/3$、$x_0=1$、$x_{+1}=1/4$、$x_{+2}=1/16$(在其他抽样点均为 0)。试求均衡器输出波形 $y(t)$在各抽样点的值。

16. 设一相关编码系统结构如图 P4-9 所示。图中理想低通滤波器的截止频率为$\frac{1}{2T_b}$,通带增益为 T_b。试求该系统的频率特性和单位冲激响应。

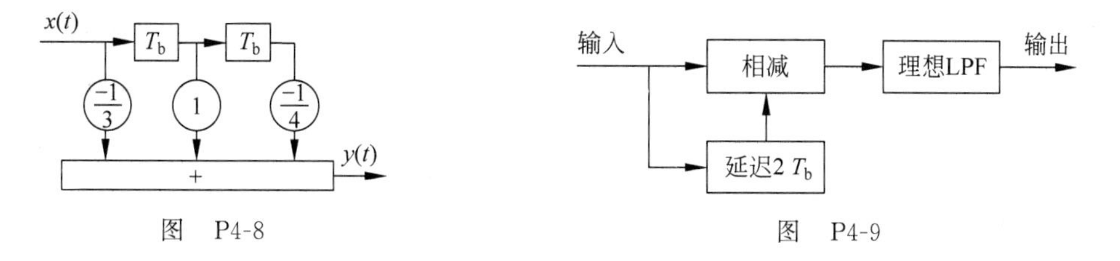

图　P4-8　　　　图　P4-9

第5章 数字频带传输系统

CHAPTER 5

在实际通信应用中,大多数信道因具有带通特性而不能直接传送基带信号,这是因为基带信号中包含丰富的低频分量。为了使数字信号在带通信道中传输,必须用数字基带信号对载波进行调制,以使信号与信道的特性相匹配。这种用数字基带信号控制载波,把数字基带信号变换为数字带通信号,也就是形成数字频带信号的过程称为数字调制;在接收端,通过解调器把数字频带信号还原成数字基带信号的过程称为数字解调。

数字调制与模拟调制的原理基本相同,但是数字信号有离散取值的特点,因此,数字调制技术通常有两种实现方法,一是利用模拟调制的方法去实现数字式调制,即把数字调制看成是模拟调制的特例,把数字基带信号当作模拟信号的特殊情况进行处理;二是利用数字信号的离散取值特点,通过开关键控载波,从而实现数字调制。后一种方法通常称为键控法,是数字调制技术的主用方法。针对载波幅度、频率和相位等参数,数字调制方式主要包括幅移键控(ASK)、频移键控(FSK)和相移键控(PSK或DPSK)等;针对调制信号的进制不同,数字调制方式又可以分为二进制数字调制和多进制数字调制。

本章着重讨论二进制数字调制系统的基本原理和实现方法,以及它们的抗噪声性能,并简要介绍多进制数字调制技术。

5.1 二进制数字幅移键控

二进制幅移键控(2 Amplitude Shift Keying,2ASK)也称为开关键控或者通断键控(On Off Keying,OOK),是一种古老的数字调制方式。由于2ASK抗干扰性能差,因此,已逐渐被2FSK和2PSK所代替。但是,随着对信息传输速率要求的提高,多进制数字幅度调制(MASK)已受到人们的关注。

5.1.1 基本原理

2ASK是利用代表数字信息“0”或“1”的基带矩形脉冲去键控一个连续的载波,使载波时断时续地输出,有载波输出时表示发送“1”,无载波输出时表示发送“0”。借助模拟幅度调制的原理,2ASK信号可表示为

$$s_{2ASK}(t)=s(t)\cos\omega_c t \tag{5-1}$$

式中,ω_c为载波角频率,$s(t)$为单极性NRZ信号,表达式为

$$s(t)=\sum_n a_n g(t-nT_b) \tag{5-2}$$

其中，$g(t)$是持续时间为T_b、幅度为1的矩形脉冲，或称为门函数；a_n为二进制数字，即

$$a_n=\begin{cases}1, & \text{概率为 } P\\ 0, & \text{概率为}(1-P)\end{cases} \tag{5-3}$$

2ASK信号的产生方法或者调制方法有两种，如图5-1所示，图5-1(a)是一般的模拟幅度调制方法，不过这里的$s(t)$由式(5-2)规定；图5-1(b)是一种键控方法，这里的开关电路受$s(t)$控制。图5-1(c)给出了$s(t)$及$s_{2ASK}(t)$的波形示例。

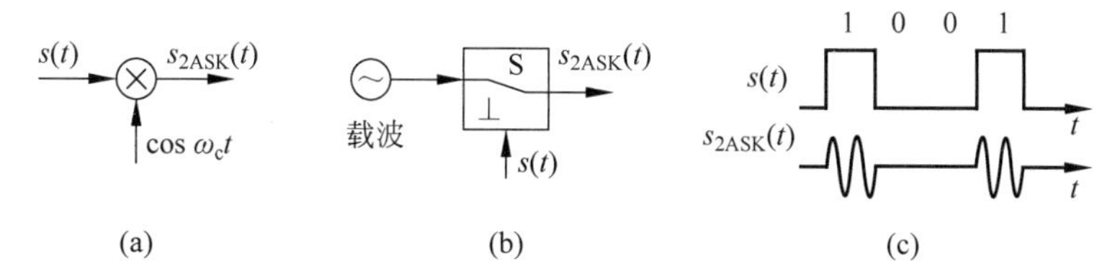

图5-1 2ASK信号产生方法及波形示例

在接收端，2ASK信号解调的常用方法主要有包络检波法和相干检测法两种。

包络检波法的原理框图如图5-2所示。带通滤波器(BPF)使2ASK信号完整地通过，同时滤除带外噪声。经包络检测后，输出其包络，其中，低通滤波器(LPF)的作用是滤除高频杂波，使基带信号(包络)通过。抽样判决器完成抽样、判决及码元形成功能，恢复出数字序列$\{a_n\}$。这里的位同步信号的重复周期为码元的宽度。

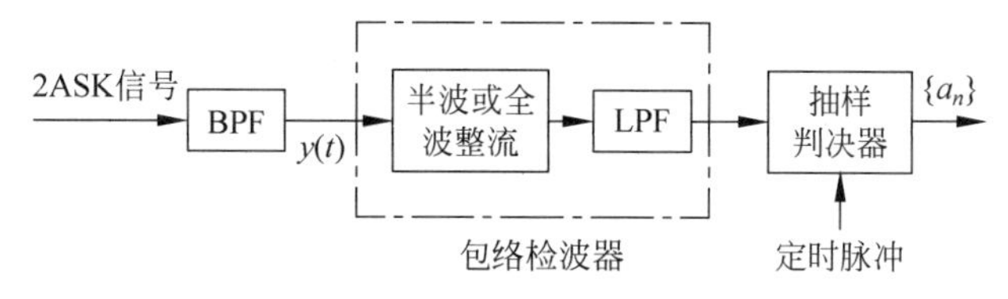

图5-2 2ASK信号的包络解调

相干检测法原理框图如图5-3所示。相干检测也就是同步解调，要求接收机产生一个与发送载波同频同相的本地载波信号，称其为同步载波或相干载波。利用此载波与收到的已调信号相乘，其输出为

$$\begin{aligned}z(t)&=y(t)\cos\omega_c t=s(t)\cos^2\omega_c t=\frac{1}{2}s(t)(1+\cos2\omega_c t)\\&=\frac{1}{2}s(t)+\frac{1}{2}s(t)\cos2\omega_c t\end{aligned} \tag{5-4}$$

经低通滤波(LPF)滤除第二项高频分量后，即可输出$s(t)$信号，抽样判决后恢复出数字序列$\{a_n\}$。由于在2ASK相干解调法中需要在接收端产生本地载波，会增加接收设备复杂性，因此，实际应用中很少采用相干解调法来解调2ASK信号。

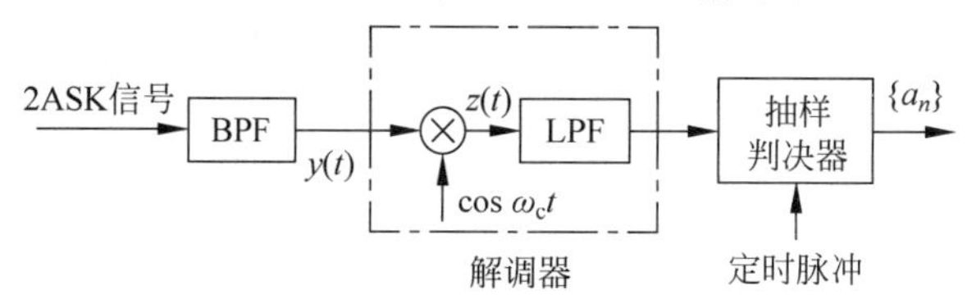

图5-3 2ASK信号的相干解调

5.1.2 信号的功率谱及带宽

式(5-1)给出了2ASK信号描述，也就是时域表达式，其中，$s(t)$代表信息的随机单极性矩形脉冲序列。设$s(t)$的功率谱密度为$P_s(f)$，$s_{2ASK}(t)$的功率谱密度为$P_e(f)$，则可以得到

$$P_e(f)=\frac{1}{4}[P_s(f+f_c)+P_s(f-f_c)] \tag{5-5}$$

式中，$P_s(f)$可按照4.1节中介绍的方法直接推导出。对于单极性NRZ码，引用例4.1的结果式(4-5)，则有

$$P_s(f)=\frac{1}{4}T_b\mathrm{Sa}^2(\pi f T_b)+\frac{1}{4}\delta(f) \tag{5-6}$$

代入式(5-5)，便可得2ASK信号功率谱密度为

$$\begin{aligned}P_e(f)=&\frac{T_b}{16}\{\mathrm{Sa}^2[\pi(f+f_c)T_b]+\mathrm{Sa}^2[\pi(f-f_c)T_b]\}+\\&\frac{1}{16}[\delta(f+f_c)+\delta(f-f_c)]\end{aligned} \tag{5-7}$$

因此，2ASK信号的功率谱如图5-4所示。

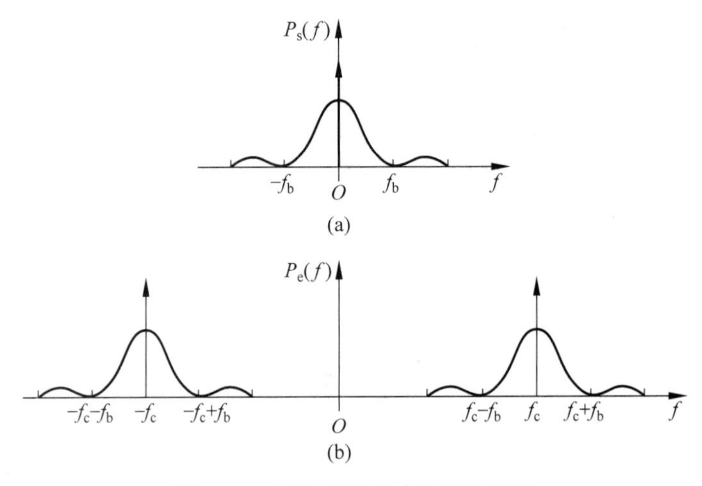

图5-4 2ASK信号的功率谱示意图

(1) 2ASK信号的功率谱由连续谱和离散谱两部分组成，其中，连续谱取决于数字基带信号$s(t)$经线性调制后的双边带谱，而离散谱则由载波分量确定。

(2) 类似于模拟调制中的DSB，2ASK信号的带宽B_{2ASK}是数字基带信号带宽的两倍，即

$$B_{2ASK}=2f_b \tag{5-8}$$

(3) 因为系统的传码率$R_B=1/T_b$(Baud)，故2ASK系统的频带利用率为

$$\eta=\frac{1/T_b}{2/T_b}=\frac{R_B}{2f_b}=\frac{1}{2}\mathrm{Baud/Hz} \tag{5-9}$$

这意味着用2ASK信号的传输带宽至少为码元速率的两倍。

例5.1 设电话信道具有理想的带通特性，频率范围为300～3400Hz，试问该信道在传

输 2ASK 信号时最大的传码率为多少。

解：电话信道带宽 $B=3400-300=3100\text{Hz}$。该信道在传送 2ASK 信号时，根据式(5-8)可知

$$f_b=\frac{1}{T_b}=\frac{B_{2ASK}}{2}=1550\text{Hz}$$

则知最大的传码率为 1550B。

5.1.3 系统的抗噪声性能

通信系统的抗噪声性能是指系统克服加性噪声的能力，它与系统的可靠性密切相关，因此通常采用误码率进行衡量。图 5-5 所示为 2ASK 抗噪声性能分析模型，为了简化分析，这里的信道加性噪声既包括实际信道中的噪声，也包括接收设备噪声折算到信道中的等效噪声。

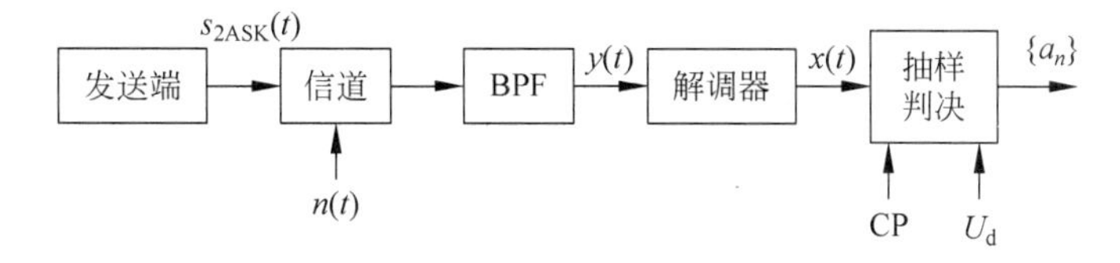

图 5-5 2ASK 抗噪声性能分析模型

根据图 5-5 给出 2ASK 抗噪声性能分析模型，进行如下假设。

(1) 信道特性为恒参信道，信道噪声 $n(t)$ 为加性高斯白噪声，其双边功率谱密度为 $n_0/2$；

(2) 发射的 2ASK 信号为

$$s_{2ASK}(t)=\begin{cases}A\cos\omega_c t, & 发“1”\\ 0, & 发“0”\end{cases} \tag{5-10}$$

通过信道并经过接收端 BPF 后，仅考虑幅度衰减，即幅度由 A 变为 a。

(3) BPF 传递函数是幅度为 1、宽度为 $2f_b$、中心频率为 f_c 的矩形，它恰好让信号无失真地通过，并抑制带外噪声进入。

(4) LPF 传递函数是幅度为 1、宽度为 f_b 的矩形，它让基带信号主瓣的能量通过。

(5) 抽样、判决的同步时钟 CP 准确，判决门限为 U_d。

根据图 5-5 中解调器的类型不同，可将 2ASK 信号解调划分为包络检测和相干解调两类。

1. 包络检测的系统性能

对于图 5-2 所示的包络检测接收系统，其接收带通滤波器 BPF 的输出为

$$y(t)=\begin{cases}a\cos\omega_c t+n_i(t), & 发“1”\\ n_i(t), & 发“0”\end{cases}$$

$$=\begin{cases}a\cos\omega_c t+n_c(t)\cos\omega_c t-n_s(t)\sin\omega_c t, & 发“1”\\ n_c(t)\cos\omega_c t-n_s(t)\sin\omega_c t, & 发“0”\end{cases} \tag{5-11}$$

其中，$n_i(t)=n_c(t)\cos\omega_c t-n_s(t)\sin\omega_c t$ 为高斯白噪声 $n(t)$ 经 BPF 限带后的窄带高斯噪声。经包络检波器检测，输出包络信号为

$$x(t)=\begin{cases}\sqrt{[a+n_c(t)]^2+n_s^2(t)}, & \text{发“1”}\\ \sqrt{n_c^2(t)+n_s^2(t)}, & \text{发“0”}\end{cases} \tag{5-12}$$

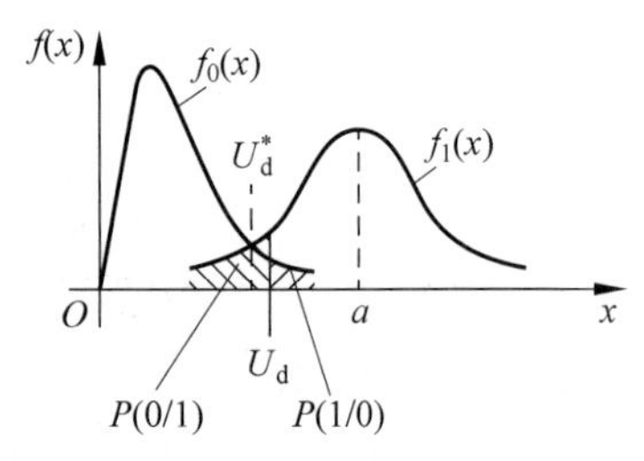

图 5-6 包络检波时误码率的几何表示

由式(5-11)可知，发“1”时，接收带通滤波器 BPF 的输出 $y(t)$ 为正弦信号加窄带高斯噪声形式；发“0”时，接收带通滤波器 BPF 的输出 $y(t)$ 为窄带高斯噪声形式。于是，根据 2.5 节中的知识可知，发“1”时，BPF 输出包络 $x(t)$ 的抽样值 x 的概率密度函数 $f_1(x)$ 服从莱斯分布；发“0”时，BPF 输出包络 $x(t)$ 的抽样值 x 的概率密度函数 $f_0(x)$ 服从瑞利分布，如图 5-6 所示。

$x(t)$ 为抽样判决器输入信号，对其进行抽样判决后即可确定接收码元是“1”还是“0”。若 $x(t)$ 的抽样值 $x>U_d$，则判为“是 1 码”；若 $x\leqslant U_d$，判为“是 0 码”。因此，存在两种错误判决的可能性，一是发送的码元为“1”，错判为“0”，其概率记为 $P(0/1)$；二是发送的码元为“0”，错判为“1”，其概率记为 $P(1/0)$。由图 5-6 可知

$$P(1/0)=P(x>U_d)=\int_{U_d}^{\infty} f_0(x)\mathrm{d}x \tag{5-13}$$

$$P(0/1)=P(x\leqslant U_d)=\int_{0}^{U_d} f_1(x)\mathrm{d}x \tag{5-14}$$

式(5-13)和式(5-14)中，$P(0/1)$ 和 $P(1/0)$ 分别为图 5-6 所示阴影面积。假设发送端发送“1”码的概率为 $P(1)$，发送“0”码的概率为 $P(0)$，则系统的平均误码率 P_e 为

$$P_e=P(1)P(0/1)+P(0)P(1/0) \tag{5-15}$$

当 $P(1)=P(0)=1/2$，即等概率时

$$P_e=\frac{1}{2}[P(0/1)+P(1/0)] \tag{5-16}$$

也就是说，P_e 就是图 5-6 中两块阴影面积之和的一半。不难看出，当 $U_d=U_d^*=a/2$ 时，该阴影面积之和最小，即误码率 P_e 最低。称此使误码率获最小值的门限 U_d^* 为最佳门限。采用包络检波的接收系统时，可以证明系统的误码率近似为

$$P_e=\frac{1}{4}\mathrm{erfc}(\sqrt{r/4})+\frac{1}{2}\mathrm{e}^{-r/4} \tag{5-17}$$

当大信噪比的情况下，系统的误码率近似为

$$P_e=\frac{1}{2}\mathrm{e}^{-r/4} \tag{5-18}$$

式中，$r=a^2/(2\sigma_n^2)$，为包络检波器输入信噪比，也就是发送“1”码时的信噪比。由此可见，包络解调 2ASK 系统的误码率随输入信噪比 r 的增大近似地按指数规律下降。必须指出，式(5-17)是在等概率、最佳门限的情况下推导得出的；式(5-18)的适用条件是等概率、大信噪比、最佳门限，因此，使用公式时应注意适用的条件。

2. 相干解调的系统性能

对于图 5-5 所示的接收系统，其解调器为相干解调器，BPF 的输出如式(5-11)所示，为了便于处理，取本地载波为 $2\cos\omega_c t$，参考图 5-3，可得乘法器输出为

$$z(t)=2y(t)\cos\omega_c t \tag{5-19}$$

将式(5-11)代入,并经低通滤波器滤除高频分量,可在抽样判决器输入端得到

$$x(t)=\begin{cases}a+n_c(t), & 发“1” \\ n_c(t), & 发“0”\end{cases} \tag{5-20}$$

根据前面的知识可知,$n_c(t)$服从正态分布,因此,无论是发送“1”还是“0”,$x(t)$瞬时值x的一维概率密度函数$f_1(x)$和$f_0(x)$都是方差为σ_n^2的正态分布函数,只是前者均值为a,后者均值为0,即

$$f_1(x)=\frac{1}{\sqrt{2\pi}\sigma_n}\exp\left[-\frac{(x-a)^2}{2\sigma_n^2}\right] \tag{5-21}$$

$$f_0(x)=\frac{1}{\sqrt{2\pi}\sigma_n}\exp\left(-\frac{x^2}{2\sigma_n^2}\right) \tag{5-22}$$

式中,σ_n^2也就是带通滤波器输出噪声的平均功率,可以表示为

$$\sigma_n^2=n_0B_{2\text{ASK}}=2nf_b \tag{5-23}$$

它们的一维概率分布曲线如图5-7所示。

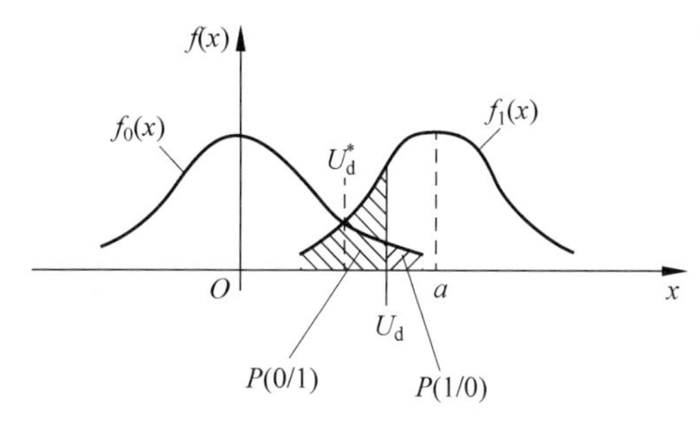

图5-7 同步检测时误码率的几何表示

类似于包络检波器的分析,不难看出,若仍令判决门限电平为U_d,则将“0”错判为“1”的概率为$P(1/0)$,将“1”错判为“0”的概率P为$(0/1)$,分别为

$$P(1/0)=P(x>U_d)=\int_{U_d}^{\infty}f_0(x)\mathrm{d}x \tag{5-24}$$

$$P(0/1)=P(x\leqslant U_d)=\int_{-\infty}^{U_d}f_1(x)\mathrm{d}x \tag{5-25}$$

式中,$P(0/1)$和$P(1/0)$分别为图5-7所示的阴影面积。假设$P(0)=P(1)$,则系统平均误码率P_e可以写为

$$P_e=\frac{1}{2}[P(0/1)+P(1/0)] \tag{5-26}$$

借鉴基带传输系统性能的分析计算方法,不难看出最佳门限$U_d^*=a/2$。综合式(5-21)到式(5-26),可以证明,这时系统的误码率为

$$P_e=\frac{1}{2}\text{erfc}(\sqrt{r/4}) \tag{5-27}$$

式中,$r=a^2/(2\sigma_n^2)$为解调器输入信噪比。当大信噪比时,式(5-27)可以近似为

$$P_e\approx\frac{1}{\sqrt{\pi r}}\mathrm{e}^{-r/4} \tag{5-28}$$

式(5-28)表明,随着输入信噪比的增加,系统的误码率将更迅速地按指数规律下降。必须注意,式(5-27)的适用条件是等概率、最佳门限;式(5-28)的适用条件是等概率、大信噪比、最佳门限。

比较式(5-28)和式(5-18)可以看出,在相同信噪比的情况下,2ASK 信号相干解调时的误码率总是低于包络检波时的误码率,即相干解调 2ASK 系统的抗噪声性能优于非相干解调系统,但在大信噪比情况下两者相差并不太大。然而,包络检波解调不需要稳定的本地相干载波,故在电路上要比相干解调简单得多。但是,包络检波法存在门限效应,相干解调法无门限效应。所以,**一般而言,对 2ASK 系统,大信噪比条件下使用包络检测,即非相干解调,而小信噪比条件下使用相干解调。**

例 5.2 设某 2ASK 信号的码元速率 $R_B=4.8\times10^6$ Baud,接收端输入信号的幅度 $A=1$mV,信道中加性高斯白噪声的单边功率谱密度 $n_0=2\times10^{-15}$ W/Hz。

(1) 试求包络检波法解调时系统的误码率。

(2) 试求同步检测法解调时系统的误码率。

解:(1) 由码元速率 $R_B=4.8\times10^6$ Baud 可以确定,码元重复频率 $f_b=4.8\times10^6$ Hz,则接收端带通滤波器带宽为

$$B=2f_b=9.6\times10^6\ \text{Hz}$$

带通滤波器输出噪声的平均功率为

$$\sigma_n^2=n_0B=1.92\times10^{-8}\ \text{W}$$

解调器输入信噪比

$$r=\frac{A^2}{2\sigma_n^2}=\frac{10^{-6}}{2\times1.92\times10^{-8}}\approx26\gg1$$

于是,根据式(5-18)可得包络检波法解调时系统的误码率为

$$P_e=\frac{1}{2}e^{-r/4}=\frac{1}{2}e^{-6.5}=7.5\times10^{-4}$$

(2) 同理,根据式(5-28)可得同步检测法解调时系统的误码率为

$$P_e=\frac{1}{\sqrt{\pi r}}e^{-r/4}=1.67\times10^{-4}$$

5.2 二进制数字频移键控

二进制数字频率调制又称为频移键控(2 Frequency Shift Keying,2FSK),它是一种出现较早的数字调制方式,由于 2FSK 调制幅度不变,因此,它的抗衰落和抗噪声性能均优于 2ASK,被广泛应用于中、低速数字传输系统中。根据相邻两个码元调制载波的相位是否连续,可进一步将 FSK 分为相位连续和相位不连续的 FSK,并分别记为 CPFSK 及 DPFSK。目前 FSK 技术已经有了相当大的发展,出现了多进制频移键控(MFSK)、最小频移键控(MSK)以及正交频分复用(OFDM)等技术,这些技术以良好的性能在无线通信中得到广泛的应用。

5.2.1 基本原理

2FSK 是用载波的频率来传送数字消息,即用所传送的数字消息来

控制载波的频率。例如，将符号"1"对应于载频 f_1，将符号"0"对应于载频 f_2，而且 f_1 与 f_2 之间的改变是瞬间完成的。因此，2FSK 信号可以表示为

$$s_{2FSK}(t)=\begin{cases}A\cos(\omega_1 t+\varphi_1), & 发“1”\\ A\cos(\omega_2 t+\varphi_2), & 发“0”\end{cases} \tag{5-29}$$

式中，φ_1 和 φ_2 表示初始相位，ω_1 和 ω_2 分别为码元"1"和码元"0"对应的角频率；A 为常数，表示载波幅度。

从原理上讲，数字调频可用模拟调频法来实现，也可用键控法来实现。模拟调频法是利用一个矩形脉冲序列对一个载波进行调频，如图 5-8(a)所示。2FSK 键控法利用受矩形脉冲序列控制的开关电路对两个不同的独立频率源进行选通，如图 5-8(b)所示。键控法的特点是转换速度快、波形好、稳定度高且易于实现，故应用广泛。2FSK 信号波形如图 5-8(c)所示。图中 $s(t)$ 为代表信息的二进制矩形脉冲序列，$s_{2FSK}(t)$ 是 2FSK 信号。

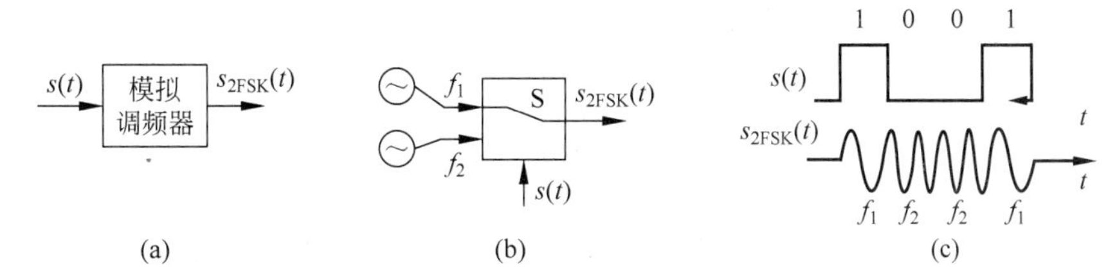

图 5-8 2FSK 信号产生方法及波形示例

根据图 5-8(b)所示的 2FSK 信号产生原理，已调信号的表达式还可以写为

$$s_{2FSK}(t)=s(t)\cos(\omega_1 t+\varphi_1)+\overline{s(t)}\cos(\omega_2 t+\varphi_2) \tag{5-30}$$

其中，$s(t)$ 为单极性 NRZ 矩形脉冲序列，表达式为

$$s(t)=\sum_n a_n g(t-nT_b) \tag{5-31}$$

$$a_n=\begin{cases}1, & 概率为\ P\\ 0, & 概率为(1-P)\end{cases} \tag{5-32}$$

式(5-32)中，$g(t)$ 是持续时间为 T_b、高度为 1 的门函数；$\overline{s(t)}$ 为对 $s(t)$ 逐码元取反而形成的脉冲序列，表达式为

$$\overline{s(t)}=\sum_n \bar{a}_n g(t-nT_b) \tag{5-33}$$

$\bar{a}_n$ 是 a_n 的反码，即若 $a_n=0$，则 $\bar{a}_n=1$；若 $a_n=1$，则 $\bar{a}_n=0$，于是

$$\bar{a}_n=\begin{cases}0, & 概率为\ P\\ 1, & 概率为(1-P)\end{cases} \tag{5-34}$$

φ_1 和 φ_2 分别是第 n 个信号码元的初始相位。一般说来，键控法得到的 φ_1 和 φ_2 与序号 n 无关，反映在 $s_{2FSK}(t)$ 上，仅表现出当 ω_1 与 ω_2 改变时其相位是否连续。

进一步分析式(5-30)可以看出，**一个 2FSK 信号可视为两路 2ASK 信号的合成**，其中一路以 $s(t)$ 为基带信号、ω_1 为载频，另一路以 $\overline{s(t)}$ 为基带信号、ω_2 为载频。图 5-9 所示是用键控法实现 2FSK 信号的电路框图，两个独立的载波发生器的输出受控于输入的二进制信号，按"1"或"0"分别选择一个载波作为输出。

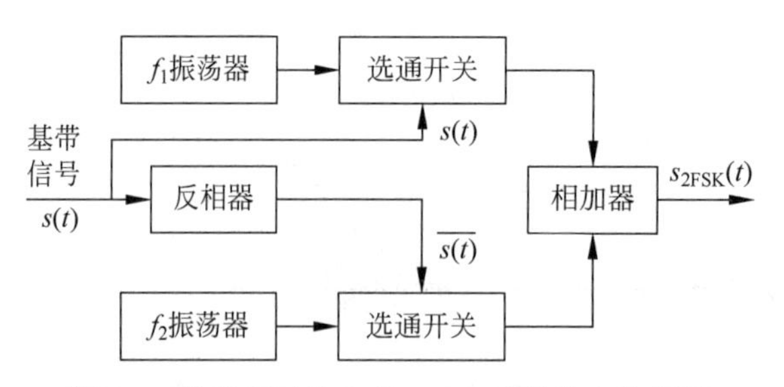

图 5-9 数字键控法实现 2FSK 信号的电路框图

5.2.2 信号的解调

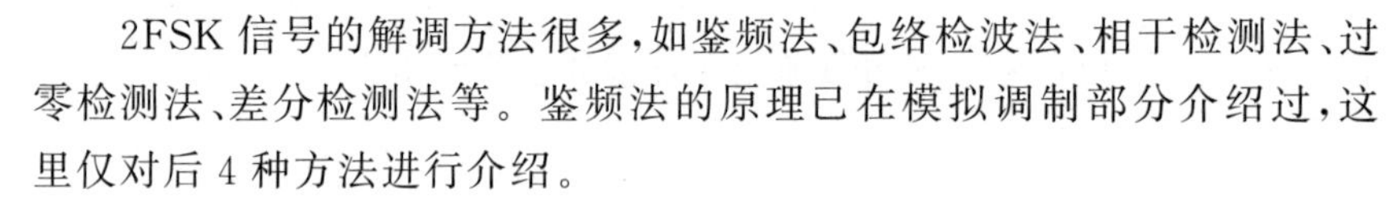

2FSK 信号的解调方法很多，如鉴频法、包络检波法、相干检测法、过零检测法、差分检测法等。鉴频法的原理已在模拟调制部分介绍过，这里仅对后 4 种方法进行介绍。

1. 包络检波法

2FSK 信号的包络检波法解调原理框图如图 5-10 所示，它可视为由两路 2ASK 解调电路组成。

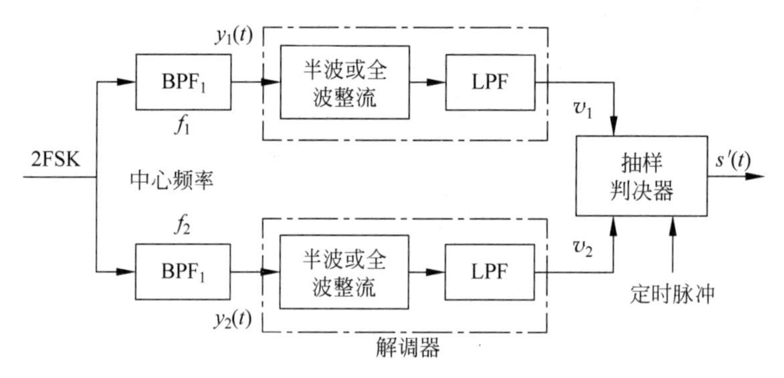

图 5-10 2FSK 信号包络检波框图

图 5-10 中，带通滤波器 BPF_1 和 BPF_2 的带宽相同，皆为相应的 2ASK 信号带宽($2f_b$)，但它们的中心频率不同，分别为 f_1 和 f_2，因此，可以中心频率分开上、下支路的 ASK 信号。其中上支路对应 $y_1(t)=s(t)\cos(\omega_1 t+\varphi_1)$，下支路对应 $y_2(t)=\overline{s(t)}\cos(\omega_2 t+\varphi_2)$，经包络检波后分别取出它们的包络。抽样判决器起到比较器的作用，把两路包络信号同时送到抽样判决器进行比较，从而判决输出基带数字信号。若上、下支路的抽样值分别用 v_1、v_2 表示，则抽样判决器的判决准则为

$$\begin{cases} v_1 > v_2, & \text{判为“1”} \\ v_1 < v_2, & \text{判为“0”} \end{cases} \tag{5-35}$$

2. 相干检测法

相干检测法有时也称为同步检测法，其原理框图如图 5-11 所示。图中两个带通滤波器(BPF_1 和 BPF_2)的作用与图 5-10 相同。它们的输出分别与相应的同步相干载波相乘，再分别经低通滤波器滤掉 2 倍频信号，取出含基带数字信息的低频信号，抽样判决器在抽样脉冲

到来时对两个低频信号的抽样值 v_1、v_2 进行比较判决(判决规则同于包络检波法)，进而即可还原出基带数字信号。

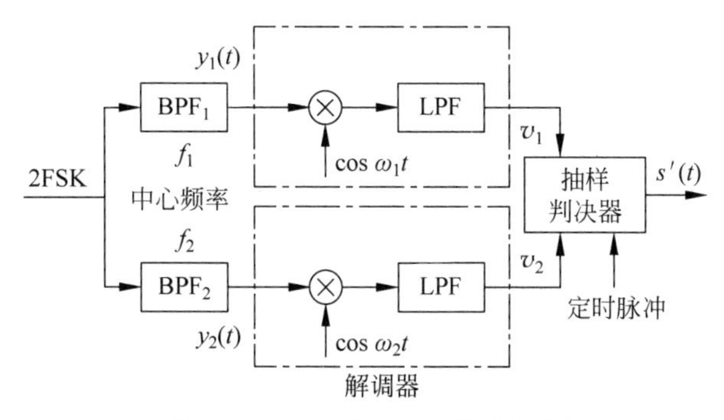

图 5-11　2FSK 信号相干检测框图

3. 过零检测法

单位时间内信号经过零点的次数多少，可以用来衡量信号频率的高低。2FSK 信号的过零点数与载频有关，故检出过零点数，就可以得到相关频率的差异，这就是过零检测法的基本思想。过零检测法框图及各点波形如图 5-12 所示。

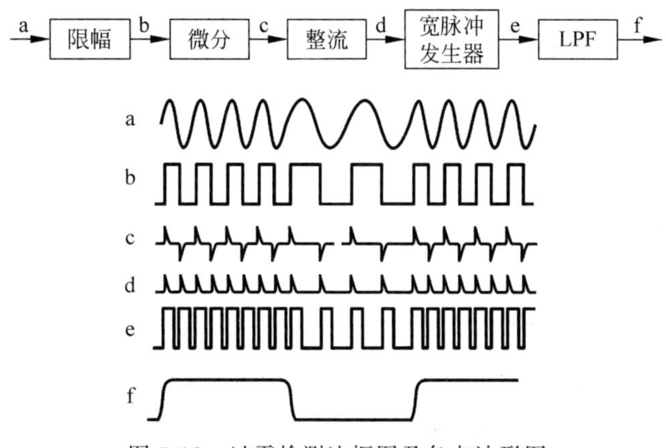

图 5-12　过零检测法框图及各点波形图

从图 5-12 可以看到，2FSK 输入信号经放大限幅后产生矩形脉冲序列，通过微分及全波整流形成与频率变化相应的尖脉冲序列，这个序列就代表着调频波的过零点。尖脉冲触发宽脉冲发生器(例如单稳态电路等)，变换成具有一定宽度的矩形波，该矩形波的直流分量便代表着信号的频率，脉冲越密，直流分量越大，反映输入信号的频率越高。经低通滤波器就可得到脉冲波的直流分量，这样就完成了频率到幅度的变换，进而再根据直流分量幅度上的区别还原出数字信号“1”和“0”。

4. 差分检测法

差分检测 2FSK 信号的原理框图如图 5-13 所示。输入信号经带通滤波器滤除带外无用信号后被分成两路，一路直接送乘法器，另一路经时延 τ 后送乘法器，相乘后再经低通滤波器去除高频成分，即可提取基带信号。

根据图 5-13 所示，差分检测法的解调原理如下所述。

将 2FSK 信号表示为 $A\cos(\omega_c+\Delta\omega)t$，角频偏 $\Delta\omega$ 包含数字基带信息，则

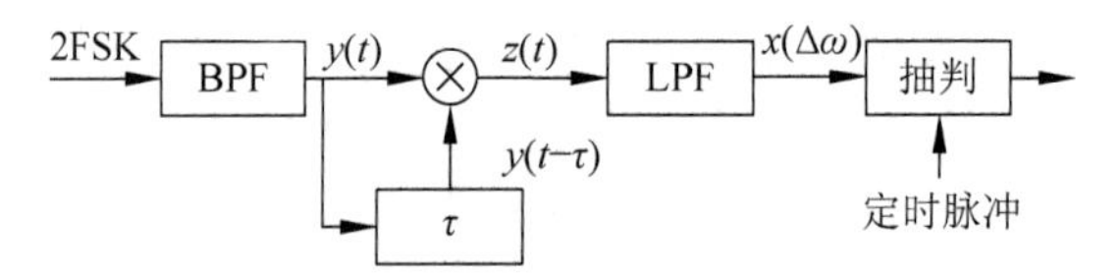

图 5-13　差分检测法框图

$$\begin{cases} y(t)=A\cos(\omega_c+\Delta\omega)t \\ y(t-\tau)=A\cos(\omega_c+\Delta\omega)(t-\tau) \end{cases}$$

乘法器输出为

$$\begin{aligned} z(t)&=y(t)\cdot y(t-\tau) \\ &=A\cos(\omega_c+\Delta\omega)t\cdot A\cos(\omega_c+\Delta\omega)(t-\tau) \\ &=\frac{A^2}{2}\cos(\omega_c+\Delta\omega)\tau+\frac{A^2}{2}\cos[2(\omega_c+\Delta\omega)t-(\omega_c+\Delta\omega)\tau] \end{aligned}$$

经低通滤波器去除高频分量，输出为

$$x(t)=\frac{A^2}{2}\cos(\omega_c+\Delta\omega)\tau=\frac{A^2}{2}\cos(\omega_c\tau+\Delta\omega\tau) \tag{5-36}$$

可见，$x(t)$与 t 无关，且是角频偏 $\Delta\omega$ 的函数。若取 $\omega_c\tau=\pi/2$，则

$$x(t)=-\frac{A^2}{2}\sin\Delta\omega\tau \tag{5-37}$$

通常 $\omega_c\gg\Delta\omega$，因此，$\omega_c\tau=\frac{\pi}{2}\gg|\Delta\omega\tau|$，即$|\Delta\omega\tau|\ll 1$，则

$$x(t)\approx-\frac{A^2}{2}\Delta\omega\tau \tag{5-38}$$

式(5-38)表明，根据 $\Delta\omega$ 的极性不同，$x(t)$有不同的极性，由此可以判决出基带信号。当 $\Delta\omega>0$ 时，$x(t)<0$，则判断输出为“0”；当 $\Delta\omega\leqslant 0$ 时，$x(t)\geqslant 0$，则判断输出为“1”。当然也可以取 $\omega_c\tau=3\pi/2$，此时需要改变判决规则。

差分检波法是基于输入信号与其延迟 τ 的信号相干处理，由于信道上的失真将同时影响这两路信号，因此，相干处理能够消除这种失真，保证了最终鉴频结果正准。实践表明，当延迟失真较小时，这种方法的检测性能不如普通鉴频法；但当信道有较严重的延迟失真时，其检测性能优于其他解调方法。

5.2.3　信号的功率谱及带宽

从式(5-30)可以看到，一个 2FSK 信号可视为两个 2ASK 信号的合成，因此，2FSK 信号的功率谱亦为两个 2ASK 功率谱之和。根据 2ASK 信号功率谱的表示式，并考虑到式(5-31)～式(5-34)关于 $s(t)$、$\overline{s(t)}$的描述，可以得到这种 2FSK 信号功率谱的表示式为

$$P_e(f)=\frac{1}{4}[P_s(f+f_1)+P_s(f-f_1)]+\frac{1}{4}[P_s(f+f_2)+P_s(f-f_2)] \tag{5-39}$$

其中，$P_s(f)$为基带信号 $s(t)$的功率谱。当 $s(t)$是单极性 NRZ 波形，且“0”和“1”等概率出现时，引用 4.1 节的计算结果，则有

$$P_s(f)=\frac{1}{4}T_b\mathrm{Sa}^2(\pi fT_b)+\frac{1}{4}\delta(f) \tag{5-40}$$

代入式(5-39),可得 2FSK 信号的功率谱为

$$P_e(f)=\frac{T_b}{16}\{Sa^2[\pi(f+f_1)T_b]+Sa^2[\pi(f-f_1)T_b]+Sa^2[\pi(f+f_2)T_b]+Sa^2[\pi(f-f_2)T_b]\}+\frac{1}{16}[\delta(f+f_1)+\delta(f-f_1)+\delta(f+f_2)+\delta(f-f_2)] \tag{5-41}$$

其功率谱曲线如图 5-14 所示。

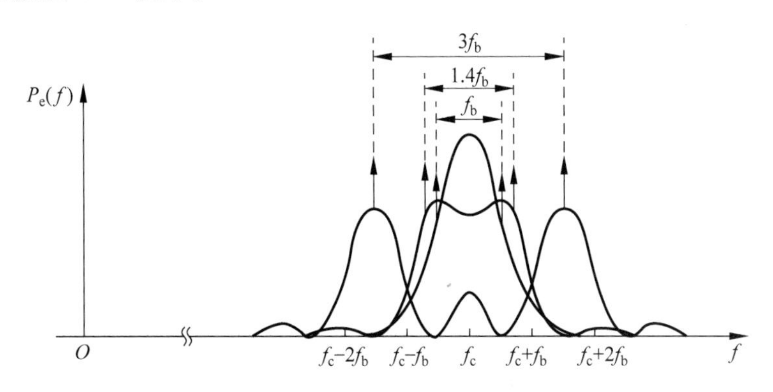

图 5-14　2FSK 信号的功率谱示意图

(1) 2FSK 信号的功率谱由离散谱和连续谱两部分组成。其中,连续谱由两个双边谱叠加而成,离散谱出现在两个载频位置上,这表明 2FSK 信号中含有载波 f_1、f_2 的分量。

(2) 连续谱的形状随 $|f_2-f_1|$ 的大小而变化,将出现双峰、马鞍和单峰等形状。

(3) 2FSK 信号的频带宽度为

$$\begin{aligned}B_{2FSK}&=|f_2-f_1|+2f_b\\&=2(f_D+f_b)=(D+2)f_b\end{aligned} \tag{5-42}$$

式中,$f_b=1/T_b$ 是基带信号的带宽;$f_D=|f_1-f_2|/2$ 为频偏;$D=|f_2-f_1|/f_b$ 为偏移率(或频移指数)。

(4) 因为系统的传码率 $R_B=1/T_b$(Baud),故 2FSK 系统的频带利用率为

$$\eta=\frac{R_B}{|f_1-f_2|+2f_b}(\text{Baud/Hz}) \tag{5-43}$$

综上可见,当码元速率 R_B 一定时,2FSK 信号的带宽比 2ASK 信号的带宽要宽 $2f_D$。通常为了便于接收端检测,又使带宽不致过宽,选取 $f_D=f_b$,此时 $B_{2FSK}=4f_b$,2FSK 信号带宽是 2ASK 的 2 倍,相应地,系统频带利用率只有 2ASK 系统的 1/2。

5.2.4　系统的抗噪声性能

虽然 2FSK 信号有多种解调方式,这里仅就相干检测法和包络检波法两种情况进行分析。

1. 相干检测法

考虑信道和加性噪声的影响,按照图 5-11 所示的 2FSK 信号相干检测框图,可以得到 2FSK 信号相干检测法性能分析模型,如图 5-15 所示。

对于图 5-15 所示的模型,假设系统中信号、噪声和相关滤波器满足如下条件。

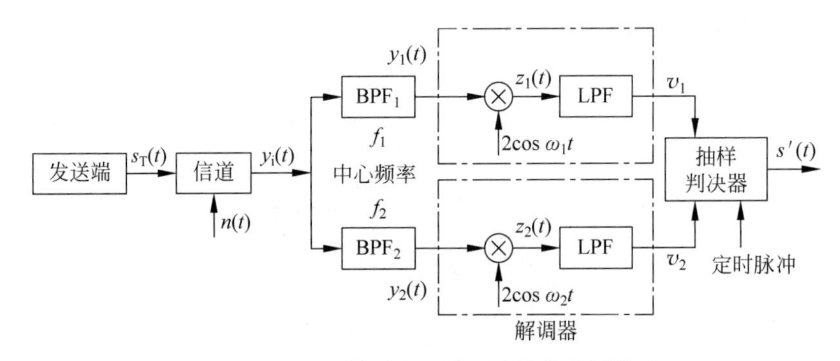

图 5-15　2FSK 信号相干检测法性能分析模型

（1）在一个码元持续时间$(0,T_b)$内，发送端产生的 2FSK 信号可表示为

$$s_T(t)=s_{2FSK}(t)=\begin{cases}A\cos\omega_1 t, & 发“1”\\ A\cos\omega_2 t, & 发“0”\end{cases} \tag{5-44}$$

（2）信道特性为恒参信道，信道噪声 $n(t)$为加性高斯白噪声，其双边功率谱密度为$\frac{n_0}{2}$。

（3）BPF_1 传递函数是幅度为 1、宽度为 $2f_b$、中心频率为 f_1 的矩形，它恰好让频率为 f_1 对应的上支路的 2ASK 信号无失真地通过，并抑制带外噪声进入。

（4）BPF_2 传递函数是幅度为 1、宽度为 $2f_b$、中心频率为 f_2 的矩形，它恰好让频率为 f_2 对应的上支路的 2ASK 信号无失真地通过，并抑制带外噪声进入。

（5）LPF 传递函数是幅度为 1、宽度为 f_b 的矩形，它让基带信号主瓣的能量通过。

（6）抽样、判决的同步时钟准确。

基于上述假设条件，同时仅考虑到达接收端的信号只有幅度衰减，幅度由 A 变为 a，则接收机输入端合成波形为

$$y_i(t)=\begin{cases}a\cos\omega_1 t+n(t), & 发“1”\\ a\cos\omega_2 t+n(t), & 发“0”\end{cases} \tag{5-45}$$

接收端上支路带通滤波器 BPF1 的输出波形为

$$y_1(t)=\begin{cases}a\cos\omega_1 t+n_1(t), & 发“1”\\ n_1(t), & 发“0”\end{cases} \tag{5-46}$$

下支路带通滤波器 BPF_2 的输出波形为

$$y_2(t)=\begin{cases}a\cos\omega_2 t+n_2(t), & 发“0”\\ n_2(t), & 发“1”\end{cases} \tag{5-47}$$

其中，$n_1(t)$、$n_2(t)$为对应于带通滤波器 BPF_1 和 BPF_2 的窄带高斯噪声，可分别表示为

$$\begin{cases}n_1(t)=n_{1c}(t)\cos\omega_1 t-n_{1s}(t)\sin\omega_1 t\\ n_2(t)=n_{2c}(t)\cos\omega_2 t-n_{2s}(t)\sin\omega_2 t\end{cases} \tag{5-48}$$

式中，$n_{1c}(t)$、$n_{1s}(t)$分别为 $n_1(t)$的同相分量和正交分量；$n_{2c}(t)$、$n_{2s}(t)$分别为 $n_2(t)$的同相分量和正交分量。

将式(5-48)分别代入式(5-46)和式(5-47)，则有

$$y_1(t)=\begin{cases}[a+n_{1c}(t)]\cos\omega_1 t-n_{1s}(t)\sin\omega_1 t, & 发“1”\\ n_{1c}(t)\cos\omega_1 t-n_{1s}(t)\sin\omega_1 t, & 发“0”\end{cases} \tag{5-49}$$

$$y_2(t)=\begin{cases}n_{2c}(t)\cos\omega_2 t-n_{2s}(t)\sin\omega_2 t, & 发“1”\\ [a+n_{2c}(t)]\cos\omega_2 t-n_{2s}(t)\sin\omega_2 t, & 发“0”\end{cases} \tag{5-50}$$

假设在$(0,T_b)$内发送“1”符号，则上、下支路带通滤波器的输出波形分别为

$$y_1(t)=[a+n_{1c}(t)]\cos\omega_1 t-n_{1s}(t)\sin\omega_1 t$$

$$y_2(t)=n_{2c}(t)\cos\omega_2 t-n_{2s}(t)\sin\omega_2 t$$

与各自的相干载波相乘后，得

$$\begin{aligned}z_1(t)&=2y_1(t)\cos\omega_1 t\\&=[a+n_{1c}(t)]+[a+n_{1c}(t)]\cos2\omega_1 t-n_{1s}(t)\sin2\omega_1 t\end{aligned} \tag{5-51}$$

$$\begin{aligned}z_2(t)&=2y_2(t)\cos\omega_2 t\\&=n_{2c}(t)+n_{2c}(t)\cos2\omega_2 t-n_{2s}(t)\sin2\omega_2 t\end{aligned} \tag{5-52}$$

分别通过上、下支路低通滤波器，输出为

$$v_1(t)=a+n_{1c}(t) \tag{5-53}$$

$$v_2(t)=n_{2c}(t) \tag{5-54}$$

因为$n_{1c}(t)$和$n_{2c}(t)$均为服从正态分布，故$v_1(t)$的抽样值$v_1=a+n_{1c}$是均值为a、方差为σ_n^2的高斯随机变量，$v_2(t)$的抽样值$v_2=n_{2c}$是均值为0、方差为σ_n^2的高斯随机变量。当出现$v_1<v_2$时，将导致发送“1”码错判为“0”码，错误概率为

$$P(0/1)=P(v_1<v_2)=P(v_1-v_2<0)=P(z<0) \tag{5-55}$$

式中，$z=v_1-v_2$。显然，z也是高斯随机变量，且均值为a，方差为σ_z^2(可以证明，$\sigma_z^2=2\sigma_n^2$)，其一维概率密度函数可表示为

$$f(z)=\frac{1}{\sqrt{2\pi}\sigma_z}\exp\left\{-\frac{(z-a)^2}{2\sigma_z^2}\right\} \tag{5-56}$$

$f(z)$的曲线如图5-16所示。

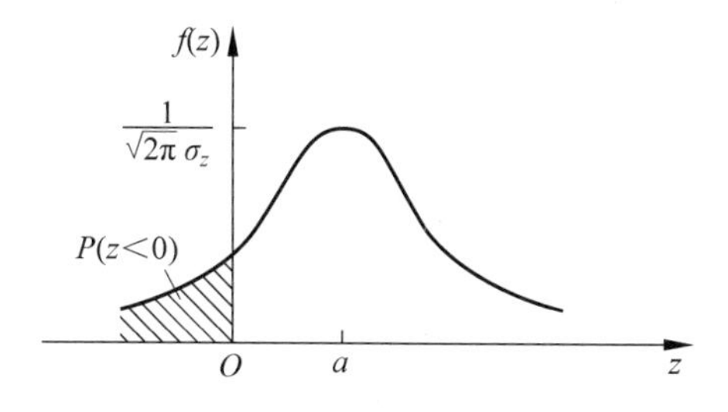

图5-16 z的一维概率分布函数

$P(z<0)$即为图中阴影部分的面积。于是

$$P(0/1)=P(z<0)=\int_{-\infty}^{0}f(z)\mathrm{d}z=\frac{1}{\sqrt{2\pi}\sigma_z}\int_{-\infty}^{0}\exp\left\{-\frac{(z-a)^2}{2\sigma_z^2}\right\}\mathrm{d}z$$

$$=\frac{1}{2\sqrt{\pi}\sigma_n}\int_{-\infty}^{0}\exp\left\{-\frac{(z-a)^2}{4\sigma_n^2}\right\}\mathrm{d}z=\frac{1}{2}\mathrm{erfc}\sqrt{\frac{r}{2}}$$

式中，$r=\dfrac{a^2}{2\sigma_n^2}$为图 5-15 中上下支路滤波器 BPF_1 和 BPF_2 各自输出端的信噪比。

同理可得，发送"0"符号而错判为"1"符号的概率为

$$P(1/0)=P(v_1>v_2)=\frac{1}{2}\text{erfc}\sqrt{\frac{r}{2}}$$

于是可得 2FSK 信号采用相干检测法解调时系统的误码率为

$$\begin{aligned}P_e&=P(1)P(0/1)+P(0)P(1/0)=\frac{1}{2}\text{erfc}\sqrt{\frac{r}{2}}[P(1)+P(0)]\\&=\frac{1}{2}\text{erfc}(\sqrt{r/2})\end{aligned}\tag{5-57}$$

在大信噪比条件下，即 $r\gg1$ 时，式(5-57)可近似表示为

$$P_e\approx\frac{1}{\sqrt{2\pi r}}e^{-r/2}\tag{5-58}$$

2. 包络检波法

2FSK 信号包络检波解调模型与图 5-15 所示的 2FSK 信号相干检测法性能分析模型类似，不同之处仅在解调器部分，具体情况见图 5-17 所示。

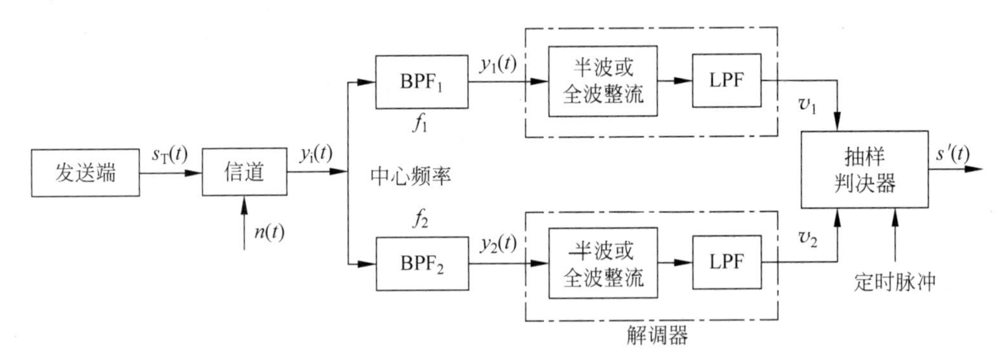

图 5-17　2FSK 信号包络检波法性能分析模型

由于系统中信号、噪声和相关滤波器的假设条件与同步检测法解调完全相同，借鉴式(5-49)和式(5-50)，包络检测法接收端上、下支路两个带通滤波器的输出波形 $y_1(t)$ 和 $y_2(t)$ 在 $(0,T_b)$ 期间发送"1"时可以分别表示为

$$\begin{aligned}y_1(t)&=[a+n_{1c}(t)]\cos\omega_1 t-n_{1s}(t)\sin\omega_1 t\\&=\sqrt{[a+n_{1c}(t)]^2+n_{1s}^2(t)}\cos[\omega_1 t+\varphi_1(t)]\\&=v_1(t)\cos[\omega_1 t+\varphi_1(t)]\end{aligned}\tag{5-59}$$

$$\begin{aligned}y_2(t)&=n_{2c}(t)\cos\omega_2 t-n_{2s}(t)\sin\omega_2 t\\&=\sqrt{n_{2c}^2(t)+n_{2s}^2(t)}\cos[\omega_2 t+\varphi_2(t)]\\&=v_2(t)\cos[\omega_2 t+\varphi_2(t)]\end{aligned}\tag{5-60}$$

由于 $y_1(t)$ 实际上是正弦波加窄带噪声的形式，故其包络 $v_1(t)$ 抽样值的一维概率密度函数呈莱斯分布；$y_2(t)$ 为窄带噪声，故其包络 $v_2(t)$ 抽样值的一维概率密度函数呈瑞利分布。显然，当 $v_1<v_2$ 时，会发生将"1"码判决为"0"码的错误，该错误的概率 $P(0/1)$ 就是发"1"时 $v_1<v_2$ 的概率，经过计算，得

$$P(0/1)=P(v_1<v_2)=\frac{1}{2}\mathrm{e}^{-\frac{r}{2}} \tag{5-61}$$

式中，$r=\frac{a^2}{2\sigma_n^2}$为图 5-17 所示结构中分路 BPF 输出端的信噪比。

同理可得，发送“0”符号而错判为“1”符号的概率 $P(1/0)$为发“0”时 $v_1>v_2$ 的概率，经过计算，得

$$P(1/0)=P(v_1>v_2)=\frac{1}{2}\mathrm{e}^{-\frac{r}{2}} \tag{5-62}$$

于是可得 2FSK 信号采用包络检波法解调时系统的误码率为

$$P_{\mathrm{e}}=P(1)P(0/1)+P(1)P(1/0)=\frac{1}{2}\mathrm{e}^{-\frac{r}{2}}[P(1)+P(0)]=\frac{1}{2}\mathrm{e}^{-\frac{r}{2}} \tag{5-63}$$

由(5-63)式可见，包络解调时 2FSK 系统的误码率将随输入信噪比的增加而呈指数规律下降。将相干解调与包络检波解调的系统误码率做以比较可以发现，在输入信号信噪比 r 一定时，相干解调的误码率小于包络检波解调的误码率；当系统的误码率一定时，相干解调比包络检波解调对输入信号的信噪比要求低。所以相干解调 2FSK 系统的抗噪声性能优于非相干的包络检测。但是，当输入信号的信噪比 r 很大时，两者的相对差别不很明显。

相干解调时，需要插入两个与发送端载波同频同相的本地载波(相干载波)，对系统要求较高。包络检测无须本地载波。一般而言，大信噪比时常用包络检测法，小信噪比时才用相干解调法，这与 2ASK 信号的情况相同。

例 5.3　采用二进制频移键控方式在有效带宽为 1800Hz 的传输信道上传送二进制数字信息。已知 2FSK 信号的两个载频 $f_1=1800\mathrm{Hz}$、$f_2=2500\mathrm{Hz}$，码元速率 $R_{\mathrm{B}}=300\mathrm{Baud}$，传输信道输出信噪比 $r_c=6\mathrm{dB}$。

(1) 试求 2FSK 信号的带宽。

(2) 试求同步检测法解调时系统的误码率。

(3) 试求包络检波法解调时系统的误码率。

解 (1) 根据式(5-42)，可得该 2FSK 信号的带宽为

$$B_{2\mathrm{FSK}}\approx|f_2-f_1|+2f_{\mathrm{b}}=|f_2-f_1|+2R_{\mathrm{B}}=1300\mathrm{Hz}$$

(2) 由于 $R_{\mathrm{B}}=300\mathrm{B}$，故接收系统上、下支路带通滤波器 BPF_1 和 BPF_2 的带宽为

$$B=\frac{2}{T_{\mathrm{b}}}=2f_{\mathrm{b}}=600\mathrm{Hz}$$

又因为信道的有效带宽为 1800Hz，它是支路带通滤波器带宽的 3 倍，所以支路带通滤波器的输出信噪比 r 比输入信噪比 r_c 提高了 3 倍。又由于 $r_c=6\mathrm{dB}$(即 4 倍)，故带通滤波器输出信噪比应为

$$r=4\times3=12$$

根据式(5-57)，可得同步检测法解调时系统的误码率为

$$P_{\mathrm{e}}=\frac{1}{2}\mathrm{erfc}\sqrt{\frac{r}{2}}=\frac{1}{2}\mathrm{erfc}\sqrt{6}=2.66\times10^{-4}$$

(3) 同理，根据式(5-63)，可得包络检波法解调时系统的误码率为

$$P_{\mathrm{e}}=\frac{1}{2}\mathrm{e}^{-r/2}=\frac{1}{2}\mathrm{e}^{-6}=1.24\times10^{-3}$$

5.3 二进制数字相移键控

二进制数字相位调制也称二进制相移键控(2 Phase Shift Keying,2PSK)是利用载波相位的变化来传送数字信息的。根据载波相位表示数字信息的方式不同,数字调相又可以进一步分为绝对相移键控(PSK)和相对相移键控(DPSK)两种。由于相移键控在抗干扰性能与频带利用等方面具有明显的优势,因此,在中、高速数字传输系统中应用广泛。

5.3.1 基本原理

1. 二进制绝对相移键控(2PSK)

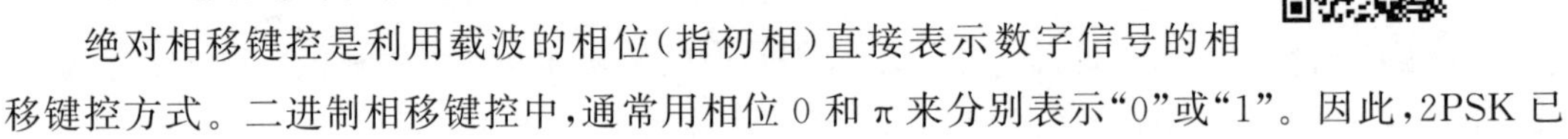

绝对相移键控是利用载波的相位(指初相)直接表示数字信号的相移键控方式。二进制相移键控中,通常用相位 0 和 π 来分别表示“0”或“1”。因此,2PSK 已调信号的时域表达式为

$$s_{2PSK}(t)=\begin{cases}A\cos(\omega_c t+\pi) & 发“1”\\ A\cos\omega_c t & 发“0”\end{cases} \tag{5-64}$$

或者

$$s_{2PSK}(t)=\begin{cases}-A\cos\omega_c t & 发“1”\\ A\cos\omega_c t & 发“0”\end{cases} \tag{5-65}$$

由式(5-65)可以看出,2PSK 已调信号的时域表达式可以进一步表示为

$$s_{2PSK}(t)=s(t)\cos\omega_c t \tag{5-66}$$

这里,$s(t)$与 2ASK 信号不同,为双极性数字基带信号,即

$$s(t)=\sum_n a_n g(t-nT_b) \tag{5-67}$$

式中,$g(t)$是高度为 1、宽度为 T_b 的门函数,且

$$a_n=\begin{cases}+1, & 概率为 P\\ -1, & 概率为(1-P)\end{cases} \tag{5-68}$$

因此,2PSK 信号的典型波形如图 5-18 所示。

2PSK 信号的调制框图如图 5-19 所示,其中图 5-19(a)所示是产生 2PSK 信号的模拟调制法框图;图 5-19(b)所示是产生 2PSK 信号的键控法框图。

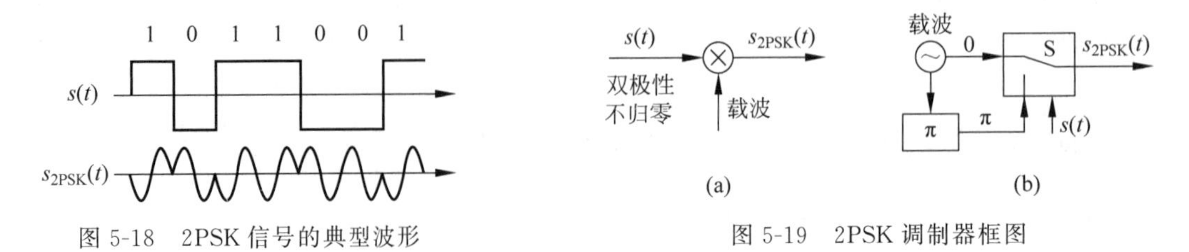

图 5-18 2PSK 信号的典型波形

图 5-19 2PSK 调制器框图

与产生 2ASK 信号的模拟调制法比较,它们只是对 $s(t)$要求不同,因此,**2PSK 信号可以看作是双极性基带信号作用下的调幅信号**。键控法用数字基带信号 $s(t)$控制开关电路,

选择不同相位的载波输出，这时 $s(t)$ 为单极性 NRZ 或双极性 NRZ 脉冲序列信号均可。

由于 2PSK 信号是用载波相位来表示数字信息，因此，只能采用相干解调的方法，框图如图 5-20 所示。

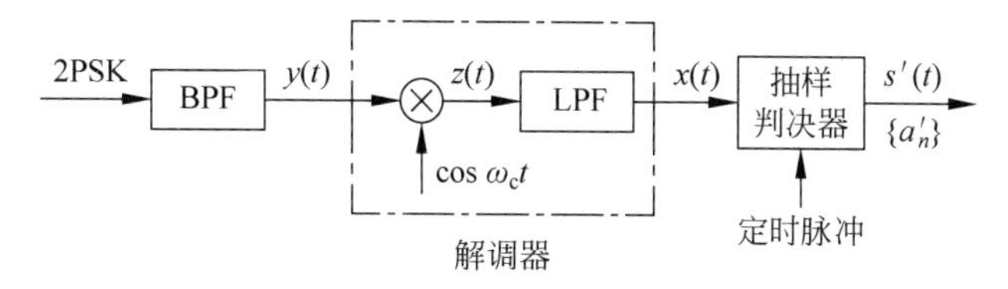

图 5-20 2PSK 信号接收系统框图

在不考虑噪声时，带通滤波器的输出可表示为

$$y(t)=\cos(\omega_c t+\varphi_n) \tag{5-69}$$

式中，φ_n 为 2PSK 信号某一码元的初相。$\varphi_n=0$ 时，代表传输数字"0"；$\varphi_n=\pi$ 时，代表传输数字"1"。式(5-69)与同步载波 $\cos\omega_c t$ 相乘后，输出为

$$z(t)=\cos(\omega_c t+\varphi_n)\cos\omega_c t=\frac{1}{2}\cos\varphi_n+\frac{1}{2}\cos(2\omega_c t+\varphi_n) \tag{5-70}$$

低通滤波器输出(即解调器输出)为

$$x(t)=\frac{1}{2}\cos\varphi_n=\begin{cases}1/2, & \varphi_n=0\text{ 时}\\ -1/2, & \varphi_n=\pi\text{ 时}\end{cases} \tag{5-71}$$

根据发送端产生 2PSK 信号时 φ_n(0 或 π)代表数字信息("0"或"1")的规定，以及接收端 $x(t)$ 与 φ_n 的关系特性，抽样判决器的判决准则为

$$\begin{cases}x\geqslant 0, & \text{判为“0”}\\ x<0, & \text{判为“1”}\end{cases} \tag{5-72}$$

其中 x 为 $x(t)$ 在抽样时刻的值。2PSK 接收系统各点信号波形如图 5-21(a)所示。

由于 2PSK 信号实际上是以一个固定初相的末调载波为参考，因此，解调时必须有与此同频同相的本地载波(同步载波)。如果本地载波的相位发生变化，如 0 相位变为 π 相位或 π 相位变为 0 相位，则恢复的数字信息就会发生"0"变"1"或"1"变"0"，从而造成错误的解调。这种因为**本地参考载波倒相，而在接收端发生错误恢复的现象称为"倒π"现象或"反向工作"现象**，如图 5-21(b)所示。绝对移相的主要缺点是容易产生相位模糊，造成反向工作。这也是它在实际中应用较少的主要原因。

2. 二进制相对相移键控(2DPSK)

由图 5-21 所示波形可以看出，2PSK 信号容易产生相位模糊现象，为此提出了二进制差分相移键控技术，这种技术也简称为二进制相对调相，记作 2DPSK。2DPSK 不是利用载波相位的绝对数值传送数字信息，而是用前后码元的相对载波相位值传送数字信息。所谓相对载波相位，是指本码元对应的载波相位与前一码元对应载波相位之差。

假设相对载波相位值用相位偏移 $\Delta\varphi$ 表示，并规定数字信息序列与 $\Delta\varphi$ 之间的关系为

$$\Delta\varphi=\begin{cases}0, & \text{数字信息“0”}\\ \pi, & \text{数字信息“1”}\end{cases} \tag{5-73}$$

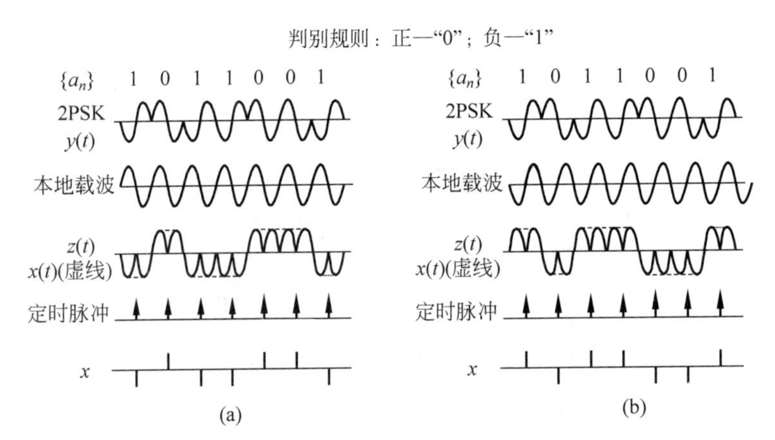

图 5-21　2PSK 信号解调各点波形

则 2DPSK 已调信号的时域表达式为

$$s_{2\mathrm{DPSK}}(t)=\cos(\omega_c t+\varphi+\Delta\varphi) \tag{5-74}$$

式中，φ 表示前一码元对应载波的相位。

以基带信号 111001101 为例，2DPSK 信号的相位对应关系如表 5-1 所示。

表 5-1　2DPSK 信号的相位对应关系示例

基带信号	1 1 1 0 0 1 1 0 1	1 1 1 0 0 1 1 0 1
$\Delta\varphi$	π π π 0 0 π π 0 π	π π π 0 0 π π 0 π
初始相位 φ	0	π
2DPSK 信号相位($\Delta\varphi+\varphi$)	π 0 π π π 0 π π 0	0π 0 0 0 π 0 0 π

为了便于说明概念，可以把每个码元用一个如图 5-22 所示的矢量图来表示。

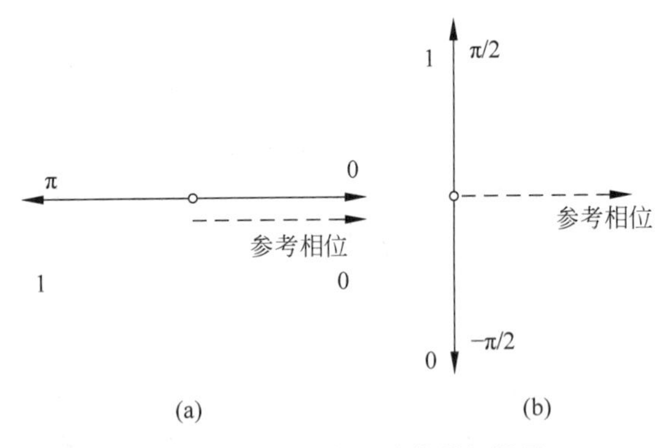

图 5-22　二相调制相移信号矢量图

如图 5-22 所示，虚线的矢量位置称为基准相位。在绝对相移键控(2PSK)中，它是未调制载波的相位；在相对相移键控(2DPSK)中，它是前一码元对应载波的相位。假设每个码元中包含整数个载波周期，那么两相邻码元载波的相位差既表示调制引起的相位变化，也是两码元交界点载波相位的瞬时跳变量。

根据 ITU-T 的建议，图 5-22(a)所示的相移方式称为 A 方式。在这种方式中，每个码元的载波相位相对于基准相位可取 0 或 π，因此，在相对相移时，若后一码元的载波相位相对于基准相位为0,则前后两码元载波的相位就是连续的；否则载波相位在两码元之间要发生突跳。图5-22(b)所示的相移方式称为B方式。在这种方式中,每个码元的载波相位相对于基准相位可取$\pm\pi/2$。因而,在相对相移时,相邻码元之间必然发生载波相位的跳变,这也为位同步的提取提供了可能。

图5-23所示为A方式下2DPSK信号的波形。这里仅给出了一种初始参考相位的情况,为便于比较,图中还给出了2PSK信号的波形。

单从图5-23所示的波形上看,2DPSK信号与2PSK信号是无法分辨的,比如2DPSK信号也可以是另一符号序列$\{b_n\}$经绝对相移而形成的,这说明,只有已知相移键控方式是绝对的还是相对的,才能正确判定原信息；同时,相对相移信号可以看作是把数字信息序列$\{a_n\}$(绝对码)变换成相对码$\{b_n\}$,再根据相对码进行绝对相移而形成的。这里的相对码实际上就是第4章中介绍的差分码,它是按相邻符号不变表示原数字信息"0"、相邻符号改变表示原数字信息"1"的规律由绝对码变换而来的。

在2DPSK系统中,发送端将绝对码$\{a_n\}$转换成相对码$\{b_n\}$的过程称为编码过程,如式(5-75)所示；在接收端将相对码$\{b_n\}$转换成绝对码$\{a_n\}$的过程称为译码过程,如式(5-76)所示。

$$b_n = a_n \oplus b_{n-1} \tag{5-75}$$

$$a_n = b_n \oplus b_{n-1} \tag{5-76}$$

这里,$\oplus$符号表示"模2加"或者"异或"运算,实现原理如图5-24所示。其中,图5-24(a)所示是把绝对码变成相对码的方法,称为差分编码器；图5-24(b)所示是把相对码变为绝对码的方法,称为差分译码器。

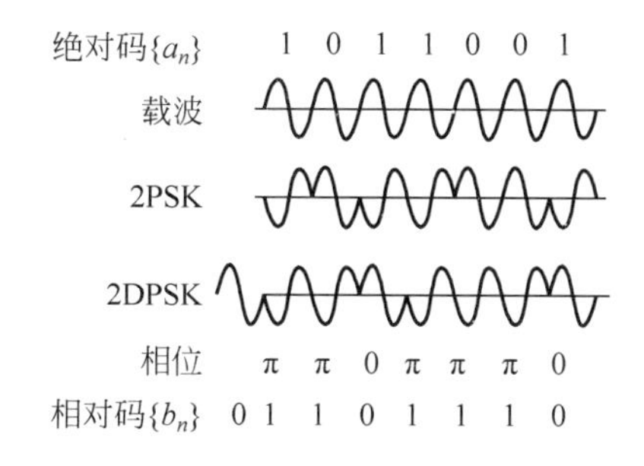

图5-23 2PSK和2DPSK信号的波形(A方式)

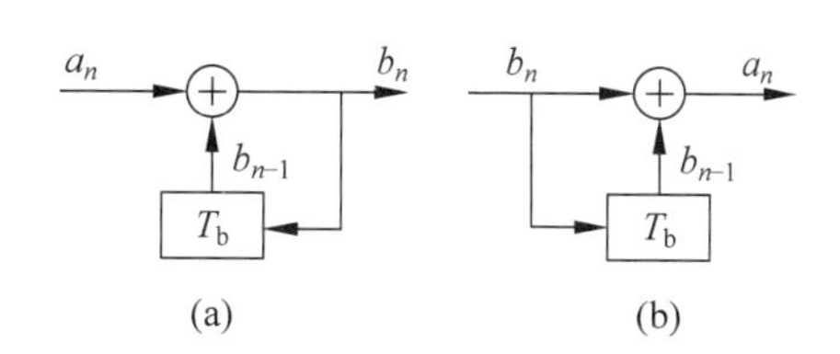

图5-24 绝对码与相对码的互相转换

由以上讨论可知,相对相移本质上就是对由绝对码转换而来的差分码的绝对相移。那么,2DPSK信号的表达式与2PSK的形式完全相同,所不同的只是此时式中的$s(t)$表示的是差分码数字序列,即

$$s_{2DPSK}(t) = s(t)\cos\omega_c t \tag{5-77}$$

这里

$$s(t) = \sum_n b_n g(t - nT_b) \tag{5-78}$$

b_n与a_n的关系由式(5-75)确定。

实现相对调相的最常用方法正是基于上述讨论而建立的,如图5-25所示,首先对数字信号进行差分编码,即由绝对码表示变为相对码(差分码)表示,然后再进行2PSK调制。2PSK调制器可用前述的模拟调制法,也可用键控法。

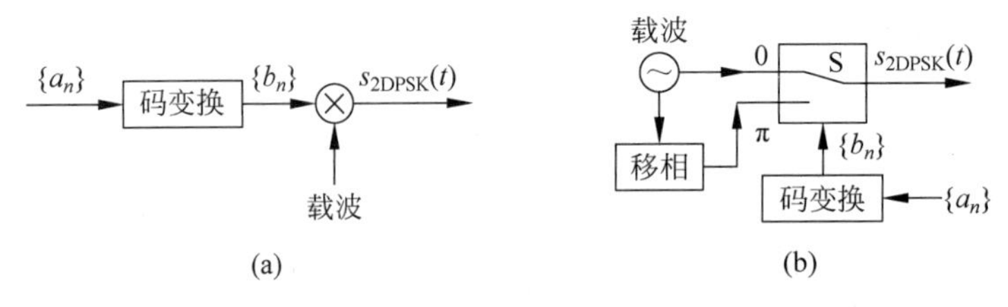

图 5-25　2DPSK 调制器框图

3. 2DPSK 信号的解调

2DPSK 信号的解调有两种方式,一种是相干解调码变换法,又称为极性比较码变换法;另一种是差分相干解调。

(1) 相干解调码变换法。

这种方法就是采用 2PSK 解调加差分译码的结构,其框图如图 5-26 所示。2PSK 解调器将输入的 2DPSK 信号还原成相对码$\{b_n\}$,再由差分译码器(码反变换器)把相对码转换成绝对码,输出$\{a_n\}$。

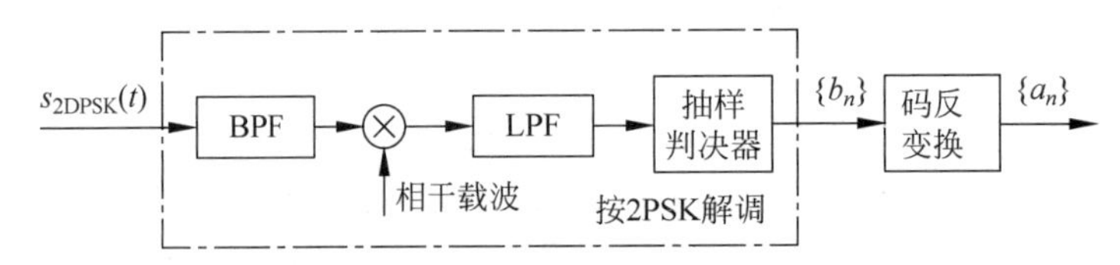

图 5-26　相干解调码变换法解调 2DPSK 信号框图

例 5.4　请证明图 5-26 所示框图中,当 2PSK 解调出现"反向工作"现象时,经码反变换器处理后仍然能够恢复出$\{a_n\}$。

解:当 2PSK 解调出现"反向工作"现象时,抽样判决器输出的序列将变为$\{\bar{b}_n\}$,码反变换器结构如图 5-24(b)所示,则有

$$\begin{aligned}\bar{b}_n \oplus \bar{b}_{n-1} &= b_n \oplus 1 \oplus b_{n-1} \oplus 1 = b_n \oplus b_{n-1} \oplus 1 \oplus 1 \\ &= b_n \oplus b_{n-1} = a_n\end{aligned}$$

其中,$\bar{b}_n = b_n \oplus 1$,$\bar{b}_{n-1} = b_{n-1} \oplus 1$,$1 \oplus 1 = 0$,$b_n \oplus b_{n-1} \oplus 0 = b_n \oplus b_{n-1}$。

证毕。

(2) 差分相干解调法。

它是直接比较前后码元的相位差而构成的,故也称为相位比较法解调,其原理框图如图 5-27(a)所示,解调过程的各点波形如图 5-27(b)所示。

若不考虑噪声,设接收到的 2DPSK 信号为 $a\cos(\omega_c t + \varphi_n)$,其中 φ_n 表示第 n 个码元的初相位,则有

$$y_1(t) = a\cos(\omega_c t + \varphi_n)$$

$$y_2(t) = a\cos[\omega_c(t - T_b) + \varphi_{n-1}]$$

式中,φ_{n-1} 表示前一码元对应载波的相位,T_b 为码元周期,则乘法器输出为

$$\begin{aligned}z(t) &= y_1(t) \cdot y_2(t) \\ &= a\cos(\omega_c t + \varphi_n) \cdot a\cos[\omega_c(t - T_b) + \varphi_{n-1}] \\ &= \frac{a^2}{2}[\cos(2\omega_c t - \omega_c T_b + \varphi_n + \varphi_{n-1}) + \cos(\omega_c T_b + \varphi_n - \varphi_{n-1})]\end{aligned}$$

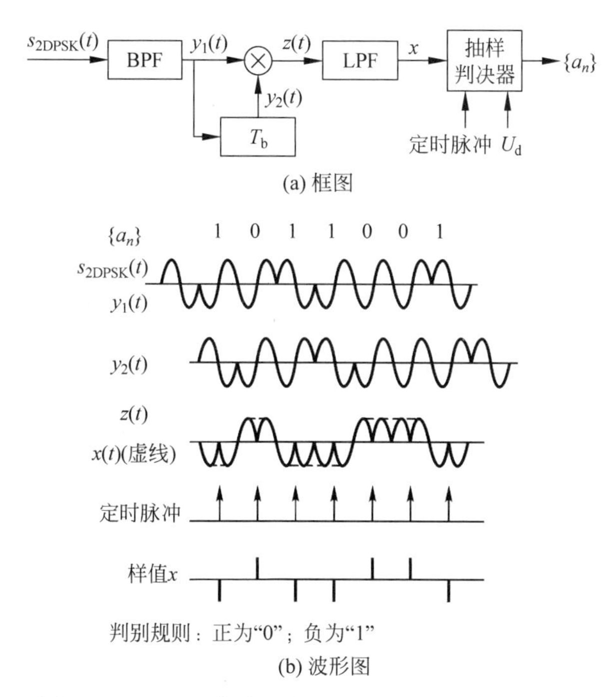

图 5-27 2DPSK 信号差分相干法解调框图及各点波形

经 LPF 滤除高频分量，可得

$$x=\frac{a^2}{2}\cos(\omega_c T_b+\varphi_n-\varphi_{n-1})=\frac{a^2}{2}\cos(\omega_c T_b+\Delta\varphi)$$

式中，$\Delta\varphi=(\varphi_n-\varphi_{n-1})$，为前后相邻码元的相对相位。

通常码元周期是载波周期的整数倍，即 $k=T_b/T_c$，其中 k 为整数，则

$$\omega_c T_b=\frac{2\pi}{T_c}T_b=2k\pi$$

此时，有

$$x=\frac{a^2}{2}\cos\Delta\varphi=\begin{cases}a^2/2, & 当\ \Delta\varphi=0\ 时\\ -a^2/2, & 当\ \Delta\varphi=\pi\ 时\end{cases}$$

这样，差分相干解调法就将 $\Delta\varphi=(\varphi_n-\varphi_{n-1})$ 与基带信号建立了联系。根据发送端编码确定的 $\Delta\varphi$ 与数字信息的关系，就可以对 $x(t)$ 进行抽样判决，即抽样值 $x>0$，判为“0”码；抽样值 $x\leqslant 0$，判为“1”码。

差分相干解调法不需要码变换器，也不需要专门的本地载波发生器，因此，设备比较简单、实用，图 5-27 所示结构中 T_b 延时电路的输出起着参考载波的作用，乘法器起着相位比较(鉴相)的作用。

5.3.2 信号的功率谱及带宽

比较式(5-66)和式(5-1)可知，它们在形式上是完全相同的，所不同的只是 a_n 的取值，因此，求 2PSK 信号的功率谱密度时，也可采用与求 2ASK 信号功率谱密度相同的方法。

2PSK 信号的功率谱密度 $P_e(f)$ 可以写成

$$P_e(f)=\frac{1}{4}[P_s(f+f_c)+P_s(f-f_c)] \tag{5-79}$$

其中基带数字信号 $s(t)$ 的功率谱密度 $P_s(f)$ 可按照 4.1 节中介绍的方法直接推出。对于双极性 NRZ 码，引用 4.1 节的结果，则有

$$P_s(f)=T_b\mathrm{Sa}^2(\pi f T_b) \tag{5-80}$$

需要注意的是，该式是在双极性基带信号“0”和“1”等概率出现的条件下获得的。但是一般情况下，当不等概率时，$P_s(f)$ 中将含有直流分量。

将上式代入式(5-79)，得

$$P_e(f)=\frac{T_b}{4}\{\mathrm{Sa}^2[\pi(f+f_c)T_b]+\mathrm{Sa}^2[\pi(f-f_c)T_b]\} \tag{5-81}$$

2PSK 信号功率谱示意图如图 5-28 所示。

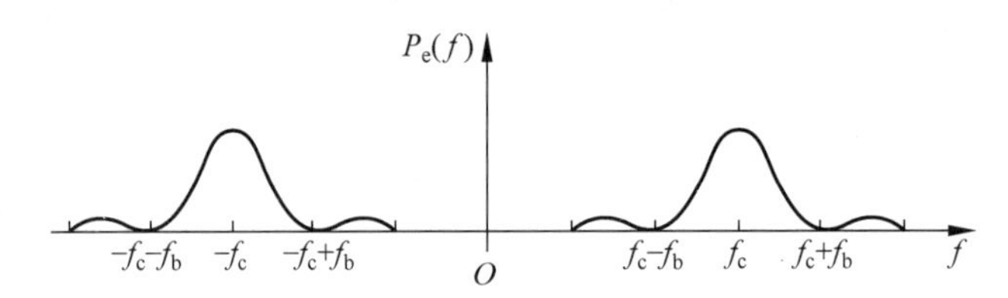

图 5-28　2PSK 信号的功率谱

由前述讨论可知，无论是 2PSK 还是 2DPSK 信号，就波形本身而言，它们都可以等效成双极性基带信号作用下的调幅信号，因此 2DPSK 和 2PSK 信号具有相同形式的表达式；所不同的是数字基带信号表示的码序不同，2DPSK 信号表达式是数字基带信号变换而来的差分码。因此，由图 5-28 可以得到以下结论。

(1) 当双极性基带信号以等概率出现时，2PSK 和 2DPSK 信号的功率谱仅由连续谱组成。

(2) 2PSK 和 2DPSK 的连续谱部分与 2ASK 信号的连续谱基本相同，因此 2PSK 和 2DPSK 的带宽、频带利用率也与 2ASK 信号相同

$$B_{2\mathrm{DPSK}}=B_{2\mathrm{PSK}}=B_{2\mathrm{ASK}}=\frac{2}{T_b}=2f_b \tag{5-82}$$

$$\eta_{2\mathrm{DPSK}}=\eta_{2\mathrm{PSK}}=\eta_{2\mathrm{ASK}}=\frac{1}{2}\mathrm{Baud/Hz} \tag{5-83}$$

上述分析表明，在数字调制中，2PSK 和 2DPSK 的频谱特性与 2ASK 十分相似。

相位调制和频率调制一样，本质上是一种非线性调制，但在数字调相中，由于表征信息的相位变化为有限的离散值，因此可以把它归结为幅度变化。这样一来，数字调相同线性调制的数字调幅就联系起来了，可以把数字调相信号当作线性调制信号来处理。

5.3.3　系统的抗噪声性能

1. 2PSK 信号相干解调系统

2PSK 信号相干解调系统性能分析模型如图 5-29 所示。

假定信道特性为恒参信道，信道噪声 $n(t)$ 为加性高斯白噪声，其双边功率谱密度为 $n_0/2$，则发射端发送的 2PSK 信号为

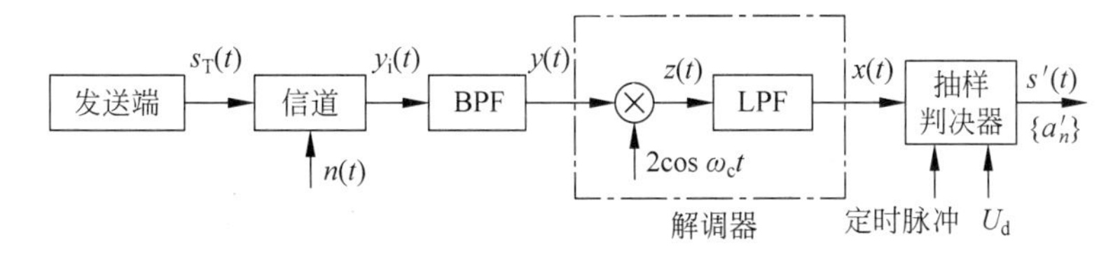

图 5-29　2PSK 信号相干解调系统性能分析模型

$$s_T(t)=\begin{cases}-A\cos\omega_c t, & 发“1”\\ A\cos\omega_c t, & 发“0”\end{cases} \tag{5-84}$$

则经信道传输后，当仅考虑信道传输固定衰耗 $a=kA$ 时，接收端输入信号为

$$y_i(t)=\begin{cases}-a\cos\omega_c t+n(t), & 发“1”\\ a\cos\omega_c t+n(t), & 发“0”\end{cases} \tag{5-85}$$

经带通滤波器后输出信号为

$$y(t)=\begin{cases}-a\cos\omega_c t+n_c(t)\cos\omega_c t-n_s(t)\sin\omega_c t, & 发“1”\\ a\cos\omega_c t+n_c(t)\cos\omega_c t-n_s(t)\sin\omega_c t, & 发“0”\end{cases} \tag{5-86}$$

其中，$n_i(t)=n_c(t)\cos\omega_c t-n_s(t)\sin\omega_c t$，为高斯白噪声 $n(t)$ 经 BPF 限带后的窄带高斯白噪声。为方便计算，取本地载波为 $2\cos\omega_c t$，则乘法器输出

$$z(t)=2y(t)\cos\omega_c t$$

将式(5-86)代入，并经低通滤波器滤除高频分量，在抽样判决器输入端得到的信号为

$$x(t)=\begin{cases}-a+n_c(t), & 发“1”\\ a+n_c(t), & 发“0”\end{cases} \tag{5-87}$$

由于 $n_c(t)$ 服从正态分布，因此，无论是发送“1”还是“0”，$x(t)$ 瞬时值 x 的一维概率密度函数 $f_1(x)$、$f_0(x)$ 都是方差为 σ_n^2 的正态分布函数，只是前者均值为 $-a$，后者均值为 a，即

$$f_1(x)=\frac{1}{\sqrt{2\pi}\sigma_n}\exp\left[-\frac{(x+a)^2}{2\sigma_n^2}\right],\quad 发“1” \tag{5-88}$$

$$f_0(x)=\frac{1}{\sqrt{2\pi}\sigma_n}\exp\left(-\frac{(x-a)^2}{2\sigma_n^2}\right),\quad 发“0” \tag{5-89}$$

式中，σ_n^2 也就是带通滤波器输出噪声的平均功率，可以表示为

$$\sigma_n^2=n_0 B_{2PSK}=2n_0 f_b \tag{5-90}$$

其曲线如图 5-30 所示。

之后的分析完全类似于 2ASK 时的分析方法。可以证明当 $P(1)=P(0)=1/2$ 时，2PSK 系统的最佳判决门限电平为

$$U_d^*=0 \tag{5-91}$$

在最佳门限时，2PSK 系统的误码率为

$$P_e=P(0)P(1/0)+P(1)P(0/1)=P(0)\int_{-\infty}^{0}f_0(x)\mathrm{d}x+P(1)\int_{0}^{\infty}f_1(x)\mathrm{d}x$$

$$=\int_{0}^{\infty}f_1(x)\mathrm{d}x[P(0)+P(1)]=\int_{0}^{\infty}f_1(x)\mathrm{d}x$$

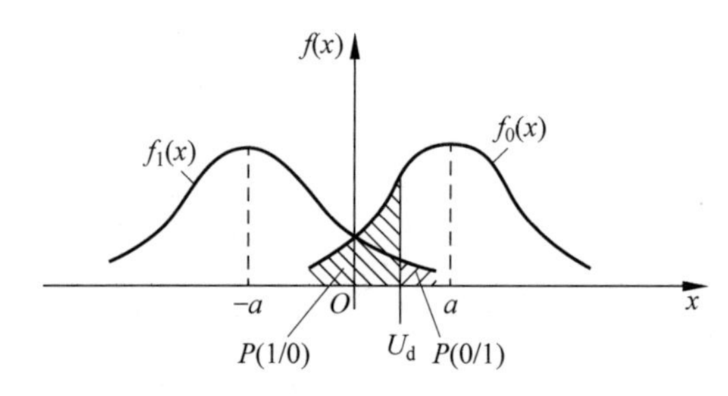

图 5-30　2PSK 信号概率分布曲线

$$=\frac{1}{2}\mathrm{erfc}(\sqrt{r}) \tag{5-92}$$

式中，$r=\frac{a^2}{2\sigma_n^2}$，为接收端带通滤波器输出信噪比。

在大信噪比情况下，式(5-92)可得成

$$P_e \approx \frac{1}{2\sqrt{\pi r}}\mathrm{e}^{-r} \tag{5-93}$$

2. 2DPSK 相干解调码变换系统

图 5-26 给出了 2DPSK 信号相干解调码变换法解调原理框图，为了分析该解调系统的性能，可将图 5-29 给定的模型简化成如图 5-31 所示的形式，码反变换器输入端的误码率 P_e 就是相干解调 2PSK 系统的误码率，由式(5-92)或式(5-93)决定。于是，要求最终的 2DPSK 系统误码率 P_e'，只需在此基础上考虑码反变换器引起的误码率即可。

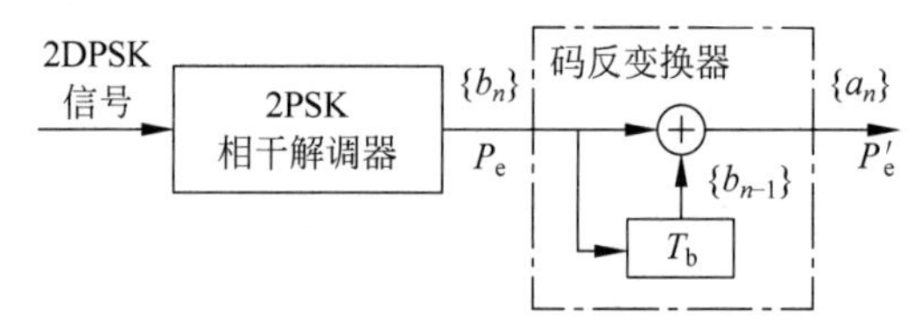

图 5-31　2DPSK 信号相干解调-码变换法解调系统性能分析模型

为了分析码反变换器对误码率的影响，这里以$\{b_n\}=0110111001$为例，根据码反变换器公式 $a_n=b_n\oplus b_{n-1}$，码反变换器输入的相对码序列$\{b_n\}$与输出的绝对码序列$\{a_n\}$之间的误码关系可用图 5-32 进行展示。

(1) 若相对码信号序列中有 1 个码元错误，则在码反变换器输出的绝对码信号序列中将引起两个码元错误，如图 5-32(b)所示。图中，带“×”的码元为错码。

(2) 若相对码信号序列中有连续两个码元错误，则在码反变换器输出的绝对码信号序列中也会引起两个码元错误，如图 5-32(c)所示。

(3) 若相对码信号序列中出现一长串连续错码，则在码反变换器输出的绝对码信号序列中只会仍引起两个码元错误，如图 5-32(d)所示。

按此规律能够证明 2DPSK 系统误码率 P_e'可以表示为

$$P_e'=2(1-P_e)P_e \tag{5-94}$$

当误码率 $P_e\ll 1$ 时，式(5-94)可近似表示为

$$P_e'\approx 2P_e=\mathrm{erfc}(\sqrt{r}) \tag{5-95}$$

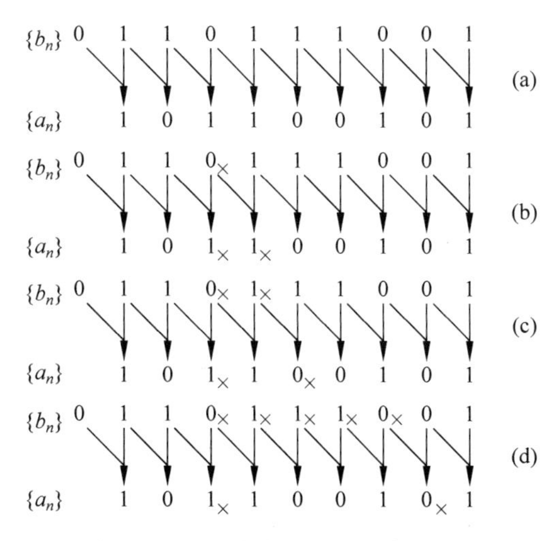

图 5-32 码反变换器对误码率的影响

由此可见,码反变换器总是使系统误码率增加,通常认为增加一倍,这与如图 5-32(b)所示随机出现误码的情况相吻合,在实际工程当中,这一情况出现的概率要远大于如图 5-32(c)、(d)所示突发出现误码的情况。

3. 2DPSK 信号差分相干解调

2DPSK 信号差分相干解调系统性能分析模型如图 5-33 所示。

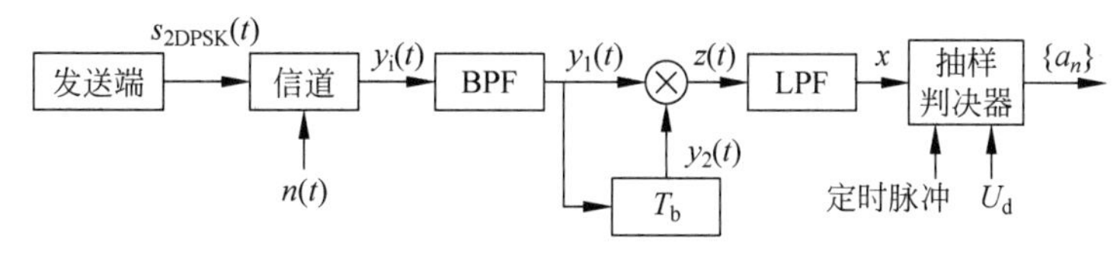

图 5-33 2DPSK 信号差分相干解调框图

由图 5-33 所示框图可知,由于存在着带通滤波器输出信号 $y_1(t)$ 与其延迟 T_b 的信号 $y_2(t)$ 相乘的问题,因此需要同时考虑两个相邻码元的对应关系,对 2DPSK 差分相干解调系统误码率的分析过程较为复杂。这里不进行详尽的分析,仅给出如下结论。

差分相干解调时 2DPSK 系统的最佳判决门限电平为

$$U_d^* = 0 \tag{5-96}$$

差分相干解调时 2DPSK 系统的误码率为

$$P_e = P(1)P(0/1) + P(0)P(1/0) = \frac{1}{2}e^{-r} \tag{5-97}$$

式中,$r = \frac{a^2}{2\sigma_n^2}$,为接收端带通滤波器输出信噪比。

式(5-97)表明,差分相干解调时 2DPSK 系统的误码率随输入信噪比的增加呈指数规律下降。

4. 2PSK 与 2DPSK 系统的比较

(1) 2PSK 与 2DPSK 信号带宽均为 $2f_b$。

(2) 解调器输入信噪比 r 增大,误码率均下降。

(3) 检测这两种信号时判决器均可工作在最佳判决门限电平(零电平)。

(4) 2DPSK 系统的抗噪声性能不及 2PSK 系统。

(5) 2PSK 系统存在"反向工作"问题,而 2DPSK 系统不存在。

因此在实际应用中,真正作为传输用的数字调相信号几乎都是 DPSK 信号。

例 5.5 用 2DPSK 在某微波线路上传送二进制数字信息,已知传码率为 10^6 Baud,接收机输入端高斯白噪声的双边功率谱密度为 $n_0/2=10^{-10}$ W/Hz,要求误码率 $P_e\leqslant 10^{-4}$。

(1) 采用相干解调码变换法接收时,求接收机输入端的最小信号功率。

(2) 采用差分相干解调法接收时,求接收机输入端的最小信号功率。

解:(1) 由于是相干解调码变换法,应用式(5-95)可知

$$P_e=\mathrm{erfc}\sqrt{r}=1-\mathrm{erf}\sqrt{r}$$

有

$$\mathrm{erf}\sqrt{r}=1-P_e\geqslant 0.9999$$

查 erf(x)函数表,可得$\sqrt{r}\geqslant 2.75$,所以 $r\geqslant 7.5625$。

因为

$$\sigma_n^2=n_0B=n_0\times 2f_b=2\times 10^{-10}\times 2\times 10^6=4\times 10^{-4}\,\mathrm{W}$$

$$r=\frac{a^2}{2\sigma_n^2}\geqslant 7.5625$$

所以,接收机输入端信号功率为

$$P=\frac{a^2}{2}\geqslant r\sigma_n^2=7.5626\times 4\times 10^{-4}=3.025\times 10^{-3}\,\mathrm{W}=4.81\mathrm{dBm}$$

(2) 采用差分相干解调时,因为

$$P_e=\frac{1}{2}\mathrm{e}^{-r}\leqslant 10^{-4}$$

所以

$$r=\frac{a^2}{2\sigma_n^2}\geqslant 8.5172$$

$$P=\frac{a^2}{2}\geqslant r\sigma_n^2=8.5172\times 4\times 10^{-4}=3.407\times 10^{-3}\,\mathrm{W}=5.32\mathrm{dBm}$$

由该例可见,同样要求达到 $P_e\leqslant 10^{-4}$,用相干解调码变换法解调只比差分相干解调要求的输入功率低 0.51dBm 左右,但差分相干法电路要简单得多,所以 **DPSK 解调大多采用差分相干解调法接收**。

5.4 二进制数字调制系统的性能比较

前文章节对二进制数字调制系统的相关理论进行了研究,本节将对各种二进制数字调制系统的性能进行总结、比较,包括系统的频带宽度、频带利用率、误码率、对信道特性变化的敏感性等。

1. 传输带宽

(1) 2ASK 系统和 2PSK(2DPSK)系统信号传输带宽相同,均为 $2f_b$。

(2) 2FSK系统信号传输宽度频带宽为$|f_2-f_1|+2f_b$，大于2ASK系统和2PSK(2DPSK)系统的频带宽度。

2. 频带利用率

频带利用率是数字传输系统的有效性指标，定义为

$$\eta=\frac{R_B}{B}\text{Baud/Hz}$$

式中，$R_B=1/T_b$，2ASK系统和2PSK(2DPSK)系统频带利用率均为1/2Baud/Hz；2FSK系统频带利用率为

$$\eta=\frac{R_B}{B}=\frac{f_b}{2f_b+|f_1-f_2|}\text{Baud/Hz}$$

3. 误码率

在数字通信中，误码率是衡量数字通信系统可靠性的性能指标。表5-2列出了各种二进制数字调制系统误码率求解公式。

表5-2　二进制数字调制系统误码率求解公式

调制方式		误码率公式	$r\gg1$	备注
2ASK	相干	$P_e=\frac{1}{2}\text{erfc}\sqrt{r/4}$	$P_e=\frac{1}{\sqrt{\pi r}}e^{-r/4}$	$r=\frac{a^2}{2\sigma_n^2}$，其中，$a^2/2$表示已知信号的功率，$\sigma_n^2$是噪声功率。当$P=0.5$时，2ASK的判决门限为$U_d^*=a/2$，2PSK、2DPSK和2FSK的判决门限为$U_d^*=0$。
	非相干	$P_e=\frac{1}{2}e^{-r/4}$	同左	
2FSK	相干	$P_e=\frac{1}{2}\text{erfc}\sqrt{r/2}$	$P_e=\frac{1}{\sqrt{2\pi r}}e^{-r/2}$	
	非相干	$P_e=\frac{1}{2}e^{-r/2}$	同左	
2PSK	相干	$P_e=\frac{1}{2}\text{erfc}\sqrt{r}$	$P_e=\frac{1}{2\sqrt{\pi r}}e^{-r}$	
2DPSK	极性比较	$P_e\approx\text{erfc}\sqrt{r}$	$P_e=\frac{1}{\sqrt{\pi r}}e^{-r}$	
	差分相干	$P_e=\frac{1}{2}e^{-r}$	同左	

应用表5-2给出的这些公式时，需要注意三个条件，一是接收机输入端出现的噪声是均值为0的高斯白噪声；二是不考虑码间串扰的影响，采用瞬时抽样判决；三是所有计算误码率的公式都仅是r的函数。其中，$r=a^2/2\sigma_n^2$是解调器的输入信噪比，2ASK系统误码率公式中的$r=a^2/2\sigma_n^2$表示发"1"时的信噪比，在2FSK、2PSK和2DPSK系统中发送"0"和"1"的信噪比相同，因此它也是平均信噪比。

通过对表5-2进行分析，能够对二进制数字调制系统的抗噪声性能做如下两个方面的比较。

(1) 同一调制方式不同解调方法的比较

可以看出，同一调制方式不同解调方法的情况下，相干解调的抗噪声性能优于非相干解调。但是，随着信噪比r的增大，相干与非相干误码性能的相对差别会变得越来越不明显。

(2) 同一解调方法不同调制方式的比较

相干解调时，在相同误码率条件下，对信噪比r的要求是2PSK比2FSK小3dB，2FSK比2ASK小3dB；非相干解调时，在相同误码率条件下，对信噪比r的要求是2DPSK比

2FSK 小 3dB，2FSK 比 2ASK 小 3dB。反过来，若信噪比 r 一定，2PSK 系统的误码率低于 2FSK 系统，2FSK 系统的误码率低于 2ASK 系统。因此，从抗加性白噪声性能方面讲，相干 2PSK 最好，2FSK 次之，2ASK 最差。图 5-34 所示为不同二进制数字调制系统误码率曲线示意图。

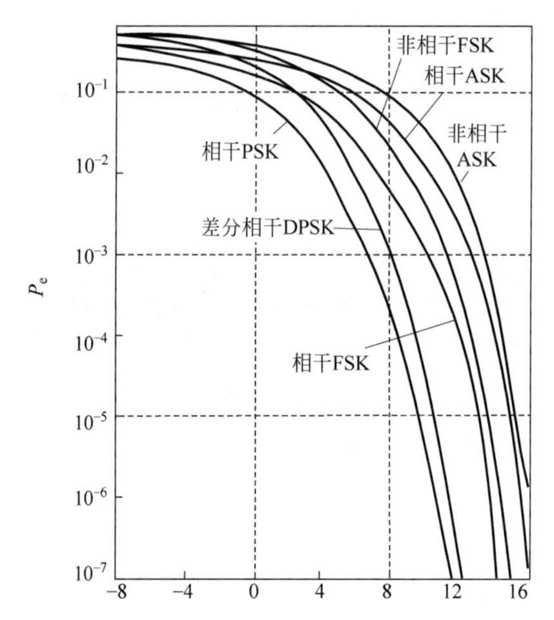

图 5-34　各种二进制数字调制系统误码率曲线示意图

4. 对信道特性变化的敏感性

对信道特性变化的灵敏度对最佳判决门限有一定的影响。假设 $P(0)=P(1)=1/2$，在 2FSK 系统中是通过比较两路解调输出的大小来做出判决，不需人为设置判决门限。在 2PSK 系统中，判决器的最佳判决门限为 0，与接收机输入信号的幅度无关，因此判决门限不随信道特性的变化而变化，接收机总能工作在最佳判决门限状态。对于 2ASK 系统，判决器的最佳判决门限为 $a/2$，它与接收机输入信号的幅度 a 有关，当信道特性发生变化时，接收机输入信号的幅度将随之发生变化，从而会导致最佳判决门限随之而变，这时接收机不容易保持在最佳判决门限状态，误码率将会增大。因此，从对信道特性变化的敏感程度方面看，2ASK 调制系统最差。

当信道有严重衰落时，通常采用非相干解调或差分相干解调，因为这时在接收端不易得到相干解调所需的相干参考信号。当发射机有严格的功率限制时，则可考虑采用相干解调，因为在给定传码率及误码率的情况下，相干解调所要求的信噪比比非相干解调小。

5.5　多进制数字调制

多进制数字调制就是利用多进制数字基带信号去调制高频载波的某个参量，如幅度、频率或相位的过程。根据被调参量的不同，多进制数字调制可分为多进制幅度键控（MASK）、多进制频移键控（MFSK）以及多进制相移键控（MPSK 或 MDPSK）。

由于多进制数字已调信号的被调参数在一个码元间隔内有多个取值，因此，与二进制数字调制相比，多进制数字调制有以下特点。

(1) 在码元速率(传码率)相同的条件下，提高信息速率(传信率)，可以使系统频带利用率增大。码元速率相同时，M 进制数字传输系统的信息速率是二进制的 $\log_2 M$ 倍。

(2) 在信息速率相同的条件下，降低码元速率，可以提高传输的可靠性，减小码间串扰的影响等。

正是基于这些特点，多进制数字调制方式得到了广泛的使用。不过，获得上述好处的代价就是信号功率需求增加，系统实现复杂程度加大。

5.5.1　多进制幅移键控

1. 基本原理

多进制幅移键控(MASK)又称为多进制数字幅度调制，它是二进制数字幅度调制方式的扩展。M 进制幅度调制信号的载波振幅有 M 种取值，在一个码元期间 T_b 内发送其中一种幅度的载波信号。因此，MASK 已调信号的表达式为

$$s_{\text{MASK}}(t)=s(t)\cos\omega_c t \tag{5-98}$$

这里，$s(t)$为 M 进制数字基带信号，表达式为

$$s(t)=\sum_{n=-\infty}^{\infty} a_n g(t-nT_b) \tag{5-99}$$

式中，$g(t)$是幅度为 1、宽度为 T_b 的门函数；a_n 有 M 种取值可能，为

$$a_n=\begin{cases}0, & \text{概率为 } P_0\\ 1, & \text{概率为 } P_1\\ 2, & \text{概率为 } P_2\\ \vdots & \\ M-1, & \text{概率为 } P_{M-1}\end{cases} \tag{5-100}$$

且 $P_0+P_1+P_2+\cdots+P_{M-1}=1$。

图 5-35 所示为四进制数字基带信号 $s(t)$和已调信号 $s_{\text{MASK}}(t)$的波形图。

不难看出，图 5-35(b)的波形可以等效为图 5-36 所示，多个波形的叠加。

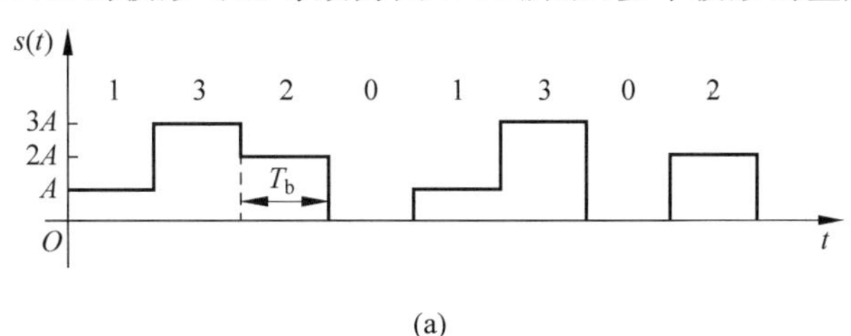

(a)

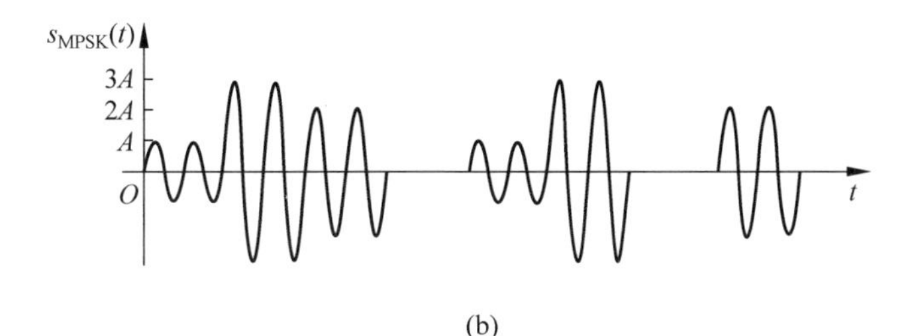

(b)

图 5-35　多进制数字幅度调制波形

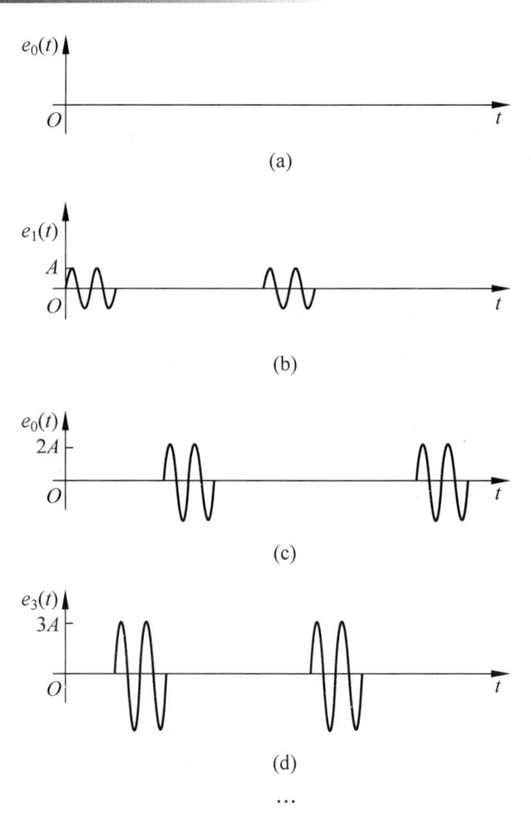

图 5-36 多进制数字幅度调制波形

图 5-36 中各个波形的表达式为

$$\begin{cases} e_0(t) = \sum_n c_0 g(t - nT_b)\cos\omega_c t \\ e_1(t) = \sum_n c_1 g(t - nT_b)\cos\omega_c t \\ e_2(t) = \sum_n c_2 g(t - nT_b)\cos\omega_c t \\ \quad\vdots \\ e_{M-1}(t) = \sum_n c_{M-1} g(t - nT_b)\cos\omega_c t \end{cases} \tag{5-101}$$

式中，

$$\begin{cases} c_0 = 0, & \text{概率为 } 1 \\ c_1 = \begin{cases} 1, \\ 0, \end{cases} & \begin{matrix} \text{概率为 } P_1 \\ \text{概率为}(1 - P_1) \end{matrix} \\ c_2 = \begin{cases} 2, \\ 0, \end{cases} & \begin{matrix} \text{概率为 } P_2 \\ \text{概率为}(1 - P_2) \end{matrix} \\ \vdots \\ c_{M-1} = \begin{cases} M-1, \\ 0, \end{cases} & \begin{matrix} \text{概率为 } P_{M-1} \\ \text{概率为}(1 - P_{M-1}) \end{matrix} \end{cases} \tag{5-102}$$

因此，$e_0(t)$、…、$e_{M-1}(t)$均可以认为是 2ASK 信号，但它们幅度互不相等，时间上互不重叠，其中 $e_0(t)=0$，可以不考虑。这样看来，$s_{\text{MASK}}(t)$ 可以看作是由时间上互不重叠的 $M-1$ 个不同幅度的 2ASK 信号叠加而成，即

$$s_{\text{MASK}}(t)=\sum_{i=1}^{M-1}e_i(t) \tag{5-103}$$

2. 信号的功率谱及带宽

由式(5-103)可知，MASK 信号的功率谱是这 $M-1$ 个 2ASK 信号的功率谱之和，因而具有与 2ASK 功率谱相似的形式。显然，就 MASK 信号的带宽而言，由其分解的任一个 2ASK 信号的带宽是相同的，可表示为

$$B_{\text{MASK}}=2f_{\text{b}} \tag{5-104}$$

其中 $f_{\text{b}}=1/T_{\text{b}}$ 是多进制码元出现频率，T_{b} 为多进制码元周期。

与 2ASK 信号相比较，当两者码元速率相等时，记二进制码元出现频率为 f'_{b}，则 $f_{\text{b}}=f'_{\text{b}}$，因此两者带宽相等，即

$$B_{\text{MASK}}=B_{\text{2ASK}} \quad (B_{\text{2ASK}}=2f'_{\text{b}}) \tag{5-105}$$

当两者的信息速率相等时，则其码元出现频率的关系为

$$f_{\text{b}}=\frac{f'_{\text{b}}}{k} \quad \text{或} \quad f'_{\text{b}}=kf_{\text{b}} \tag{5-106}$$

其中 $k=\log_2 M$，则

$$B_{\text{MASK}}=\frac{1}{k}B_{\text{2ASK}} \tag{5-107}$$

可见，当信息速率相等时，MASK 信号的带宽只是 2ASK 信号带宽的 $1/k$。如果以信息速率来考虑频带利用率 η，按定义有

$$\eta=\frac{kf_{\text{b}}}{B_{\text{MASK}}}=\frac{kf_{\text{b}}}{2f_{\text{b}}}=\frac{k}{2}\text{b/(s·Hz)} \tag{5-108}$$

它是 2ASK 系统频带利用率的 k 倍。这说明 MASK 系统的频带利用率高于 2ASK 系统的频带利用率。

3. 信号的调制与解调

实现 M 电平调制的原理框图如图 5-37 所示，它与 2ASK 系统非常相似。不同的只是基带信号由二电平变为了多电平。为此，发送端增加了“$2-M$”电平变换器，将二进制信息序列每 k 个分为一组($k=\log_2 M$)，变换为 M 电平基带信号，再送入调制器。相应地，在接收端增加“$M-2$”电平变换器。多进制数字幅度调制信号的解调可以采用相干解调方式，也可以采用包络检波方式，原理与 2ASK 的完全相同。

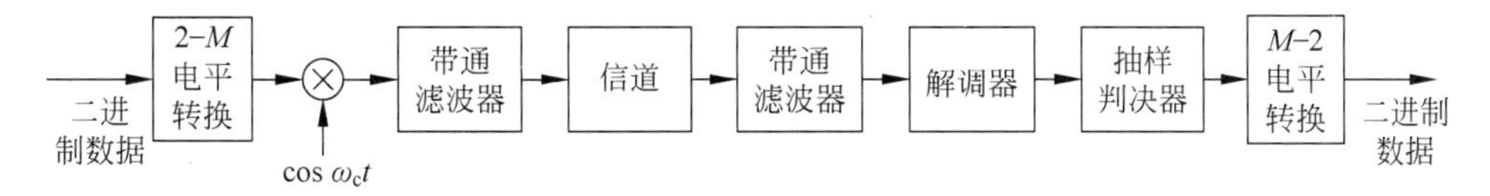

图 5-37 M 进制幅度调制系统原理框图

4. 系统的抗噪声性能

若 M 个幅值的出现概率相等，并采用相关解调法和最佳判决门限电平，可以证明其误码率为

$$P_{\text{e}}=\left(\frac{M-1}{M}\right)\text{erfc}\left(\sqrt{\frac{3r}{M^2-1}}\right) \tag{5-109}$$

容易看出，为了得到相同的误码率 P_e，所需的信噪比 r 随电平数 M 增加而增大。例如，四电平系统比二电平系统信噪比需要增大约 7dB(5 倍)。

由于 MASK 信号是用信号振幅传递信息的，信号振幅在传输时受信道衰落的影响大，故在远距离传输的衰落信道中应用较少。

5.5.2 多进制频移键控

1. 基本原理

多进制频移键控(MFSK)又称为多进制数字频率调制，是 2FSK 方式的扩展，它是用 M 个不同的载波频率代表 M 种数字信息，其中 $M=2^k$。MFSK 系统的组成框图如图 5-38 所示，其发送端采用键控选频的调制方式，接收端采用非相干解调方式。

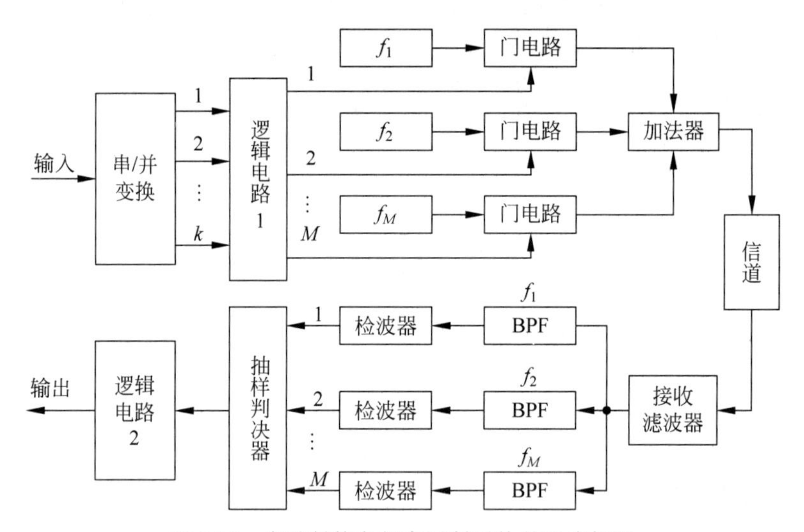

图 5-38 多进制数字频率调制系统的组成框图

在图 5-38 所示框图中，串/并变换器和逻辑电路 1 将输入的二进制码对应地转换成有 M 种状态的多进制码，分别对应 M 个不同的载波频率(f_1、f_2、…、f_M)。当某组 k 位二进制码到来时，逻辑电路 1 的输出一方面接通某个门电路，让相应的载频发送出去，另一方面同时关闭其余所有门电路，经相加器组合输出的便是一个 MFSK 波形。

MFSK 的解调部分由 M 个带通滤波器、包络检波器及一个抽样判决器和逻辑电路 2 组成。各带通滤波器的中心频率分别对应发送端的各个载频，因而，当某一已调载频信号到来时，在任一码元持续时间内，只有与发送端频率相应的带通滤波器才能收到信号，其他带通滤波器只有噪声通过。抽样判决器的任务是比较所有包络检波器的输出电压，并选出最大者作为输出，这个输出是与发送端载频相应的 M 进制数。逻辑电路 2 把这个 M 进制数译成 k 位二进制并行码，并进一步做并/串变换恢复二进制信息并输出，进而完成数字信号的传输。

2. 信号的功率谱及带宽

键控法产生的 MFSK 信号可以看作由 M 个幅度相同、载频不同、时间上互不重叠的 2ASK 信号叠加的结果。

设 MFSK 信号码元的宽度为 T_b，即传输速率 $f_b=1/T_b$，则 M 频制信号的带宽为

$$B_{\text{MFSK}}=|f_M-f_1|+2f_b \tag{5-110}$$

式中，f_M 为最高选用载频，f_1 为最低选用载频。

MFSK 信号功率谱 $P(f)$ 如图 5-39 所示。

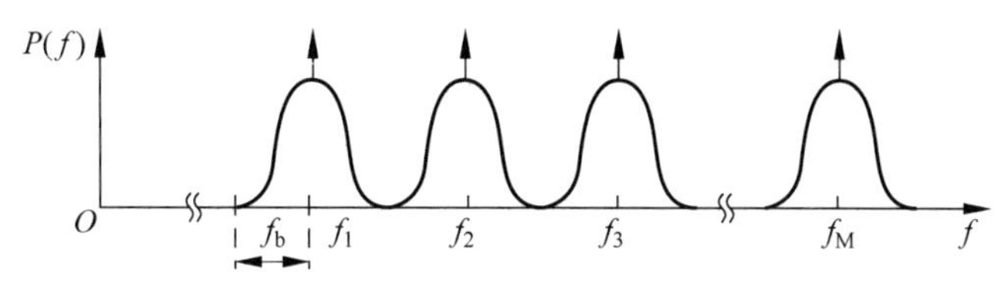

图 5-39 MFSK 信号的功率谱

若相邻载频之差等于 $2f_b$，即相邻频率的功率谱主瓣刚好互不重叠，则这时的 MFSK 信号的带宽及频带利用率分别为

$$B_{MFSK}=2Mf_b \tag{5-111}$$

$$\eta_{MFSK}=\frac{kf_b}{B_{MFSK}}=\frac{k}{2M}=\frac{\log_2 M}{2M} \tag{5-112}$$

可见，MFSK 信号的带宽随频率数 M 增大而线性增宽，频带利用率明显下降。与 MASK 的频带利用率比较，它们的关系为

$$\frac{\eta_{MFSK}}{\eta_{MASK}}=\frac{k/2M}{k/2}=\frac{1}{M} \tag{5-113}$$

这说明 MFSK 的频带利用率总是低于 MASK 的频带利用率。

3. 系统的抗噪声性能

可以证明，MFSK 信号采用非相干解调时系统的误码率为

$$P_e\approx\left(\frac{M-1}{2}\right)e^{-r/2} \tag{5-114}$$

采用相干解调时系统的误码率为

$$P_e\approx\left(\frac{M-1}{2}\right)\mathrm{erfc}(\sqrt{r/2}) \tag{5-115}$$

从式(5-114)和式(5-115)可以看出，MFSK 系统误码率随 M 增大而增加，但与 MASK 系统相比增加的速度要小得多。同时，MFSK 系统的主要缺点是信号频带宽，频带利用率低，但是其抗衰落和时延变化特性好，因此，MFSK 多用于调制速率较低及多径延时比较严重的信道，如短波信道等。

5.5.3 多进制绝对相移键控

1. 基本原理

多进制绝对相移键控(MPSK)又称多进制数字相位调制，是 2PSK 的扩展，是利用载波的多种不同相位状态来表征数字信息的调制方式。

设载波为 $\cos\omega_c t$，则 MPSK 信号可表示为

$$\begin{aligned}s_{MPSK}(t)&=\sum_n g(t-nT_b)\cos(\omega_c t+\varphi_n)\\&=\cos\omega_c t\sum_n\cos\varphi_n g(t-nT_b)-\sin\omega_c t\sum_n\sin\varphi_n g(t-nT_b)\end{aligned} \tag{5-116}$$

式中，$g(t)$是幅度为 1、宽度为 T_b 的门函数；T_b 为 M 进制码元的持续时间，亦就是 k 比特

二进制码元的持续时间($k=\log_2 M$)；φ_n 为第 n 个码元对应的相位，共有 M 种不同取值可能，可以表示为

$$\varphi_n=\begin{cases}\theta_0, & 概率为 P_0\\ \theta_1, & 概率为 P_1\\ \vdots & \\ \theta_{M-1}, & 概率为 P_{M-1}\end{cases} \tag{5-117}$$

且 $P_0+P_1+\cdots+P_{M-1}=1$。

为了使平均错误概率降到最小，一般在$(0,2\pi)$范围内等间隔划分相位，因此相邻相移的差值为

$$\Delta\theta=\frac{2\pi}{M} \tag{5-118}$$

令$\begin{cases}a_n=\cos\varphi_n\\ b_n=\sin\varphi_n\end{cases}$，这样式(5-116)变为

$$\begin{aligned}s_{\text{MPSK}}(t)&=\left[\sum_n a_n g(t-nT_b)\right]\cos\omega_c t-\left[\sum_n b_n g(t-nT_b)\right]\sin\omega_c t\\&=I(t)\cos\omega_c t-Q(t)\sin\omega_c t\end{aligned} \tag{5-119}$$

这里

$$\begin{cases}I(t)=\left[\sum_n a_n g(t-nT_b)\right]\\ Q(t)=\left[\sum_n b_n g(t-nT_b)\right]\end{cases} \tag{5-120}$$

常把式(5-119)中的 $I(t)$ 称为同相分量，$Q(t)$ 称为正交分量。可见 MPSK 信号可以看成是两个正交载波分别进行多进制幅移键控，也就是两个载波相互正交的 MASK 信号的叠加。这样，就为 MPSK 信号的产生提供了依据，这也就是利用正交调制的方法产生 MPSK 信号。

MPSK 信号通常用矢量图来描述，图 5-40 所示为 2 相制、4 相制、8 相制三种情况下的矢量图。与图 5-22 类似，将矢量图配置为两种相位形式，根据 ITU-T 的建议，图 5-40(a)所示的相移方式称为 A 方式；图 5-40(b)所示的相移方式称为 B 方式。图中注明了各相位状态及其所代表的 k 比特码元。

以 A 方式的 4PSK 信号为例，载波相位有 0、$\pi/2$、π 和 $3\pi/2$ 四种，分别对应信息码元"00""10""11"和"01"，虚线为参考相位。对 MPSK 而言，参考相位为载波初始相位。各相位值都是对参考相位而言的，正为超前，负为滞后。

2. 信号的功率谱及带宽

MPSK 信号可以看成是载波互为正交的两路 MASK 信号的叠加，因此，MPSK 信号的频带宽度应与 MASK 信号相同，即

$$B_{\text{MPSK}}=B_{\text{MASK}}=2f_b \tag{5-121}$$

其中，$f_b=1/T_b$ 是 M 进制码元传输频率。此时信息速率与 MASK 相同，是 2ASK 及 2PSK 的 $k=\log_2 M$ 倍。也就是说，MPSK 系统的频带利用率是 2PSK 的 k 倍。

3. 信号的产生

为了帮助读者更加明确 MPSK 信号的产生过程，这里以 4PSK 为例进行说明信号的产生原理。4PSK 利用载波的 4 种不同相位来表征数字信息，由于每一种载波相位代表两个

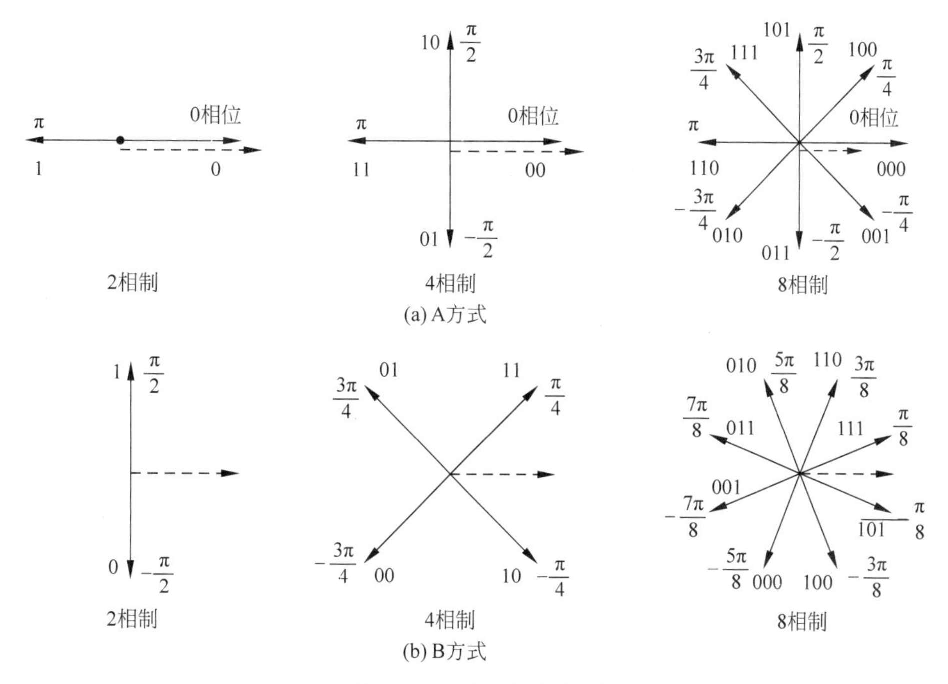

图 5-40 相位配置矢量图

比特信息，故每个四进制码元又称为双比特码元，习惯上把双比特的前一位用 a 代表，后一位用 b 代表。4PSK 信号常用的产生方法有两种，即相位选择法及直接调相法。

(1) 相位选择法

由式(5-116)可以看出，在一个码元持续时间 T_b 内，4PSK 信号为载波 4 个相位中的某一个，因此，可以用相位选择法产生 B 方式 4PSK 信号，其原理如图 5-41 所示。

在图 5-41 中，四相载波发生器产生 4PSK 信号所需的 4 种不同相位的载波，输入的二进制数码经串/并变换器输出双比特码元，按照输入的双比特码元的不同，逻辑选相电路输出相应相位的载波。

例如，当双比特码元 ab 为 11 时，输出相位为 45°的载波；双比特码元 ab 为 01 时，输出相位为 135°的载波等。

图 5-41 所示结构产生的是 B 方式的 4PSK 信号，要想形成 A 方式的 4PSK 信号，只需调整四相载波发生器输出的载波相位即可。

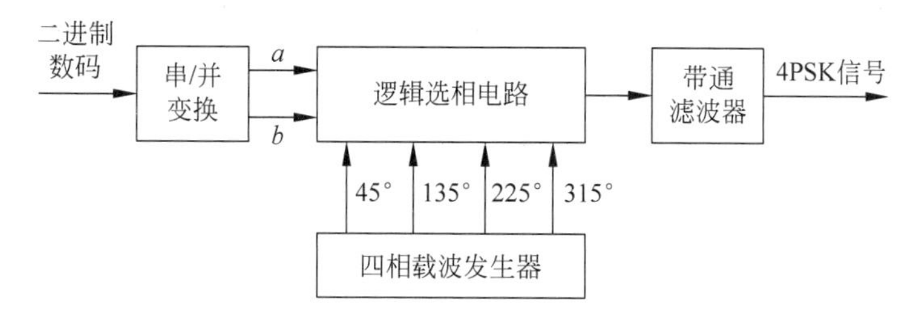

图 5-41 相位选择法产生 4PSK 信号(B 方式)原理框图

(2) 直接调相法

由式(5-119)可以看出，4PSK 信号也可以采用正交调制的方式产生，因此，4PSK 也常称为正交相移键控(QPSK)。B方式实现QPSK调制的原理框图如图5-42(a)所示,它可以看成由两个载波正交的2PSK调制器构成,分别形成图5-42(b)所示的虚线矢量,再经加法器合成后得图5-42(b)中的实线矢量图。

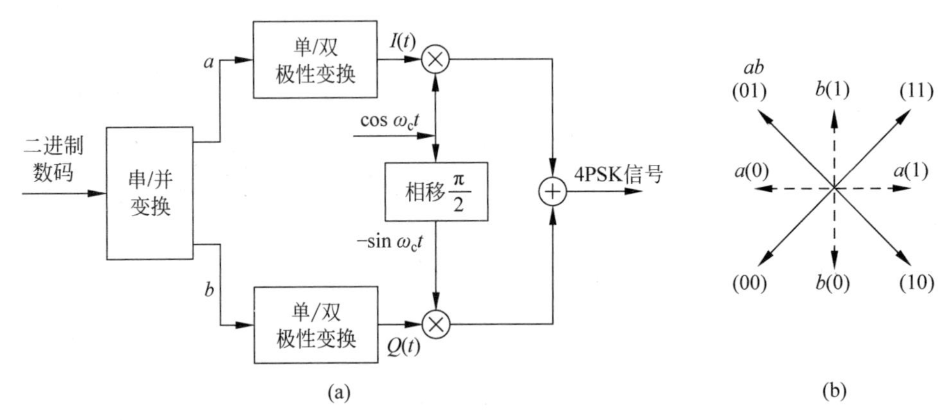

图5-42 直接调相法产生4PSK信号框图

4. 信号的解调

由于QPSK信号可以看作是两个载波正交的2PSK信号的合成,因此,对QPSK信号的解调可以采用与2PSK信号类似的解调方法。图5-43所示是B方式QPSK信号相干解调器的组成框图。图中两个相互正交的相干载波分别解调出两个分量 a 和 b,然后经并/串变换器还原成二进制双比特串行数字信号,进而实现二进制信息的恢复。此法也称为极性比较法。

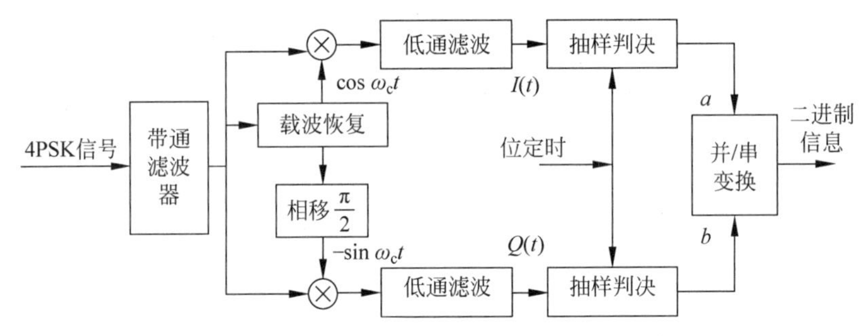

图5-43 QPSK信号的相干解调

在2PSK信号相干解调的过程中会产生“倒π”(即“180°相位模糊”)现象,同样,QPSK信号相干解调也会产生相位模糊问题,并且是0°、90°、180°和270°四个相位模糊。因此,在实际工程中常用的是四相相对相移调制,即QDPSK。

5.5.4 多进制差分相移键控

1. 基本原理

在多进制相移键控体制中也存在多进制差分相移键控(MDPSK)。MPSK信号可以用式(5-116)和式(5-119)来表示,也可以用图5-40来定义其矢量图,上述描述对于MDPSK信号仍然适用,只需要把 φ_n 作为第 n 个码元对应前一码元载波相位变化即可,在矢量图当中参考相位则选择前一码元所对应载波相位。为了便于分析和比较,这里仍以4DPSK(也就是QDPSK)为例进行讨论。A方式QDPSK信号的编码规则如表5-3所示。

表 5-3 QDPSK 信号编码规则

a	b	$\Delta\varphi_n$
		A 方式
0	0	0°
1	0	90°
1	1	180°
0	1	270°

2. 信号的产生

与 2DPSK 信号的产生相类似，在 QPSK 的基础上加码变换器，就可形成 QDPSK 信号。图 5-44 所示为 A 方式 QDPSK 信号产生原理框图。

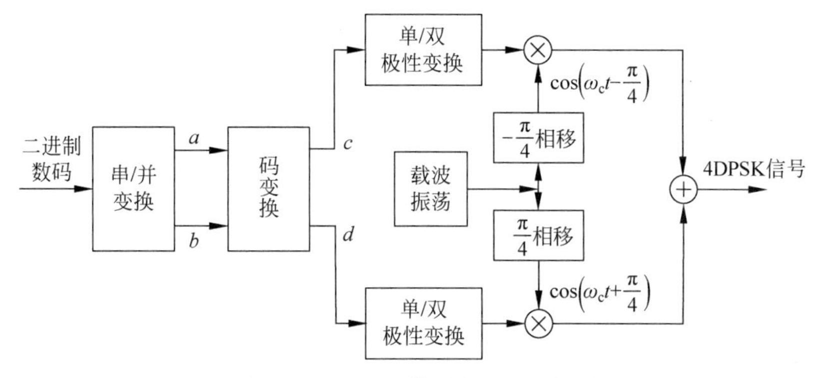

图 5-44 QDPSK 信号产生原理框图

为了对应图 5-40 给出的 A 方式信号矢量图，设单/双极性变换的规律为 0→+1、1→−1，码变换器将并行绝对码 a、b 转换为并行相对码 c、d，其转换逻辑如表 5-4 所示。在表 5-4 中，$\theta_k=\theta_{k-1}+\Delta\theta_k$，$c_k$ 和 d_k 的取值由 θ_k 确定。

表 5-4 QDPSK 码变换关系

当前输入的一对码元及要求的相对相移			前一时刻经过变换后的一对码元及产生的相移			当前时刻应当给出的变换后的一对码元和相位		
a_k	b_k	$\Delta\theta_k$	c_{k-1}	d_{k-1}	θ_{k-1}	c_k	d_k	θ_k
0	0	0°	0	0	0°	0	0	0°
			1	0	90°	1	0	90°
			1	1	180°	1	1	180°
			0	1	270°	0	1	270°
1	0	90°	0	0	0°	1	0	90°
			1	0	90°	1	1	180°
			1	1	180°	0	1	270°
			0	1	270°	0	0	0°
1	1	180°	0	0	0°	1	1	180°
			1	0	90°	0	1	270°
			1	1	180°	0	0	0°
			0	1	270°	1	0	90°

续表

当前输入的一对码元及要求的相对相移			前一时刻经过变换后的一对码元及产生的相移			当前时刻应当给出的变换后的一对码元和相位		
a_k	b_k	$\Delta\theta_k$	c_{k-1}	d_{k-1}	θ_{k-1}	c_k	d_k	θ_k
0	1	270°	0	0	0°	0	1	270°
			1	0	90°	0	0	0°
			1	1	180°	1	0	90°
			0	1	270°	1	1	180°

3. 信号的解调

QDPSK 信号的解调可以采用相干解调码反变换法（极性比较法），也可采用差分相干解调法（相位比较法）。

1）相干解调码反变换法

A 方式 QDPSK 信号相干解调码反变换法解调原理框图如图 5-45 所示，与 QPSK 信号相干解调的不同之处在于串/并变换之前需要加入码反变换器。

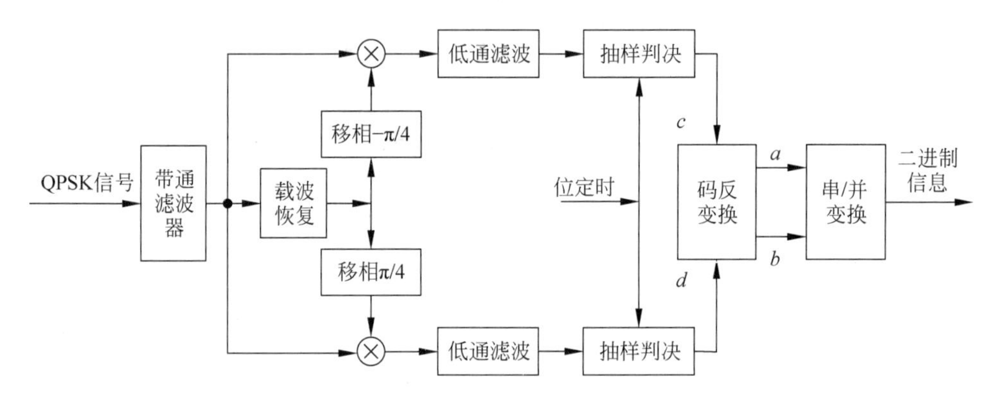

图 5-45　QDPSK 信号的相干解调码反变换法解调

2）差分相干解调法

A 方式 QDPSK 信号差分相干解调原理框图如图 5-46 所示，与相干解调码反变换法相比，主要区别在于它利用延迟电路将前一码元信号延迟一码元时间后，分别作为上、下支路的相干载波；另外，它不需要采用码反变换器，这是因为 QDPSK 信号的信息包含在前后码元相位差中，而差分相干解调法的原理就是直接比较前后码元的相位。

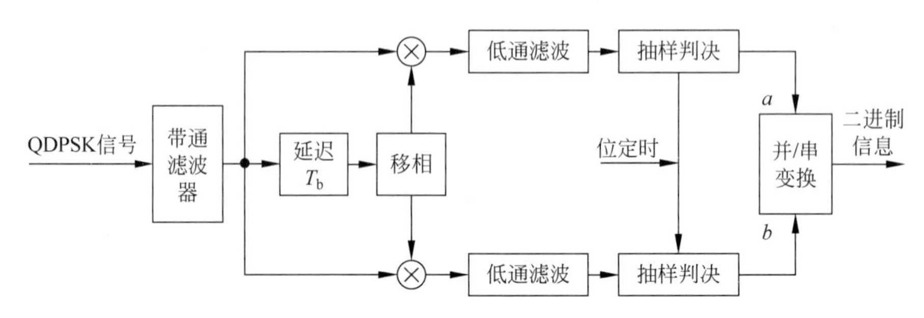

图 5-46　4DPSK 信号的差分相干解调原理框图

4. 系统的抗噪声性能

可以证明 QPSK 信号采用相干解调时系统的误码率为

$$P_e \approx \operatorname{erfc}\left(\sqrt{r}\sin\frac{\pi}{4}\right) \tag{5-122}$$

QDPSK 信号采用相干解调时系统的误码率为

$$P_e \approx \operatorname{erfc}\left(\sqrt{2r}\sin\frac{\pi}{8}\right) \tag{5-123}$$

式中，r 为信噪比。

综上讨论可以看出，多进制相移键控是一种频带利用率较高的传输方式，再加之有较好的抗噪声性能，因而得到了广泛的应用，其中 MDPSK 比 MPSK 用得更广泛一些。

*5.6 现代数字调制技术

二进制和多进制数字调制方式是数字调制的理论基础，在此基础上，人们又发展和提出了许多性能优异的新型调制技术，对这些调制技术的研究，主要是围绕寻找频带利用率高、抗干扰能力强的调制方式而展开的。

5.6.1 正交振幅调制

2ASK 系统频带利用率是 1/2(b/(s/Hz))。若利用正交载波技术传输 ASK 信号，可使频带利用率提高一倍。如果再把多进制与正交载波技术结合起来，还可进一步提高频带利用率，这就是正交振幅调制(Quadrature Amolitude Modulation，QAM)。

1. 基本原理

QAM 用两路独立的基带信号对两个相互正交的同频载波进行抑制载波双边带调幅，进而实现两路并行的数字信息的传输。如果某一方向载波可以用电平数 m 进行调制，则相互正交的两个载波能够表示信号的 M 个状态，这里 $M=m^2$，因此 QAM 调制方式通常可以表示为二进制 QAM(4QAM)、四进制 QAM(16QAM)、八进制 QAM(64QAM)等，图 5-47 所示为 4QAM、16QAM、64QAM 对应的星座图。对于 4QAM，当两路信号幅度相等时，其产生、解调、性能及相位矢量均与 4PSK 相同。

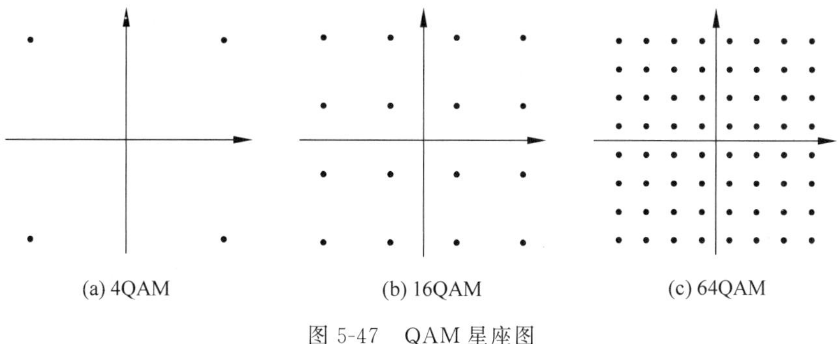

(a) 4QAM (b) 16QAM (c) 64QAM

图 5-47 QAM 星座图

2. 信号的产生

QAM 信号的同相和正交分量可以分别以 ASK 方式传输数字信号，如果两通道的基带

信号分别为 $x(t)$ 和 $y(t)$，则 QAM 信号可表示为

$$s_{\mathrm{QAM}}(t)=x(t)\cos\omega_c t+y(t)\sin\omega_c t \tag{5-124}$$

式中，

$$\begin{cases} x(t)=\sum\limits_{k=-\infty}^{\infty}x_k g(t-kT_b) \\ y(t)=\sum\limits_{k=-\infty}^{\infty}y_k g(t-kT_b) \end{cases} \tag{5-125}$$

其中，T_b 为多进制码元周期，为了传输和解调方便，x_k 和 y_k 一般为双极性 M 进制码元，例如取为 ±1、±3、…、$\pm(M-1)$ 等。图 5-48 所示为产生多进制 QAM 信号的数学模型。

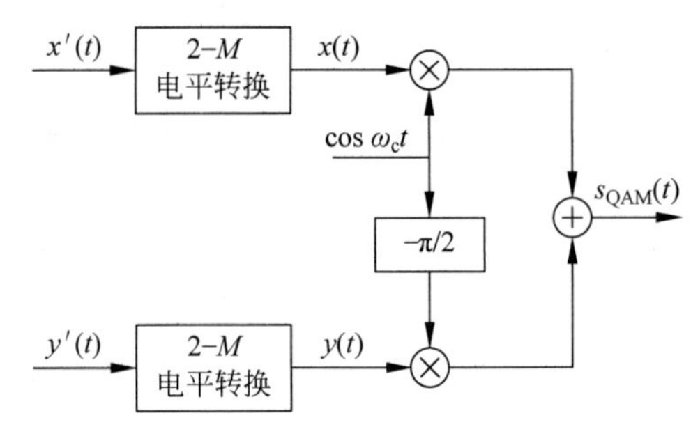

图 5-48　QAM 信号产生模型

3. 信号的解调

QAM 信号采取正交相干解调的方法解调，其数学模型如图 5-49 所示。

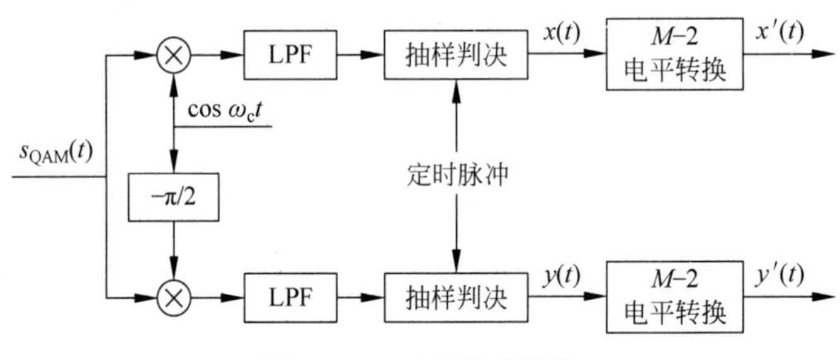

图 5-49　QAM 信号解调

解调器首先对收到的 QAM 信号进行正交相干解调。低通滤波器(LPF)滤除乘法器产生的高频分量，经抽样判决后即可恢复出 M 电平信号 $x(t)$ 和 $y(t)$。因为 x_k 和 y_k 取值一般为 ±1、±3、…、$\pm(M-1)$，所以判决电平应设在信号电平间隔的中点，即 $U_d=0$、±2、±4、…、$\pm(M-2)$。根据多进制码元与二进制码元之间的关系，经 $M-2$ 转换，即可将 M 电平信号转换为二进制基带信号 $x'(t)$ 和 $y'(t)$。

4. 系统的抗噪声性能

对于相同状态数的多进值数字调制，QAM 系统抗噪性能优于 PSK。这里对 16QAM 和 16PSK 的性能进行比较，图 5-50 所示为这两种信号的星座图。

设 16QAM 和 16PSK 信号的最大振幅为 A，则相邻矢量端点的距离分别为

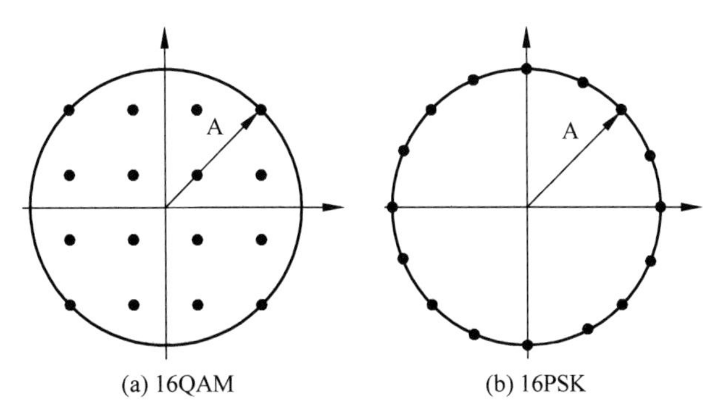

(a) 16QAM (b) 16PSK

图 5-50 16QAM 和 16PSK 信号星座图

$$\begin{cases} d_{16\text{PSK}} = 2A \cdot \sin\dfrac{\pi}{16} \approx 0.39A \\ d_{16\text{QAM}} = \dfrac{\sqrt{2}A}{3} \approx 0.47A \end{cases} \tag{5-126}$$

相邻矢量端点的距离越大，其抗干扰能力越强。从式(5-126)可以看出，$d_{16\text{PSK}} < d_{16\text{QAM}}$，因此，在最大功率(振幅)相等的的条件下，16QAM 系统抗噪性能优于 16PSK 系统。同样还可以证明在平均功率相等的条件下 16QAM 抗噪性能仍然优于 16PSK。

5.6.2 最小频移键控

最小移频键控(Minimum Frequency Shift Keying，MSK)是一种能够产生恒定包络、连续相位的数字频移键控技术。

1. 基本原理

MSK 信号是 FSK 信号的改进型，二进制 MSK 信号的表示式可写为

$$s_{\text{MSK}}(t) = A\cos\left(\omega_c t + \frac{a_k \pi}{2T_b} t + \varphi_k\right) \tag{5-127}$$

或者

$$s_{\text{MSK}}(t) = A\cos[\omega_c t + \theta(t)] \tag{5-128}$$

这里，

$$\theta(t) = \frac{a_k \pi}{2T_b} t + \varphi_k, \quad (k-1)T_b \leqslant t \leqslant kT_b \tag{5-129}$$

式中，ω_c 表示载波角率频；$a_k = \pm 1$，是数字基带信号；φ_k 为第 k 个码元的相位常数，在 $(k-1)T_b \leqslant t \leqslant kT_b$ 期间保持不变。

当 $a_k = +1$ 时，信号的频率为

$$f_2 = f_c + \frac{1}{4T_b} \tag{5-130}$$

当 $a_k = -1$ 时，信号的频率为

$$f_1 = f_c - \frac{1}{4T_b} \tag{5-131}$$

则

$$\Delta f = f_2 - f_1 = \frac{1}{2T_b} \tag{5-132}$$

当初相为零时,可以证明代表数字信息的两个不同频率信号波形的相关系数为

$$\rho = \frac{\sin 2\pi(f_2 - f_1)T_b}{2\pi(f_2 - f_1)T_b} + \frac{\sin 4\pi f_c T_b}{4\pi f_c T_b} \tag{5-133}$$

式中,$f_c=(f_1+f_2)/2$,表示载波频率。

由于MSK是FSK的一种正交调制,因此其信号波形的相关系数等于零,即对应式(5-133)右边两项均应为零。其中,第一项等于零的条件是 $2\pi(f_2-f_1)T_b=k\pi(k=1,2,3,\cdots)$,令 k 等于其最小值1,则如式(5-132)所示,显然式(5-127)描述的MSK信号能够使得第一项等于零;第二项等于零的条件是

$$4\pi f_c T_b = k\pi,\quad k=1,2,3,\cdots \tag{5-134}$$

即

$$T_b = \frac{k}{4f_c} = \frac{k}{4}T_c,\quad k=1,2,3,\cdots \tag{5-135a}$$

或

$$f_c = \frac{k}{4T_b} = \frac{k}{4}f_b = \left(N + \frac{m}{4}\right)f_b,\quad m=0,1,2,\cdots \tag{5-135b}$$

式(5-135)说明,MSK信号在每一码元周期内必须包含四分之一载波周期的整倍数,式(5-130)和式(5-131)则可以写为

$$\begin{cases} f_2 = f_c + \dfrac{1}{4T_b} = \left(N + \dfrac{m+1}{4}\right)\dfrac{1}{T_b} \\ f_1 = f_c - \dfrac{1}{4T_b} = \left(N + \dfrac{m-1}{4}\right)\dfrac{1}{T_b} \end{cases} \tag{5-136}$$

相位常数 φ_k 的选择应保证信号相位在码元转换时刻是连续的,即

$$\theta_{k-1}(kT_b) = \theta_k(kT_b) \tag{5-137}$$

将式(5-129)代入(5-137)可以得到

$$\frac{a_{k-1}\pi}{2T_b}kT_b + \varphi_{k-1} = \frac{a_k\pi}{2T_b}kT_b + \varphi_k$$

进一步整理可以得到

$$\varphi_k = \varphi_{k-1} + \frac{k\pi}{2}(a_{k-1} - a_k) = \begin{cases} \varphi_{k-1}, & a_{k-1} = a_k \\ \varphi_{k-1} \pm k\pi, & a_{k-1} \neq a_k \end{cases} \tag{5-138}$$

式(5-138)表明MSK信号在第 k 个码元的相位不仅与当前的 a_k 有关,而且与前面的 a_{k-1} 及相位 φ_{k-1} 也有关,也就是说,前后码元之间存在着相关性。对于相干解调来说,φ_k 起始参考值可以假定为零,因此,式(5-138)可以写为

$$\varphi_k = 0 \quad 或 \quad \pi \tag{5-139}$$

进一步分析式(5-129)可知 $\theta(t)$ 是一个直线函数,在第 k 个码元,其持续时间为 $(k-1)T_b \leqslant t \leqslant kT_b$,则该码元的初始相位为

$$\theta_k[(k-1)T_b] = \frac{a_k\pi}{2T_b}t + \varphi_k = \varphi_k + a_k(k-1)\frac{\pi}{2} \tag{5-140}$$

终止相位为

$$\theta_k(kT_b)=\varphi_k+a_k k\frac{\pi}{2}\tag{5-141}$$

因此

$$\Delta\theta_k=\theta_k(kT_b)-\theta_k[(k-1)T_b]=a_k\frac{\pi}{2}=\begin{cases}\pi/2, & a_k=1\\ -\pi/2, & a_k=-1\end{cases}\tag{5-142}$$

式(5-142)表明在每一码元时间内，相对于前一码元载波相位，$\theta_k(t)$不是增加$\pi/2(a_k=+1)$，就是减少$\pi/2(a_k=-1)$。$\theta_k(t)$随t的变化规律如图5-51所示，其中正斜率直线表示传"1"码时的相位轨迹，负斜率直线表示传"0"码时的相位轨迹，这种由相位轨迹构成的图形称为相位网格图，图中粗线路径所对应的信息序列为1101000。

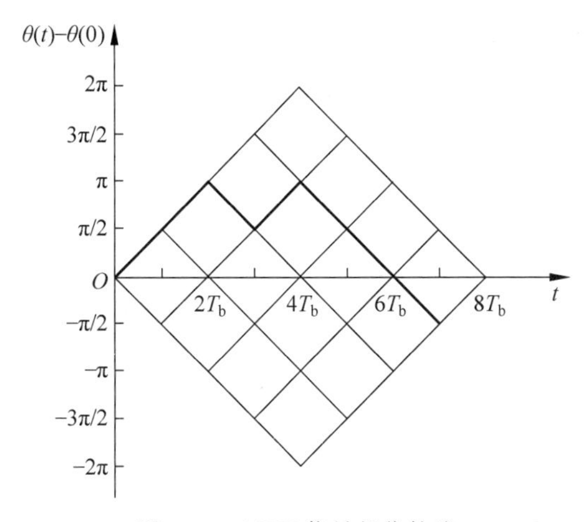

图5-51　MSK信号相位轨迹

通过上述讨论可知，MSK信号具有如下特点。

(1) 已调信号的振幅是恒定的。

(2) 在码元转换时刻信号的相位是连续的，或者说信号的波形没有突跳。

(3) 信号的频率偏移严格地等于$\pm T_b/4$，如式(5-130)和式(5-131)所示。

(4) 在一个码元期间内，信号应包括1/4载波周期的整数倍，如式(5-135)所示。

(5) 信号相位在一个码元期间内准确地线性变化$\pm\pi/2$，如式(5-142)所示。

2. 信号的产生与解调

利用三角公式展开式(5-127)，得

$$\begin{aligned}s_{\mathrm{MSK}}(t)&=A\cos\left(\omega_c t+\frac{a_k\pi}{2T_b}t+\varphi_k\right)\\&=A\cos\left(\frac{a_k\pi}{2T_b}t+\varphi_k\right)\cos\omega_c t-A\sin\left(\frac{a_k\pi}{2T_b}t+\varphi_k\right)\sin\omega_c t\\&=A\left(\cos\frac{a_k\pi}{2T_b}t\cos\varphi_k-\sin\frac{a_k\pi}{2T_b}t\sin\varphi_k\right)\cos\omega_c t\\&\quad-A\left(\sin\frac{a_k\pi}{2T_b}t\cos\varphi_k+\cos\frac{a_k\pi}{2T_b}t\sin\varphi_k\right)\sin\omega_c t\end{aligned}\tag{5-143}$$

假设φ_k起始参考值为零，由式(5-139)可知$\cos\varphi_k=\pm1$、$\sin\varphi_k=0$，则式(5-143)可以表

示为

$$s_{\text{MSK}}(t)=A\left(\cos\frac{a_k\pi}{2T_b}t\cos\varphi_k\cos\omega_c t-\sin\frac{a_k\pi}{2T_b}t\cos\varphi_k\sin\omega_c t\right)$$
$$=I(t)\cos\omega_c t-Q(t)\sin\omega_c t \tag{5-144}$$

在式(5-144)中，$I(t)$为同相分量，$Q(t)$为正交分量，可以表示为

$$\begin{cases}I(t)=\cos\dfrac{a_k\pi}{2T_b}t\cos\varphi_k=\cos\dfrac{\pi t}{2T_b}\cos\varphi_k=a_I(t)\cos\dfrac{\pi t}{2T_b}\\ Q(t)=\sin\dfrac{a_k\pi}{2T_b}t\cos\varphi_k=a_k\sin\dfrac{\pi t}{2T_b}\cos\varphi_k=a_Q(t)\sin\dfrac{\pi t}{2T_b}\end{cases} \tag{5-145}$$

式中，$a_k=\pm1$，$a_I(t)=\cos\varphi_k$，$a_Q(t)=a_k\cos\varphi_k$。

结合式(5-138)分析可以证明 $a_I(t)$和 $a_Q(t)$每隔 $2T_b$ 输出一对码元，其中 $a_I(t)$是数字序列 a_k 的差分编码 c_k 的奇数位输出，$a_Q(t)$是 c_k 的偶数位，并延时 T_b 的输出。图 5-52 所示为逻辑序列 d_k=(11010001000111)对应的各类波形输出。

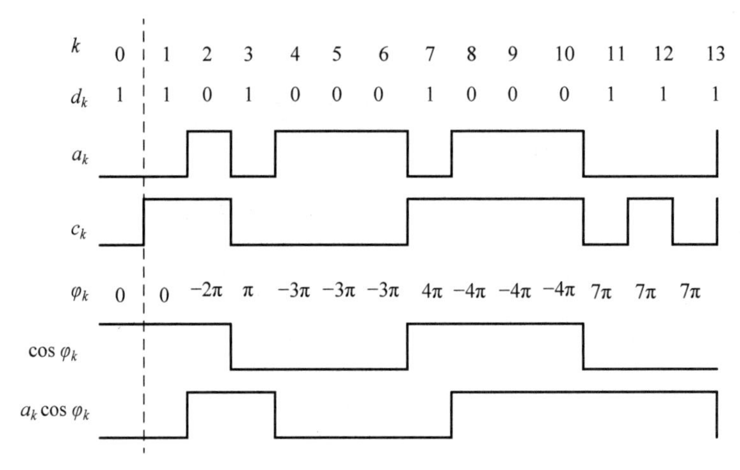

图 5-52　输入数据与各支路数据之间的关系

从逻辑上分析图 5-52 所示波形，假设逻辑"1"对应"－"电平，逻辑"0"对应"＋"电平，对于绝对序列 a_k，其差分编码 c_k=(＋1＋1－1－1－1－1＋1＋1＋1＋1－1＋1)，对应其奇数位输出 $a_I(t)$=(＋1－1－1＋1＋1－1)，偶数位输出 $a_Q(t)$=(＋1－1－1＋1＋1＋1)。图 5-53 所示为基于式(5-144)和式(5-145)构建的 MSK 调制器。

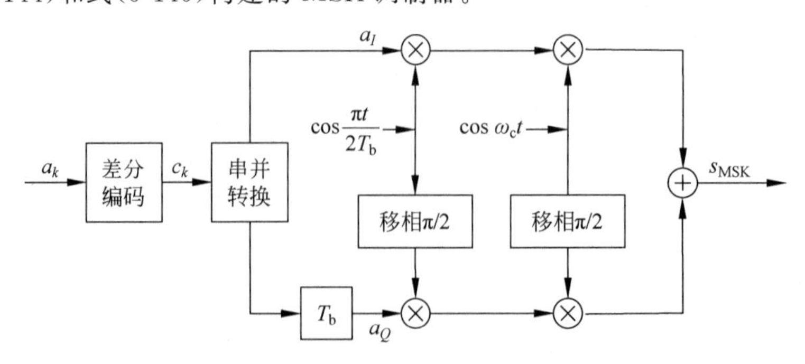

图 5-53　MSK 调制器原理图

与产生过程相对应，MSK 解调器原理框图如图 5-54。

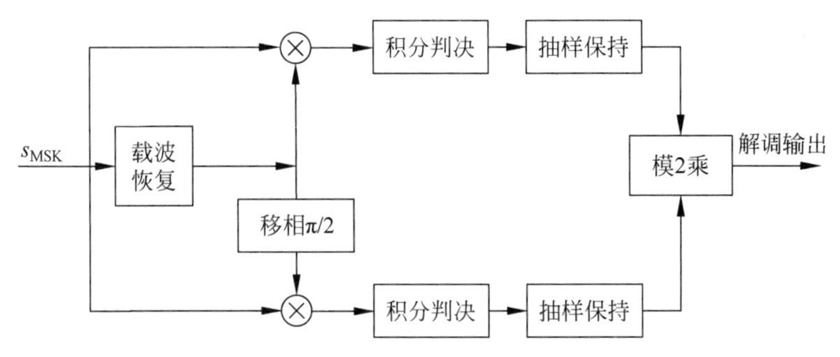

图 5-54　MSK 信号相干解调器原理图

3. 高斯最小频移键控

MSK 信号的相位虽然是连续变化的，但在信息代码发生变化的时刻，相位变化会出现尖角，即附加相位的导数不连续。这种不连续性降低了 MSK 信号功率谱旁瓣的衰减速度。为了进一步使信号的功率谱密度集中和减小对邻道的干扰，常在 MSK 调制前对基带信号进行高斯滤波处理，这就是另一种在移动通信中得到广泛应用的恒包络调制方法——调制前高斯滤波的最小频移键控，简称高斯最小频移键控，记为 GMSK，调制方式原理框图如图 5-55 所示。

GMSK 调制的基本原理是让基带信号先经过高斯滤波器滤波，使基带信号形成高斯脉冲，之后进行 MSK 调制。由于滤波形成的高斯脉冲包络无陡峭的边沿，亦无拐点，所以经调制后已调波相位路径在 MSK 的基础上进一步得到平滑，相位轨迹示意图如图 5-56 所示。

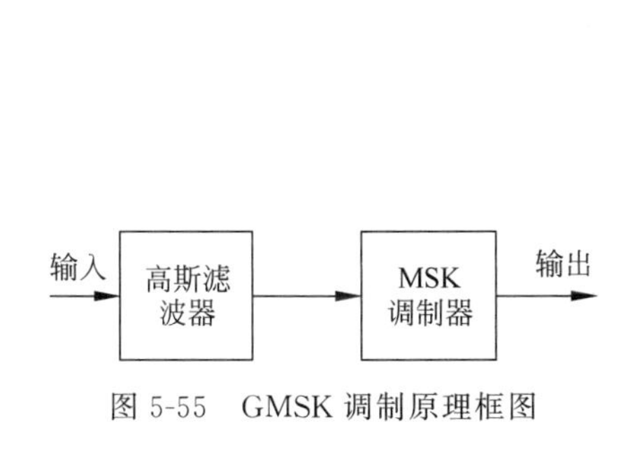

图 5-55　GMSK 调制原理框图

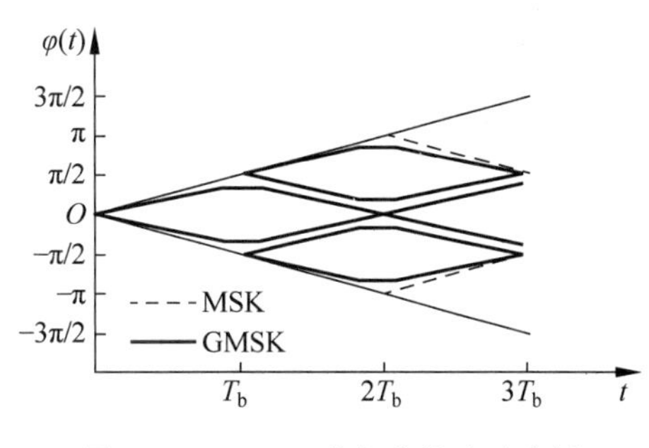

图 5-56　GMSK 的相位轨迹示意图

由图 5-56 可以看出，MSK 信号的相位路径的尖角被平滑掉了，因此频谱特性优于 MSK。

4. 信号的频谱特性

可以证明 MSK 信号的归一化单边功率谱密度 $P_s(f)$ 表达式为

$$P_s(f)=\frac{32T_b}{\pi^2}\left[\frac{\cos 2\pi(f-f_c)T_b}{1-16(f-f_c)^2T_b^2}\right]^2 (\mathrm{W/Hz}) \tag{5-146}$$

波形如图 5-57 中实线所示。为便于比较，图中还给出了其他调制信号的功率谱密度曲线。

设码元周期为 T_b，计算表明，包含 90% 和 99% 信号功率的带宽的近似值如表 5-5 所示。

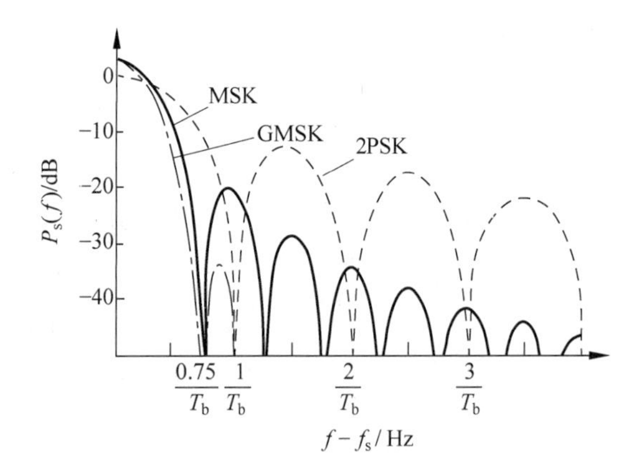

图 5-57　MSK、2PSK、GMSK 信号的功率谱密度

表 5-5　部分数字调制信号带宽

信号功率百分比	BPSK	QPSK	OQPSK	MSK
90%	$2/T_b$	$1/T_b$	$1/T_b$	$1/T_b$
99%	$9/T_b$	$6/T_b$	$6/T_b$	$1.2/T_b$

5.6.3　正交频分复用

前文介绍的数字调制方式都属于串行体制，其特征为在任一时刻都只用单一的载波频率来发送信号。与串行体制相对应的是并行体制，它是将高速率的信息数据流经串/并变换，分割为若干路低速率并行数据流，然后每路低速率数据采用一个独立的载波调制并叠加在一起构成发送信号；在接收端，用同样数量的载波对接收信号进行相干解调接收，获得低速率信息数据后，再通过并/串变换得到原来的高速信号。这种系统也称为多载波传输系统，其原理框图如图 5-58 所示。

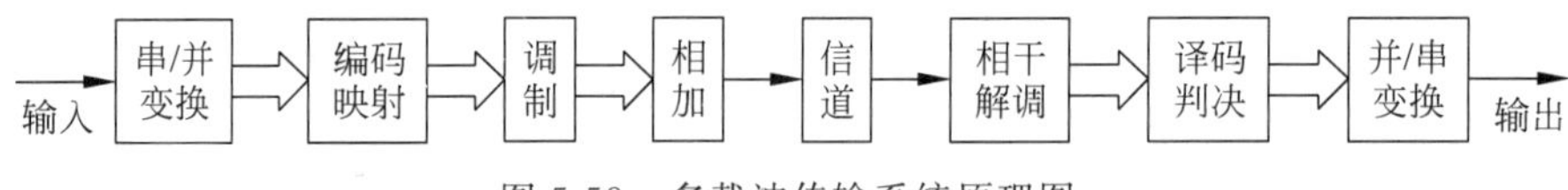

图 5-58　多载波传输系统原理图

与单载波系统相比，多载波调制技术具有抗多径传播和频率选择性衰落能力强、频谱利用率高等特点，适合在多径传播和无线移动信道中传输高速数据。正交频分复用(OFDM)属于多载波传输技术，目前已广泛应用于接入网中的数字环路(DSL)、数字音频广播(DAB)、数字视频广播(DVB)、高清晰度电视(HDTV)的地面广播等系统，并且已成为下一代移动通信系统的备选关键技术之一。

1. 基本原理

为了提高频谱利用率，OFDM 方式中各子载波频谱有 1/2 重叠，但保持相互正交。图 5-59 所示为 OFDM 调制原理框图。

N 个待发送的串行数据经串/并变换后得到周期为 T_b 的 N 路并行码，码型选用双极性 NRZ 矩形脉冲，N 个子载波分别对 N 路并行码进行调制，相加后得到波形

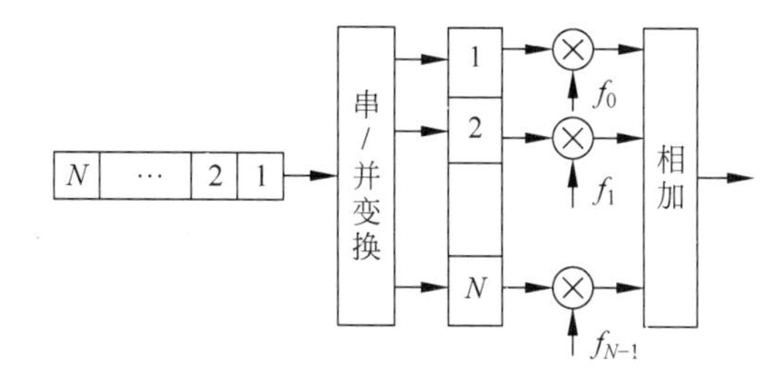

图 5-59　OFDM 调制原理框图

$$s_{\mathrm{OFDM}}(t)=\sum_{k=0}^{N-1}B_k\cos\omega_k t \tag{5-147}$$

式中，B_k 为第 k 路并行码；ω_k 为第 k 路码的子载波角频率。

为了保证 N 个子载波相互正交，需要在信道传输符号的持续时间 T_{b} 内它们乘积的积分值为 0。由三角函数系的正交性可得

$$\int_0^{T_{\mathrm{b}}}\cos 2\pi\frac{mt}{T_{\mathrm{b}}}\cos 2\pi\frac{nt}{T_{\mathrm{b}}}\mathrm{d}t=\begin{cases}0, & m\neq n\\ \pi, & m=n\end{cases}\quad m,n=1,2,\cdots \tag{5-148}$$

可知，子载波频率间隔应为

$$\Delta f=f_k-f_{k-1}=\frac{1}{T_{\mathrm{b}}},\quad k=1,2,\cdots,N-1 \tag{5-149}$$

即

$$f_k=f_0+\frac{k}{T_{\mathrm{b}}},\quad k=1,2,\cdots,N-1 \tag{5-150}$$

式中，f_0 为最低子带频率。

由于 OFDM 信号由 N 个信号叠加而成，当码型选用双极性 NRZ 矩形脉冲时，每路信号频谱形式为 $\mathrm{Sa}\left(\frac{\omega T_{\mathrm{b}}}{2}\right)$ 函数，其中心频率为子载波频率 f_k。由式(5-149)可知，相邻信号频谱之间有 1/2 重叠，则 OFDM 信号的频谱结构如图 5-60 所示。

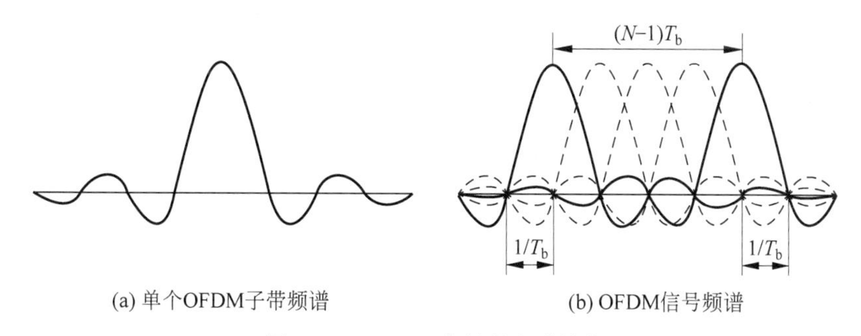

图 5-60　OFDM 信号的频谱结构

忽略旁瓣的功率，OFDM 信号的频谱带宽为

$$B_{\mathrm{OFDM}}=(N-1)\frac{1}{T_{\mathrm{b}}}+\frac{2}{T_{\mathrm{b}}}=\frac{N+1}{T_{\mathrm{b}}}\quad \mathrm{Hz} \tag{5-151}$$

由于信道中在 T_{b} 时间内能够传 N 个并行的码元，则码元速率 $R_{\mathrm{B}}=N/T_{\mathrm{b}}$，对应频带利用率为

$$\eta_{\text{OFDM}} = \frac{R_B}{B_{\text{OFDM}}} = \frac{N}{N+1} \approx 1 \quad \text{Baud/Hz} \tag{5-152}$$

在接收端，对 $s_m(t)$ 用频率 $f_k(k=0,1,\cdots,N-1)$ 的正弦载波在 $[0,T_b]$ 内进行相关运算，就可得到各子载波携带的信息 B_k，然后通过并/串变换恢复出原始的二进制数据序列。由此可得如图 5-61 所示的 OFDM 信号的解调原理框图。

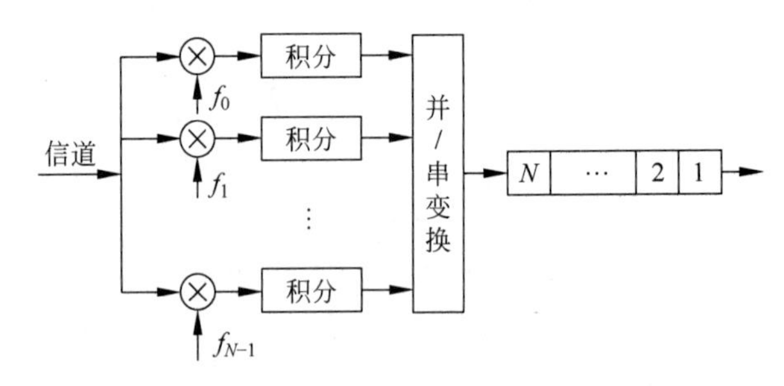

图 5-61　OFDM 解调原理框图

2. OFDM 与离散傅里叶变换

图 5-59 和图 5-61 给出的是实现 OFDM 的方法，所需要的设备非常复杂，特别是当 N 很大时，需要大量的正弦信号发生器、调制器和相关解调器等设备，费用也非常昂贵。但是随着信号处理理论和技术的发展，到 20 世纪 80 年代，快速傅里叶变换(FFT-Fast Fourier Transform)算法和器件日趋成熟，人们提出了采用离散傅里叶反变换(IDFT)来实现多个载波的调制，可以极大地降低 OFDM 系统的复杂度和成本，从而使得 OFDM 技术更趋于实用化。

首先将式(5-147)可以改写为如下形式

$$s_{\text{OFDM}}(t) = \sum_{k=0}^{N-1} B_k \cos\omega_k t \tag{5-153}$$

如果对 $s_m(t)$ 在 $[0,T_b]$ 内进行 N 点离散化处理，其抽样间隔 $T=T_b/N$，则抽样时刻 $t=nT$ 的 OFDM 信号为

$$s_m(nT) = \text{Re}\left[\sum_{k=0}^{N-1} d(k)\text{e}^{\text{j}\omega_k nT}\right] = \text{Re}\left[\sum_{k=0}^{N-1} d(k)\text{e}^{\text{j}\omega_k nT_b/N}\right] \tag{5-154}$$

式中，离散序列 $d(k)=B_k, k=0,1,2,\cdots,N-1$。

由于 OFDM 信号的产生首先是在基带实现变换，然后通过上变频产生输出信号。因此，处理时为了方便起见，可令 $\omega_0=0$，根据式(5-150)，有

$$\omega_k = 2k\pi/T_b \tag{5-155}$$

将式(5-155)代入式(5-154)，则得

$$s_{\text{OFDM}}(nT) = \text{Re}\left[\sum_{k=0}^{N-1} d(k)\text{e}^{\text{j}\frac{2\pi kn}{N}}\right] \tag{5-156}$$

由于等号右边与 T 无关，则可以写为

$$s_{\text{OFDM}}(n) = \text{Re}\left[\sum_{k=0}^{N-1} d(k)\text{e}^{\text{j}\frac{2\pi kn}{N}}\right] \tag{5-157}$$

考虑到长度为 N 的序列 $x(n)$，其 N 点离散傅里叶变换(DFT)可以写为

$$X(k) = \sum_{n=0}^{N-1} x(n)\text{e}^{-\text{j}\frac{2\pi kn}{N}}, \quad k=0,1,\cdots,N-1 \tag{5-158}$$

相应地，N 点离散傅里叶反变换(IDFT)可以写为

$$x(n)=\frac{1}{N}\sum_{k=0}^{N-1}X(k)\mathrm{e}^{\mathrm{j}\frac{2\pi kn}{N}},\quad n=0,1,\cdots,N-1 \tag{5-159}$$

比较式(5-157)和式(5-159)可以看出，式(5-159)的实部正好是式(5-157)。可见，OFDM 信号的产生可以利用离散傅里叶(反)变换来实现，而工程上可以采用 FFT 类技术。图 5-62 给出了用 DFT 实现 OFDM 的原理。在发送端，输入的二进制数据序列先进行串/并变换，得到 N 路并行码；再经 IDFT 变换得 OFDM 信号数据流各离散分量，然后送 D/A 变换模块形成双极性多电平方波，再经上变频调制最后形成 OFDM 信号发送出去。在接收端，OFDM 信号的解调过程是其调制的逆过程，这里不再赘述。

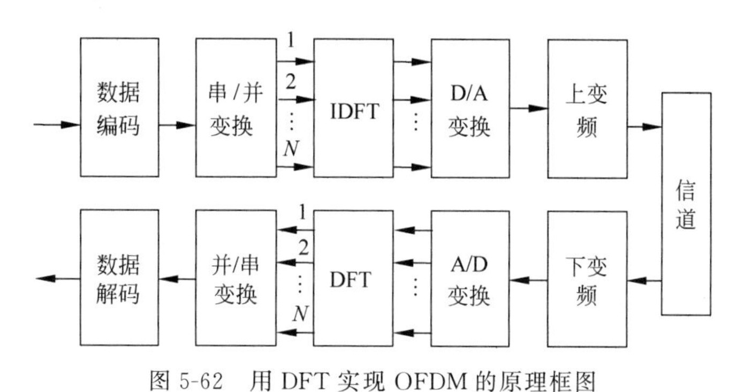

图 5-62 用 DFT 实现 OFDM 的原理框图

本章小结

数字调制是利用数字信号去控制载波的幅度、频率和相位等参数的过程，主要包括幅移键控(ASK)、频移键控(FSK)和相移键控(PSK 或 DPSK)等；根据调制信号的进制不同，数字调制又可以分为二进制数字调制和多进制数字调制。本章着重讨论了二进制数字调制系统的基本原理和实现方法以及它们的抗噪声性能，并简要介绍了多进制数字调制技术。

利用代表数字信息"0"或"1"的基带矩形脉冲去键控一个连续的载波，使载波时断时续地输出，就形成了 2ASK 信号。键控方法是主要的调制方式，解调的常用方法主要包括包络检波法和相干解调法。从数值上看，信号带宽是码元传输速率的两倍，频带利用率为 1/2Baud/Hz。系统的抗噪声性能用误码率来表示，与解调方式有关，相干解调时的误码率总是低于包络检波时的误码率，但需要稳定的本地相干载波，包络检波法在低信噪比情况下存在门限效应。

2FSK 用载波的频率来传送数字消息，经过分析可以看出，2FSK 信号可视为两路 2ASK 信号的合成，因此可以用键控法实现 2FSK 信号，也就是两个独立的载波发生器的输出受控于输入的二进制信号，按"1"或"0"分别选择一个载波作为输出。2FSK 信号的解调方法很多，如包络检波法、相干解调法、过零检测法、差分检测法等，其中，差分检测法可以有效消除信道上的失真。2FSK 信号的频带宽度可以表示为 $B_{2FSK}=|f_2-f_1|+2f_b$，相干解调法解调时系统的误码率优于非相干解调误码率。

数字调相可以进一步分为绝对相移键控(PSK)和相对相移键控(DPSK)两种。在解调时，由于本地载波与发送段载波之间的差异，有可能出现"反向工作"现象，为此，出现了相对

相移键控也就是 DPSK。就波形本身而言，PSK 和 DPSK 都可以等效成双极性基带信号作用下的调幅信号，信号具有相同形式的表达式，以及功率谱和带宽。由于 2DPSK 系统与 2PSK 系统比较多串接了一个码反变换器，所以其抗噪声性能不及 PSK。

本章围绕频带宽度及频带利用率、误码率、对信道的适应能力等，对二进制数字调制系统的性能进行了比较，得到了相关的表格和曲线，以二进制数字调制为基础，介绍了多进制数字调制，也就是多进制幅度键控(MASK)、多进制频移键控(MFSK)以及多进制相移键控(MPSK 或 MDPSK)等；最后在二进制和多进制数字调制方式的理论基础上进行了合理拓展，介绍了正交振幅调制(QAM)、最小频移键控(MSK)和正交频分复用(OFDM)。

思考题

1. 数字调制系统与数字基带传输系统有哪些异同点？
2. 什么是 2ASK 调制？2ASK 信号调制和解调方式有哪些？简述其工作原理。
3. 2ASK 信号的功率谱有什么特点？
4. 试比较相干解调 2ASK 系统和包络解调 2ASK 系统的性能及特点。
5. 什么是 2FSK 调制？2FSK 信号调制和解调方式有哪些？其工作原理如何？
6. 画出频率键控法产生 2FSK 信号和包络解调 2FSK 信号时系统的原理框图。
7. 2FSK 信号的功率谱有什么特点？
8. 试比较相干解调 2FSK 系统和包络解调 2FSK 系统的性能和特点。
9. 简述 FSK 信号过零检测法的工作原理。
10. 推导并描述 FSK 信号差分解调法的工作原理。
11. 什么是绝对移相调制？什么是相对移相调制？它们之间有什么相同点和不同点？
12. 2PSK 信号、2DPSK 信号的调制和解调方式有哪些？试说明其工作原理。
13. 画出 2DPSK 差分相干解调法的原理框图及波形图。
14. 2PSK、2DPSK 信号的功率谱有什么特点？
15. 试比较 2ASK 信号、2FSK 信号、2PSK 信号和 2DPSK 信号的功率谱密度和带宽之间的相同点与不同点。
16. 试比较 2ASK 信号、2FSK 信号、2PSK 信号和 2DPSK 信号的抗噪声性能。
17. 简述 2ASK、2FSK 和 2PSK 3 种调制方式各自的主要优点和缺点。
18. 简述多进制数字调制的原理。与二进制数字调制比较，多进制数字调制有哪些优点？
19. 画出 4PSK(B 方式)系统的原理框图，并说明其工作原理。
20. 画出 4DPSK(A 方式)系统的原理框图，并说明其工作原理。
21. 简述 QAM 的工作原理，并绘制产生和解调 QAM 信号的数学模型。
22. 简述 MSK 的工作原理，并绘制产生和解调 MSK 信号的数学模型。
23. 简述 OFDM 的工作原理，并绘制产生和解调 OFDM 信号的数学模型。

习题

1. 已知某 2ASK 系统的码元速率为 1200Baud，载频为 2400Hz，若发送的数字信息序列为 011011010，试画出 2ASK 信号的波形图，并计算其带宽。

2. 已知 2ASK 系统的传码率为 1000Baud，调制载波为 $A\cos 140\pi\times 10^6 t$。

(1) 求该 2ASK 信号的频带宽度。

(2) 若采用相干解调器接收，请画出解调器中带通滤波器和低通滤波器的传输函数幅频特性示意图。

3. 在 2ASK 系统中，已知码元速率 $R_B=10^6$ Baud，信道噪声为加性高斯白噪声，其双边功率谱密度 $n_0/2=3\times 10^{-14}$ W/Hz，接收端解调器输入信号的振幅 $a=4$mV。

(1) 若采用相干解调，试求系统的误码率。

(2) 若采用非相干解调，试求系统的误码率。

4. 2ASK 相干检测接收机输入平均信噪比为 9dB，欲保持相同的误码率，包络检测接收机输入的平均信噪比应为多大？

5. 2ASK 包络检测接收机输入端的平均信噪比 r 为 7dB，输入端高斯白噪声的双边功率谱密度为 2×10^{-14} W/Hz，码元传输速率为 50Baud，设"0"和"1"等概率出现。试计算最佳判决门限及系统的误码率。

6. 已知某 2FSK 系统的码元速率为 1200Baud，发"0"时载频为 2400Hz，发"1"时载频为 4800Hz，若发送的数字信息序列为 011011010，试画出 2FSK 信号波形图，并计算其带宽。

7. 设某 2FSK 调制系统的码元速率为 1000Baud，已调信号的载频为 1000Hz 或 2000Hz。

(1) 若发送数字信息为 011010，试画出相应的 2FSK 信号波形。

(2) 试讨论这时的 2FSK 信号，应选择怎样的解调器解调？

(3) 若发送数字信息是等可能的，试画出它们的功率谱密度草图。

8. 某 2FSK 系统的传码率为 2×10^6 Baud，"1"码和"0"码对应的载波频率分别为 $f_1=10$MHz，$f_2=15$MHz。

(1) 请问相干解调器中的两个带通滤波器及两个低通滤波器应具有怎样的幅频特性？画出示意图说明。

(2) 试求该 2FSK 信号占用的频带宽度。

9. 在 2FSK 系统中，码元速率 $R_B=0.2$MBaud，发送"1"符号的频率为 $f_1=1.25$MHz，发送"0"符号的频率为 $f_2=0.85$MHz，且发送概率相等。假设信道噪声加性高斯白噪声的双边功率谱密度 $n_0/2=10^{-12}$ W/Hz，解调器输入信号振幅 $a=4$mV。

(1) 试求 2FSK 信号的频带宽度。

(2) 若采用相干解调，试求系统的误码率。

(3) 若采用非相干解调，试求系统的误码率。

10. 已知数字信息为 1101001，并设码元宽度是载波周期的两倍，试画出绝对码、相对码、2PSK 信号、2DPSK 信号的波形。

11. 设某相移键控信号的波形如图 P5-1 所示。

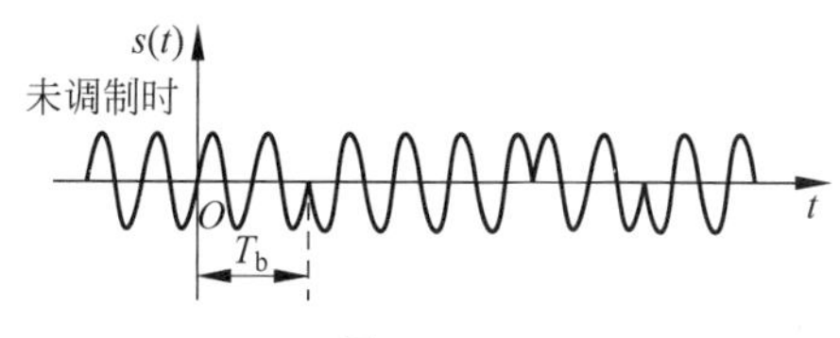

图　P5-1

(1) 若此信号是绝对相移信号，它所对应的二进制数字序列是什么？

(2) 若此信号是相对相移信号，且已知相邻相位差为 0 时对应“1”码元，相位差为 π 时对应“0”码元，则它所对应的二进制数字序列又是什么？

12. 若载频为 2400Hz，码元速率为 1200Baud，发送的数字信息序列为 010110，试画出 $\Delta\varphi_n=270°$ 代表“0”码、$\Delta\varphi_n=90°$ 代表“1”码的 2DPSK 信号波形(注：$\Delta\varphi_n=\varphi_n-\varphi_{n-1}$)。

13. 设发送的二进制绝对信息为 1001100101，采用 2DPSK 方式传输。已知码元传输速率为 1200Band，载频为 3600Hz。

(1) 试构成一种 2DPSK 信号调制器框图，并画出 2DPSK 信号的时间波形。

(2) 若采用差分相干解调方式进行解调，试画出各点的时间波形。

14. 在二进制数字调制系统中，设解调器输入信噪比 $r=7$dB。试求相干解调 2PSK、相干解调码变换 2DPSK 和差分相干解调 2DPSK 系统的误码率。

15. 在二进制数字调制系统中，已知码元速率 $R_B=10^6$Baud，接收机输入高斯白噪声的双边功率谱密度 $n_0/2=2\times10^{-16}$W/Hz。若要求解调器输出误码率 $P_e\leqslant10^{-4}$，试求相干解调和非相干解调 2ASK、相干解调和非相干解调 2FSK、相干解调和差分解调 2DPSK 及相干解调 2PSK 系统的输入信号功率。

16. 四相调制系统输入的二进制码元速率为 2400Baud，载波频率为 2400Hz，试画出 4PSK(A 方式)信号波形图。

17. 已知数字基带信号的信息速率为 2048kb/s，请问分别采用 2PSK 方式及 4PSK 方式传输时所需的信道带宽为多少，频带利用率为多少。

18. 传码率为 200Baud，试比较 8ASK、8FSK、8PSK 系统的带宽、信息速率及频带利用率。(设 8FSK 的频率配置使得功率谱主瓣刚好不重叠)

19. 当输入数字消息分别为 00、01、10、11 时，试分析图 P5-2 所示电路的输出相位。

注：① 当输入为“01”时，a 端输出为“0”，b 端输出为“1”。

② 单/双极性变换电路将输入的“0”和“1”码分别变换为 A 及 $-A$ 两种电平。

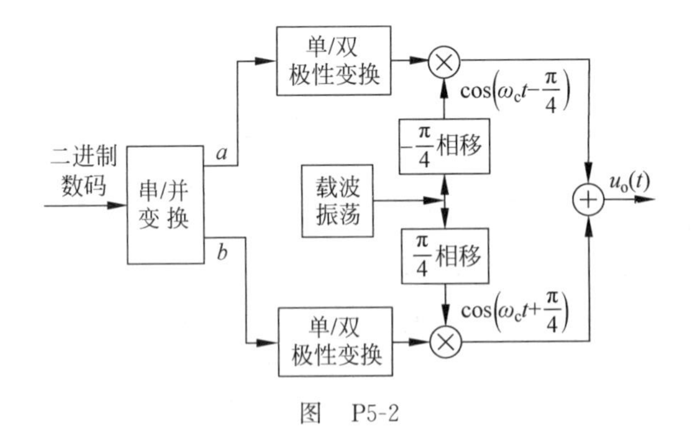

图 P5-2

第6章

CHAPTER 6

数字信号最佳接收

在研究数字信号的频带传输系统性能时得出了结论，数字频带信号在有噪声干扰的信道传输，系统性能不仅与调制方式有关，而且也与解调方式紧密相关。同样，在数字基带传输系统中，不同信号类型的传输系统抗噪性能也存在较大的差异。但上述数字信号接收性能是否达到数字通信真正的最优，这是一个需要进行深入探讨的问题。

实际上数字信号接收不同于噪声的参数估计和滤波，它属于从有噪声干扰的信号中判决有用信号是否出现的假设检验，因此，是否存在最佳的假设检验结果也就是数字信号最佳接收问题。这里所谓的"最佳"是一个相对的概念，它是按某种准则建立起的最佳接收机，属于这种准则下的最佳，如果用其他准则进行衡量，其性能不一定是最佳的。因此，建立最佳接收（假设检验）准则，是数字信号最佳接收机设计的基础，且是核心的问题。

本章将以二进制数字通信系统为例，在分析二元假设检验模型的基础上，研究基于错误概率最小准则下的最佳接收问题，构建二元确知信号和二元随参信号的最佳接收机，分析接收机的性能，并与实际接收机进行比较；最后在分析匹配滤波器原理的基础上，探讨由匹配滤波器组成的最佳接收机形式。

6.1 最佳接收准则

最佳接收准则也就是假设检验的准则，它主要包括二元假设检验和多元假设检验。二元假设检验是在接收端收到信号与噪声的混合波形后，判断究竟发送端发出的是哪一种信号的检验，其系统的任务是在给定的观测时间 T 内（通常是一个码元周期）对得到多次观测的样本进行分析，并且在这种分析基础上做出判断，选择发送端的两种信号之一。多元假设检验与二元假设检验类似，不同的是其系统要对所得到的抽样值序列做出发送端多种信号之一的判断。这里仅对二元假设检验最佳接收准则进行分析。

6.1.1 二元假设检验的模型

为了便于讨论最佳接收准则，首先需要建立二元假设检验的模型，如图6-1所示。

通常把检验系统中的判断过程叫作检验，而把所要检验的对象的可能情况或状态叫作假设，用 H 表示。若信源发出的两种信号 $s_1(t)$ 和 $s_0(t)$ 持续时间为 T，H_1 表示信号 $s_1(t)$ 存在，H_0 表示信号 $s_0(t)$ 存在，称 H_1 为"1"的假设，H_0 为"0"的假设。由于它们是随机事件，所以出现概率分别为 $P(H_1)$ 和 $P(H_0)$。这里需要注意，$s_1(t)$ 和 $s_0(t)$ 可以是基带信号，也可以是频带信号，$P(H_1)$ 和 $P(H_0)$ 通常称为先验概率，满足

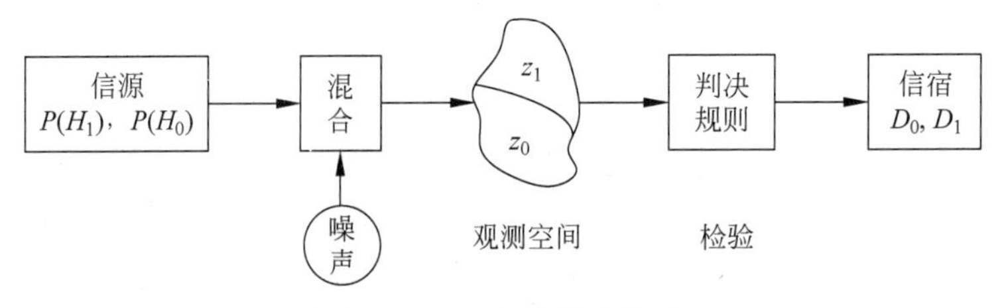

图 6-1 二元假设检验模型

$$P(H_1)+P(H_0)=1 \tag{6-1}$$

若模型中加性噪声用 $n(t)$ 表示，按图 6-1 所示模型，信号与噪声的混合波形为 $x(t)$，可表示为

$$x(t)=\begin{cases} s_1(t)+n(t), & \text{发“1”} \\ s_0(t)+n(t), & \text{发“0”} \end{cases} \tag{6-2}$$

在图 6-1 所示的观测空间中对 $x(t)$ 进行 N 次观测，得抽样值 $X=(x_1,x_2\cdots,x_N)$，根据判决准则得出某一判决规则，依据此规则将判决空间划分为 z_0 和 z_1 两个判决域。X 落在 z_0 内，则假设 H_0 成立，即认为发送端发出 $s_0(t)$ 信号；X 落在 z_1 内，则假设 H_1 成立，即认为发送端发送 $s_1(t)$ 信号。由于加性噪声 $n(t)$ 的随机性，在有限时间 T 内所做的判断会出现两种错误。

第一种错误是假设为 H_0 时 X 落在 z_1 判决域内，它的概率为

$$P(D_1/H_0)=\int_{z_1} f(X/H_0)\mathrm{d}X=\int_{z_1}\cdots\int f(x_1x_2\cdots x_N/H_0)\mathrm{d}x_1\mathrm{d}x_2\cdots\mathrm{d}x_N \tag{6-3}$$

第二种错误是假设为 H_1 时 X 落在 z_0 判决域内，它的概率为

$$P(D_0/H_1)=\int_{z_0} f(X/H_1)\mathrm{d}X=\int_{z_0}\cdots\int f(x_1x_2\cdots x_N/H_1)\mathrm{d}x_1\mathrm{d}x_2\cdots\mathrm{d}x_N \tag{6-4}$$

其中，$P(D_1/H_0)$ 为**虚警概率**，$P(D_0/H_1)$ 为**漏报概率**，$f(X/H_1)$ 和 $f(X/H_0)$ 分别为发 $s_1(t)$ 和发 $s_0(t)$ 时 $X=(x_1,x_2,\cdots,x_N)$ 的概率密度函数。知道虚警概率 $P(D_1/H_0)$ 和漏报概率 $P(D_0/H_1)$ 及先验概率 $P(H_1)$ 和 $P(H_0)$ 后，就可计算出平均错误概率为

$$P_e=P(H_1)P(D_0/H_1)+P(H_0)P(D_1/H_0) \tag{6-5}$$

从以上讨论可知，所谓的信号最佳检测问题，也就是按某种最佳准则实现对观察空间的划分，这种划分代表了从属于所用“最佳”准则的最佳判断规则。也就是说，相应的最佳准则决定了门限的选取，而不同门限的选取对应着观测空间的不同划分。

6.1.2 错误概率最小准则

错误概率即误码率，如式(6-5)所示，它是数字通信系统的可靠性指标。因此，用“错误概率最小”作为数字通信的检测准则是最直观和合理的，而由此准则构成的接收机就是数字信号的最佳接收机。但是，如果从数学上进行分析，错误概率最小准则实际上是贝叶斯准则的一个特例。

1. 贝叶斯(Bayes)准则

贝叶斯准则又称为最小平均风险准则，可表示为

$$\bar{R}=C_{00}P(D_0H_0)+C_{10}P(D_1H_0)+C_{01}P(D_0H_1)+C_{11}P(D_1H_1) \tag{6-6}$$

其中，$P(D_iH_j)(i,j=0,1)$表示假设为H_j、判决为D_i的联合概率；$C_{ij}(i,j=0,1)$表示假设为H_j、判决为D_i所付出的代价；$\bar{R}$是平均风险。应用贝叶斯公式，可得

$$P(D_iH_j)=P(H_j)P(D_i/H_j) \tag{6-7}$$

将式(6-7)代入式(6-6)中可得

$$\begin{aligned}\bar{R}=&C_{00}P(H_0)P(D_0/H_0)+C_{10}P(H_0)P(D_1/H_0)+\\&C_{01}P(H_1)P(D_0/H_1)+C_{11}P(H_1)P(D_1/H_1)\end{aligned} \tag{6-8}$$

根据式(6-3)和式(6-4)可以得到

$$\begin{cases}P(D_0/H_0)=\int_{z_0}f(X/H_0)\mathrm{d}X\\P(D_1/H_0)=\int_{z_1}f(X/H_0)\mathrm{d}X=1-\int_{z_0}f(X/H_0)\mathrm{d}X\\P(D_1/H_1)=\int_{z_1}f(X/H_1)\mathrm{d}X=1-\int_{z_0}f(X/H_1)\mathrm{d}X\\P(D_0/H_1)=\int_{z_0}f(X/H_1)\mathrm{d}X\end{cases} \tag{6-9}$$

将式(6-9)代入式(6-8)整理后可以得到

$$\begin{aligned}\bar{R}=&C_{10}P(H_0)+C_{11}P(H_1)+\\&\int_{z_0}[P(H_1)(C_{01}-C_{11})f(X/H_1)-P(H_0)(C_{10}-C_{00})f(X/H_0)]\,\mathrm{d}X\end{aligned} \tag{6-10}$$

当先验概率$P(H_1)$和$P(H_0)$及代价C_{ij}给定时，式(6-10)前两项为确定量(正值)，$\bar{R}$的大小仅随被积函数中$\boldsymbol{X}$的取值而变化，因此，使$\bar{R}$最小的X_0可通过微分求得，为

$$\frac{\partial\bar{R}}{\partial X_0}=0=P(H_1)(C_{01}-C_{11})f(X_0/H_1)-P(H_0)(C_{10}-C_{00})f(X_0/H_0)$$

则

$$P(H_1)(C_{01}-C_{11})f(X_0/H_1)=P(H_0)(C_{10}-C_{00})f(X_0/H_0) \tag{6-11}$$

式中，X_0为最佳划分点(界)。经数学推导可以得到贝叶斯准则为

$$\begin{cases}\text{判决为}D_0,\quad \lambda(X)=\dfrac{f(X/H_1)}{f(X/H_0)}<\dfrac{P(H_0)(C_{10}-C_{00})}{P(H_1)(C_{01}-C_{11})}=\lambda_{\mathrm{B}} & (6\text{-}12)\\\text{判决为}D_1,\quad \lambda(X)=\dfrac{f(X/H_1)}{f(X/H_0)}>\dfrac{P(H_0)(C_{10}-C_{00})}{P(H_1)(C_{01}-C_{11})}=\lambda_{\mathrm{B}} & (6\text{-}13)\end{cases}$$

式中，$\lambda(X)$是似然函数比，λ_{B}是似然比门限。利用式(6-12)和式(6-13)描述的准则可以设计出基于最小平均风险准则的最佳接收机。

2. 典型应用

对于式(6-12)和式(6-13)描述的最小平均风险准则，假定正确判决不付出代价，错误判决应付出相同的代价，也就是假定$C_{00}=C_{11}=0$、$C_{10}=C_{01}=1$，则式(6-8)就可以写为

$$\bar{R}=P(H_0)P(D_1/H_0)+P(H_1)P(D_0/H_1) \tag{6-14}$$

比较式(6-14)和式(6-5)可知，此时贝叶斯准则中的平均风险$\bar{R}$就是数字通信系统的平均错误概率，使错误概率最小也就相当于使平均风险最小。因此，贝叶斯准则式(6-12)和

式(6-13)经修订后，就可以得到错误概率最小准则为

$$\begin{cases}\text{判决为 } D_0, \quad \lambda(X)=\dfrac{f(X/H_1)}{f(X/H_0)}<\dfrac{P(H_0)}{P(H_1)}=\lambda_0 & \text{(6-15a)}\\ \text{判决为 } D_1, \quad \lambda(X)=\dfrac{f(X/H_1)}{f(X/H_0)}>\dfrac{P(H_0)}{P(H_1)}=\lambda_0 & \text{(6-15b)}\end{cases}$$

或者取对数可以写为

$$\begin{cases}\text{判决为 } D_0, \quad \ln\lambda(X)<\ln\lambda_0 & \text{(6-16a)}\\ \text{判决为 } D_1, \quad \ln\lambda(X)>\ln\lambda_0 & \text{(6-16b)}\end{cases}$$

式中，似然比门限 λ_0 仅取决于先验概率 $P(H_1)$ 和 $P(H_0)$，而利用式(6-15)和式(6-16)准则可以设计出错误概率最小的二元确知信号的最佳接收机。

6.2 二元确知信号的最佳接收

二元确知信号是指信号的参数(幅度、频率、相位、到达时间等)或者波形已知的二进制数字信号，其状态可以表示为“0”和“1”。最佳接收机是指基于错误概率最小准则设计出来的接收机，因为错误概率最小(也就是误码率最小)是数字通信的最佳描述。

6.2.1 最佳接收机的结构

在二元确知信号的假设检验中，设

$$\begin{cases}\text{假设 } H_0 \text{ 时}, \quad x(t)=s_0(t)+n(t), \quad 0\leqslant t\leqslant T\\ \text{假设 } H_1 \text{ 时}, \quad x(t)=s_1(t)+n(t), \quad 0\leqslant t\leqslant T\end{cases}$$

这里 $s_0(t)$ 和 $s_1(t)$ 是二元确知信号的两种波形，它们既可以是基带信号，也可以是频带信号；$n(t)$ 是信道中的加性噪声，为零均值高斯白噪声，其单边功率谱密度为 n_0。根据式(6-15)和式(6-16)描述的错误概率最小准则，应先求出似然函数比中的 $f(X/H_1)$ 和 $f(X/H_0)$，由于 X 是对 $x(t)$ 在 $0\leqslant t\leqslant T$ 时间内进行 N 次抽样的抽样值序列，即 $X=(x_1, x_2,\cdots,x_N)$。设各抽样点间相互独立，抽样均值可表示为 S_{0k} 和 $S_{1k}(k=1,\cdots,N)$，则 $f(X/H_1)$ 和 $f(X/H_0)$ 可以表示为

$$\begin{cases}f(X/H_0)=f(x_1x_2\cdots x_N/H_0)=f(x_1/H_0)f(x_2/H_0),\cdots,f(x_N/H_0)\\ f(X/H_1)=f(x_1x_2\cdots x_N/H_1)=f(x_1/H_1)f(x_2/H_1),\cdots,f(x_N/H_1)\end{cases} \tag{6-17}$$

式中，

$$f(x_k/H_0)=\frac{1}{\sqrt{2\pi}\sigma_n}\exp\left[-\frac{(x_k-S_{0k})^2}{2\sigma_n^2}\right]$$

$$f(x_k/H_1)=\frac{1}{\sqrt{2\pi}\sigma_n}\exp\left[-\frac{(x_k-S_{1k})^2}{2\sigma_n^2}\right]$$

由以上各式经计算可得似然函数比 $\lambda(X)$ 为

$$\lambda(X)=\frac{f(X/H_1)}{f(X/H_0)}=\exp\left\{\sum_{k=1}^{N}\left[\frac{S_{1k}x_k}{\sigma_n^2}-\frac{S_{0k}x_k}{\sigma_n^2}-\frac{S_{1k}^2}{2\sigma_n^2}+\frac{S_{0k}^2}{2\sigma_n^2}\right]\right\} \tag{6-18}$$

对于码元宽度固定为 T 的二元信号，由于采样间隔是 Δt，则采样频率为 $f_s=1/\Delta t$，根

据采样定理的要求，信号的最高频率不能超过 $f_s/2$，也就是 $1/(2\Delta t)$。为了尽量减小噪声功率，带通滤波器带宽通常取信号带宽，即 $B=1/(2\Delta t)$，则 $\sigma_n^2=n_0B=n_0/(2\Delta t)$。对上述条件取极限，也就是假设采样间隔 $\Delta t\to 0, N\to\infty$，则可以得到

$$\lim_{\substack{N\to\infty\\ \Delta t\to 0}}\sum_{k=1}^{N}\frac{S_{1k}x_k}{\sigma_n^2}=\frac{2}{n_0}\lim_{\substack{N\to\infty\\ \Delta t\to 0}}\sum_{k=1}^{N}S_{1k}x_k\Delta t=\frac{2}{n_0}\int_0^T s_1(t)x(t)\mathrm{d}t \tag{6-19a}$$

同理可以得到

$$\lim_{\substack{N\to\infty\\ \Delta t\to 0}}\sum_{k=1}^{N}\frac{S_{0k}x_k}{\sigma_n^2}=\frac{2}{n_0}\int_0^T s_0(t)x(t)\mathrm{d}t \tag{6-19b}$$

$$\lim_{\substack{N\to\infty\\ \Delta t\to 0}}\sum_{k=1}^{N}\frac{S_{1k}^2}{2\sigma_n^2}=\frac{1}{n_0}\int_0^T s_1^2(t)\mathrm{d}t \tag{6-19c}$$

$$\lim_{\substack{N\to\infty\\ \Delta t\to 0}}\sum_{k=1}^{N}\frac{S_{0k}^2}{2\sigma_n^2}=\frac{1}{n_0}\int_0^T s_0^2(t)\mathrm{d}t \tag{6-19d}$$

将式(6-19)代入式(6-18)中，取对数后化简，得

$$\ln\lambda(X)=\frac{2}{n_0}\left[\int_0^T s_1(t)x(t)\mathrm{d}t-\int_0^T s_0(t)x(t)\mathrm{d}t\right]-\frac{1}{n_0}\left[\int_0^T s_1^2(t)\mathrm{d}t-\int_0^T s_0^2(t)\mathrm{d}t\right] \tag{6-20}$$

根据错误概率最小准则式(6-16)得

$$\begin{cases}\dfrac{2}{n_0}\left[\displaystyle\int_0^T s_1(t)x(t)\mathrm{d}t-\int_0^T s_0(t)x(t)\mathrm{d}t\right]- \\ \quad\dfrac{1}{n_0}\left[\displaystyle\int_0^T s_1^2(t)\mathrm{d}t-\int_0^T s_0^2(t)\mathrm{d}t\right]<\ln\lambda_0,\quad \text{判决为 } D_0 & (6\text{-}21\text{a}) \\ \dfrac{2}{n_0}\left[\displaystyle\int_0^T s_1(t)x(t)\mathrm{d}t-\int_0^T s_0(t)x(t)\mathrm{d}t\right]- \\ \quad\dfrac{1}{n_0}\left[\displaystyle\int_0^T s_1^2(t)\mathrm{d}t-\int_0^T s_0^2(t)\mathrm{d}t\right]>\ln\lambda_0,\quad \text{判决为 } D_1 & (6\text{-}21\text{b})\end{cases}$$

进一步整理得判决规则为

$$\begin{cases}\dfrac{2}{n_0}\left[\displaystyle\int_0^T s_1(t)x(t)\mathrm{d}t-\int_0^T s_0(t)x(t)\mathrm{d}t\right]<\ln\lambda_0+ \\ \quad\dfrac{1}{n_0}\left[\displaystyle\int_0^T s_1^2(t)\mathrm{d}t-\int_0^T s_0^2(t)\mathrm{d}t\right],\quad \text{判决为 } D_0 & (6\text{-}22\text{a}) \\ \dfrac{2}{n_0}\left[\displaystyle\int_0^T s_1(t)x(t)\mathrm{d}t-\int_0^T s_0(t)x(t)\mathrm{d}t\right]>\ln\lambda_0+ \\ \quad\dfrac{1}{n_0}\left[\displaystyle\int_0^T s_1^2(t)\mathrm{d}t-\int_0^T s_0^2(t)\mathrm{d}t\right],\quad \text{判决为 } D_1 & (6\text{-}22\text{b})\end{cases}$$

或者

$$\begin{cases}\displaystyle\int_0^T s_1(t)x(t)\mathrm{d}t-\int_0^T s_0(t)x(t)\mathrm{d}t<V_{\mathrm{T}},\quad \text{判决为 } D_0 & (6\text{-}23\text{b}) \\ \displaystyle\int_0^T s_1(t)x(t)\mathrm{d}t-\int_0^T s_0(t)x(t)\mathrm{d}t>V_{\mathrm{T}},\quad \text{判决为 } D_1 & (6\text{-}23\text{a})\end{cases}$$

式中

$$V_{\mathrm{T}}=\frac{n_0}{2}\ln\lambda_0+\frac{1}{2}\int_0^T(s_1^2(t)-s_0^2(t))\mathrm{d}t \tag{6-24}$$

通常 V_{T} 称为判决门限，它与信号的先验概率 $P(H_1)$ 和 $P(H_0)$ 以及二元确知信号的能量 $\int_0^T s_1^2(t)\mathrm{d}t$ 和 $\int_0^T s_0^2(t)\mathrm{d}t$ 及噪声功率谱密度有关，当 $P(H_1)=P(H_0)$，且二元信号能量相等时，$V_{\mathrm{T}}=0$。基于式(6-23)可画出二元确知信号最佳接收机模型如图 6-2 所示。

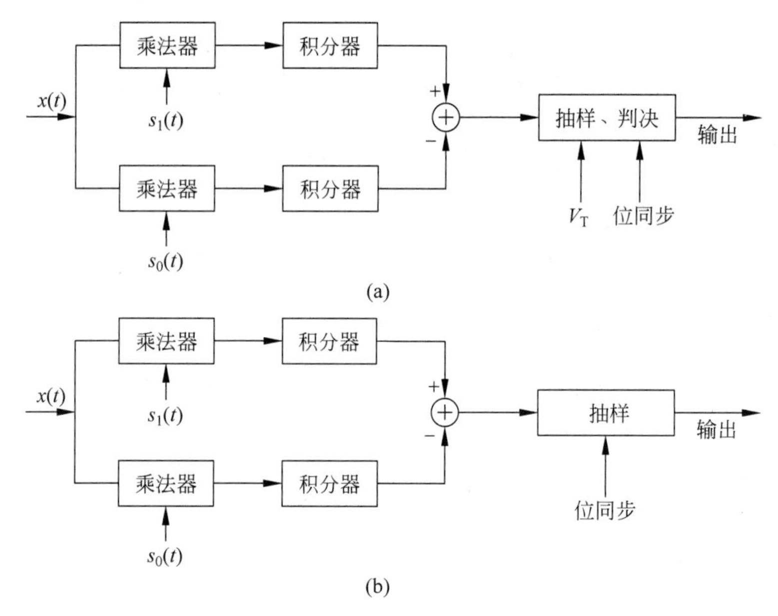

图 6-2 二元通信系统的最佳接收机模型

图 6-2(a)所示为最佳接收机的一般形式，图 6-2(b)所示为确知信号等概率等能量时的形式。图中各支路上的乘法器和积分器合起来称为相关器，因此通常称这种接收机为相关接收机。

例 6.1 在 2ASK 系统中，发送信号 $s_0(t)$ 和 $s_1(t)$ 分别表示为

$$\begin{cases} s_1(t)=A\cos 2\pi f_c t, & 0\leqslant t\leqslant T \\ s_0(t)=0, & 0\leqslant t\leqslant T \end{cases}$$

且发送 $s_0(t)$ 和 $s_1(t)$ 概率相等，信道加性高斯白噪声双边功率谱密度为 $n_0/2$。试构成相关器形式的最佳接收机结构，对于发送“110”信息，请画出各点时间波形。

解：根据题意，由式(6-23)和式(6-24)计算可得

$$\ln\lambda_0=\ln\frac{P(H_0)}{P(H_1)}=0$$

$$V_{\mathrm{T}}=\frac{n_0}{2}\ln\lambda_0+\frac{1}{2}\left\{\int_0^T(s_1^2(t)-s_0^2(t))\mathrm{d}t\right\}=\frac{1}{2}\int_0^T s_1^2(t)\mathrm{d}t=\frac{1}{4}A^2T$$

故 2ASK 信号最佳接收机为

$$\begin{cases} \int_0^T s_1(t)x(t)\mathrm{d}t<V_{\mathrm{T}}, & \text{判决为 } D_0 \\ \int_0^T s_1(t)x(t)\mathrm{d}t>V_{\mathrm{T}}, & \text{判决为 } D_1 \end{cases}$$

最佳接收机结构及各点波形如图 6-3 所示，最佳接收机的抽样时刻应选在码元结束时刻。

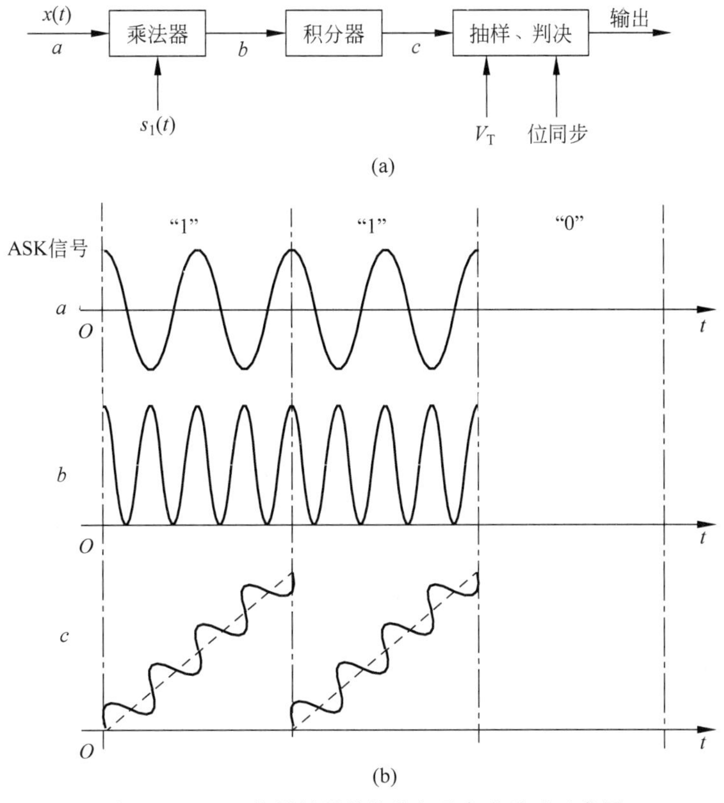

图 6-3　2ASK 信号的最佳接收机及各点波形示意图

例 6.2　在二进制数字基带系统中，发送信号 $s_0(t)$和 $s_1(t)$如图 6-4 所示，若发送 $s_0(t)$和 $s_1(t)$的概率相等，信道加性高斯白噪声双边功率谱密度为 $n_0/2$，试构成相关器形式的最佳接收机，对于发送"110"信息，请画出各点时间波形。

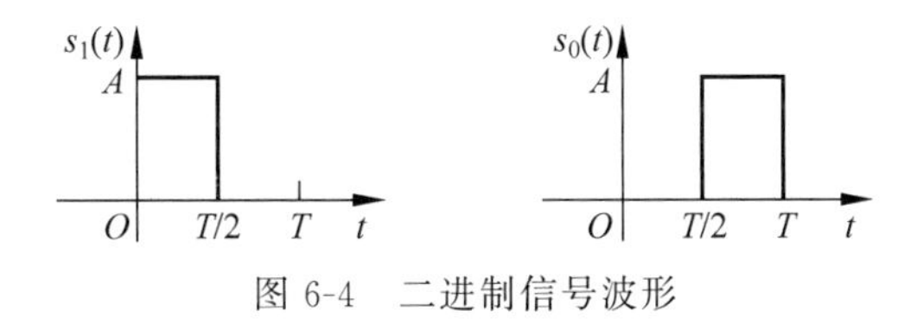

图 6-4　二进制信号波形

解：根据题意，可求出

$$\ln\lambda_0 = \ln\frac{P(H_0)}{P(H_1)} = 0$$

$$V_T = \frac{n_0}{2}\ln\lambda_0 + \frac{1}{2}\left\{\int_0^T (s_1^2(t) - s_0^2(t))\mathrm{d}t\right\} = 0$$

故二进制基带信号最佳接收机为

$$\begin{cases}\int_0^T s_1(t)x(t)\mathrm{d}t < \int_0^T s_0(t)x(t)\mathrm{d}t, & \text{判决为 } D_0 \\ \int_0^T s_1(t)x(t)\mathrm{d}t > \int_0^T s_0(t)x(t)\mathrm{d}t, & \text{判决为 } D_1\end{cases}$$

可得最佳接收机结构及波形如图 6-5 所示。

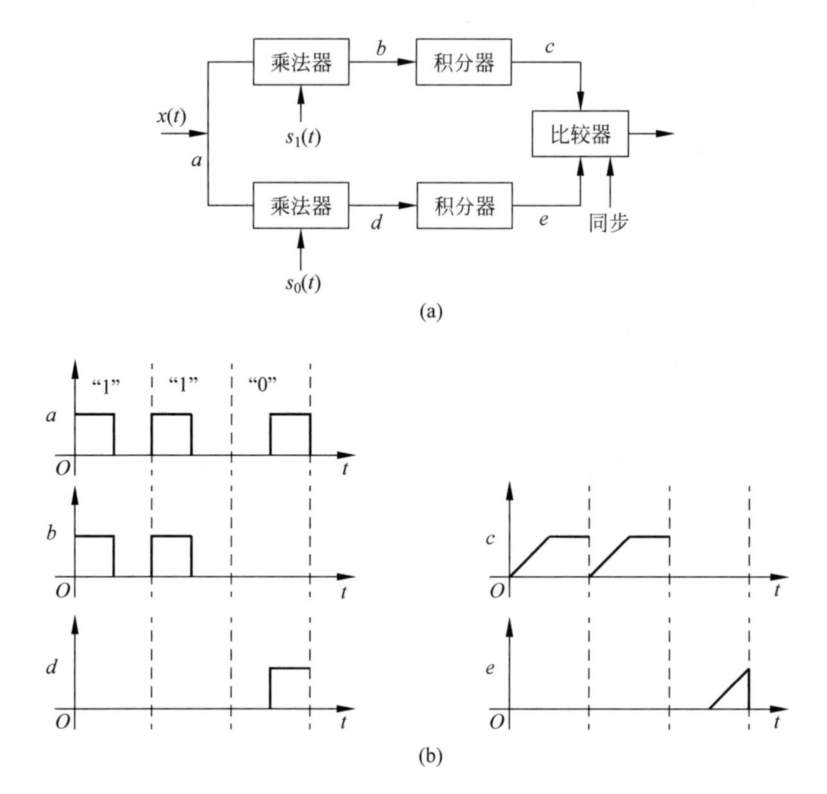

图 6-5　最佳接收机结构及波形

6.2.2 最佳接收机的性能分析

最佳接收机的检测性能通常也用平均错误概率 P_e 来表示。计算 P_e 的思路是根据判决规则式(6-23)，也就是求出在假设 H_0 和 H_1 条件下的漏报概率和虚警概率，从而求出平均错误概率 P_e，其计算公式为

$$P_e = P(H_0)P(D_1/H_0) + P(H_1)P(D_0/H_1) \tag{6-25}$$

其中，漏报概率 $P(D_0/H_1)$ 可以表示为

$$P(D_0/H_1) = P\left\{\int_0^T [s_1(t) - s_0(t)]x(t)\mathrm{d}t = \int_0^T [s_1(t) - s_0(t)] \cdot [s_1(t) + n(t)]\mathrm{d}t < V_T\right\} \tag{6-26}$$

虚警概率 $P(D_1/H_0)$ 可以表示为

$$P(D_1/H_0) = P\left\{\int_0^T [s_1(t) - s_0(t)]x(t)\mathrm{d}t = \int_0^T [s_1(t) - s_0(t)] \cdot [s_0(t) + n(t)]\mathrm{d}t > V_T\right\} \tag{6-27}$$

式中，$n(t)$ 为加性高斯白噪声，其单边功率谱密度为 n_0；V_T 可以利用式(6-24)求得。

假设二元信号 $s_0(t)$ 和 $s_1(t)$ 在 $0 \leqslant t \leqslant T$ 期间的平均能量 E_s 相等，即

$$E_s = \int_0^T s_1^2(t)\mathrm{d}t = \int_0^T s_0^2(t)\mathrm{d}t \tag{6-28}$$

相关系数 ρ 可以表示为

$$\rho=\frac{1}{E_s}\int_0^T s_1(t)s_0(t)\mathrm{d}t \tag{6-29}$$

经计算推导可以得到先验概论 $P(H_0)$ 和 $P(H_1)$ 相等情况下的平均错误概率为

$$P_e=\frac{1}{2}\mathrm{erfc}\left[\sqrt{\frac{E_s(1-\rho)}{2n_0}}\right] \tag{6-30}$$

分析式(6-30)可以得到以下结论。

(1) 随信号码元能量 E_s 的增大或噪声功率谱密度 n_0 的降低，错误概率会减小，也就是接收质量得以提高。

(2) 从式(6-29)可以看出，相关系数 ρ 是用来表示信号 $s_0(t)$ 和 $s_1(t)$ 之间相关程度的量，其取值范围是从 -1 到 $+1$ 之间。当互相关系数 $\rho=-1$ 时，平均错误概率 P_e 最小。根据第 5 章阐述的 2ASK、2FSK 和 2PSK 的定义和概念，可求出 2ASK 信号和 2FSK 信号的 $\rho=0$，2PSK 信号的 $\rho=-1$。

除了上述结论以外，还需要注意式(6-30)是基于先验概率 $P(H_0)$ 和 $P(H_1)$ 相等条件得到的，通常在不知道先验概率的情况下可以用等概率条件来假定，因为**等概率条件下的性能最差，因此，对于接收机的接收质量来说，等概率是最不利的情况，如果这种情况都能够满足要求，那么比较好的情况就更没问题了。**

例 6.3　请分别分析对于 2ASK、2FSK 和 2PSK 信号设计的最佳接收机的性能。

解：对于不同的数字频带传输系统，结论如下。

(1) 2ASK 系统

在 2ASK 系统中，设发送信号 $s_0(t)$ 和 $s_1(t)$ 分别表示为

$$\begin{cases} s_1(t)=A\cos 2\pi f_c t, & 0\leqslant t\leqslant T \\ s_0(t)=0, & 0\leqslant t\leqslant T \end{cases}$$

代入式(6-29)，计算可以得到其相关系数 $\rho=0$；在 $0\leqslant t\leqslant T$ 期间，发送“0”时的能量为 $E_{s0}=0$，发送“1”时的能量为 $E_{s1}=(A^2T)/2$；故

$$E_s=\frac{1}{2}E_{s0}+\frac{1}{2}E_{s1}=(A^2T)/4$$

把 E_s 和 ρ 代入式(6-30)可得

$$P_e=\frac{1}{2}\mathrm{erfc}\sqrt{\frac{E_{s1}}{4n_0}}=\frac{1}{2}\mathrm{erfc}\sqrt{\frac{A^2T}{8n_0}} \tag{6-31}$$

(2) 2FSK 系统

在 2FSK 系统中，设发送信号 $s_0(t)$ 和 $s_1(t)$ 分别表示为

$$\begin{cases} s_1(t)=A\cos 2\pi f_1 t, & 0\leqslant t\leqslant T \\ s_0(t)=A\cos 2\pi f_0 t, & 0\leqslant t\leqslant T \end{cases}$$

其中，$f_1=5/T$，$f_0=3/T$。则相关系数 ρ 和平均能量 E_s 可以分别表示为

$$\rho=\frac{1}{E_s}\int_0^T s_1(t)s_0(t)\mathrm{d}t=\frac{1}{E_s}\int_0^T A\cos 2\pi\frac{5}{T}A\cos 2\pi\frac{3}{T}\mathrm{d}t=0$$

$$E_s=E_{s0}=E_{s1}=(A^2T)/2$$

把 E_s 和 ρ 代入式(6-30)可得

$$P_e=\frac{1}{2}\mathrm{erfc}\sqrt{\frac{E_s}{2n_0}}=\frac{1}{2}\mathrm{erfc}\sqrt{\frac{A^2T}{4n_0}} \tag{6-32}$$

(3) 2PSK 系统

在 2PSK 系统中,设发送信号 $s_0(t)$ 和 $s_1(t)$ 分别表示为

$$\begin{cases} s_1(t)=A\cos 2\pi f_c t, & 0\leqslant t\leqslant T \\ s_0(t)=-s_1(t), & 0\leqslant t\leqslant T \end{cases}$$

则相关系数 ρ 和平均能量 E_s 可以分别表示为

$$\rho=\frac{1}{E_s}\int_0^T s_1(t)s_0(t)\mathrm{d}t=-1$$

$$E_s=E_{s0}=E_{s1}=(A^2T)/2$$

把 E_s 和 ρ 代入式(6-30)可得

$$P_e=\frac{1}{2}\mathrm{erfc}\sqrt{\frac{E_s}{n_0}}=\frac{1}{2}\mathrm{erfc}\sqrt{\frac{A^2T}{2n_0}} \tag{6-33}$$

由于 erfc(·)是递减函数,故式(6-31)、式(6-32)和式(6-33)的计算中可以看到,PSK 信号是最佳形式,2PSK 系统在与 2FSK 系统平均信号能量 E_s 相同的情况下有更小的 P_e,当 2ASK 系统与 2FSK 系统平均信号能量相等时,它们的系统 P_e 相等;当 2ASK 信号"1"的振幅与 2FSK 信号振幅相同时,2ASK 系统抗噪声性能比 2FSK 系统差。

当然上述分析方法也可以针对不同的数字基带系统进行分析,这里不再一一列举。

6.3 二元随参信号的最佳接收

确知信号的最佳接收是信号解调的一种理想情况。实际上,由于种种原因,接收信号的各个参数,例如相位和幅度等都或多或少带有随机因素,因而在解调时除了不可避免会因噪声造成判决错误外,信号参数的未知性是解调错误的另一个因素。但是,由于这些随机参数并不携带有关假设的信息,因此其影响仅仅是妨碍解调的正确执行。

6.3.1 随相信号的最佳接收

随机相位信号简称随相信号,其特点是接收信号的相位具有随机的性质。随相信号是具有随机性参数的信号中最常见的一种,而产生随相信号的原因主要包括传输媒质的畸变等因素,例如在多径传播中,不同路径有不同的传输时延,以及在发射机至接收机的传输媒质中存在快速变化的时延等。

随相信号最佳接收问题的分析思路,与确知信号最佳接收的分析思路一致,即根据信号和噪声求出似然函数,代入错误概率最小准则式,化简后的表达式就是随相信号的最佳接收机。二元随相信号有多种形式,例如 2ASK 和 2FSK 等,这里选用具有随机相位的 2FSK 信号为例,对最佳接收机的模型和性能进行分析讨论。

1. 最佳接收机模型

设在所接收到的信号 $x(t)$ 中的有用信号为

$$\begin{cases}\text{假设 } H_0 \text{ 时}, \quad s_0(t,\varphi_0)=A\cos(\omega_0 t+\varphi_0), \quad 0\leqslant t\leqslant T & \text{(6-34a)}\\ \text{假设 } H_1 \text{ 时}, \quad s_1(t,\varphi_1)=A\cos(\omega_1 t+\varphi_1), \quad 0\leqslant t\leqslant T & \text{(6-34b)}\end{cases}$$

式中 ω_0 与 ω_1 是满足正交条件的两个载波频率；φ_0 与 φ_1 是每个信号的随机相位参数，它们在$[0,2\pi]$区间内服从均匀分布，即

$$f(\varphi_0)=\begin{cases}1/2\pi, & 0\leqslant\varphi_0\leqslant 2\pi\\ 0, & \text{其他}\end{cases} \tag{6-35a}$$

$$f(\varphi_1)=\begin{cases}1/2\pi, & 0\leqslant\varphi_1\leqslant 2\pi\\ 0, & \text{其他}\end{cases} \tag{6-35b}$$

设信道是加性高斯白噪声信道，噪声 $n(t)$的单边功率谱密度为 n_0，则

$$\begin{cases}\text{假设 } H_0 \text{ 时}, \quad x(t)=s_0(t,\varphi_0)+n(t)=A\cos(\omega_0 t+\varphi_0)+n(t), \\ \qquad 0\leqslant t\leqslant T & \text{(6-36a)}\\ \text{假设 } H_1 \text{ 时}, \quad x(t)=s_1(t,\varphi_1)+n(t)=A\cos(\omega_1 t+\varphi_1)+n(t), & \text{(6-36b)}\\ \qquad 0\leqslant t\leqslant T\end{cases}$$

计算似然函数比为

$$\lambda(x)=\frac{f(X/s_1)}{f(X/s_0)} \tag{6-37}$$

根据概率论知识，可以得到关系式

$$\begin{cases}f(X/s_0)=\int_0^{2\pi} f(\varphi_0)f(X/s_0,\varphi_0)\mathrm{d}\varphi_0\\ f(X/s_1)=\int_0^{2\pi} f(\varphi_1)f(X/s_1,\varphi_1)\mathrm{d}\varphi_1\end{cases} \tag{6-38}$$

将式(6-38)代入式(6-37)，经推导计算(具体推导过程请参阅相关文献)可以得到

$$\lambda(x)=\frac{I_0\left(\dfrac{2A}{n_0}M_1\right)}{I_0\left(\dfrac{2A}{n_0}M_0\right)} \tag{6-39}$$

式中，$I_0(x)$是零阶贝塞尔函数，参数 M_0 和 M_1 可以表示为

$$\begin{cases}X_0=\int_0^T x(t)\cos\omega_0 t\,\mathrm{d}t\\ Y_0=\int_0^T x(t)\sin\omega_0 t\,\mathrm{d}t\\ M_0=\sqrt{X_0^2+Y_0^2}\end{cases} \tag{6-40}$$

$$\begin{cases}X_1=\int_0^T x(t)\cos\omega_1 t\,\mathrm{d}t\\ Y_1=\int_0^T x(t)\sin\omega_1 t\,\mathrm{d}t\\ M_1=\sqrt{X_1^2+Y_1^2}\end{cases} \tag{6-41}$$

若发送信号如式(6-34)，它们的先验概率相等，采用错误概率最小准则对观测空间样值做出判决，结合式(6-39)计算得到的结论，则有

$$\begin{cases} I_0\left(\frac{2A}{n_0}M_1\right) < I_0\left(\frac{2A}{n_0}M_0\right), & \text{判决为 } D_0 \quad (6\text{-}42\text{a}) \\ I_0\left(\frac{2A}{n_0}M_1\right) > I_0\left(\frac{2A}{n_0}M_0\right), & \text{判决为 } D_1 \quad (6\text{-}42\text{b}) \end{cases}$$

考虑到零阶修正贝塞尔函数 $I_0(x)$是严格单调递增函数，所以若 $I_0(x_1)>I_0(x_0)$，则有 $x_1>x_0$。由于 M_0 和 M_1 取值范围均为大于 0 的实数，从而由式(6-42)可得

$$\begin{cases} M_1 < M_0 \text{ 或 } M_1^2 < M_0^2, & \text{判决为 } D_0 \quad (6\text{-}43\text{a}) \\ M_1 > M_0 \text{ 或 } M_1^2 > M_0^2, & \text{判决为 } D_1 \quad (6\text{-}43\text{b}) \end{cases}$$

式(6-43)即二元随相信号最佳接收机的数学表达式，根据此式可构成最佳接收机模型如图 6-6 所示，其中，相关器由乘法器和积分器组成。

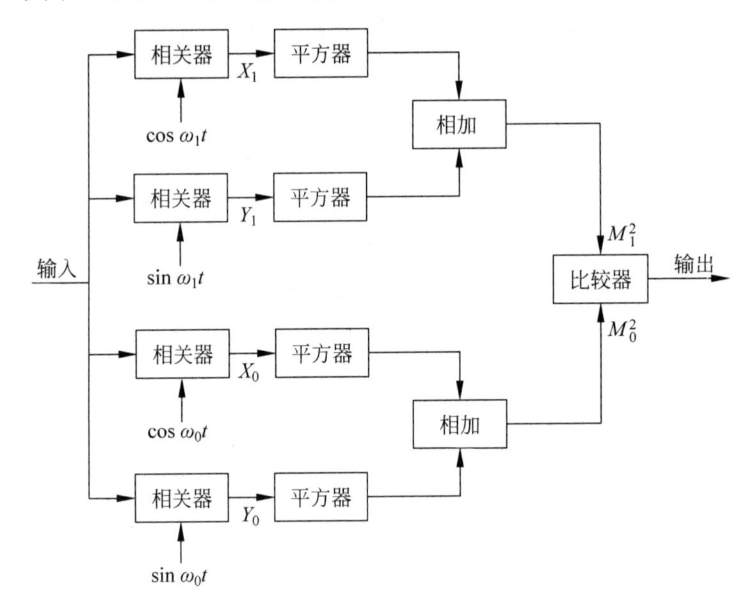

图 6-6 二元随相信号最佳接收机

由图 6.6 可以看出，在加性高斯白噪声信道中，输入相位随机变化的 2FSK 信号时，错误概率最小的最佳接收机是先使用相关器，分别用 $\cos\omega_1 t$、$\sin\omega_1 t$、$\cos\omega_0 t$ 和 $\sin\omega_0 t$ 对接收到的信号 $x(t)$进行相关处理，相关时间为 $0\leqslant t\leqslant T$。**为了消除$\boldsymbol{\varphi_0}$与$\boldsymbol{\varphi_1}$的影响，将角频率相同时相关器的输出进行平方相加，再开方或直接进行比较判决输出信号。**

2. 接收机的性能分析

二元随相信号最佳接收机的检测性能的分析思路与二元确知信号性能的分析思路类似，也是首先求出在假设 H_0 和 H_1 条件下的 M_0 和 M_1 表示式及其概率分布函数，再根据判决规则求出漏报概率和虚警概率，从而求出平均错误概率 P_e。经推导，在假设 H_0 和 H_1 等概率条件下，错误概率 P_e 可以表示为

$$P_e = \frac{1}{2}\exp\left(-\frac{E_s}{2n_0}\right) \tag{6-44}$$

需要指出，上述最佳接收机及其误码率公式的形式类似于 2FSK 确知信号的非相干接收机和误码率。因为随相信号的相位带有由信道引入的随机变化，所以在接收端不可能采

用相干解调方法。换句话说，**相干解调只适用于相位确知的信号。对于随相信号而言，非相干解调才是最佳的接收方法**。

6.3.2 起伏信号的最佳接收

当信号经过多径传播，信号的包络会发生随机起伏，相位也会出现随机变化的现象，通常将这种信号称为起伏信号。现在仍以 2FSK 信号为例简要讨论起伏信号的最佳接收问题。

1. 最佳接收机模型

设通信系统中的噪声是带限高斯白噪声，并设信号是互不相关的等能量、等先验概率的 2FSK 信号，则它可以表示为

$$\begin{cases}\text{假设 } H_0 \text{ 时，} \quad s_0(t,\varphi_0,A_0)=A_0\cos(\omega_0 t+\varphi_0), \quad 0\leqslant t\leqslant T & \text{(6-45a)}\\ \text{假设 } H_1 \text{ 时，} \quad s_1(t,\varphi_1,A_1)=A_1\cos(\omega_1 t+\varphi_1), \quad 0\leqslant t\leqslant T & \text{(6-45b)}\end{cases}$$

式中，A_0 和 A_1 是由多径效应引起的随机起伏的信号包络，它们服从相同的瑞利分布

$$f(A_i)=\frac{A_i}{\sigma_s^2}\exp\left(-\frac{A_i^2}{2\sigma_s^2}\right), \quad A_i\geqslant 0, \quad i=0,1 \tag{6-46}$$

式中，σ_s^2 为信号的功率；而 φ_0 和 φ_1 的概率密度服从均匀分布

$$f(\varphi_i)=\frac{\pi}{2}, \quad 0\leqslant\varphi_i\leqslant 2\pi, \quad i=0,1 \tag{6-47}$$

此外，由于 A_i 是余弦波的振幅，所以信号 $s_i(t,\varphi_i,A_i)$ 的功率 σ_s^2 和其振幅 A_i 的均方值之间的关系为

$$E\{A_i^2\}=\sigma_s^2 \tag{6-48}$$

有了上述假设，就可以计算这时接收矢量的概率密度函数，由于接收矢量不但具有随机相位，还具有随机起伏的振幅，故式(6-38)需要改写为

$$\begin{cases}f(X/s_0)=\int_0^{2\pi}\int_0^{\infty}f(A_0)f(\varphi_0)f(X/s_0,\varphi_0)\mathrm{d}A_0\mathrm{d}\varphi_0\\ f(X/s_1)=\int_0^{2\pi}\int_0^{\infty}f(A_1)f(\varphi_1)f(X/s_1,\varphi_1)\mathrm{d}A_1\mathrm{d}\varphi_1\end{cases} \tag{6-49}$$

利用概率论的知识推导，式(6-49)的计算结果为

$$\begin{cases}f(X/s_0)=K'\dfrac{n_0}{n_0+T\sigma_s^2}\exp\left[-\dfrac{2\sigma_s^2M_0^2}{n_0(n_0+T\sigma_s^2)}\right]\\ f(X/s_1)=K'\dfrac{n_0}{n_0+T\sigma_s^2}\exp\left[-\dfrac{2\sigma_s^2M_1^2}{n_0(n_0+T\sigma_s^2)}\right]\end{cases} \tag{6-50}$$

式中，n_0 表示噪声单边功率谱密度，K'可以表示为

$$K'=\frac{1}{(\sqrt{2\pi}\sigma_n)^N}\exp\left[-\frac{1}{n_0}\int_0^T x^2(t)\mathrm{d}t\right] \tag{6-51}$$

式中，N 表示对 $x(t)$进行观测的抽样的次数。

对于互不相关的等能量、等先验概率的 2FSK 信号，利用式(6-50)和式(6-51)计算似然函数比并进行判决，实际上就是比较 $f(X/s_0)$和 $f(X/s_1)$的大小，进而转换为 M_0^2 和 M_1^2 的比较，这与随相信号最佳接收一样。所以不难得出推论，**起伏信号最佳接收机的结构和随相**

信号最佳接收机一样，如图 6-6 所示。

2. 接收机的性能分析

由于信号的包络会发生随机起伏，接收机的性能与随相信号的误码率存在较大的差异，经推导可以得到

$$P_e = \frac{1}{2 + (\bar{E}/n_0)} \tag{6-52}$$

式中，$\bar{E}$ 为接收码元的统计平均能量。

为了比较 2FSK 信号在无衰落和有多径衰落时的误码率性能，经过计算可以得到，在有衰落时，性能随误码率下降而迅速变坏。当误码率 P_e 为 10^{-2} 时，衰落使性能下降约 10dB；当误码率 P_e 为 10^{-3} 时，会下降约 20dB。

6.4 实际接收机与最佳接收机的比较

实际接收机种类繁多，为了分析简单，这里以数字频带接收机为例，与相应调制方式的最佳接收机误码率公式进行对比，对比结果如表 6-1 所示。

表 6-1 实际接收机与最佳接收机性能比较

名称	实际接收机	最佳接收机	备注
相干 2PSK	$P_e = \frac{1}{2}\mathrm{erfc}\sqrt{r}$ 式(5-92)	$P_e = \frac{1}{2}\mathrm{erfc}\sqrt{\frac{E_s}{n_0}}$ 式(6-33)	r 既是“1”码的信噪比(ASK)，也是“1”和“0”码的平均信噪比(FSK，PSK)。E_s 既是“1”码一个周期内的能量，也是“1”和“0”码一个周期内的平均能量(FSK，PSK)。E_{s1} 是“1”码一个周期内的能量。
相干 2FSK	$P_e = \frac{1}{2}\mathrm{erfc}\sqrt{\frac{r}{2}}$ 式(5-57)	$P_e = \frac{1}{2}\mathrm{erfc}\sqrt{\frac{E_s}{2n_0}}$ 式(6-32)	
非相干 2FSK	$P_e = \frac{1}{2}\exp\left(-\frac{r}{2}\right)$ 式(5-63)	$P_e = \frac{1}{2}\exp\left(-\frac{E_s}{2n_0}\right)$ 式(6-44)	
相干 2ASK	$P_e = \frac{1}{2}\mathrm{erfc}\sqrt{\frac{r}{4}}$ 式(5-27)	$P_e = \frac{1}{2}\mathrm{erfc}\sqrt{\frac{E_{s1}}{4n_0}}$ 式(6-31)	

从表 6-1 中可发现实际接收机与最佳接收机误码率公式的形式是一样的，其中 r 对应于 E_s/n_0，因此，**两种接收机性能的比较主要看相同条件下 r 与 E_s/n_0 的相互关系。**

在实际接收机中，信号和噪声总是先通过带通滤波器，然后进行相干解调。因此，实际接收机的信噪比 r 与带通滤波器的特性有关。假设带通滤波器为理想滤波器，信号能顺利通过，并尽可能地限制带外噪声通过，则信噪比 r 为信号平均功率 S 和通带内噪声功率 N 之比。设滤波器的带宽为理想矩形，用 B 表示，则

$$r = \frac{S}{N} = \frac{S}{n_0 B} \tag{6-53}$$

对于最佳接收机来说，由于 $E_s = ST$，故 E_s/n_0 可表示为

$$\frac{E_s}{n_0} = \frac{ST}{n_0} = \frac{S}{n_0(1/T)} \tag{6-54}$$

比较式(6-53)与式(6-54)可以发现，如果要使实际接收系统和最佳接收系统性能相同，则必须满足

$$B=\frac{1}{T} \tag{6-55}$$

但 $1/T$ 是码元速率，实际接收机带通滤波器的带宽 B 如果取 $1/T$，则必然滤除部分信号成分，使信号造成严重失真，例如对于 2ASK 和 2PSK 信号，为了让第一个过零点之内的信号频率成分通过，通常将它们的信号带宽设为 $2/T$，因此，带通滤波器带宽 B 至少是基带信号带宽的两倍，如第 5 章所描述的那样。当然，为了使已调信号的更多频率成分(第二个过零点之内)顺利通过带通滤波器，有时所需带宽 B 约为 $4/T$，因此，为了获得相同的系统性能，实际接收机的信噪比要比最佳接收机的信噪比增加 6dB 以上。由此可见，实际接收系统的性能总是比最佳系统性能差。

6.5　数字信号的匹配滤波接收

匹配滤波器是指符合最大信噪比准则的最佳线性滤波器。其中最大信噪比是指输出信号在某一时刻的瞬时功率与噪声平均功率之比达到最大，按照该准则设计的滤波器只要求能从滤波器输出端的某一瞬间检测有无信号，而不关心信号波形是否失真，这对数字通信是适用的，因为对于数字信号，只要在抽样判决时刻信噪比达到最大，误码率就能达到最小。

6.5.1　基本原理

假设有一个线性滤波器 $H(\omega)$，其输入端加入信号和噪声的混合波 $x(t)$，输出为 $y(t)$，具体结构如图 6-7 所示。

图 6-7　线性滤波器输入和输出的关系

在图 6-7 所示结构中，线性滤波器 $H(\omega)$输入端的 $x(t)$可以表示为

$$x(t)=s_i(t)+n_i(t) \tag{6-56}$$

假定噪声 $n_i(t)$为白噪声，其双边功率谱密度为 $n_0/2$，信号 $s_i(t)$的频谱为 $S_i(\omega)$，线性滤波器的传递函数为 $H(\omega)$。根据线性滤波器的叠加原理，线性滤波器的输出可以表示为

$$y(t)=s_o(t)+n_o(t) \tag{6-57}$$

式中

$$s_0(t)=\frac{1}{2\pi}\int_{-\infty}^{\infty} H(\omega)S_i(\omega)e^{j\omega t}d\omega \tag{6-58}$$

为了求出线性滤波器 $H(\omega)$的输出噪声功率，需要首先计算它的输出功率谱密度。而一个随机过程通过线性系统时，其输出功率谱密度等于输入功率谱密度乘以系统传输函数 $H(\omega)$模的平方，功率是对功率谱密度在整个频率范围积分。所以，这时的输出噪声功率为

$$N_o=\frac{1}{2\pi}\int_{-\infty}^{\infty} |H(\omega)|^2\frac{n_0}{2}d\omega \tag{6-59}$$

设 t_0 为某一个判决时刻，则在 t_0 时刻，线性滤波器 $H(\omega)$输出信号的瞬时功率与噪声功率之比为

$$r_o=\frac{|s_o(t_0)|^2}{N_o}=\frac{\left|(1/2\pi)\int_{-\infty}^{\infty}H(\omega)S_i(\omega)e^{j\omega t}d\omega\right|^2}{(n_0/4\pi)\int_{-\infty}^{\infty}|H(\omega)|^2d\omega} \tag{6-60}$$

由式(6-60)可以看到，r_o 与线性滤波器 $H(\omega)$ 密切相关，如能找到一个最佳的 $H(\omega)$，就能求得最大的 r_o。这个问题可以利用施瓦兹(Schwartz)不等式加以解决，即

$$\left|\int_{-\infty}^{\infty}X(\omega)Y(\omega)d\omega\right|^2\leqslant\int_{-\infty}^{\infty}|X(\omega)|^2d\omega\cdot\int_{-\infty}^{\infty}|Y(\omega)|^2d\omega \tag{6-61}$$

式中，$X(\omega)$ 和 $Y(\omega)$ 都是实变量 ω 的复变函数，只有满足 $X(\omega)=KY^*(\omega)$（K 为任意常数）条件，式(6-61)才能取等号。因此，把施瓦兹不等式应用到式(6-60)中，并假设 $X(\omega)=H(\omega)$，$Y(\omega)=S_i(\omega)e^{j\omega t_0}$，则

$$r_o\leqslant\frac{(1/2\pi)^2\int_{-\infty}^{\infty}|H(\omega)|^2d\omega\int_{-\infty}^{\infty}|S_i(\omega)|^2d\omega}{(n_0/4\pi)\int_{-\infty}^{\infty}|H(\omega)|^2d\omega}=\frac{(1/2\pi)\int_{-\infty}^{\infty}|S_i(\omega)|^2d\omega}{\frac{n_0}{2}}=\frac{2E_s}{n_0} \tag{6-62}$$

其中，$(1/2\pi)\int_{-\infty}^{\infty}|S_i(\omega)|^2d\omega=E_s$；同时，式(6-62)说明线性滤波器所能给出的最大输出信噪比为

$$r_{o\max}=\frac{2E_s}{n_0} \tag{6-63}$$

根据施瓦兹不等式中等号成立的条件 $X(\omega)=KY^*(\omega)$，则可得不等式(6-62)中等号成立的条件，也就是最佳滤波器的传输函数，即

$$H(\omega)=KS_i^*(\omega)e^{-j\omega t_0} \tag{6-64}$$

在式(6-64)中，K 为常数；$S_i^*(\omega)$ 表示输入信号谱的复数共扼值。而式(6-64)就是保证线性滤波器输出信噪比达到最大值的最佳传输函数 $H(\omega)$ 的表达式，此式说明，**当线性滤波器传输函数 $H(\omega)$ 为输入信号频谱 $S_i(\omega)$ 的复共轭时，该滤波器可给出最大的输出信噪比。这样的滤波器也称为匹配滤波器。**

6.5.2 匹配滤波器的主要性质

深入了解匹配滤波器的相关性质，对理解和应用匹配滤波器至关重要。

1. 最大输出信噪比

匹配滤波器在 t_0 时刻可获得最大输出信噪比，其数值为 $2E_s/n_0$。这个数值仅取决于输入信号码元能量和白噪声谱密度，而与输入信号的形状和噪声的分布无关。这一方面说明对于给定的信道，要想增大输出瞬时功率信噪比，只有增大输入信号的能量；另一方面说明无论什么信号，只要它们的能量相同，白噪声谱密度相同，那么它们各自匹配滤波器输出在 t_0 时刻信噪比数值是一样的。当然，有时为了进一步的性能计算，通常会假设噪声是高斯白噪声。

2. 幅频和相频特性

由式(6-64)可以得到

$$|H(\omega)| = K|S_i(\omega)| \tag{6-65a}$$

$$\varphi(\omega) = -\varphi_{s_i}(\omega) - \omega t_0 \tag{6-65b}$$

式(6-65a)为的幅频特性,式(6-65b)为相频特性。这两个公式分别表明,如下两方面性质。

(1) 匹配滤波器的幅频特性与输入信号的幅频特性一致。其目的在于信号强的频率成分滤波器衰减小,信号弱的频率成分滤波器衰减大,这样可相对应地加强信号和减弱噪声,使滤波器尽可能地滤除噪声的影响。

(2) 匹配滤波器的相频特性与输入信号的相频特性反相,并有一个附加的相位项。其目的在于对相频特性为 $\varphi_{s_i}(\omega)$ 的输入信号,通过滤波器时仅保留线性相位项,这就意味着这些不同频率成分在某一特定时刻 t_0 全部都是同相,因此能在此时刻同相相加,从而形成输出信号峰值。由于噪声的随机性,因此匹配滤波器的相频特性对噪声无影响。

3. 输出特性

若输入信号为 $s_i(t)$,其傅里叶变换为 $S_i(\omega)$,则 $s_i(t)$ 通过式(6-64)描述的匹配滤波器后,输出信号可以表示为

$$\begin{aligned} S_o(\omega) &= S_i(\omega)H(\omega) \\ &= S_i(\omega)KS_i^*(\omega)e^{-j\omega t_0} = K|S_i(\omega)|^2 e^{-j\omega t_0} \end{aligned} \tag{6-66}$$

对式(6-66)求傅里叶反变换,可以得到

$$\begin{aligned} s_o(t) &= \frac{1}{2\pi}\int_{-\infty}^{\infty} S_o(\omega)e^{j\omega t}d\omega \\ &= \frac{1}{2\pi}\int_{-\infty}^{\infty} K|S_i(\omega)|^2 e^{-j\omega t_0}e^{j\omega t}d\omega = KR(t-t_0) \end{aligned} \tag{6-67}$$

实际上,式(6-67)还可以理解为信号功率谱密度 $|S_i(\omega)|^2$ 与相关函数的关系。可见,匹配滤波器的输出是输入信号的自相关函数乘上系数 K,则

$$s_o(t) = KR(t-t_0) \tag{6-68}$$

当 $t=t_0$ 刻,其值为输入信号码元的能量 E_s 乘上系数 K。

4. 匹配滤波器的冲激响应

对式(6-64)进行傅里叶反变换,可以得到匹配滤波器的冲激响应,即

$$\begin{aligned} h(t) &= \frac{1}{2\pi}\int_{-\infty}^{\infty} H(\omega)e^{j\omega t}d\omega = \frac{1}{2\pi}\int_{-\infty}^{\infty} KS_i^*(\omega)e^{-j\omega t_0}e^{j\omega t}d\omega \\ &= \frac{K}{2\pi}\int_{-\infty}^{\infty}\left[\int_{-\infty}^{\infty} s_i(\tau)e^{-j\omega\tau}d\tau\right]^* e^{-j\omega(t_0-t)}d\omega = K\int_{-\infty}^{\infty}\left[\frac{1}{2\pi}\int_{-\infty}^{\infty} e^{j\omega(\tau-t_0+t)}d\omega\right]s_i(\tau)d\tau \\ &= K\int_{-\infty}^{\infty}\delta(\tau-t_0+t)s_i(\tau)d\tau \end{aligned}$$

因此匹配滤波器的单位冲激响应为

$$h(t) = Ks_i(t_0-t) \tag{6-69}$$

式(6-69)说明匹配滤波器的冲激响应是输入信号 $s_i(t)$ 的镜像信号再平移 t_0。这使得冲激响应与输入信号相匹配,故称匹配滤波器。为了获得物理可实现的匹配滤波器,要求 $t<0$ 时,$h(t)=0$,故式(6-69)可写成

$$h(t) = \begin{cases} Ks_i(t_0-t), & t \geqslant 0 \\ 0, & t < 0 \end{cases} \tag{6-70}$$

为满足式(6-70)条件，必须

$$\begin{cases} s_i(t_0-t)=0, & t<0 \\ s_i(t)=0, & t>t_0 \end{cases} \tag{6-71}$$

式(6-71)说明信号 $s_i(t)$ 持续时间有限，即 $0\leqslant t\leqslant t_0$，这与数字信号的波形描述相对应，其中，$t_0\leqslant T$，$T$ 为码元周期。例如，对于不归零基带信号，$t_0=T$；对于归零基带信号，$t_0<T$。同时，式(6-71)还说明输入信号必须在最大信噪比时刻 t_0 之前结束，也就是说，滤波器得到其最大的输出信噪比 $2E_s/n_0$ 的时刻 t_0 必须是在输入信号 $s_i(t)$ 全部结束之后，因为这样才能得到全部信号码元的 E_s。实际中，一般都将 t_0 时刻选择在输入信号持续时间的末尾，或者 $t_0=T$。

5. 匹配滤波器与信号的幅度和时延无关

信号 $s_i(t)$ 的匹配滤波器，例如式(6-64)和式(6-69)，对于所有其他与 $s_i(t)$ 波形相同，但振幅 a 和时延 τ 不同的信号，例如 $v(t)=s_i(t-\tau)$ 而言，也仍是最佳的匹配滤波器，即匹配滤波器对于波形相同，但振幅和时延不同的信号具有适应性。也就是说，**信号幅度大小以及信号的时间位置都不影响匹配滤波器的形式**，具体证明如下。

证：对于信号 $v(t)$ 的匹配滤波器可以表示为

$$\begin{aligned} H_v(\omega) &= KS_v^*(\omega)\mathrm{e}^{-\mathrm{j}\omega t_0'} = KaS_i^*(\omega)\mathrm{e}^{\mathrm{j}\omega\tau}\mathrm{e}^{-\mathrm{j}\omega t_0'} \\ &= KaS_i^*(\omega)\mathrm{e}^{-\mathrm{j}\omega(t_0'-\tau)} \end{aligned}$$

式中，t_0' 取 $v(t)$ 结束时刻，t_0 若选在 $s_i(t)$ 结束时刻，则 $t_0'=t_0+\tau$，即 t_0' 相对于 t_0 延时了时间 τ，此时

$$H_v(\omega)=KaS_i^*(\omega)\mathrm{e}^{-\mathrm{j}\omega t_0}=aH(\omega)$$

由此可见，两个匹配滤波器之间除了一个表示相对放大量的 a 以外，它的传输函数是完全一致的。所以匹配滤波器 $H(\omega)$ 对于信号 $v(t)=s_i(t-\tau)$ 来说也是匹配的，只不过最大信噪比出现的时刻平移了 τ。

例 6.4 假设信号为单个矩形脉冲，其持续时间为 T，并在 $t=T$ 时消失，如图 6-8(a)所示，且可表示为

$$s_i(t)=\begin{cases} 1, & 0\leqslant t\leqslant T \\ 0, & \text{其他} \end{cases}$$

求其匹配滤波器的传输函数和输出信号波形。

解：根据输入信号 $s_i(t)$ 得其频谱函数为

$$\begin{aligned} S_i(\omega) &= \int_{-\infty}^{\infty} s_i(t)\mathrm{e}^{-\mathrm{j}\omega t}\mathrm{d}t = \int_0^T \mathrm{e}^{-\mathrm{j}\omega t}\mathrm{d}t \\ &= \frac{1-\mathrm{e}^{-\mathrm{j}\omega T}}{\mathrm{j}\omega} \end{aligned}$$

令 $K=1$，$t_0=T$ 时，根据式(6-64)可以写出匹配滤波器的传输函数为

$$H(\omega)=KS_i^*(\omega)\mathrm{e}^{-\mathrm{j}\omega t_0}=\frac{(1-\mathrm{e}^{\mathrm{j}\omega T})\mathrm{e}^{-\mathrm{j}\omega T}}{-\mathrm{j}\omega}=\frac{(\mathrm{e}^{-\mathrm{j}\omega T}-1)}{\mathrm{j}\omega}$$

令 $K=1$，$t_0=T$ 时，根据式(6-69)可以匹配滤波器的冲激响应为

$$h(t)=s_i(T-t)$$

根据匹配滤波器的传输函数 $H(\omega)$可以得到实现框图如图 6-8(d)所示，匹配滤波器的冲激响应如图 6-8(b)所示，滤波器的输出为

$$s_0(t)=s_i*h(t)=\begin{cases}t, & 0\leqslant t\leqslant T\\ 2T-t, & T\leqslant t\leqslant 2T\\ 0, & 0\end{cases}$$

$s_0(t)$波形如图 6-8(c)所示。由图可见，当 $t=T$ 时，匹配滤波器输出幅度达到最大值，因此，在此时刻进行抽样判决，可得最大输出信噪比。图 6-8(d)给出了具体实现框图。

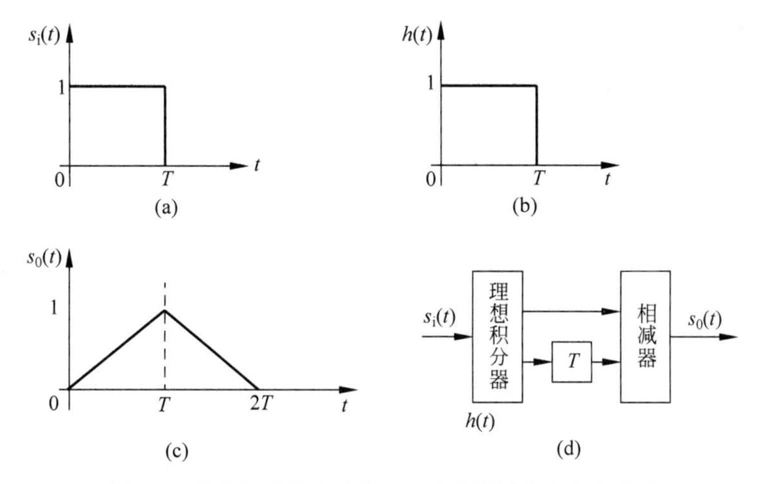

图 6-8 单个矩形脉冲对应匹配滤波器结构和各点波形

6.5.3 匹配滤波器组成的最佳接收机

1. 二元确知信号最佳接收机

在图 6-2 给出的二元通信系统的最佳接收机中，乘法器和积分器构成实现相关运算的相关器，实际上它也完全可以使用匹配滤波器来代替。也就是利用 $s_i(t)$所对应的匹配滤波器 $h(t)=Ks_i(t_0-t)$，在输入 $y(t)$时，输出信号 $s_0(t)$在结束时刻抽样值，由此来实现利用匹配滤波器代替相关器。

设 $s_i(t)$持续时间为$(0,T)$，匹配滤波器的冲激响应 $h(t)$的 $t_0=T$，$K=1$。考虑到匹配滤波器物理可实现条件，当 $y(t)$输入匹配滤波器时，其输出可表示为

$$\begin{aligned}s_0(t)=y(t)*h(t)&=\int_{-\infty}^{\infty}y(z)h(t-z)\mathrm{d}z\\&=\int_{-T}^{t}y(z)s_i(T-t+z)\mathrm{d}z\end{aligned}\tag{6-72}$$

若在 $t=T$ 时刻取样，则式(6-72)的 $s_0(t)$值为

$$s_0(T)=K\int_0^T y(z)s(z)\mathrm{d}z\tag{6-73}$$

式(6-73)与相关器输出完全相同，因此匹配滤波器可以作为相关器，由匹配滤波器组成的先验等概率二元确知信号最佳接收机结构模型如图 6-9 所示。

2. 二元随相信号最佳接收机

为了得到二元随相信号匹配滤波器形式的最佳接收机，这里首先讨论 $s_i(t)=\cos\omega_m t$

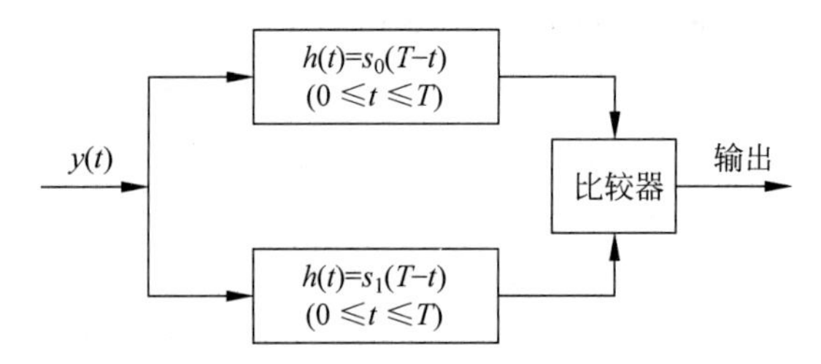

图 6-9 先验等概率的二元确知信号匹配滤波器形式的最佳接收机

的匹配滤波器，在输入为 $y(t)$时，输出信号 $s_0(t)$在信号结束时刻的抽样值。

设 $s_i(t)=\cos\omega_m t$ 持续时间为$(0,T)$，$s_i(t)$持续时间为$(0,T)$；匹配滤波器的冲激响应 $h(t)$的 $t_0=T, K=1$，则

$$h(t)=\cos\omega_m(T-t) \tag{6-74}$$

当 $y(t)$为输入时，该滤波器输出为

$$\begin{aligned}
s_0(t) &= y(t) * h(t) = \int_{-\infty}^{\infty} y(z)h(t-z)\mathrm{d}z \\
&= \int_{-T}^{t} y(z)\cos\omega_m(T-t+z)\mathrm{d}z \\
&= \cos\omega_m(T-t)\int_{-T}^{t} y(z)\cos\omega_m z\mathrm{d}z - \sin\omega_m(T-t)\int_{-T}^{t} y(z)\sin\omega_m z\mathrm{d}z \\
&= \sqrt{\left[\int_{-T}^{t} y(z)\cos\omega_m z\mathrm{d}z\right]^2 + \left[\int_{-T}^{t} y(z)\sin\omega_m z\mathrm{d}z\right]^2}\cos\left[\omega_m(T-t)+\theta\right]
\end{aligned} \tag{6-75}$$

$$\theta(t)=\arctan\frac{\int_{-T}^{t} y(z)\cos\omega_m z\mathrm{d}z}{\int_{-T}^{t} y(z)\sin\omega_m z\mathrm{d}z} \tag{6-76}$$

若在 $t=T$ 时刻取样，则式(6-75)中的 $s_0(t)$值为

$$s_0(T)=\sqrt{\left[\int_0^T y(z)\cos\omega_m z\mathrm{d}z\right]^2+\left[\int_0^T y(z)\sin\omega_m z\mathrm{d}z\right]^2}\cos\theta(T) \tag{6-77}$$

$\theta(t)$是时间的函数，则 $\cos\theta(t)$为频率为 $\mathrm{d}\theta(t)/\mathrm{d}t$ 的余弦波，其包络为

$$M_m=\sqrt{\left[\int_0^T y(z)\cos\omega_m z\mathrm{d}z\right]^2+\left[\int_0^T y(z)\sin\omega_m z\mathrm{d}z\right]^2} \tag{6-78}$$

当式(6-78)中 $m=0,1$ 时，则正好等于图 6-6 中的 M_0 与 M_1，因此，图 6-6 所示的二元随相信号最佳接收机可以用匹配滤波器来实现，具体形式如图 6-10 所示。

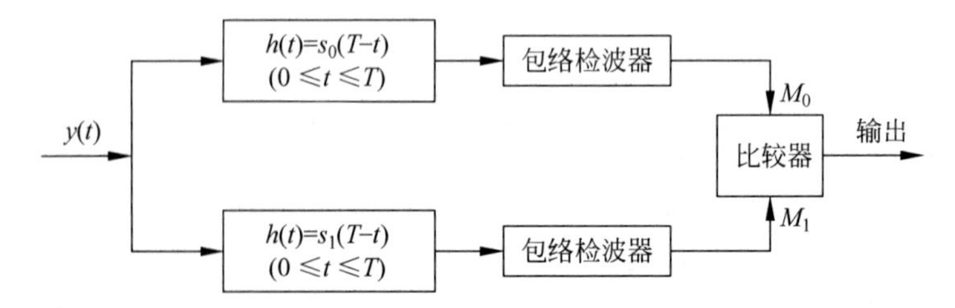

图 6-10 二元随相信号匹配滤波器形式的最佳接收机

无论是相关器形式还是匹配滤波器形式的最佳接收机，无论输入的是确知信号还是随相信号，它们的比较器都是在 $t=T$ 时刻(信号结束时刻)做出最后判决。因此，判决时刻偏离 $t=T$ 时刻，会直接影响接收机的最佳性能。起伏信号匹配滤波器形式的最佳接收机结构这里不做推导，感兴趣的读者可以阅读相关文献。

本章小结

数字信号的最佳接收原理可以适用于数字基带传输系统，也可以适用于数字频带传输系统，原因在于这两个系统都是将错误概率最小作为“最佳”的判决准则。本章在分析二元假设检验模型的基础上研究了基于错误概率最小准则的最佳接收问题，构建了二元确知信号和二元随参信号的最佳接收机，分析了它们的性能，并与实际接收机进行了比较，最后在分析匹配滤波器原理的基础上探讨了由匹配滤波器组成的最佳接收机。

最佳接收准则的建立是构建数字信号最佳接收机的设计基础。如果对接收到的信号 $x(t)$进行 N 次观测抽样，可得抽样值 $X=(x_1,x_2,\cdots,x_N)$。由于 $f(X/H_1)$和 $f(X/H_0)$分别表示发 $s_1(t)$和发 $s_0(t)$时 $X=(x_1,x_2,\cdots,x_N)$的概率密度函数，利用这两个概率密度函数，在已知先验概率的情况下，通过计算似然函数比和似然比门限，就能够得到最小平均风险准则和错误概率最小准则。

对于二元确知信号，假设信道中的加性噪声是高斯白噪声，其单边功率谱密度为 n_0，同时各抽样点间相互独立，基于错误概率最小准则，通过计算似然函数比和似然比门限，能够得到二元确知信号的最佳接收结构，如图 6-2 所示。以此结构对其性能进行分析可得出结论：误码率不仅与信号码元能量 E_s 和噪声功率谱密度 n_0 有关，还与表示二元信号的相关系数 ρ 紧密相关。

二元确知信号的最佳接收是信号解调的一种理想情况。实际上，由于种种原因，接收信号的各个分量参数或多或少带都有随机因素，因而在解调时除了不可避免因噪声造成判决错误外，信号参数的未知性也是导致解调错误的又一个因素。本章以 2FSK 信号为例，对随相信号和起伏信号的最佳接收进行了研究，研究结果表明，对于这两类随参信号为了消除幅度和相位随机特性的影响，将角频率相同的相关器输出进行平方相加，开方后直接进行比较判决输出信号，进而实现最佳接收。需要注意，起伏信号的最佳接收性能在有衰落时，其性能随误码率下降而迅速变坏。

比较实际接收机与最佳接收机可以发现，它们具有相同的误码率公式的形式，仅仅是 r 与 E_s/n_0 之间存在差异，归根结底是实际接收机带通滤波器的带宽 B 与码元速率 $1/T$ 的差异，通常带宽 B 是 $1/T$ 的两倍以上，因此，对于相同的数字传输方式，最佳接收机性能要优于实际接收机的性能。

匹配滤波器是指符合最大信噪比准则的线性滤波器，其最大输出信噪比 $r_{\text{omax}}=2E_s/n_0$，对应最佳滤波器的传输函数为 $H(\omega)=KS_i^*(\omega)e^{-j\omega t_0}$，此式说明，当线性滤波器传输函数 $H(\omega)$为输入信号频谱 $S(\omega)$的复共轭时，该滤波器可给出最大的输出信噪比。对应系统的冲激响应为 $h(t)=Ks_i(t_0-t)$，可以证明匹配滤波器的输出信号是输入信号的自相关函数。利用匹配滤波器的性质可以构建二元确知信号以及二元随相信号最佳接收机，它们的性能与基于错误概率最小准则构建的最佳接收机等价。

思考题

1. 什么是最佳接收？它的准则是什么？
2. 简述二进制信号的最佳接收的判决准则。
3. 什么是漏报概率？什么是虚警概率？
4. 请绘制二进制确知信号最佳接收机的原理框图。写出其最佳接收的误码率表示式，说明它与哪些因素有关。
5. 请绘制二进制随相信号最佳接收机的原理框图。
6. 起伏信号的最佳接收性能有何特点？
7. 以 2FSK 为例比较实际接收机与最佳接收机的性能。
8. 什么是匹配滤波？请写出它的系统函数和冲激响应。
9. 简述匹配滤波器的性质。
10. 请绘制由匹配滤波器构成的二进制信号最佳接收机的原理框图。
11. 请绘制由匹配滤波器构成的二进制随相信号最佳接收机的原理框图。

习题

1. 设有一个先验等概率的 2ASK 信号，码元周期是载波周期的 2 倍，当接收的信息为“101”时，完成以下工作。

(1) 画出其最佳接收机结构框图。

(2) 画出框图中各点可能的工作波形。

(3) 若其非零码元的能量为 E_s，白噪声的双边功率谱密度为 $n_0/2$，试求出其在高斯白噪声环境下的误码率。

2. 设有一个先验等概率的 2FSK 信号，其中 $f_0=2/T_b$，$f_1=3/T_b$，当接收的信息为“101”时，完成以下工作。

(1) 画出其最佳接收机结构原理框图。

(2) 画出框图中各点可能的工作波形。

(3) 若其非零码元的能量为 E_s，白噪声的双边功率谱密度为 $n_0/2$，试求出其在高斯白噪声环境下的误码率。

3. 设有一个先验等概率的 2PSK 信号，码元周期是载波周期的两倍，当接收的信息为“101”时，完成以下工作。

(1) 画出其最佳接收机结构框图。

(2) 画出框图中各点可能的工作波形。

(3) 若其非零码元的能量为 E_s，白噪声的双边功率谱密度为 $n_0/2$，试求出其在高斯白噪声环境下的误码率。

4. 设 PSK 信号的最佳接收机与实际接收机有相同的 E_s/n_0，如果 $E_s/n_0=10\text{dB}$，实际接收机的带通滤波器带宽为 $6/T$，问两接收机误码性能相差多少？

5. 设有一个先验等概率的 2ASK 信号，载波频率为 ω_c，载波相位在 $(0,2\pi)$ 内均匀分布，试完成以下工作。

(1) 画出其最佳接收机结构框图。

(2) 若其非零码元的能量为 E_s，白噪声的双边功率谱密度为 $n_0/2$，试求出其在高斯白噪声环境下的误码率。

6. 设高斯白噪声的双边功率谱密度为 $n_0/2$，试对图 P6-1 中的信号波形设计一个匹配滤波器，并完成以下工作。

(1) 试问如何确定最大输出信噪比的时刻。

(2) 试求此匹配滤波器的冲激响应和输出信号波形的表示式，并画出波形。

(3) 试求出其最大输出信噪比。

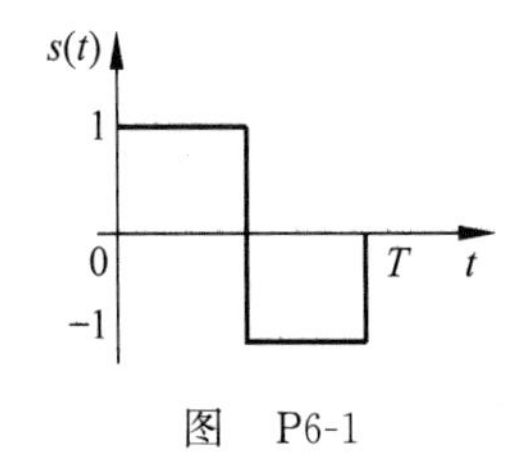

图 P6-1

7. 根据习题 1 的条件，绘制匹配滤波器形式的最佳接收机，并画出框图中各点可能的工作波形。

8. 根据习题 2 的条件，绘制匹配滤波器形式的最佳接收机，并画出框图中各点可能的工作波形。

9. 根据习题 3 的条件，绘制匹配滤波器形式的最佳接收机，并画出框图中各点可能的工作波形。

10. 根据习题 5 的条件，绘制匹配滤波器形式的最佳接收机。

第三部分

PART 3

基于性能的编码

通信的目的就是把信源产生的信息有效且可靠地传送到信宿，因此，有效性和可靠性是通信系统研究的核心问题。在数字通信系统中，为了提高数字信号传输的有效性而采取的编码称为信源编码；为了提高数字通信的可靠性而采取的编码称为信道编码。

信源编码包括模拟信号转换为数字信号（A/D 转换）以及数据压缩编码。通常 A/D 转换要经过抽样、量化和编码 3 个步骤，对于带宽有限的时间连续信号（模拟信号）进行抽样，且抽样频率足够高时，利用这些抽样值就能准确地确定原信号，学者奈奎斯特（H. Nyquist）和香农（C. E. Shannon）等对其进行了深入研究，得到了抽样定理。

量化是指用有限个电平来表示模拟信号抽样值的过程，这个过程一定会引入误差，也就是量化误差，量化阶数越多，量化误差越小，量化信噪比越大，信号的逼真度就越好。均匀量化过程简单，但也存在明显的缺陷，就是小信号的量化信噪比小，为此提出了非均匀量化，出现了 A 律和 μ 律压扩特性。利用数字电路形成若干根折线能够近似非均匀量化，其中对 A 律压扩特性的近似就是 13 折线 PCM 编码。

增量调制（ΔM）是继 PCM 之后出现的一种模拟信号数字化方法，非常适合话音的数字化，但过载特性是其最大的问题，为此，出现了多种改进型增量调制方法。哈夫曼编码是一种数据压缩编码，属于概率匹配编码，也就是对于出现概率大的符号用短码，对于出现概率小的符号用长码。

信息论的开创者香农（C. E. Shannon）在 1948 年提出了信道编码的概念，从此之后，人们经历了从早期线性分组码到后来的卷积码等各类编码的持续研究，并取得了丰硕的研究成果。信道编码的实质就是在信息序列上附加一些监督码元，利用这些冗余的码元，使原来没有规律或者规律性不强的原始数字信号变为有规律的数字信号，信道译码则利用这些规律性来鉴别传输过程是否发生错误，如果有可能，就进行纠正错误处理。

奇偶监督码是一种常用的信道编码技术，它属于线性分组码范畴，除此之外，汉明码、循环码和 BCH 等都属于这一类。为了定量研究各类编码的检错、纠错能力，需要理解码重、码距等相关信道编码的度量描述。线性分组码通常利用生成矩阵进行编码，利用监督矩阵进行差错控制。循环码则利用代数形式的编译码技术,较大提高了差错控制的效率,衍生出BCH码的则是系列工程应用的循环码。

为了减少信道编码和译码的延迟,人们提出了各种解决方案,其中卷积码就是一种较好的信道编码方式。而性能更为优越的TCM和Turbo等新型信道编码技术,随着研究的深入已经被大量应用,并取得了很好的效果。

第7章 信源编码

CHAPTER 7

为了提高系统传输的有效性而采取的编码称为信源编码。通信系统可以分为模拟通信系统和数字通信系统两类，如果在数字通信系统中传输模拟消息，则需要将模拟消息转换成数字信号，这其中就包括模拟信号的数字化，它属于信源编码的一部分，而对于数字信源的压缩编码则属于信源编码的另一部分，两者共同构成了信源编码。

将模拟信号转换为数字信号的方法很多，例如波形编码、参量编码和混合编码等，其中，利用抽样和量化来表示模拟信号的时域或者频域波形的方法称为波形编码，是模拟信号数字化最常用的方法之一，其目的是使编码后的信号与原始信号的波形尽可能一致，而参量编码和混合编码与具体的信源特征相关，超出了本书探讨的范围。数字信源的压缩编码实际上就是数据压缩编码，它主要是利用数据的统计特性，消除数据相关性，去掉数据冗余信息，从而达到压缩数据输出，提高系统有效性的目的。

本章将重点介绍模拟信号数字化过程中的时域波形编码，简要介绍与其相关的时分复用技术以及数据压缩编码技术。时域波形编码(简称波形编码)部分将着重讨论抽样定理和脉冲振幅调制，以及用来传输模拟信号的脉冲编码调制(PCM)和增量调制(ΔM)原理及性能。数字压缩编码部分将介绍哈夫曼(Huffman)编码等技术。

7.1 模拟信号的数字化

如果需要在数字通信系统中传输模拟消息，那么系统的发送端应包括一个模数(A/D)转换装置，而在接收端应包括一个数模(D/A)转换装置。因此，在数字通信系统中传输模拟信息的关键就是 A/D 转换和 D/A 转换。由于**本书中着重分析模拟信号的数字传输，因此，其 A/D 转换和 D/A 转换就有特殊性**。

对于波形编码，目前广泛应用的 A/D 和 D/A 是基于时域的脉冲编码调制，即 PCM，可简称为脉码调制。增量调制(ΔM)也是模拟信号转换成数字信号的常用方法，从原理上讲它实际上是一种特殊的脉冲编码调制方式。除此之外，还出现了许多改进方法用以实现模拟信号的数字化，例如自适应脉码增量调制(ADPCM)以及频域编码中的子带编码和自适应变换编码等。图 7-1 所示为模拟信号在数字通信系统中传输的过程。

如图 7-1 所示，在发送端把模拟信号转换为数字信号的过程简称为模数(A/D)转换。简单地说，**A/D 转换要经过抽样、量化和编码 3 个步骤**，其中抽样是把时间上连续的信号变成时间上离散的信号；量化是把抽样值在幅度上进行离散化处理，使得量化后只有预定的

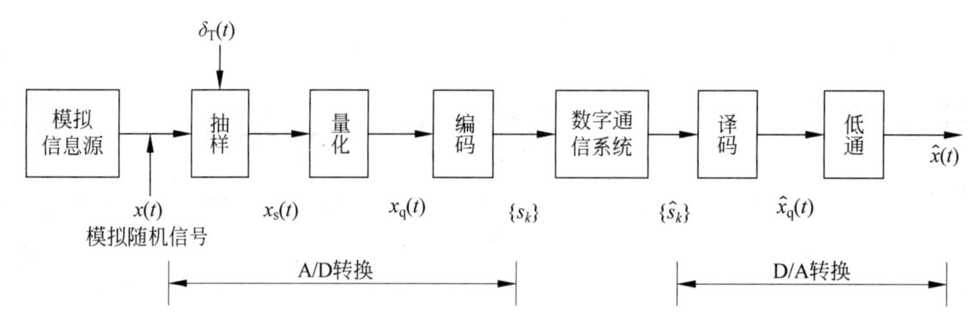

图 7-1 模拟信号在数字通信系统中传输

Q 个有限的值；编码是用一个 M 进制的代码表示量化后的抽样值，通常采用 $M=2$ 的二进制码来表示。反过来，在接收端把接收到的代码（数字信号）还原为模拟信号的过程简称为数模转换，即 D/A 转换。数模转换是通过译码和低通滤波器完成的，其中，译码的过程是把代码变换为相应的量化值。

这样看来，抽样、量化和编码以及在接收端的对应部分均属于模拟信号的数字化过程当中的核心功能模块。

7.2 抽样定理

如果对某一带宽有限的时间连续信号（模拟信号）进行抽样，且抽样频率足够高，那么根据这些抽样值就能准确地确定原信号。也就是说，若要传输模拟信号，不一定非要传输模拟信号本身，只需传输满足抽样定理要求的抽样值即可。

7.2.1 低通信号抽样

抽样定理指出：**一个频带限制在 $(0, f_H)$ 内的时间连续信号 $x(t)$，如果以不大于 $1/(2f_H)$ 秒的间隔对它进行等间隔抽样，则 $x(t)$ 将被所得到的抽样值 $x_s(t)$ 完全确定**。也可以这么说：如果以抽样频率 $f_s \geqslant 2f_H$ 进行均匀抽样，$x(t)$ 可以被所得到的抽样值完全确定。最小抽样频率 $f_s = 2f_H$ 称为奈奎斯特频率，$1/(2f_H)$ 则为最大抽样时间间隔，称为奈奎斯特间隔。具体抽样过程原理示意如图 7-2 所示。

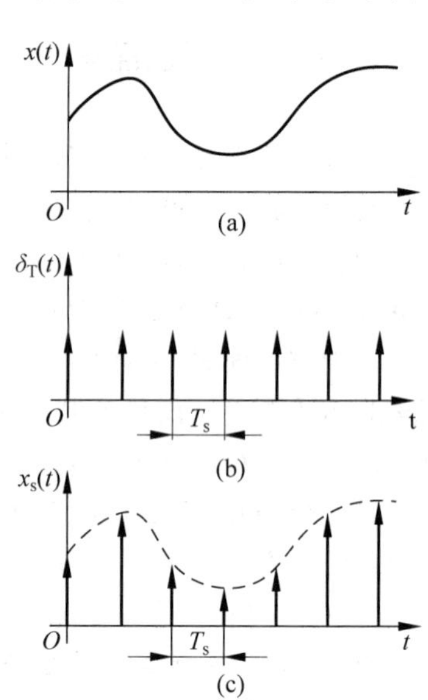

图 7-2 抽样定理时域示意图

从图 7-2 可以看出，频带限制在 $(0, f_H)$ 内的时间连续信号 $x(t)$ 的抽样过程，实际上可以看作是将信号 $x(t)$ 和周期性冲激函数 $\delta_T(t)$ 相乘的过程，如图 7-3(a) 所示。其中 $\delta_T(t)$ 为均匀间隔为 T_s 的冲激序列，这些冲激的强度等于抽样时刻 $x(t)$ 的值，如图 7-2(c) 所示。如果用 $x_s(t)$ 表示抽样函数，则可以表示为

$$x_s(t) = x(t)\delta_T(t) \tag{7-1}$$

式中，

$$\delta_{T}(t)=\sum_{k=-\infty}^{\infty}\delta(t-kT_{s}) \tag{7-2}$$

图 7-3(b)所示为利用低通滤波器对抽样值 $x_s(t)$ 进行滤波，进而恢复出 $x(t)$ 信号的过程。

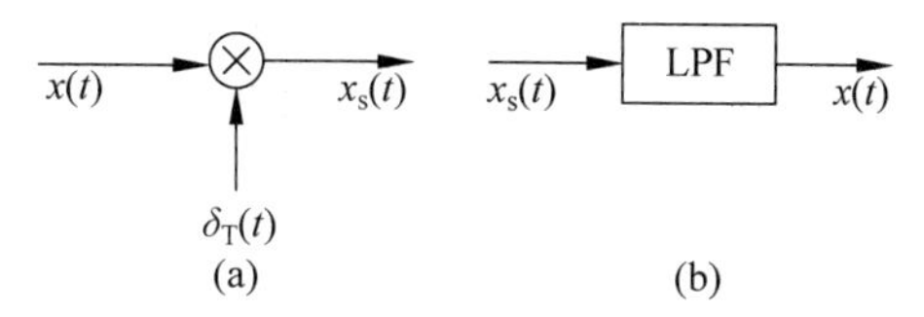

图 7-3　抽样与恢复

假设 $x(t)$、$\delta_T(t)$ 和 $x_s(t)$ 的傅里叶变换分别为 $X(\omega)$、$\delta_T(\omega)$ 和 $X_s(\omega)$，则根据频率卷积定理可以写出式(7-1)对应的频域表达式为

$$X_{s}(\omega)=\frac{1}{2\pi}[X(\omega)*\delta_{T}(\omega)] \tag{7-3}$$

根据式(7-2)对周期性冲激函数的定义，可以得到其相应傅里叶变换为

$$\delta_{T}(\omega)=\frac{2\pi}{T_{s}}\sum_{n=-\infty}^{\infty}\delta(\omega-n\omega_{s})$$

其中，$\omega_s=\dfrac{2\pi}{T_s}$

$$X_{s}(\omega)=\frac{1}{T_{s}}\left[X(\omega)*\sum_{n=-\infty}^{\infty}\delta(\omega-n\omega_{s})\right]=\frac{1}{T_{s}}\sum_{n=-\infty}^{\infty}X(\omega-n\omega_{s}) \tag{7-4}$$

同样，用图解法也可以证明抽样定理的正确性。假设任意低通信号 $x(t)$ 的频谱函数为 $X(f)$，如图 7-4(a)所示，在 0 到 f_H 范围内频谱函数可以是任意的，为作图方便，假设它是三角形。图 7-4(b)所示是周期性冲激函数的频谱函数图，在整个频率范围内每隔 f_s 就有一个强度相同的冲激函数(脉冲)。图 7-4(c)所示是抽样后输出信号的频谱。

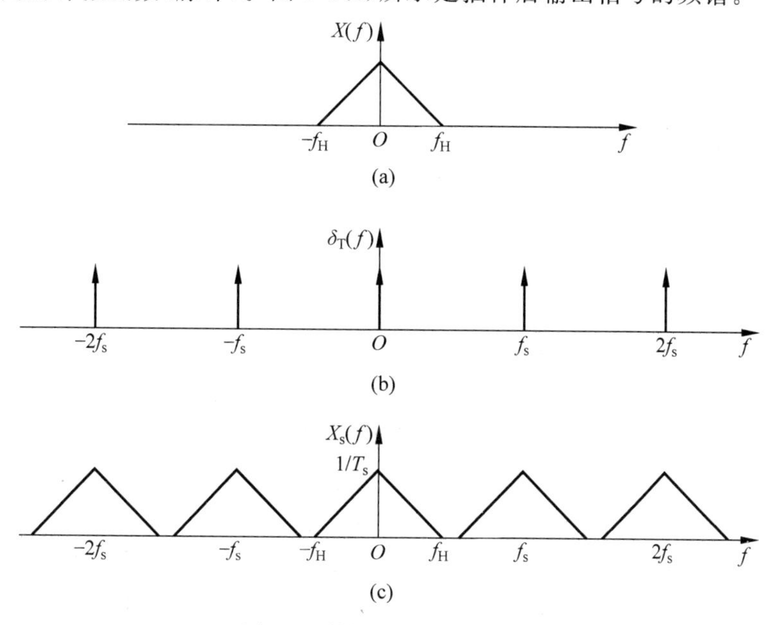

图 7-4　抽样定理频域示意图

结合式(7-4)和图 7-4 可以得到以下关于抽样的结论。

(1) $X_s(f)$具有无穷大的带宽。

(2) 只要抽样频率 $f_s \geqslant 2f_H$，$X_s(f)$中 n 值不同的频谱函数就不会出现重叠的现象。

(3) $X_s(f)$中 $n=0$ 时的成分是 $X(f)/T_s$，它与 $X(f)$的频谱函数只差一个常数 $1/T_s$，因此，只要用一个带宽 B 满足 $f_H \leqslant B \leqslant f_s - f_H$ 的理想低通滤波器，就可以取出 $X(f)$的成分，进而不失真地恢复 $x(t)$的波形，具体处理过程如图 7-4(c)所示。

需要指出的是，以上讨论均限于频带有限的信号。严格地说，频带有限的信号并不存在，如果信号存在于时间的有限区间，它就包含无限频率分量。但是，实际上对于所有信号，频谱密度函数在较高频率上都要减小，大部分能量由一定频率范围内的分量所携带，因而在实用的意义上，信号可以认为是频带有限的，高频分量所引入的误差可以忽略不计。

在工程设计中，考虑到信号绝不会严格带限以及实际滤波器特性不理想，**通常取抽样频率为(2.5～5)f_H，以避免失真**。例如，电话中话音信号的传输带宽通常限制在 3400Hz 左右，因而抽样频率通常选择 8kHz。

*7.2.2 带通信号抽样

对于频带限制在(f_L，f_H)内的带通模拟信号 $x(t)$，其信号带宽为 $B=f_H-f_L$，可以证明此带通模拟信号所需最小抽样频率 f_s 满足等式

$$f_s = 2B\left(1+\frac{k}{n}\right) \tag{7-5}$$

式中，B 为信号带宽；n 为商(f_H/B)的整数部分($n=1,2,\cdots$)，k 为商(f_H/B)的小数部分($0 \leqslant k < 1$)。

由于原信号频谱的最低频率 f_L 和最高频率 f_H 之差等于信号带宽 B，根据它们的不同取值，利用式(7-5)能够计算出所对应的采样频率值，如表 7-1 所示。

表 7-1 带通信号抽样频率 f_s 与最低频率 f_L 和最高频率 f_H 的关系

f_L	f_H	n	k	f_s
0	B	1	0	$2B$
$(0,B)$	$(B,2B)$	1	$(0,1)$	$(2B,4B)$
B	$2B$	2	0	$2B$
$(B,2B)$	$(2B,3B)$	2	$(0,1)$	$(2B,3B)$
$2B$	$3B$	3	0	$2B$
$(2B,3B)$	$(3B,4B)$	3	$(0,1)$	$(2B,2.67B)$
$3B$	$4B$	4	0	$2B$
…	…	…	…	…
$[lB,(l+1)B]$	$[(l+1)B,(l+2)B]$	$(l+1)$	$(0,1)$	$\left[2B,\left(2+\frac{1}{l+1}\right)B\right]$
$(l+1)B$	$(l+2)B$	$(l+2)$	0	$2B$

从表 7-1 可以看出，$f_L=0$、$f_s=2B$ 时，就是低通模拟信号的抽样情况；当 f_L 很大时，相当于表 7-1 中 l 值取正整数，当取值很大时，$(2+1/(l+1))B$ 将趋近于 $2B$，这也意味着这个信号是一个窄带信号。许多无线电信号，例如在无线电接收机的高频和中频系统中的信号，都是这种窄带信号，所以对于这种信号抽样，无论 f_H 是否为 B 的整数倍，在理论上都

可以近似地将 f_s 取为略大于 $2B$。此外，对于频带受限的广义平稳随机信号，上述抽样定理也同样适用。

7.3 脉冲振幅调制

通常人们谈论的调制技术是采用连续振荡波形（正弦信号）作为载波的，然而，正弦信号并非唯一的载波形式。在时间上离散的脉冲串同样可以作为载波，这时的调制是**用调制信号（基带信号）去改变脉冲的某些参数而已，因此，常把这种调制称为脉冲调制**。按调制信号改变脉冲参数（幅度、宽度、时间位置）的不同，脉冲调制分为脉冲振幅调制（简称为脉简称幅调制，PAM）脉冲宽度调制，简为脉宽调制（PDM），脉冲时间位置调制简称为脉位调制（PPM）等，其调制波形如图 7-5 所示。

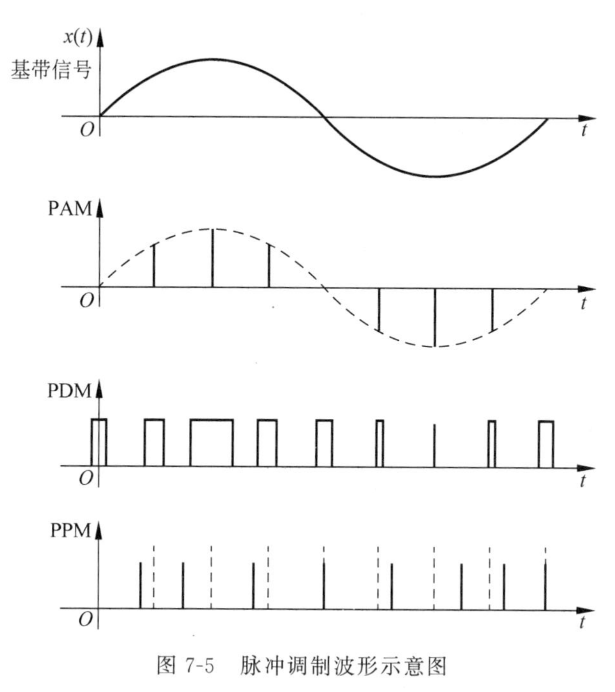

图 7-5　脉冲调制波形示意图

从图 7-5 可以看到，PAM 是指脉冲载波的幅度随基带信号变化的一种调制方式，PDM 是指脉冲载波的宽度随基带信号变化的一种调制方式，而 PPM 是指脉冲载波的位置随基带信号变化的一种调制方式。限于篇幅，这里不详细进行分析，下面将着重介绍 PAM 的工作原理。

7.3.1 自然抽样

如果 PAM 中的脉冲载波是由冲激脉冲组成，则前面所说的抽样定理就是脉冲振幅调制的原理。实际上，真正的冲激脉冲串是不可能实现的，通常采用窄脉冲串来实现，因此，研究窄脉冲作为脉冲载波的 PAM 方式，将更加具有实际意义，这种方式有时也称为自然抽样。

设脉冲载波以 $s(t)$ 表示，它是由脉宽为 τ、重复周期为 T_s 的矩形脉冲串组成，其中 T_s 是按抽样定理确定的，即有 $T_s=1/(2f_H)$。自然抽样工作框图为图 7-6(a)所示，调制信号的波形及频谱如图 7-6(b)所示，脉冲载波的波形及频谱如图 7-6(c)所示，已抽样的信号波形及频谱如图 7-6(d)所示。

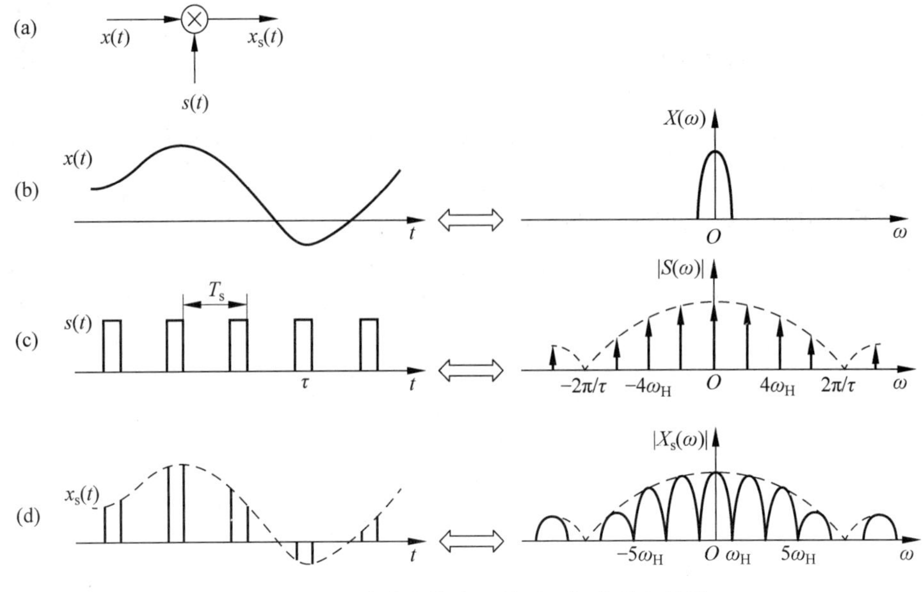

图 7-6 矩形脉冲为载波调制原理与波形和频谱

因为已抽样信号是 $x(t)$ 与 $s(t)$ 的乘积，根据频率卷积定理，可以写出相应的频域表达式为

$$X_s(\omega)=\frac{1}{2\pi}[X(\omega)*S(\omega)]=\frac{\tau}{T_s}\sum_{n=-\infty}^{\infty}\mathrm{Sa}(n\tau\omega_H)X(\omega-2n\omega_H) \tag{7-6}$$

式中，$S(\omega)$ 是 $s(t)$ 的频谱函数，根据 $s(t)$ 信号的定义可以认为 $s(t)$ 表示的矩形脉冲串是由脉宽为 τ 的门函数 $g_\tau(t)$ 与周期性冲激函数 $\delta_T(t)$ 卷积得到的，根据频率卷积定理，其相应的时域和频域表达式分别为

$$\begin{cases} g_\tau(t)=\begin{cases}1, & |t|<\tau/2\\ 0, & |t|>\tau/2\end{cases} \Leftrightarrow G_\tau(\omega)=\tau\mathrm{Sa}\left(\frac{\omega\tau}{2}\right)\\ \delta_T(t)=\sum_{k=-\infty}^{\infty}\delta(t-kT_s) \Leftrightarrow \delta_T(\omega)=\frac{2\pi}{T_s}\sum_{n=-\infty}^{\infty}\delta(\omega-2n\omega_H)\\ s(t)=g_\tau(t)*\delta_T(t) \Leftrightarrow S(\omega)=G_\tau(\omega)\delta_T(\omega)=\frac{2\pi\tau}{T_s}\sum_{n=-\infty}^{\infty}\mathrm{Sa}(n\tau\omega_H)\delta(\omega-2n\omega_H)\end{cases} \tag{7-7}$$

分析式(7-6)可以发现，当 $n=0$ 时，得到的频谱函数为 $(\tau/T_s)X(\omega)$，与信号 $x(t)$ 的频谱函数 $X(\omega)$ 相比只是差一个比例常数 τ/T_s，因此，采样频率只要满足 $f_s\geqslant 2f_H$，就可以用一个带宽满足 $f_H\leqslant B\leqslant f_s-f_H$ 的理想低通滤波器把 $X(\omega)$ 的成分取出来，进而不失真地恢复 $x(t)$ 的波形。

比较采用矩形窄脉冲进行抽样与采用冲激脉冲进行抽样（理想抽样）的过程和结果，可以得到以下结论。

(1) 它们的调制（抽样）与解调（信号恢复）过程完全相同，差别只是采用的抽样信号不同。

(2) 矩形窄脉冲抽样的包络总趋势是随 $|f|$ 上升而下降的，因此带宽是有限的；而理想抽样的带宽是无限的，矩形窄脉冲的包络总趋势按 Sa 函数曲线下降，带宽与 τ 有关，τ 越

大，带宽越小，τ 越小，带宽越大。

(3) τ 的大小要兼顾通信中对带宽和脉冲宽度这两个互相矛盾的要求，通信中一般对信号带宽的要求是越小越好，因此要求 τ 大；但通信中为了增加时分复用的路数，要求 τ 小，显然二者是矛盾的。

7.3.2 平顶抽样

可以发现，图 7-6(d)所示的抽样信号脉冲“顶部”是随 $x(t)$ 变化的，即在顶部保持了 $x(t)$ 变化的规律，这是一种“曲顶”的脉冲调幅。当然，还有一种是“平顶”的脉冲调幅，相当于 A/D 器件中抽样保持电路起了作用的情况。通常把曲顶的抽样方法称为自然抽样，而把平顶的抽样称为瞬时抽样或平顶抽样。下面更多讨论平顶抽样的 PAM 方式。

平顶抽样所得到的已抽样信号如图 7-7(a)所示，这里每一抽样脉冲的幅度正比于瞬时抽样值，但其形状都相同。从原理上讲，平顶抽样可以由理想抽样和脉冲形成电路得到，原理框图如图 7-7(b)所示，这里脉冲形成电路的 $h(t)$ 通常是一个宽度为 τ 的门函数。从原理框图中可以看到，$x(t)$ 信号首先与 $\delta_T(t)$ 相乘形成理想抽样信号，然后通过一个脉冲形成电路，输出即为所需的平顶抽样信号 $x_H(t)$。

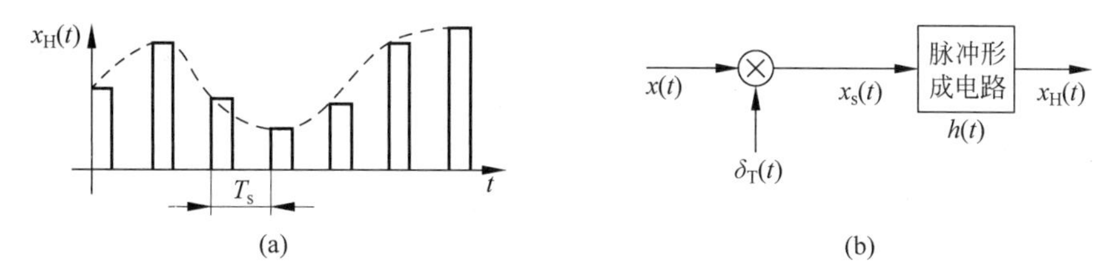

图 7-7 平顶抽样信号及其产生原理

脉冲形成电路的作用是将理想抽样得到的冲激脉冲串形成一系列平顶的脉冲(矩形脉冲)，实现平顶抽样。由于脉冲形成电路的输入端是冲激脉冲序列，因此，脉冲形成电路的作用是把冲激脉冲变为矩形脉冲。由此分析可以得到脉冲形成器输出的数学描述如下。

设脉冲形成电路的传输函数为 $H(\omega)$，其输出信号频谱 $X_H(\omega)$ 应为

$$\begin{aligned} X_H(\omega) &= X_s(\omega)H(\omega) \\ &= \frac{1}{T_s}H(\omega)\sum_{n=-\infty}^{\infty}X(\omega-2n\omega_H) = \frac{1}{T_s}\sum_{n=-\infty}^{\infty}H(\omega)X(\omega-2n\omega_H) \end{aligned} \tag{7-8}$$

分析式(7-8)可以发现，当 $n=0$ 时得到的频谱函数为 $H(\omega)X(\omega)$，与信号 $x(t)$ 的频谱函数 $X(\omega)$ 相比相差一个系统函数 $H(\omega)$。因此，采用低通滤波器不能直接从 $X_H(\omega)$ 中滤出所需调制信号。

为了从已抽样信号中恢复出原基带信号 $x(t)$，可以采用图 7-8 所示的原理框图，也就是利用 $1/H(\omega)$ 网络来消除式(7-8)中所附加的 $H(\omega)$ 的加权。此时，低通滤波器输入信号的频谱变成

$$X_s(\omega) = \frac{1}{H(\omega)}X_H(\omega) = \frac{1}{T_s}\sum_{n=-\infty}^{\infty}X(\omega-2n\omega_H) \tag{7-9}$$

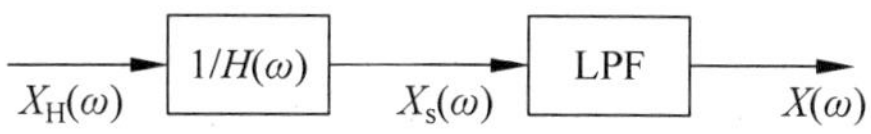

$X_H(\omega)$ → 1/$H(\omega)$ → $X_s(\omega)$ → LPF → $X(\omega)$

图 7-8 平顶抽样 PAM 信号恢复 $x(t)$ 及其原理框图

7.4 模拟信号的量化

抽样定理表明,**满足给定的条件时,模拟信号可以利用它的抽样值充分代表**。例如对于时间和幅度均连续变化的话音信号,抽样以后,虽然抽样值在时间上变为了离散,可以证明时间离散的波形中包含原始话音信号的所有信息。但需要注意,上述时间离散的信号在幅度上仍然是连续的,因此,仍属模拟信号。当这种抽样后的信号经过一个有噪声干扰的信道时,信道中的噪声会叠加在抽样值上面,使得接收端不可能精确地判别抽样值的大小。并且噪声叠加在抽样值上的影响是不能消除的,特别是当信号在整个传输系统中采用很多个接力站进行多次中继接力时,噪声将会是累积的,接力站越多,累积的噪声越大。

为了消除这种噪声的累积,可以在发送端用有限个预先规定好的电平来表示抽样值,再把这些电平编为二进制码组,然后通过信道传输。只要接收端能够准确地判定发送来的二进制码,就能恢复出信号,进而彻底消除信道噪声的影响。利用这种传输方式进行多次中继接力时,噪声是不会累积的。

7.4.1 基本概念

用有限个电平来表示模拟信号抽样值称为模拟信号的量化。抽样是把时间连续的模拟信号变成了时间上离散的模拟信号,量化则进一步把时间上离散但幅度上仍然连续的信号变成了时间和幅度都离散的信号,显然这种信号就是数字信号了,但这个数字信号不是一般的二进制数字信号,而是多进制数字信号,真正在信道中传输的信号是经过编码变换后的二进制(或四进制等)数字信号。

例如图 7-9 所示,模拟信号 $x(t)$按照适当的抽样间隔 T_s 进行均匀抽样,在各抽样时刻上的抽样值用“·”表示,第 k 个抽样值为 $x(kT_s)$,量化值在图上用符号“Δ”表示。抽样值在量化时转换为 Q 个规定电平中的一个。为作图简便,图 7-9 中假设只有 m_1、m_2、…、m_7 等 7 个电平,也就是有 7 个量化级。按照预先协议规定,量化电平可以表示为

$$x_q(kT_s)=m_i,\quad x_{i-1}\leqslant x(kT_s)<x_i \tag{7-10}$$

因此,量化器的输出是阶梯形波,这样 $x_q(t)$可以表示为

$$x_q(t)=x_q(kT_s),\quad kT_s\leqslant t<(k+1)T_s \tag{7-11}$$

结合图 7-9 以及上述分析可知,量化后的信号 $x_q(t)$是对原来信号 $x(t)$的近似。当抽样频率一定时,随着量化级数目增加,可以使 $x_q(t)$与 $x(t)$近似程度提高。

由于量化后的信号 $x_q(t)$是对原信号 $x(t)$的近似,因此,$x_q(kT_s)$和 $x(kT_s)$之间存在误差,这种误差称为量化误差。量化误差一旦形成就无法去掉,会像噪声一样影响通信质量,因此也称为量化噪声。由量化误差产生的功率称为量化噪声功率,通常用符号 N_q 表示,而由 $x_q(kT_s)$产生的功率称为量化信号功率,用 S_q 表示。量化信号功率 S_q 与量化噪声功率 N_q 之比称为量化信噪比,它是衡量量化性能好坏的常用指标,通常定义为

$$\frac{S_q}{N_q}=\frac{E[x_q^2(kT_s)]}{E[x(kT_s)-x_q(kT_s)]^2} \tag{7-12}$$

图 7-9 所示量化的量化间隔是均匀的,这种量化过程称为均匀量化。还有一种量化间隔不均匀的量化过程,通常称为非均匀量化。非均匀量化克服了在均匀量化过程中小信号

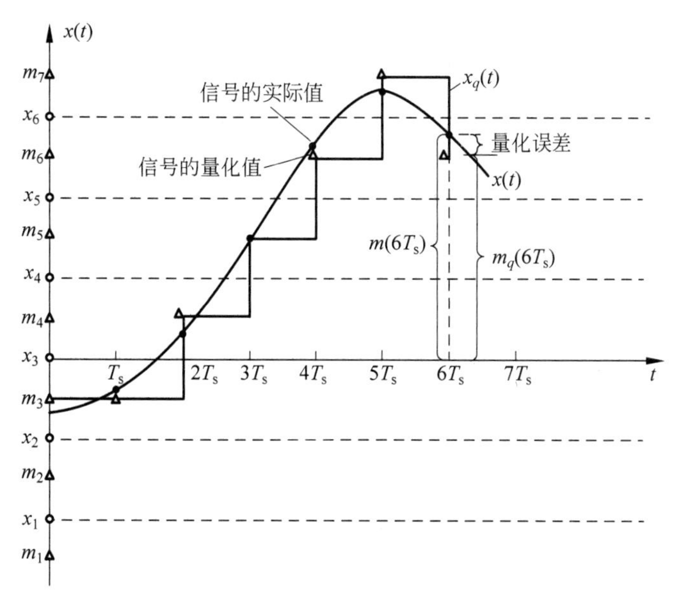

图 7-9 均匀量化过程示意图

量化信噪比低的缺点，增大了输入信号的动态范围。

7.4.2 均匀量化

把原信号 $x(t)$ 的值域按等幅值分割的量化过程称为均匀量化，图 7-9 所示的量化过程就是均匀量化，每个量化区间的量化电平均取在各区间的中点，其量化间隔(量化台阶)Δ 取决于 $x(t)$ 的变化范围和量化电平数。当信号的变化范围和量化电平数确定后，量化间隔也就确定了。例如，假如信号 $x(t)$ 的最小值和最大值分别用 a 和 b 表示，量化电平数为 Q，那么均匀量化的量化间隔为

$$\Delta=(b-a)/Q \tag{7-13}$$

为了简化公式的表述，可以把模拟信号的抽样值 $x(kT_s)$ 简写为 x，把相应的量化值 $x_q(kT_s)$ 简写为 x_q，这样量化值 x_q 可描述为

$$x_q=m_i, \quad x_{i-1}\leqslant m_i<x_i \tag{7-14}$$

式中，$x_i=a+i\Delta$，$m_i=(x_{i-1}+x_i)/2$，$i=1,2,\cdots,Q$。

量化后得到的 Q 个电平可以通过编码器编为二进制码，通常 Q 选为 2^k，这样 Q 个电平可以编为 k 位二进制码。

下面来分析均匀量化时的量化信噪比。设 x 在某一个范围内变化时，量化值 x_q 取各段中的中点值，其对应关系如图 7-10(a)所示，相应的量化误差与 x 的关系用图 7-10(b)表示。

由图 7-10(a)可以看出，量化信号功率为

$$S_q=E\{(x_q)^2\}=\sum_{i=1}^{Q}(m_i)^2\int_{x_{i-1}}^{x_i}f_x(x)\mathrm{d}x \tag{7-15}$$

由图 7-10(b)可以看出，量化噪声功率为

$$N_q=E\{(x-x_q)^2\}=\sum_{i=1}^{Q}\int_{x_{i-1}}^{x_i}(x-m_i)^2f_x(x)\mathrm{d}x \tag{7-16}$$

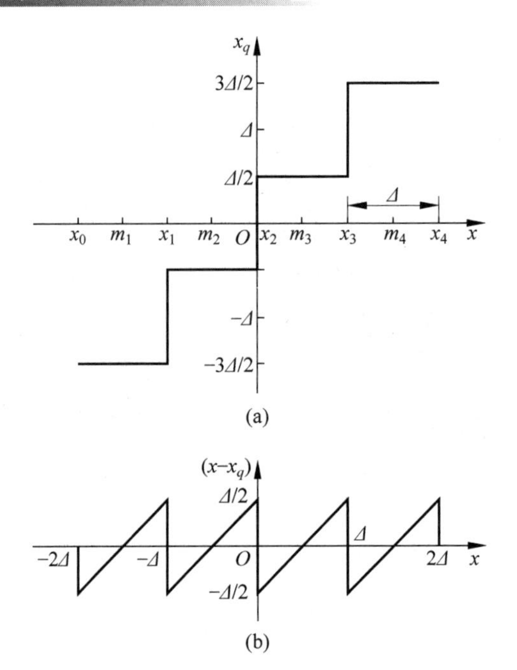

图 7-10　量化和量化误差曲线

假设信号 $x(t)$ 的幅值在 $(-a\ ,\ a)$ 内均匀分布，这时概率密度函数 $f_x(x)=1/(2a)$，这样就有

$$\Delta=\frac{2a}{Q},\quad x_i=-a+i\Delta=\left(i-\frac{Q}{2}\right)\Delta,\quad m_i=-a+i\Delta-\frac{\Delta}{2}=\left[i-\frac{(Q+1)}{2}\right]\Delta \tag{7-17}$$

经计算，量化信号和量化噪声的功率分别为

$$S_q=\sum_{i=1}^{Q}(m_i)^2\int_{x_{i-1}}^{x_i}f_x(x)\mathrm{d}x=\frac{(Q^2-1)}{12}\Delta^2 \tag{7-18}$$

$$N_q=\sum_{i=1}^{Q}\int_{x_{i-1}}^{x_i}(x-m_i)^2 f_x(x)\mathrm{d}x=\frac{\Delta^2}{12} \tag{7-19}$$

因此，量化信噪比为

$$\frac{S_q}{N_q}=\left[\frac{(Q^2-1)\Delta^2}{12}\right]\Big/\left(\frac{\Delta^2}{12}\right)=Q^2-1 \tag{7-20}$$

通常 $Q=2^k\gg 1$，这时 $\frac{S_q}{N_q}\approx Q^2=2^{2k}$，如果用分贝表示，则为

$$\frac{S_q}{N_q}\approx 10\lg Q^2=20\lg Q=20\lg 2^k=20k\lg 2\approx 6k(\mathrm{dB}) \tag{7-21}$$

式中，k 是表示量化阶的二进制码元个数，方括号表示取分贝值。从式(7-21)可以看出，**量化阶的 Q 值越大，用来表述的二进制码组越长，所得到的量化信噪比越大，信号的逼真度就越好。**

7.4.3　非均匀量化

均匀量化过程简单，但也存在明显的缺陷，例如，无论抽样值大或小，量化噪声的均方根值都固定不变，因此，当信号 $x(t)$ 较小时，信号的量化信噪比也就较小，这样小信号(信号弱)的量化信噪比就难以达到给定的要求。通常把满足某个信噪比要求的输入信号的取值范围定义为信号的动态范围。可见，均匀量化时的信号动态范围将受到较大的限制。为了克服这个缺点，实际中往往采用非均匀量化。

非均匀量化是根据信号所处的不同区间来确定量化间隔。对于信号取值小的区间，其量化间隔也小，反之量化间隔就大。这样可以提高小信号时的量化信噪比，适当减小大信号时的信噪比，它与均匀量化相比，有如下所述两个突出的优点。

(1) 当输入量化器的信号具有非均匀分布的概率密度(例如话音)时，非均匀量化器的输出端可以得到较高的平均信号量化信噪比。

(2) 非均匀量化时，量化噪声功率的均方根值基本上与信号抽样值成比例。因此，量化噪声对大、小信号的影响基本相同，即改善了小信号时的量化信噪比。

在实际应用中，非均匀量化的实现方法通常是对抽样值压缩后，再进行均匀量化处理。所谓压缩，就是对大信号进行压缩而对小信号进行较大的放大的过程，如图 7-11 所示。需要注意此图仅画出了曲线的正半部分，而在奇对称的负半部分没有画出，读者可以自行进行分析。

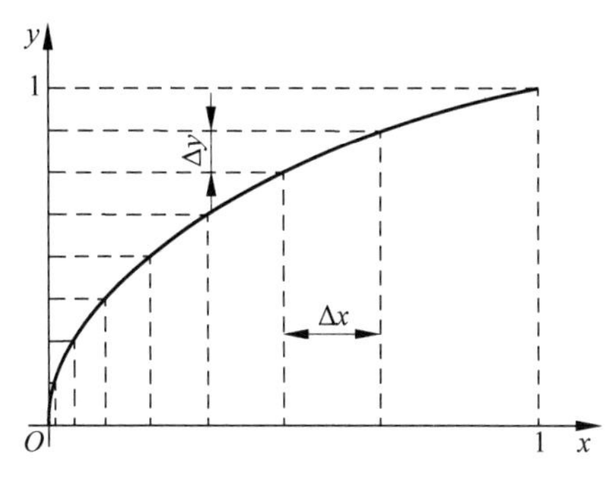

图 7-11 压缩特性示意图

从图 7-11 可以看出，纵坐标 y 均匀间隔，横坐标 x 非均匀间隔，所以输入信号 x 越小，量化间隔也就越小。也就是小信号的量化误差越小，从而改善量化信噪比。信号经过这种非线性压缩电路处理后，改变了大信号和小信号之间的比例关系，大信号的比例基本不变或变得较小，而小信号相应地按比例增大，即实现了“压大补小”的效果，也就是实现

$$\frac{\Delta x}{\Delta y}=\frac{\mathrm{d}x}{\mathrm{d}y}=kx \tag{7-22}$$

在接收端将收到的相应信号进行扩张，可以恢复原始信号的对应关系。扩张特性与压缩特性相反，目前数字通信系统中采用压扩特性就是通过求解式(7-22)所示微分方程，经过不同的近似和处理可以得到美国采用的 μ 律以及我国和欧洲各国采用的 A 律。下面分别讨论 μ 律和 A 律的原理，这里只讨论 $x\geqslant 0$ 的范围，而 $x\leqslant 0$ 的关系曲线和 $x\geqslant 0$ 的关系曲线是以原点奇对称关系。

1. μ 律

所谓 μ 律，就是压缩器的压缩特性具有的压缩律即为

$$y=\frac{\ln(1+\mu x)}{\ln(1+\mu)},\quad 0\leqslant x\leqslant 1 \tag{7-23}$$

式中，y 表示归一化的压缩器输出信号；x 表示归一化的压缩器输入信号；μ 是压扩参数，表示压缩的程度。

图 7-12 所示为不同 μ 时的压缩特性曲线，由图可见，当 $\mu=0$ 时，压缩特性是通过原点的一条直线，没有压缩效果；当 μ 值增大时，压缩作用明显，对改善小信号的性能有利。通常当 $\mu=100$ 时，压缩器的效果比较理想。同时需要指出，μ 律压缩特性曲线是以原点奇对

称的，图中只画出了正向部分。

为了说明 μ 律压缩特性对小信号量化信噪比的改善程度，这里假设 $\mu=100$。对于小信号的情况（$x\to0$）有

$$\left(\frac{\mathrm{d}y}{\mathrm{d}x}\right)_{x\to0}=\frac{\mu}{(1+\mu x)\ln(1+\mu)}\bigg|_{x\to0}=\frac{\mu}{\ln(1+\mu)}=21.7$$

在大信号时，也就是 $x=1$，那么

$$\left(\frac{\mathrm{d}y}{\mathrm{d}x}\right)_{x\to1}=\frac{\mu}{(1+\mu x)\ln(1+\mu)}\bigg|_{x\to1}=\frac{100}{(1+100)\ln(1+100)}=0.214$$

与 $\mu=0$ 时的无压缩特性进行比较可以看到，当 $\mu=100$ 时，对于小信号的情况例如（$x\to0$），量化间隔 Δx 比均匀量化时减小了 21.7 倍，因此，量化误差大大降低；而对于大信号的情况例如（$x\to1$），量化间隔 Δx 比均匀量化时增大了 4.67 倍，量化误差增大了。这样实际上就实现了"压大补小"的效果，如式(7-22)。为了说明压扩特性的效果，图 7-13 给出了有无压扩时的性能比较。

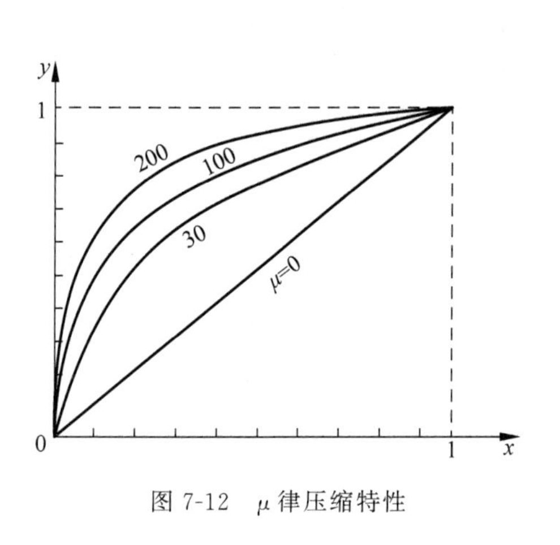

图 7-12 μ 律压缩特性

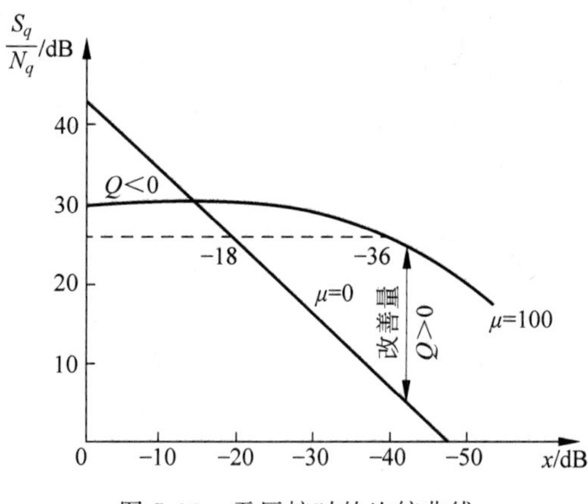

图 7-13 无压扩时的比较曲线

图 7-13 中，$\mu=0$ 表示无压扩时的量化信噪比，$\mu=100$ 表示有压扩时的量化信噪比。由图可见，无压扩时，量化信噪比随输入信号的减小迅速下降；而有压扩时，量化信噪比随输入信号减小而呈现的下降却比较缓慢。若要求量化器输出信噪比大于 26dB，那么，对于 $\mu=0$，输入信号必须大于 -18dB；而对于 $\mu=100$，输入信号只要大于 -36dB 即可。可见，采用压扩提高了小信号的量化信噪比，相当于扩大了输入信号的动态范围。

2. A 律

所谓 A 律，也就是压缩器的压缩律特性为

$$y=\begin{cases}\dfrac{Ax}{1+\ln A}, & 0\leqslant x\leqslant\dfrac{1}{A}\\[2ex]\dfrac{1+\ln Ax}{1+\ln A}, & \dfrac{1}{A}<x\leqslant1\end{cases}\tag{7-24}$$

式中，y 表示归一化的压缩器输出信号；x 表示归一化的压缩器输入信号；A 是压扩参数，表示压缩的程度。作为常数，压扩参数 A 一般为一个较大的数，例如 $A=87.6$，在这种情况下可以得到 x 的放大量为

$$\frac{\mathrm{d}y}{\mathrm{d}x}=\begin{cases}\dfrac{A}{1+\ln A}=16, & 0\leqslant x\leqslant \dfrac{1}{A}\\ \dfrac{A}{(1+\ln A)Ax}=\dfrac{0.1827}{x}, & \dfrac{1}{A}<x\leqslant 1\end{cases} \tag{7-25}$$

当信号 x 很小时(即小信号时),从式(7-25)可以看到信号被放大了 16 倍,这相当于与无压缩特性比较,对于小信号的情况,量化间隔比均匀量化时减小到 1/16,因此,量化误差大大降低;而对于大信号的情况例如($x=1$),量化间隔比均匀量化时增大了 5.47 倍,量化误差增大了,这样实际上就实现了"压大补小"的效果。

上面只讨论了 $x>0$ 的范围,实际上 x 和 y 均在(−1,+1)之内变化,因此,x 和 y 的对应关系曲线是在第一象限与第三象限奇对称。为了简便,$x<0$ 的关系表达式未进行描述,但对式(7-25)进行简单的修改就能得到。

3. 数字压扩技术

按式(7-24)得到的 A 律压扩特性是连续曲线,A 取值不同,其压扩特性亦不相同。在电路上实现这样的函数规律是相当复杂的,为此,提出了数字压扩技术,其基本思想是**利用大量数字电路形成若干根折线,并用这些折线来近似对数的压扩特性,从而达到压扩的目的**。

用折线实现压扩特性,既不同于均匀量化的直线,又不同于对数压扩特性的光滑曲线。虽然用折线做压扩持性是非均匀量化,但它既有非均匀(不同折线有不同斜率)量化,又有均匀量化(在同一折线的小范围内)。常用的数字压扩技术有两种,一种是 13 折线 A 律压扩,它的特性近似于 $A=87.6$ 的 A 律压扩特性;另一种是 15 折线 μ 律压扩,其特性近似于 $\mu=255$ 的 μ 律压扩特性。下面将主要介绍 13 折线 A 律压扩技术,简称 13 折线法,如图 7-14 所示。关于 15 折线 μ 律压扩特性,读者可阅读有关文献。

从图 7-14 中可以看出,x 轴的 0~1 分为 8 个不均匀段,其分法是:将 0~1 一分为二,其中点为 1/2,取 1/2~1 作为第 8 段;剩余的 0~1/2 再一分为二,中点为 1/4,取 1/4~1/2 作为第 7 段,再把剩余的 0~1/4 一分为二,中点为 1/8,取 1/8~1/4 作为第 6 段,依此分下去,直至剩余的最小一段为 0~1/128 作为第 1 段。

y 轴的 0~1 均匀地分为 8 段,它们与 x 轴的 8 段一一对应。从第 1 段到第 8 段分别为 0~1/8、1/8~2/8、…、7/8~1。这样,便可以作出由 8 段直线构成的一条折线。该折线与式(7-24)表示的压缩特性近似。由图 7-14 可以看出,除 1、2 段外,其他各段折线的斜率都不相同,它们的关系如表 7-2 所示。

表 7-2 图 7-14 所示折线各段的斜率

折线段落	1	2	3	4	5	6	7	8
斜率	16	16	8	4	2	1	1/2	1/4

x 在 −1~0 及 y 在 −1~0 中压缩特性的形状与以上讨论的象限压缩特性的形状相同,且它们以原点奇对称,所以负方向也有 8 段直线,合起来共有 16 个线段。由于正向 1、2 两段和负向 1、2 两段的斜率相同,这 4 段实际上为一条直线,因此,正、负双向的折线总共由 13 条直线段构成,故称其为 13 折线。

由于 13 折线压扩特性包含 16 个折线段,因此在输入端,可以将每个折线段再均匀地划

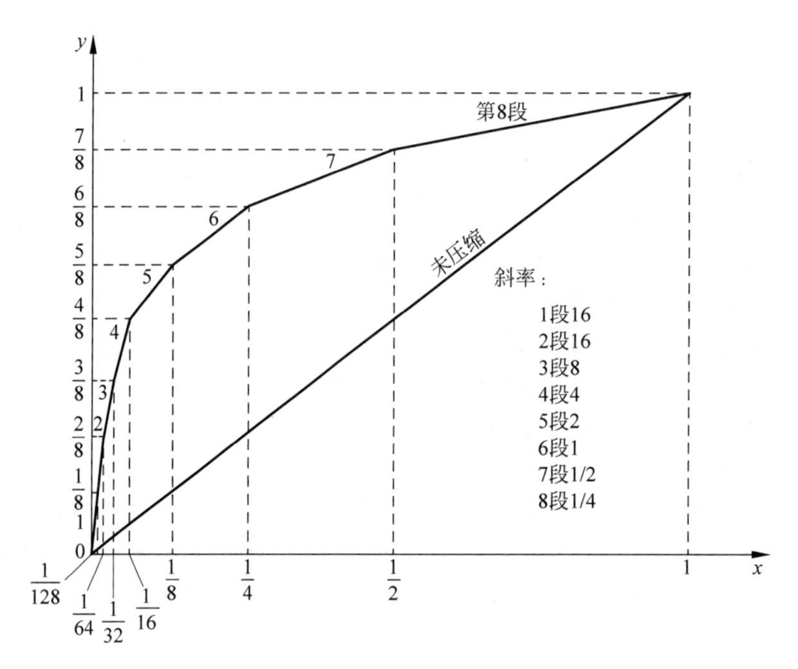

图 7-14　13 折线

分 16 个量化等级，也就实现了每段折线内进行均匀量化。对于折线中的第 1 段和第 2 段，由于其间隔最小(1/128)，则再均匀分成 16 份，就可以得到 13 折线最小量化间隔为

$$\Delta_{1,2}=\frac{1}{128}\times\frac{1}{16}=\frac{1}{2048} \tag{7-26}$$

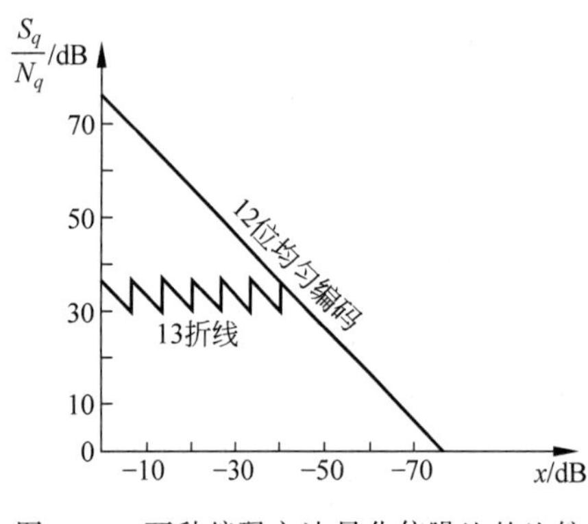

图 7-15　两种编码方法量化信噪比的比较

其他间隔的最小量化间隔将成倍增加。而对于输出端，也就是图 7-14 所示折线图的 y 轴，由于是均匀划分，各段间隔均为 1/8，每段再 16 等分，因此每个量化级间隔为 1/(8×16)=1/128。

可以证明，用 13 折线法进行压扩和量化后，能够做出量化信噪比与输入信号间的关系曲线如图 7-15 所示。从图中可以看到在小信号区域，13 折线法量化信噪比与 12 位线性编码的相同；但在大信号区域 13 折线法的量化信噪比不如 12 位线性编码。

以上较详细地讨论了 A 律的压缩原理。至于扩张，实际上是压缩的相反过程，只要掌握了压缩原理就不难理解扩张原理。限于篇幅，这里不再赘述。

7.5　脉冲编码调制原理

如图 7-1 所示，模拟信号经过抽样和量化以后，可以得到共有 Q 个电平状态的输出。当 Q 比较大时，如果直接传输 Q 进制的信号，其抗噪声性能较差，因此，通常在发射端通过

编码器把 Q 进制信号变换为 k 位二进制数字信号（$2^k \geqslant Q$）后再进行传输，接收端将收到的二进制码元经过译码器再还原为 Q 进制信号，实现上述功能的系统就是脉冲编码调制系统，简称 PCM 系统。

把量化后的信号变换成代码的过程称为编码，其相反的过程称为译码。编码不仅可用于通信，还广泛用于计算机、数字仪表、遥控遥测等领域。当然，编码方法是多种多样的，其实现过程大体上可以归结为逐次比较（反馈）型、折叠级联型和混合型等。这几种编码器都具有自己的特点，但限于篇幅，这里仅介绍目前用得较为广泛的逐次比较型编码和译码原理。为了便于理解，在讨论这种编码原理以前，先简单介绍常用的编码码型及码位编排。

7.5.1 常用的二进制码型

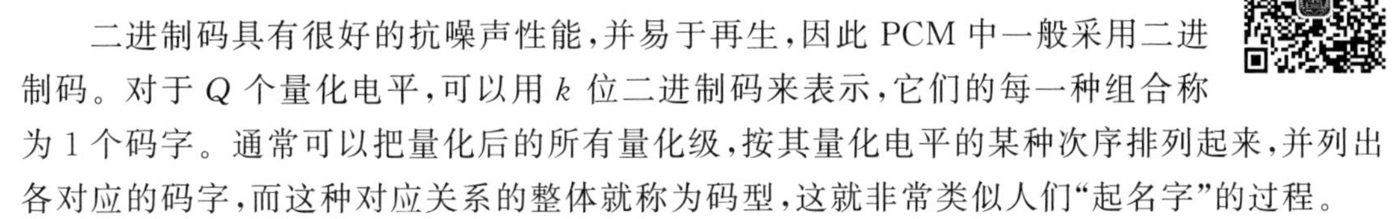

二进制码具有很好的抗噪声性能，并易于再生，因此 PCM 中一般采用二进制码。对于 Q 个量化电平，可以用 k 位二进制码来表示，它们的每一种组合称为 1 个码字。通常可以把量化后的所有量化级，按其量化电平的某种次序排列起来，并列出各对应的码字，而这种对应关系的整体就称为码型，这就非常类似人们“起名字”的过程。

PCM 中常用的码型有自然二进制码、折叠二进制码和反射二进制码。如果以 4 位二进制码字为例，则上述 3 种码型的码字如表 7-3 所示。

表 7-3　4 位二进制码码型

量化级编号	自然二进制码	折叠二进制码	反射二进制码（格雷码）
0	0000	0111	0000
1	0001	0110	0001
2	0010	0101	0011
3	0011	0100	0010
4	0100	0011	0110
5	0101	0010	0111
6	0110	0001	0101
7	0111	0000	0100
8	1000	1000	1100
9	1001	1001	1101
10	1010	1010	1111
11	1011	1011	1110
12	1100	1100	1010
13	1101	1101	1011
14	1110	1110	1001
15	1111	1111	1000

1. 自然二进制码

自然二进制码是人们最熟悉的二进制码，从左至右其权值分别为 8、4、2、1，故有时它也称为 8-4-2-1 二进制码。

2. 折叠二进制码

折叠二进制码是目前 A 律 13 折线 PCM30/32 路设备所采用的码型。这种码是由自然二进制码演变而来的，除去最高位，折叠二进制码的上半部分与下半部分呈倒影关系，也就是折叠关系。上半部分最高位为0,其余各位由下而上按自然二进制码规则编码；下半部分最高位为1,其余各位由上向下按自然二进制码编码。这种码对于双极性信号(例如话音信号)通常可用最高位去表示信号的正、负极性,而用其余码表示信号幅度的绝对值,即只要正、负极性信号的绝对值相同,则可进行相同的编码。这就是说,用第一位码表示极性后,双极性信号就可以采用单极性编码方法,因此,采用折叠二进制码可以大为简化编码的过程。

除此之外,折叠二进制码还有另一个优点,那就是在传输过程中如果出现误码,对小信号影响较小,对大信号影响较大。例如大信号的1111误为0111,从表7-3可看出,如果是自然二进制码,解码后得到的样值脉冲与原信号相比误差为8个量化级；如果是折叠二进制码,误差为15个量化级。显然,大信号时误码对折叠码影响很大。如果误码发生在小信号,例如1000误为0000,这时情况就大不相同了,如果是自然二进码,误差还是8个量化级；如果是折叠二进码,误差则只有一个量化级。这一特性是十分可贵的,因为,话音小幅度信号出现的概率比大幅度信号出现的概率要大许多。

3. 反射二进制码

在介绍反射二进制码(格雷码)之前,首先介绍一下码距的概念。码距是指两个等长码字的对应码位取不同码符的位数。在表7-3中可以看出,自然二进制码相邻两组码字的码距最小为1,最大为4(例如第7号码字0111与第8号码组1000间的码距),折叠二进制码相邻两组码字最大码距为3(例如第3号码字0100与第4号码字0011)。

格雷码是按照相邻两组码字之间只有1个码位的码符不同(即相邻两组码的码距均为1)的规则而构成的,如表7-3所示,其编码从0000开始,由后(低位)往前(高位)每次只变1个码符,而且只有当后面的那位码不能变时,才能变前面一位码。这种码通常可用于工业控制中的继电器控制或者通信中采用编码管进行的编码过程。

上述分析是在4位二进制码字的基础上进行的,实际上码字位数的选择在数字通信中非常重要,它不仅关系到通信质量的好坏,而且还涉及通信设备的复杂程度。码字位数的多少决定了量化分层(量化级)的多少,反之,若信号量化分层数一定,则编码位数也就被确定。可见,在输入信号变化范围一定时,用的码字位数越多,量化分层越细,量化噪声就越小,通信质量当然就越好；但码位数多了,总的传输码率会相应增加,这样将带来一些新的问题。

7.5.2 13折线的码位安排

在13折线法中,无论输入信号是正还是负,均按8段折线(8个段落)进行编码。若用8位折叠二进制码来表示输入信号的抽样量化值,用第一位表示量化值的极性,其余7位(第2位至第8位)则可表示抽样量化值的绝对大小。具体做法是用第2至第4位(段落码)的8种可能状态来分别代表8个段落,其他4位码(段内码)的16种可能状态用来分别代表每一段落的16个均匀划分的量化级。这种编码方法是把压缩、量化和编码合为一体的方法。根据上述分析可知,用于13折线A律特性的8位非线性编码的码组结构为

极性码	段落码	段内码
M_1	$M_2M_3M_4$	$M_5M_6M_7M_8$

第1位码(M_1)为“1”和“0”分别代表信号的正极性和负极性,称为极性码。从折叠二进制码的规律可知,对于两个极性不同但绝对值相同的样值脉冲,用折叠二进制码表示时,除

极性码不同外，其余几位码是完全一样的。在编码过程中，只要将样值脉冲的极性判出后，因为编码器是以样值脉冲的绝对值进行量化和输出码组的，所以这样只要考虑 13 折线中对应于正输入信号的 8 段折线就行了。

第 2 位至第 4 位码，即 $M_2M_3M_4$ 称为段落码，是 8 段折线，所以用 3 位码就能表示，具体划分如表 7-4 所示。

表 7-4　段落码

段落序号	1	2	3	4	5	6	7	8
段落码（$M_2M_3M_4$）	000	001	010	011	100	101	110	111

第 5 位至第 8 位（$M_5M_6M_7M_8$）称为段内码，每一段中的 16 个量化级可以用这 4 位码表示，段内码具体的分配如表 7-5 所示。

表 7-5　段内码

电平序号	0	1	2	3	4	5	6	7
段内码（$M_5M_6M_7M_8$）	0000	0001	0010	0011	0100	0101	0110	0111
电平序号	8	9	10	11	12	13	14	15
段内码（$M_5M_6M_7M_8$）	1000	1001	1010	1011	1100	1101	1110	1111

需要指出的是，在上述编码方法中，虽然各段内的 16 个量化级是均匀的，但因段落长度不等，故不同段落间的量化级是非均匀的。当输入信号小时，段落短，量化级间隔小；反之，量化间隔大。在 13 折线中，第 1、第 2 段最短，根据 7.4 节的分析可知，第 1、第 2 段的归一化长度是 1/128，再将它等分 16 小段，根据式（7-26）的计算结果知每一小段长度为 1/2048，这就是 13 折线的最小量化级间隔 Δ。根据 13 折线的定义，以最小量化级间隔 Δ 为最小计量单位，可以计算出 13 折线 A 律每一个量化级的电平范围、起始电平 I_{si}、段内码对应权值和各段落内的量化间隔 Δ_i，具体结果如表 7-6 所示。

表 7-6　13 折线 A 律相关参数表

段落序号 $i=1\sim8$	电平范围 Δ	段落码 $M_2M_3M_4$	段落起始电平 $I_{si}(\Delta)$	量化间隔 $\Delta_i(\Delta)$	段内码对应权值（Δ）			
					M_5	M_6	M_7	M_8
8	1024～2048	111	1024	64	512	256	128	64
7	512～1024	110	512	32	256	128	64	32
6	256～512	101	256	16	128	64	32	16
5	128～256	100	128	8	64	32	16	8
4	64～128	011	64	4	32	16	8	4
3	32～64	010	32	2	16	8	4	2
2	16～32	001	16	1	8	4	2	1
1	0～16	000	0	1	8	4	2	1

7.5.3 逐次比较型编码原理

逐次比较型编码器编码的方法与用天平称重物的过程极为相似。用天平称重物时，重物放入托盘以后，就开始称重，第1次称重所加砝码(在编码术语中称为“权”，它的大小称为权值)是估计的，多数情况下，这种权值不一定正好使天平平衡。若砝码的权值大了，换一个小一些的砝码再称。请注意，第2次所加砝码的权值是根据第1次做出的判断结果确定的。若第2次称的结果说明砝码小了，可以在第2次权值基础上再加一个次大的砝码。如此进行下去，直到接近平衡为止。这个过程就叫作逐次比较称重过程。“逐次”可理解为称重是一次次由粗到细进行的，“比较”则是把上一次称重的结果作为参考，比较得到下一次输出权值的大小；如此反复，使所加权值逐步逼近物体真实重量。

基于上述分析，可以研究并理解逐次比较型编码方法编出8位码的过程。图7-16所示就是逐次比较型编码器原理图，由整流器、极性判决、保持电路、比较器及本地译码电路等组成。

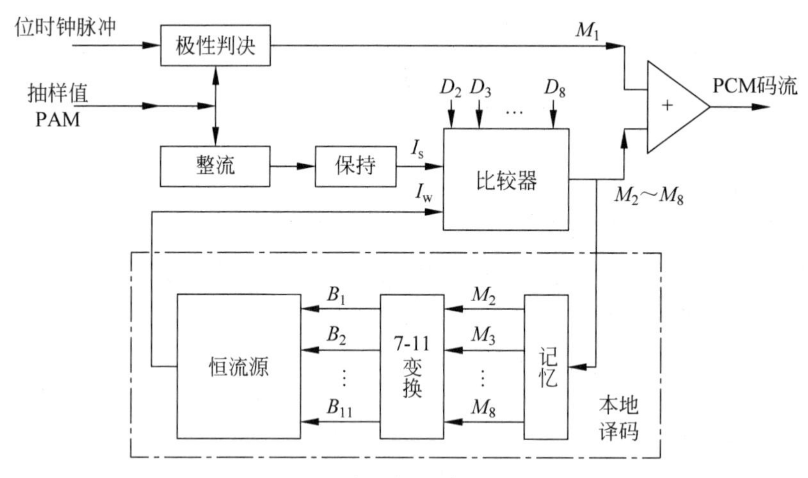

图7-16 逐次比较型编码器原理图

极性判决电路用来确定信号的极性，输入的PAM信号是双极性信号，当其样值为正时，位同步脉冲到来时刻输出“1”码；当样值为负时，输出“0”码，然后将该双极性信号经过全波整流变为单极性信号。

比较器是编码器的核心，它的作用是通过比较样值电流 I_s 和标准电流 I_w，从而对输入信号抽样值实现非线性量化和编码。每比较一次，输出1位二进制码，并且当 $I_s > I_w$ 时出“1”码，反之出“0”码。由于在13折线法中用7位二进制码来代表段落和段内码，所以对一个输入信号的抽样值需要进行7次比较，每次所需的标准电流 I_w 均由本地译码电路提供。

本地译码电路包括记忆电路、7-11变换电路和恒流源。记忆电路用来寄存二进制码。因为除第一次比较外，其余各次比较都要依据前几次比较的结果来确定标准电流 I_w 的值。因此，7位码组中的前6位状态均应由记忆电路寄存下来。

7-11变换电路就是前面非均匀量化中谈到的数字压缩器。因为采用非均匀量化的7位非线性编码，因此，反馈到本地译码电路的全部码也只有7位，而恒流源有11个基本权值电流支路组成，需要11个控制脉冲来控制，所以必须把7位码变成11位码。其转换关系如

表 7-7 所示。

表 7-7　A 律 13 折线非线性码与线性码间的关系

段落号	非线性码						线性码											
	起始电平	段落码	段内码权值(Δ)				B_1	B_2	B_3	B_4	B_5	B_6	B_7	B_8	B_9	B_{10}	B_{11}	B_{12}
		$M_2M_3M_4$	M_5	M_6	M_7	M_8	1024	512	256	128	64	32	16	8	4	2	1	1/2
8	1024	111	512	256	128	64	1	M_5	M_6	M_7	M_8	1^*	0	0	0	0	0	0
7	512	110	256	128	64	32	0	1	M_5	M_6	M_7	M_8	1^*	0	0	0	0	0
6	256	101	128	64	32	16	0	0	1	M_5	M_6	M_7	M_8	1^*	0	0	0	0
5	128	100	64	32	16	8	0	0	0	1	M_5	M_6	M_7	M_8	1^*	0	0	0
4	64	011	32	16	8	4	0	0	0	0	1	M_5	M_6	M_7	M_8	1^*	0	0
3	32	010	16	8	4	2	0	0	0	0	0	1	M_5	M_6	M_7	M_8	1^*	0
2	16	001	8	4	2	1	0	0	0	0	0	0	1	M_5	M_6	M_7	M_8	1^*
1	0	000	8	4	2	1	0	0	0	0	0	0	0	M_5	M_6	M_7	M_8	1^*

注：表中 1^* 项为接收端解码时的补差项，在发送端编码时，该项均为零。

恒流源用来产生各种标准电流值。为了获得各种标准电流 I_w，在恒流源中有数个基本权值电流支路。基本的权值电流个数与量化级数有关，在 13 折线编码过程中，它要求 11 个基本的权值电流支路，每个支路均有一个控制开关。每次该哪几个开关接通组成比较用的标准电流 I_w，由前面的比较结果经变换后得到的控制信号来控制。

保持电路的作用是保持输入信号的抽样值在整个比较过程中具有确定不变的幅度。由于逐次比较型编码器编 7 位码(极性码除外)需要进行 7 次比较，因此在整个比较过程中都应保持输入信号的幅度不变，故需要采用保持电路。

下面通过一个例子来说明 13 折线编码过程。

例 7.1　设输入信号抽样值 $I_s=+1270\Delta$(Δ 为一个量化单位，表示输入信号归一化值的 1/2048)，采用逐次比较型编码器，按 A 律 13 折线编 8 位码 $M_1M_2M_3M_4M_5M_6M_7M_8$。

解：编码过程如下。

(1) 确定极性码 M_1

由于输入信号抽样值 I_s 为正，故极性码 $M_1=1$。

(2) 确定段落码 $M_2M_3M_4$

参看表 7-6 可知，由于段落码中的 M_2 是用来表示输入信号抽样值处于 8 个段落的前 4 段还是后 4 段的，故输入比较器的标准电流应选择为 $I_w=128\Delta$。现在输入信号抽样值 $I_s=1270\Delta$，大于标准电流，故第一次比较结果为 $I_s>I_w$，所以 $M_2=1$，表示输入信号抽样值处于 8 个段落中的后 4 段(5～8 段)。

M_3 用来进一步确定它属于 5～6 段还是 7～8 段。因此标准电流应选择为 $I_w=512\Delta$。第 2 次比较结果为 $I_s>I_w$，故 $M_3=1$，表示输入信号居于 7～8 段。

同理，确定 M_4 的标准电流应为 $I_w=1024\Delta$。第 3 次比较结果为 $I_s>I_w$，故 $M_4=1$。

由以上 3 次比较可得段落码为“111”，因此，输入信号抽样值 $I_s=1270\Delta$ 应属于第 8 段。

(3) 确定段内码 $M_5M_6M_7M_8$

由编码原理可知，段内码是在已经确定输入信号所处段落的基础上，用来表示输入信号处于该段落的哪一量化级的。$M_5M_6M_7M_8$ 的取值与量化级之间的关系见表 7-5。上面已经确定输入信号处于第 8 段，该段中 16 个量化级之间的间隔均为 64Δ，故确定 M_5 的标准电流应选为

$$I_w = 段落起始电平 + 8 \times (量化级间隔) = 1024 + 8 \times 64 = 1536\Delta$$

第 4 次比较结果为 $I_s < I_w$，故 $M_5 = 0$，说明输入信号抽样值应处于第 8 段的 0～7 量化级。

同理，确定 M_6 的标准电流应选为

$$I_w = 段落起始电平 + 4 \times (量化级间隔) = 1024 + 4 \times 64 = 1280\Delta$$

第 5 次比较结果为 $I_s < I_w$，故 $M_6 = 0$，说明输入信号应处于第 8 段中的 0～3 量化级。

确定 M_7 的标准电流应选为

$$I_w = 段落起始电平 + 2 \times (量化级间隔) = 1024 + 2 \times 64 = 1152\Delta$$

第 6 次比较结果为 $I_s > I_w$，故 $M_7 = 1$，说明输入信号应处于第 8 段中的 2～3 量化级。

最后，确定 M_8 的标准电流应选为

$$I_w = 段落起始电平 + 3 \times (量化级间隔) = 1024 + 3 \times 64 = 1216\Delta$$

第 7 次比较结果为 $I_s > I_w$，故 $M_8 = 1$，说明输入信号应处于第 8 段中的 3 量化级。

经上述 7 次比较，编出的 8 位码为 11110011，表示输入抽样值位于第 8 段第 3 量化级，量化电平为 1216Δ，故截断量化误差等于 1270Δ－1216Δ＝54Δ。

结合表 7-7 中对非线性和线性之间变换的描述，除极性码外的 7 位非线性码组 1110011 相对应的 11 位线性码组为 10011000000。

7.5.4 译码原理

译码的作用是把接收端收到的 PCM 信号还原成相应的 PAM 信号，即实现 D/A 变换。A 律 13 折线译码器原理框图如图 7-17 所示，与图 7-16 中所示的本地译码器类似，所不同的是增加了极性控制部分和带有寄存读出的 7-12 位码变换电路。

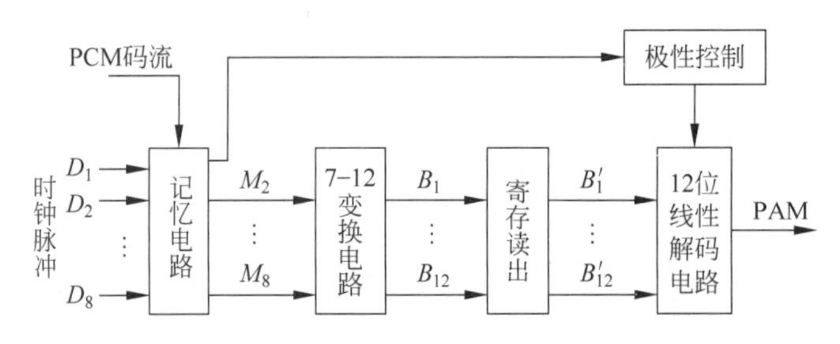

图 7-17 逐次比较型译码器原理图

极性控制部分的作用是根据收到的极性码 M_1 辨别 PCM 信号的极性，使译码后的 PAM 信号的极性恢复成与发送端相同。

串/并变换记忆电路的作用是将输入的串行 PCM 码变为并行码，并记忆下来，与编码器中译码电路的记忆作用基本相同。

7-12 变换电路的作用是将 7 位非线性码转变为 12 位线性码。编码器的本地译码电路中采用 7-11 位码变换，量化误差有可能大于本段落量化间隔的一半，如在例 7.1 中，截断量化误差为 54Δ，大于 32Δ。译码器的 7-12 变换电路使输出的线性码增加 1 位码，人为地补上半个量化间隔，从而改善量化信噪比，使量化误差均小于段落内量化间隔的一半。如

例7.1中，8位非线性码变为12位线性码为100111000000，其中B_{12}的权值为1/2，则PAM输出应为$1216\Delta+32\Delta=1248\Delta$，此时量化误差为$1270\Delta-1248\Delta=22\Delta$，译码性能明显得到了改善。

12位线性解码电路主要由恒流源和电阻网络组成，与编码器中的解码电路类似，它在寄存读出电路的控制下输出相应的PAM信号。

7.5.5 码元速率和带宽

1. 码元速率

由于PCM要用k位二进制码表示一个抽样值，即一个抽样周期T_s内要编k位码，因此，每个码元宽度为T_s/k，码位越多，码元宽度越小，占用带宽越大。因此，传输PCM信号所需要的带宽要比模拟基带信号$x(t)$的带宽大。

设$x(t)$为低通信号，最高频率为f_H，抽样频率$f_s \geqslant 2f_H$，如果量化电平数为Q，采用M进制代码，则每个量化电平需要的代码数为$k=\log_M Q$，因此码元速率为kf_s。

2. 传输PCM信号所需的最小带宽

假设抽样频率为$f_s=2f_H$，则最小码元传输频率为$f_b=2kf_H$，此时要求系统带宽为

$$\begin{cases} B_{PCM}=\dfrac{f_b}{2}=\dfrac{kf_s}{2}, & \text{理想低通传输系统} \quad (7\text{-}27) \\ B_{PCM}=f_b=kf_s, & \text{升余弦传输系统} \quad (7\text{-}28) \end{cases}$$

对于电话传输系统，其传输模拟信号的带宽为4kHz，因此，抽样频率$f_s=8\text{kHz}$，假设按A律13折线编成8位码，采用升余弦系统传输特性，那么传输系统带宽为

$$B_{PCM}=f_b=k \cdot f_s=8 \cdot 8000=64\text{kHz}$$

7.5.6 系统抗噪性能

1. 两类噪声

这里以图7-1所示的PCM系统为例进行抗噪性能分析。从图7-1所示的模拟信号数字传输全过程看，模拟信号$x(t)$经过抽样和量化处理之后就变为$x_q(kT_s)$，如果经过数字通信系统传输后没有产生误码，则接收到的将仍为$x_q(kT_s)$，经过低通滤波器滤波后得到的模拟信号$x'(t)$实际是包含量化噪声的$x(t)$。

如果数字通信系统中由于噪声的影响产生了误码，这时误码会使得译码器输出不再是$x_q(kT_s)$，而是$\hat{x}_q(kT_s)$。$\hat{x}_q(kT_s)$经过低通滤波后得到的模拟信号$\hat{x}(t)$不仅包含量化噪声，而且包含误码噪声。因此，$\hat{x}(t)$可以表示为

$$\hat{x}(t)=x(t)+n_q(t)+n_e(t) \tag{7-29}$$

式中，$n_q(t)$表示由量化噪声引起的输出噪声；$n_e(t)$表示由信道加性噪声引起的输出噪声。

为了衡量PCM系统的抗噪性能，通常将系统输出端总的信噪比定义为

$$\frac{S_o}{N_o}=\frac{E[x^2(t)]}{E[n_q^2(t)]+E[n_e^2(t)]}=\frac{S_o}{N_q+N_e} \tag{7-30}$$

可见，分析PCM系统的抗噪性能时，需要考虑量化噪声和信道加性噪声的影响。不过，由于量化噪声和信道加性噪声的来源不同，而且它们互不依赖，故可以先讨论它们单独存在时的系统性能，然后再分析系统总的抗噪性能。

2. 量化信噪比 S_o/N_q

前文已经讨论过信号和量化噪声功率的比值 S_0/N_q，给出了不考虑误码影响的一般计算公式以及特殊条件下的计算公式。例如，在均匀量化情况下，信号 $x(t)$的概率密度函数 $f_x(x)$在$(-a\ ,+a)$区域内为常数时，其量化信噪比为

$$\frac{S_o}{N_q} \approx Q^2 = 2^{2k} \tag{7-31}$$

如果 $x(t)\geqslant 0$，且在$(0,+a)$范围区域内均匀分布，这时量化信噪比为

$$\frac{S_o}{N_q} \approx 4Q^2 = 4 \times 2^{2k} \tag{7-32}$$

显然，码位数 k 越大，S_0/N_q 就越高，但这里有如下两点需要说明。

(1) 当采用非均匀量化的非线性编码时，码位数相同、信号较小的条件下，非线性编码的 S_0/N_q 要比线性编码的高，如图 7-13 所示。

(2) 实际信号的 $f_x(x)$不是常数，而且往往信号幅度小时 $f_x(x)$比较大，此时 S_0/N_q 的计算要复杂得多，但经过分析发现，这时的 S_o/N_q 比 $f_x(x)$为常数时要低。

3. 误码信噪比 S_o/N_e

由于信道中加性噪声对 PCM 信号的干扰，可能造成接收端判决器判决错误，二进制"1"码可能误判为"0"码，而"0"码也可能误判为"1"码，其错误判决概率取决于信号的类型和接收机输入端的平均信噪比。

由于 PCM 信号中每一码组代表一定的量化抽样值，所以其中只要发生误码，接收端恢复的抽样值就会与发送端原抽样值不同。通常只需要考虑仅有一位错码的码组错误，而多于一个错码的码组错误可以不予考虑。在上述条件下经分析推导，可以得到误码信噪比与误码率 P_e 的关系为

$$\frac{S_o}{N_e} = \begin{cases} \dfrac{1}{P_e}, & x(t) \geqslant 0\text{，自然二进制码} \\ \dfrac{1}{4P_e}, & x(t)\text{ 为可正可负的自然二进制码} \\ \dfrac{1}{5P_e}, & x(t)\text{ 为可正可负的折叠二进制码} \end{cases} \tag{7-33}$$

至此，假如以折叠二进制码，$x(t)$可正可负的情况为例，总的信噪比可以写为

$$\frac{S_o}{N_o} = \frac{S_o}{N_q + N_e} = \frac{1}{\dfrac{1}{S_o/N_q} + \dfrac{1}{S_o/N_e}} = \frac{1}{(2^{-2k}) + 5P_e} \tag{7-34}$$

经过简单的推导可以说明，$P_e=10^{-5}\sim10^{-6}$ 时的误码信噪比大体上与 $k=7\sim8$ 时的量化信噪比差不多。因此，对于 A 律 13 折线编成 8 位码的情况，当 $P_e\leqslant10^{-6}$ 时由误码引起的噪声可以忽略不计，仅考虑量化噪声的影响；而当 $P_e\geqslant10^{-5}$ 时，误码噪声将变成主要的噪声。

7.6 增量调制

增量调制(ΔM)最早由法国工程师 De Loraine 于 1946 年提出，其目的在于简化模拟信号的数字化方法，并在以后的几十年间有了很大发展，特别是在军事和工业部门的专用通信

网和卫星通信中得到了广泛应用。不仅如此，近年来在高速超大规模集成电路中已被用作A/D转换器。ΔM系统获得广泛应用的原因主要有以下几点。

(1) 在传输速率较低时，ΔM系统的量化信噪比高于PCM的量化信噪比。

(2) ΔM系统的抗误码性能好，能工作于误码率为$10^{-2}\sim10^{-3}$的信道中，而PCM通常要求误码率为$10^{-4}\sim10^{-6}$。

(3) ΔM系统的编译码器比PCM简单。

ΔM系统最主要的特点就是它所产生的二进制码表示模拟信号前后两个抽样值的差别(增加还是减少)，而不是代表抽样值本身的大小。在ΔM系统系统的发送端，调制后的二进制码"1"和"0"只表示信号在这个抽样时刻相对于前一个抽样时刻是增加还是减少；接收端译码器每收到1个"1"码，译码器的输出都相对于前一个时刻的值上升一个量化阶，而收到1个"0"码，译码器的输出就相对于前一个时刻的值下降一个量化阶。

7.6.1 简单增量调制

一位二进制码只能代表两种状态，当然就不可能表示模拟信号的抽样值。可是，用一位码却可以表示相邻抽样值的相对变化，而这种变化同样可以反映模拟信号的变化规律。

1. 编码

假设模拟信号$x(t)$可以用时间间隔为Δt、幅度差为$\pm\sigma$的阶梯波形$x'(t)$去逼近，如图7-18所示。只要Δt足够小，即抽样频率$f_s=1/\Delta t$足够高，且σ选择合适，则$x'(t)$就可以近似于$x(t)$。这里把σ称作量化阶，$\Delta t=T_s$称为抽样间隔。

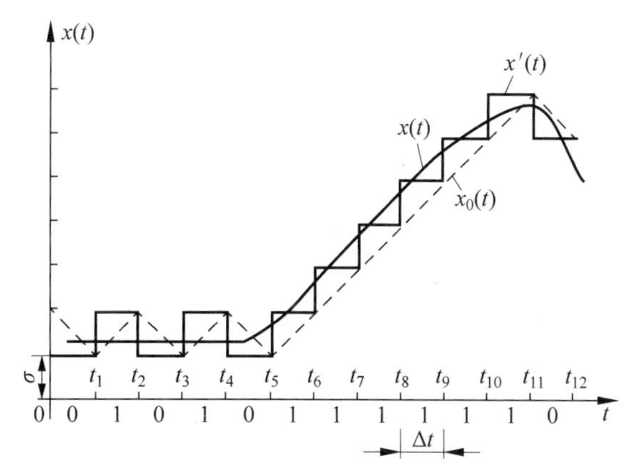

图7-18 简单增量调制的编码过程

$x'(t)$逼近$x(t)$的物理过程如下所述。

(1) 在t_i时刻对信号$x(t)$进行抽样得到$x(t_i)$。

(2) 用$x(t_i)$与$x'(t_{i-})$(t_{i-}表示t_i时刻前瞬间)比较，倘若$x(t_i)>x'(t_{i-})$，就让$x'(t_{i-})$上升一个量化阶，同时ΔM调制器输出二进制码"1"；反之就让$x'(t_i)$下降一个量化阶，同时ΔM调制器输出二进制码"0"。

根据上述编码思路，结合图7-18所示的波形，可以得到一个二进制码序列010101111110…。当然，除了用阶梯波$x'(t)$去近似$x(t)$以外，也可以用锯齿波$x_0(t)$。锯

齿波 $x_0(t)$也只有斜率为正($\sigma/\Delta t$)和斜率为负($-\sigma/\Delta t$)两种情况,因此,也可以用"1"码表示正斜率和"0"码表示负斜率,从而获得二进制码序列。

2. 译码

与编码相对应,在译码时收到"1"码则上升一个量化阶(跳变),收到"0"码则下降一个量化阶,这样就可以把二进制码经过译码变成图 7-18 所示的阶梯波 $x'(t)$。另一种译码方式是收到"1"码后产生一个正斜变电压,在 Δt 时间内上升一个量化阶;收到一个"0"码后产生一个负的斜变电压,在 Δt 时间内均匀下降一个量化阶,这样二进制码经过译码后变为 $x_0(t)$这样的锯齿波。考虑电路实现的简易程度,一般都采用后一种方法,这种方法可用一个简单 RC 积分电路,把二进制码 $p(x)$(双极性代码)经积分得到 $x_0(t)$波形。例如图 7-19 所示,图中给出了假设二进制双极性代码 $p(x)$为 1010111 时,与所对应的 $x_0(t)$波形。

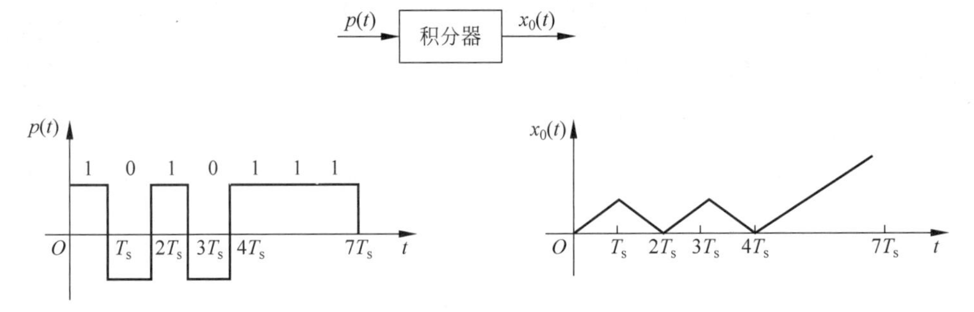

图 7-19 简单增量调制的译码原理图

3. 系统实现框图

根据简单增量调制编译码的基本原理,可组成简单增量调制系统框图如图 7-20 所示。

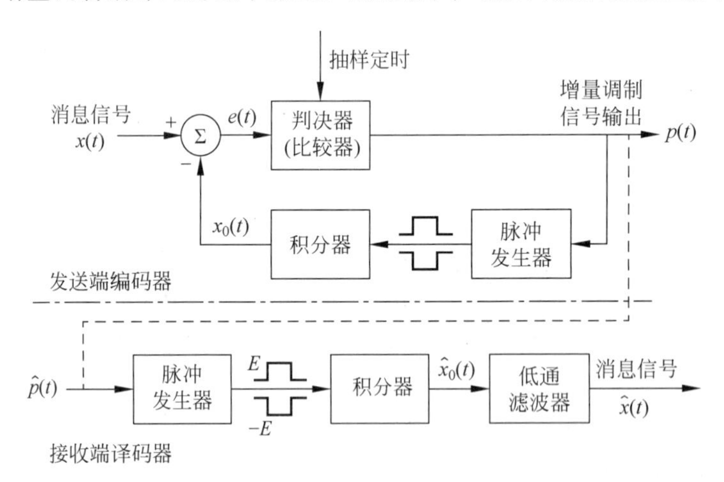

图 7-20 简单增量调制系统实现框图

发送端编码器由相减器、判决器、积分器及脉冲发生器(极性变换电路)组成一个闭环反馈电路。判决器用来比较 $x(t)$与 $x_0(t)$的大小,在抽样时刻,如果 $x(t)-x_0(t)\geqslant 0$,则输出"1";若 $x(t)-x_0(t)<0$,则输出"0"。$x_0(t)$由本地译码器产生。实际应用的编码器比图 7-20 中所描述的要复杂得多。

系统中接收端译码器的核心电路是积分器,当然还包含一些辅助性的电路,如脉冲发生器和低通滤波器等。无论是编码器中的积分器，还是译码器中的积分器，都可以利用 RC 电路实现。当这两种积分器选用 RC 电路时，可以得到近似锯齿波的斜变电压，这时 RC 时间常数的选择应注意，RC 越大，充放电的线性特就越好，但 RC 太大时，在 Δt 时间内上升（或下降）的量化阶就越小，因此，RC 的选择应适当，通常 RC 选择在$(15\sim30)\Delta t$ 范围内比较合适。

在接收端，当接收到 ΔM 信号 $\hat{p}(t)$以后，经过脉冲发生器将二进制码序列变换成全占空的双极性码，然后加到译码器（积分器）得到 $\hat{x}_0(t)$的锯齿形波，再经过低通滤波器即可得输出电压 $\hat{x}(t)$。

$\hat{p}(t)$与 $p(x)$的区别在于经过信道传输后有误码存在，所以 $\hat{x}_0(t)$与 $x_0(t)$存在差异。当然，如果不存在误码，$\hat{x}_0(t)$与 $x_0(t)$的波形就是完全相同的，即便如此，$\hat{x}_0(t)$经过低通滤波器以后也不能完全恢复出 $x(t)$，而只能恢复出 $\hat{x}(t)$，这是由量化引起的失真。因此，综合起来考虑，$\hat{x}_0(t)$经过低通滤波器以后得到的 $\hat{x}(t)$中不但包括量化失真，而且还包含误码失真。由此可见，简单增量调制系统的传输过程中，不仅包含量化噪声，而且还包含误码噪声，这一点是进行抗噪性能分析的根据。

4. 简单增量调制系统的带宽

从编码的基本思想中可以知道，每抽样一次，即传输一个二进制码元，因此码元速率为 $f_b=f_s$，从而增量调制系统带宽为

$$\begin{cases} B_{\Delta M}=\dfrac{f_b}{2}=\dfrac{f_s}{2}, & \text{理想低通传输系统} \\ B_{\Delta M}=f_b=f_s, & \text{升余弦传输系统} \end{cases} \tag{7-35}$$

7.6.2 过载特性与编码的动态范围

1. 过载特性

在分析 ΔM 系统量化噪声时，通常假设信道加性噪声很小，不造成误码。在这种情况下，ΔM 系统中量化噪声有两种形式，一种是一般量化噪声，另一种称为过载量化噪声。

如图 7-20 所示的量化过程中，本地译码器输出与输入的模拟信号做差，就可以得到量化误差 $e(t)$，即 $e(t)=x(t)-x_0(t)$。如果 $e(t)$的绝对值小于量化阶 σ，即$|e(t)|=|x(t)-x_0(t)|<\sigma$，$e(t)$在$-\sigma$ 到σ 范围内随机变化，这种噪声被为一般量化噪声，如图 7-21(a)所示。

过载量化噪声（有时简称过载噪声）发生在模拟信号斜率陡变时，由于量化阶 σ 是固定的，而且每秒内采样数也是确定的，因此，阶梯电压波形就有可能跟不上信号的变化，形成了包含很大失真的阶梯电压波形，这样的失真称为过载现象，也称过载量化噪声，具体情况如图 7-21(b)所示。

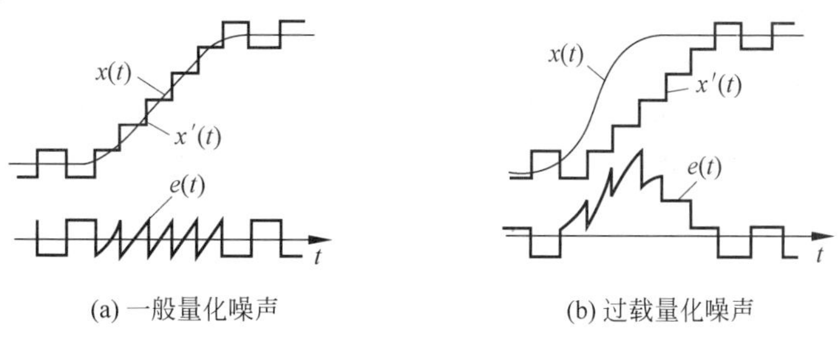

(a) 一般量化噪声　　(b) 过载量化噪声

图 7-21　量化噪声

当出现过载时，量化噪声将急剧增加，因此，在实际应用中要尽量防止出现过载现象。为此，需要对 ΔM 系统中的量化过程以及系统的有关参数进行分析。

设抽样时间间隔为 Δt（抽样频率 $f_s=1/\Delta t$），则上升或下降一个量化阶 σ，可以达到的最大斜率 K（这里仅考虑上升的情况）可以表示为

$$K=\frac{\sigma}{\Delta t}=\sigma f_s \tag{7-36}$$

这也就是译码器的最大跟踪斜率。显然，当译码器的最大跟踪斜率大于或等于模拟信号 $x(t)$ 的最大变化斜率时，即

$$K=\frac{\sigma}{\Delta t}=\sigma f_s \geqslant \left|\frac{\mathrm{d}x(t)}{\mathrm{d}t}\right|_{\max} \tag{7-37}$$

译码器输出 $x'(t)$ 能够跟上输入信号 $x(t)$ 的变化，不会发生过载现象，因而不会形成很大的失真。但是，当信号实际斜率超过这个最大跟踪斜率时，则将造成过载噪声。为了不发生过载现象，则必须使 σ 和 f_s 的乘积达到一定的数值，以使信号实际斜率不会超过这个数值。因此，可以适当地增大 σ 或 f_s 来达到这个目的。

对于一般量化噪声，由图 7-21(a)不难看出，如果 σ 增大，则这个量化噪声就会变大，σ 小则噪声小。采用大的 σ 虽然能减小过载噪声，但却增大了一般量化噪声，因此 σ 值应适当选取，不能太大。不过，对于 ΔM 系统而言，可以选择较高的抽样频率，因为这样既能减小过载噪声，又能进一步降低一般量化噪声，从而使 ΔM 系统的量化噪声减小到给定的容许数值。通常，ΔM 系统中的抽样频率要比 PCM 系统的抽样频率高得多。

2. 动态范围

实现 ΔM 系统正常编码条件之一就是要确保在编码时不发生过载现象。当 ΔM 系统参数（σ 和 f_s）确定以后，信号 $x(t)$ 能够进行正常 ΔM 编码的动态范围也就确定了，通常用幅度上限 $A_{\max}$ 和幅度下限 $A_{\min}$ 来表示。现在以正弦信号为例来确定 $x(t)$ 的幅度上限 $A_{\max}$。

设输入信号为 $x(t)=A\sin(\omega_k t)$，此时信号 $x(t)$ 的斜率为

$$\frac{\mathrm{d}x(t)}{\mathrm{d}t}=A\omega_k\cos\omega_k t \tag{7-38}$$

分析式(7-37)和式(7-38)可知，不过载且信号幅度又能达到最大值的条件为

$$\frac{\sigma}{\Delta t}=\sigma f_s=A\omega_k \Rightarrow A_{\max}=\frac{\sigma f_s}{\omega_k} \tag{7-39}$$

$A_{\max}$ 就是正弦信号允许出现的最大振幅。

同样假设输入信号为 $x(t)=A\sin(\omega_k t)$，此时信号 $x(t)$ 的幅度很小，以至于图 7-20 所示的框图中输出码序列 $p(t)$ 为一系列“0”“1”交替码。结合图 7-18 可以证明，当 $x(t)$ 的幅度小于 $\sigma/2$ 时，$p(t)$ 仍为正、负极性相同的周期性方波，只有当 $x(t)$ 振幅超过 $\sigma/2$ 时，$p(t)$ 才会受 $x(t)$ 的影响，改变输出码序列。所以，开始编码正弦信号振幅 $A_{\min}=\sigma/2$。

综合上述分析，ΔM 系统编码的动态范围可以定义为

$$[D_C]=20\lg\frac{A_{\max}}{A_{\min}}=20\lg\frac{\sigma f_s/\omega_k}{\sigma/2}=20\lg\frac{2f_s}{2\pi f_k}=20\lg\frac{f_s}{\pi f_k}(\mathrm{dB}) \tag{7-40}$$

通常以 $f_k=800\mathrm{Hz}$ 正弦信号为标准，式(7-40)就变为

$$[D_C]=20\lg\frac{f_s}{800\pi}(\text{dB}) \tag{7-41}$$

利用式(7-41)中的参数，可以计算出不同的采样频率所对应的信号动态范围，具体情况如表7-8所示。

表7-8　抽样频率与编码动态范围的关系

抽样频率/kHz	10	20	32	40	80	100
编码动态范围/dB	12	18	22	24	30	32

由表7-8可见，简单增量调制系统的编码动态范围较小，在低传码率情况下(f_s较小)，不符合话音信号传输要求。通常，话音信号动态范围要求为35～50dB。因此，实际常用增量调制的改进型，如增量总和调制、数字压扩自适应增量调制等。

7.6.3　系统抗噪性能

与PCM系统一样，对于简单增量调制系统的抗噪性能，仍用系统的输出信噪比来表征。ΔM系统的噪声成分有两种，即量化噪声与加性噪声，由于这两种噪声互不相关，所以可以分别进行讨论和分析，信号功率与这两种噪声功率的比值分别称为量化信噪比和误码信噪比。

1. 量化信噪比

从前面的分析可知，简单增量调制系统的量化噪声包括一般量化噪声和过载量化噪声两种，由于在实际应用中都采用了防过载措施，因此，这里仅考虑一般量化噪声。

在不过载情况下，一般量化噪声$e(t)$的幅度在$-\sigma$到σ范围内随机变化。假设在此区域内量化噪声为均匀分布，于是$e(t)$的一维概率密度函数为

$$f(e)=\frac{1}{2\sigma},\quad -\sigma\leqslant e\leqslant\sigma \tag{7-42}$$

因而$e(t)$的平均功率可表示成

$$E[e^2(t)]=\int_{-\sigma}^{\sigma}e^2f(e)\mathrm{d}e=\frac{1}{2\sigma}\int_{-\sigma}^{\sigma}e^2\mathrm{d}e=\frac{\sigma^2}{3} \tag{7-43}$$

应当注意，上述量化噪声功率并不是系统最终输出的量化噪声功率，从图7-20可以看到，译码器输出端还有一个低通滤波器，因此，需要将低通滤波器对输出量化噪声功率的影响考虑在内。为了简化运算，可以近似认为$e(t)$的平均功率均匀地分布在频率范围$(0,f_s)$之内，这样通过低通滤波器(截止频率为f_L)之后的输出量化噪声功率为

$$N_q=\frac{\sigma^2}{3}\frac{f_L}{f_s} \tag{7-44}$$

设信号工作于临界状态，则对于频率为f_k的正弦信号来说，结合式(7-39)给出的信号幅值最大值计算公式，可以推导出信号最大输出功率：

$$\left.\begin{aligned}A_{\max}&=\frac{\sigma f_s}{\omega_k}\\S_0&=\frac{A_{\max}^2}{2}\end{aligned}\right\}\Rightarrow S_0=\frac{1}{8}\times\left(\frac{\sigma f_s}{\pi f_k}\right)^2 \tag{7-45}$$

结合式(7-44)和式(7-45),经化简和近似处理之后,可得 ΔM 系统最大量化信噪比为

$$\left(\frac{S_o}{N_q}\right)_{max}=0.04\times\frac{f_s^3}{f_L f_k^2} \tag{7-46}$$

2. 误码信噪比

由误码产生的噪声功率计算起来比较复杂,因此,这里仅给出计算的思路和结论,详细的推导和分析请读者参阅有关资料。其计算的思路仍然是结合图 7-20 所示框图的接收部分进行分析,首先求出积分器前面由误码引起的误码电压及由它产生的噪声功率和噪声功率谱密度,然后求出经过积分器以后的误码噪声功率谱密度,最后求出经过低通滤波器以后的误码噪声功率 N_e 为

$$N_e=\frac{2\sigma^2 f_s P_e}{\pi^2 f_1} \tag{7-47}$$

式中,f_1 为低通滤波器低端截止频率,P_e 为系统误码率,结合式(7-45)可以求出误码信噪比为

$$\frac{S_o}{N_e}=\frac{f_1 f_s}{16P_e f_k^2} \tag{7-48}$$

结合式(7-46)和式(7-48)可以得到总的信噪比为

$$\frac{S_o}{N_o}=\frac{S_o}{N_q+N_e}=\frac{1}{\dfrac{1}{S_o/N_q}+\dfrac{1}{S_o/N_e}} \tag{7-49}$$

从上述分析可以看出,为提高 ΔM 系统的抗噪性能,采样频率 f_s 越大越好;但从节省频带的方面考虑,f_s 越小越好,这两者是矛盾的,所以要根据对通话质量和节省频带两方面的要求选择一个恰当的数值。

例 7.2 在军用通信中通常对节省频带比较重视,因此,为使 $B_{\Delta M}$ 小些,f_s 要选得小一些,如 f_s 选择 32kHz,低通滤波器高端截止频率 $f_L=3\text{kHz}$,低端截止频率 $f_1=300\text{Hz}$,信号频率 $f_k=1\text{kHz}$,计算此时的量化信噪比和误码信噪比。

解:根据式(7-46)和(7-48)可得

$$\frac{S_o}{N_q}=0.04\times\frac{f_s^3}{f_L f_k^2}=437(\text{即 }26\text{dB})$$

$$\frac{S_o}{N_e}=\frac{f_1 f_s}{16P_e f_k^2}=\frac{0.6}{P_e}$$

从上述计算结果可以看到,即使不考虑误码噪声,当 $f_s=32\text{kHz}$ 时,最大量化信噪比已经只有 26dB 了,因此,如果不做改进,简单增量调制的 f_s 不能比 32kHz 更低了。其实经过一系列改进以后,f_s 还可以适当低一些。

当然,误码率 P_e 对系统总的信噪比也有很大的影响,但在计算时,当 P_e 小到一定程度时,总的信噪比就仅由量化噪声确定。例如当 $f_s=32\text{kHz}$、$f_L=3\text{kHz}$ 和 $f_1=300\text{Hz}$ 时,对应要求 $P_e<1.4\times10^{-3}$;如果 f_L 和 f_1 不变,为提高通话质量至 $f_s=64\text{kHz}$,对应要求 $P_e<3.5\times10^{-4}$。

3. PCM 与 ΔM 系统性能比较

这里仅对 PCM 和 ΔM 两种调制系统的抗噪能力进行简要比较和说明,目的是进一步

了解两种调制的相对性能。

在误码可忽略以及信道传输速率相同的条件下，假设滤波器截止频率 $f_L=3\text{kHz}$，信号频率 $f_k=1\text{kHz}$，这时 PCM 与 ΔM 系统相应的量化信噪比曲线如图 7-22 所示。由图可看出，如果 PCM 系统编码位数 $k<4$，则它的性能比 ΔM 系统的要差；如果 $k>4$，则随着 k 的增大，PCM 相对于 ΔM 来说，性能越来越好。

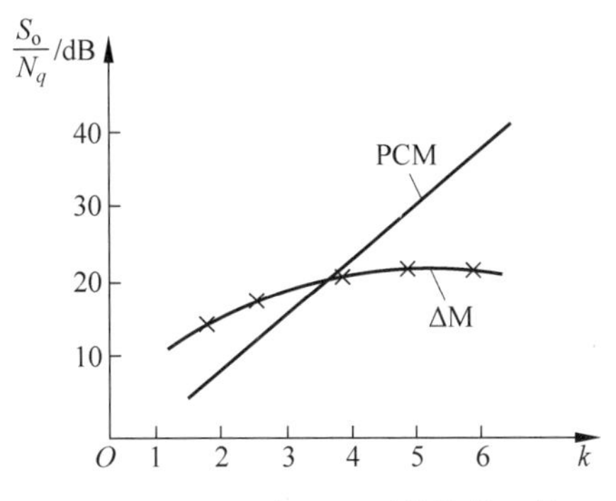

图 7-22 PCM 与 ΔM 系统性能比较

7.7 改进型增量调制

7.7.1 总和增量调制

从前面对过载特性的分析可知，对于 ΔM 系统，当采样频率和量化阶确定以后，输入信号的最大振幅与其工作频率成反比，由于话音信号的功率谱密度从 800Hz 左右开始快速下降，因此这种特性正好与过载特性能很好地匹配。

但是，在实际应用时，为了提高话音的清晰度，通常要对话音信号的高频分量进行提升，即预加重，加重后的话音信号功率谱密度在 300～3400Hz 范围内接近于平坦特性，这样与 ΔM 系统的过载特性反而不匹配了，非常容易产生过载现象。

为了解决上述问题，人们提出了一种称为总和增量调制（Δ-Σ）的编码方法，这种编码方法首先对 $x(t)$ 信号进行积分，然后再进行简单增量调制。为了从物理意义上说明这种改进的方法的有效性，这里介绍一个非常有代表性的例子，如图 7-23 所示。

在图 7-23(a)中，输入信号 $x(t)$ 的高低频成分都比较丰富，如果利用 ΔM 系统进行编码，$x(t)$ 急剧变化时，调制输出 $x_0(t)$ 跟不上 $x(t)$ 的变比，会出现比较严重的过载；$x(t)$ 缓慢变化时，如果幅度的变化在 $\pm\sigma$ 以内，将出现连续的“10”交替码，这段时间幅度变比的信息也将丢失。但如果对图 7-23(a)中的 $x(t)$ 进行积分，积分后的 $\int_0^t x(\tau)\mathrm{d}\tau$ 波形如图 7-23(b)所示，这时原来急剧变化时的过载问题和缓慢变化时信号丢失的问题都

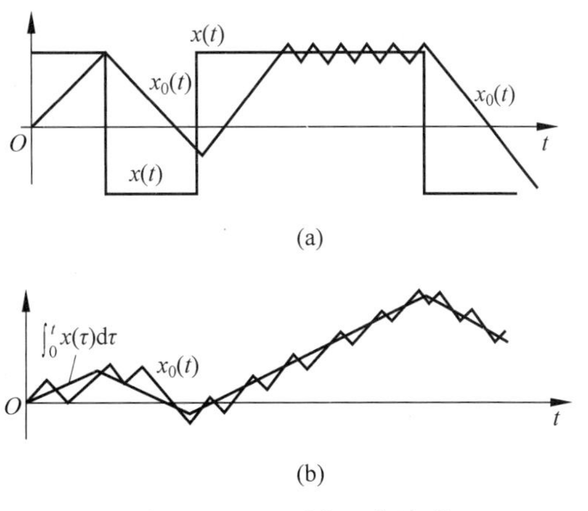

图 7-23 Δ-Σ 系统工作波形

得到克服。由于对 $x(t)$ 先积分再进行增量调制，因此在接收端解调以后要对解调信号进行微分，以便恢复原来的信号。这种先积分后增量调制的方法称为总和增量调制，用 Δ-Σ 表示。

根据上面的分析可知，可以构造出如图 7-24(a)所示的 Δ-Σ 系统结构图。

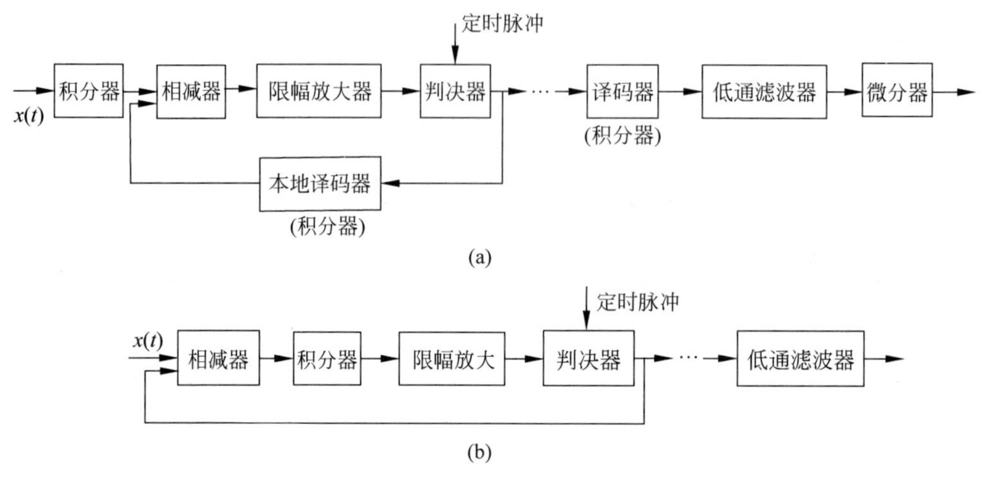

图 7-24　Δ-Σ 系统结构图

由于图 7-24(a)所示结构接收端译码器中有一个积分器，而译码器后面又有一个微分器，微分和积分的作用互相抵消，因此，接收端只要有一个低通滤波器即可，另外，发送端在相减器前面有两个积分器，这两个积分器可以合并为一个，放在相减器后面，这样可以得到图 7-24(b)所示的框图。但在实际应用中，由于积分器是一个很简单的 RC 电路，因此，往往发送端用图 7-24(a)所示的电路，接收端只用一个低通滤波器。

进一步分析比较 ΔM 和 Δ-Σ 系统的调制特点可以发现，ΔM 系统的输出代码反映着相邻两个抽样值变化量的正负，这个变化量就是增量，因此称为增量调制。增量同时又有微分的含义，因此，增量调制有时也称为微分调制，它的二进制码携带有输入信号增量的信息，或者说携带有输入信号微分的信息。正因为 ΔM 的二进制码携带的是微分信息，所以在接收端对代码积分，就可以获得传输的信号了。而 Δ-Σ 系统的代码就不同了，因为信号经过积分后再进行增量调制，代码携带的是信号积分后的微分信息。由于微分和积分可以互相抵消，因此 Δ-Σ 的代码实际上代表输入信号振幅的信息，此时接收端只要加一个滤除带外噪声的低通滤波器即可恢复传输的信号。

从过载特性看，根据式(7-39)可以看出，ΔM 系统的 $A_{\max}$ 与信号频率 f_k 有关，$A_{\max}$ 随 f_k 增大而减小，此时信噪比也将减小。而在 Δ-Σ 系统中，由于先对信号积分，再进行 ΔM 调制，因此 Δ-Σ 系统的 $A_{\max}$ 与信号频率 f_k 无关，这样信号频率不影响信噪比。为了比较 Δ-Σ 系统和 ΔM 系统的性能，图 7-25 分别给出了它们的量化信噪比 S_0/N_q 和误码信噪比 S_0/N_e 曲线，其中，f_s、f_k、f_L 和 f_1 分别为抽样频率、信号频率、信号高端截止频率和低端截止频率。

Δ-Σ 系统具有与 ΔM 系统相似的缺点，即动态范围小。造成这个缺点的原因是量化阶固定不变，从改变量化阶大小考虑，只有使量化阶的大小自动跟随信号幅度大小变化，才能够增加 ΔM 系统的动态范围，并能提高小信号时的量化信噪比。其中，自适应增量调制(AΔM 或 ADM)和脉码增量调制(DPCM)就是比较有代表性的改进型增量调制系统。

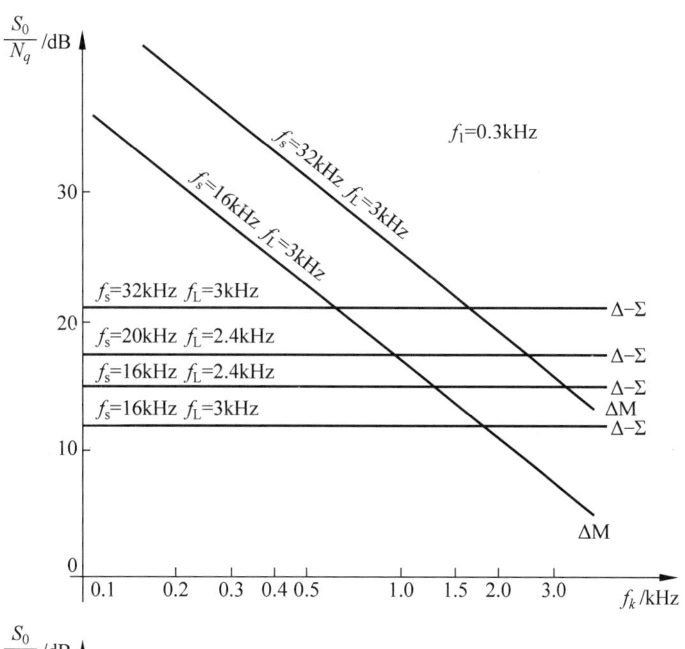

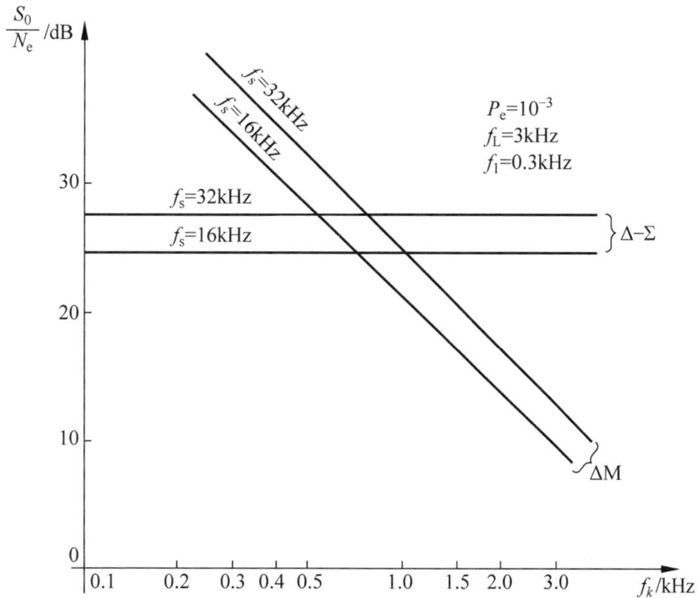

图 7-25　量化信噪比 S_0/N_q 和误码信噪比 S_0/N_e 曲线

7.7.2　自适应技术

1. 数字音节压扩自适应技术

PCM 系统中曾经利用压扩技术实现非均匀量化，提高小信号时的量化信噪比，在 ΔM 系统中也可以利用类似的方法和技术，这就是数字音节压扩自适应技术，该项技术目前已经广泛应用于 ΔM 系统和 Δ-Σ 系统当中。

数字音节压扩自适应技术实际上就是根据信号斜率的不同采用不同的量化阶，因此，当信号的斜率 $|\mathrm{d}x(t)/\mathrm{d}t|$ 增大时，量化阶 σ 也增大；反之，当 $|\mathrm{d}x(t)/\mathrm{d}t|$ 减小时，σ 也减小。

这种随着信号斜率的不同而自动改变量化阶 σ 的调制方法称为自适应增量调制(ADM)。

在 ADM 系统中,发送端 σ 是可变的,接收端译码时也要使用相应变化的 σ。由于 σ 需要随信号斜率的变化而改变,因此在原理框图的构成上应该在 ΔM 的基础上增加检测信号幅度变化(斜率大小)的电路(提取控制电压电路)和用来控制 σ 变化的电路。

控制 σ 变化的方法有两种,一种是瞬时压扩式,另一种是音节压扩式。瞬时压扩式的 σ 随着信号斜率的变化立即变化,这种方法实现起来比较困难。音节压扩是用话音信号一个音节时间内的平均斜率来控制 σ 的变化,即在一个音节内,σ 保持不变,而在不同音节内 σ 是变化的。音节是指话音信号包络变化的一个周期,这个周期不是固定的,但经大量统计分析发现,这个周期趋于某一固定值,这里的音节就是指这个固定值。对于话音信号,一个音节一般约为 10ms。由于提取控制电压和控制 σ 变化的具体方法很多,因此改进型增量调制的种类也是很多的,限于篇幅,这里只介绍话音信号传输时用得最多的数字音节压扩增量调制。

2. 数字音节压扩增量调制

数字音节压扩增量调制是数字检测、音节压缩与扩张自适应增量调制的简称。数字检测是指用数字电路检测并提取控制电压。数字音节压扩增量调制的原理框图如图 7-26 所示。

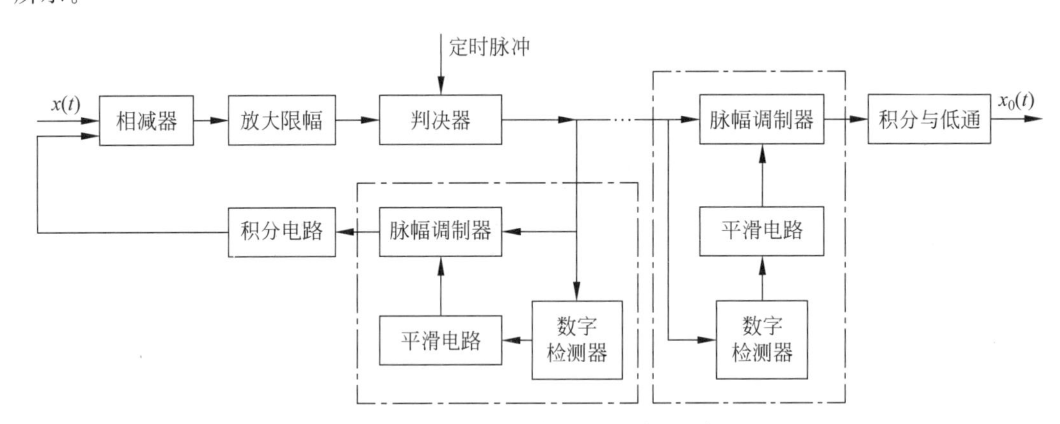

图 7-26 数字音节压扩 ΔM 系统原理框图

与简单增量调制比较,收发端均增加了数字检测器、平滑电路和脉幅调制器。这 3 个部件的作用正是完成数字检测和音节压扩,它的各部分功能说明如下。

(1) 数字检测器。数字检测器用于检测信码中连码数量的多少,连码是连“1”码和连“0”码的统称,连码数越多,表明信号斜率的绝对值越大,出现连码时数字检测电路将输出一定宽度的脉冲。目前常用的数字检测器有两种,一种是当输入 m 个连码时,就输出一个码元宽度为 T_b 的脉冲,当输入 $m+1$ 个连码时,就输出两个码元宽度 $2T_b$ 的脉冲,以此类推。另一种是当输入 m 个连码时,就输出 m 个码元宽度 mT_b 的脉冲。m 可以是 2、3、4 等正整数。

(2) 平滑电路。平滑电路的作用是把数字检测器输出的脉冲进行平滑,取出其平均值。采用音节压扩时,实际应用的平滑电路是一个时间常数比较大(RC 接近 10ms)的 RC 充放电电路。例如有的采用充电时间常数 $\tau_{充}=20$ms、放电时间常数 $\tau_{放}=5$ms 的电路,虽然 $\tau_{充}\neq\tau_{放}$,但都接近于话音信号一个音节(10ms)的时间,因此称为音节平滑电路。

(3) 脉幅调制器。脉幅调制器的作用一是将单极性的信码 $P(t)$ 变为双极性的脉冲,二是在平滑电路输出电压的作用下改变输出脉冲的幅度。当连“1”码多，平滑电路输出的电压增大时，输出正脉冲的幅度增大；当连“0”码多，平滑电路输出的电压增大时，输出负脉冲的幅度增大。反之，当连码少时，平滑电路输出电压减小，输出脉冲的幅度减小。

由于脉幅调制器输出的脉冲幅度是随信号斜率变化的，因此，经积分电路以后，每个抽样周期 $T_s(T_b=T_s)$ 内斜变电压上升或下降的量化阶 σ 也随之变化。

数字音节压扩增量调制的物理过程：$x(t)$→若 $|dx(t)/dt|$ 在音节内的平均值增大→连码多→数字检测器输出脉冲数目增多→平滑电路输出在音节内的平均电压增大→脉幅调制器得到的输入控制电压增大→脉幅调制器输出脉冲幅度增大→积分器的 σ 增大。

接收端的框图相当于发送端本地译码器（由数字检测器、平滑电路、脉幅调制器和积分器组成）再加一个低通滤波器组成，其工作原理与发送端相同，这里不再重复。

数字音节压扩增量调制比简单增量调制在动态范围上有很大的改进，这种改进与两个参数有关，一个是连码检测的 m 数，其值越大，σ 的调节数量级越多；另一个是 $\delta=\sigma_0/\sigma_{max}$（其中 σ_0 和 σ_{max} 分别表示最小量化阶和最大量化阶）值，该值越小，改善 σ 变化范围越大，对于高动态信号的跟踪特性越好。但 δ 值不能太小，一般为 -40dB 左右，即 σ_{max} 值与 σ_0 相差100倍左右。在通常情况下，如果用简单增量调制时动态范围为10dB，那么当利用三连码数字检测电路（电路参数为 $m=3$ 和 $\delta=-45$dB）时，数字音节压扩增量调制的动态范围将变为55dB左右。

3. 数字音节压扩总和增量调制

如果把数字音节压扩技术和总和增量调制结合起来，就可以变成现在用得最多的数字音节压扩总和增量调制，其原理框图如图7-27所示。

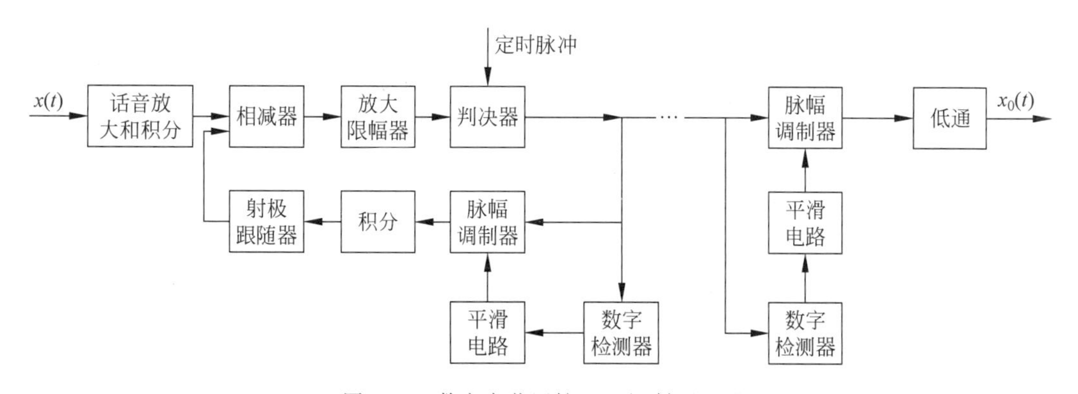

图7-27 数字音节压扩Δ-Σ调制原理图

与图7-26对比可以看到，系统首先对 $x(t)$ 进行积分再进行数字音节压扩 ΔM，因此，在接收端解调以后要对解调信号进行微分，以便恢复原来的信号。由于图7-26中接收端译码器中有一个积分器，而译码器后面再加一个微分器，微分和积分的作用互相抵消，因此，接收端只要有一个低通滤波器即可。

7.7.3 脉码增量调制

对于有些信号（例如图像信号），由于信号的瞬时斜率比较大，很容易引起过载，因此，不能用简单增量调制进行编码；除此之外，这类信号也没有像话音信号那种音节特性，因而也不能采用像音节压扩那样的方法，只能采用瞬时压扩的方法。但瞬时压扩实现起来比较困难，因此，对于这类瞬时斜率比较大的信号，通常采用一种综合增量调制和脉冲编码调制两者特点的调制方法进行编码，这种编码方式简称为脉码增量调制（DPCM），或称差值脉码调制。

这种调制方式的主要特点是把增量值分为 Q' 个等级，然后把 Q' 个不同等级的增量值编为 k' 位二进制码（$Q'=2^{k'}$）再送到信道传输，因此，它兼有增量调制和 PCM 各自的特点。如果 $k'=1$，则 $Q'=2$，这就是增量调制。这里增量值等级用 Q' 表示，码位数用 k' 表示，主要是为了与 PCM 中用的量化级 Q 和码位数 k 区别开来。

DPCM 系统原理框图如图 7-28 所示，其中图 7-28(a)为调制器，图 7-28(b)为相应的解调器。这里将主要介绍调制器的工作原理。

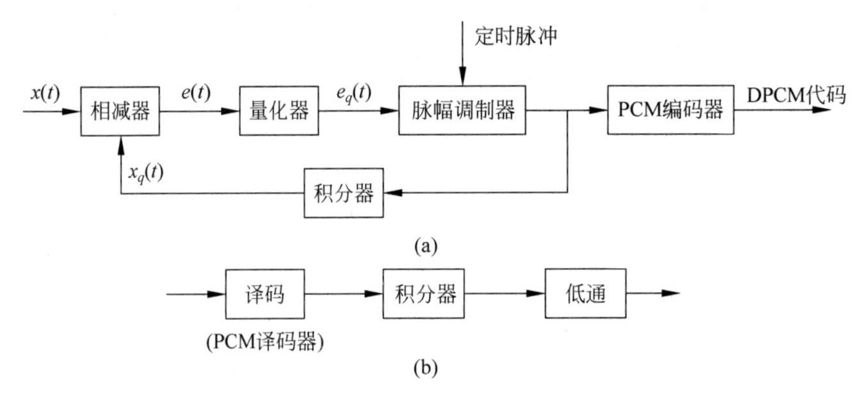

图 7-28　DPCM 系统原理框图

设 $e(t)=x(t)-x_q(t)$ 这个误差电压经过量化后变为 $Q'=2^{k'}$ 个电平中的一个，电平间隔可以相等，也可以不等，这里认为它是间隔相等的均匀量化。量化了的误差电压经过脉冲调制器变为 PAM 信号，这个 PAM 脉冲一方面经过 PCM 编码器编码后得到 DPCM 信号发送出去，另一方面经过积分器变为 $x_q(t)$ 与输入信号 $x(t)$ 进行比较后通过相减器得到误差电压 $e(t)$。

实验表明，经过 DPCM 调制后的信号传输速率要比 PCM 的低，相应要求的系统传输带宽也大大地减小了。此外，在相同传输速率条件下，DPCM 比 PCM 信噪比也有很大的改善。与 ΔM 相比，DPCM 增多了量化级，因此，在改善量化噪声方面更优。DPCM 的缺点是易受到传输线路上噪声的干扰，在抑制信道噪声方面不如 ΔM。

为了保证大动态范围变化信号的传输质量，使得所传输信号实现最佳的传输性能，可以对 DPCM 采用自适应处理。有自适应算法的 DPCM 系统称为自适应脉码增量调制系统，简称 ADPCM。这种系统与 PCM 相比，可以大大降低码元速率和压缩传输带宽，从而增加通信容量。例如，用 32kb/s 速率传输 ADPCM 信号，就能够基本满足以 64kb/s 传输 PCM 话音信号的质量要求。因此，ITU-T 建议 32kb/s 的 ADPCM 为数字电话长途传输中的一种新型国际通用的话音编码方法。关于 ADPCM 的工作原理和性能，请读者自行参阅相关资料。

7.8　时分复用和多路数字电话系统

本书第3章讨论了频分复用(FDM),本节将在分析时分复用(TDM)技术的基础上,研究并说明PCM时分多路数字电话系统的工作原理和相关参数。

7.8.1　PAM时分复用原理

为了便于分析TDM技术的基本原理,这里假设有3路PAM信号进行时分多路复用,其具体实现方法如图7-29所示。

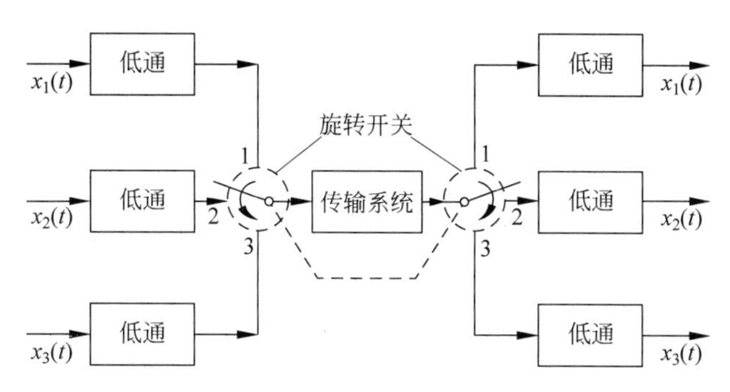

图7-29　3路PAM信号时分复用原理框图

从图7-29可以看到,各路输入信号首先通过相应的低通滤波器变为带限信号。然后再到转换开关(或抽样开关),转换开关每隔T_s将各路信号依次抽样一次,这样3个抽样值按先后顺序错开纳入抽样间隔T_s之内。合成的复用信号是3个抽样信号之和,波形如图7-30所示。由各个消息构成单一抽样的一组脉冲叫作一帧,一帧中相邻两个抽样脉冲之间的时间间隔叫作时隙,未能被抽样脉冲占用的时隙部分称为防护时间。

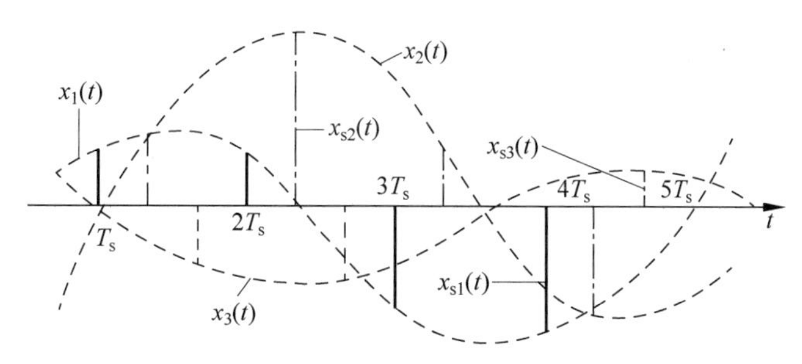

图7-30　3路时分复用合成波形

多路复用信号可以直接送入信道传输,或者加到调制器上变换成适于信道传输的形式后再送入信道传输。

在接收端,合成的时分复用信号由分路开关依次送入各路相应的重建低通滤波器,恢复出原来的连续信号。在TDM中,要求发送端的转换开关和接收端的分路开关必须同步,所以发送端和接收端都设有时钟脉冲序列来稳定开关时间,以保证两个时钟序列合拍。

根据抽样定理可知，一个频带限制在 f_x 范围内的信号，最小抽样频率值为 $2f_x$，这时就可利用带宽为 f_x 的理想低通滤波器恢复出原始信号。对于频带都是 f_x 的 N 路复用信号，它们的独立抽样频率为 $2Nf_x$，如果将信道表示为一个理想的低通形式，则为了防止组合波形丢失信息，传输带宽必须满足 $B \geqslant Nf_x$。

7.8.2 时分复用的 PCM 系统

PCM 和 PAM 的区别在于 PCM 要在 PAM 的基础上经过量化和编码，把 PAM 中的一个抽样值量化后编为 k 位二进制码。图 7-31 表示一个只有 3 路 PCM 信号复用的原理框图。

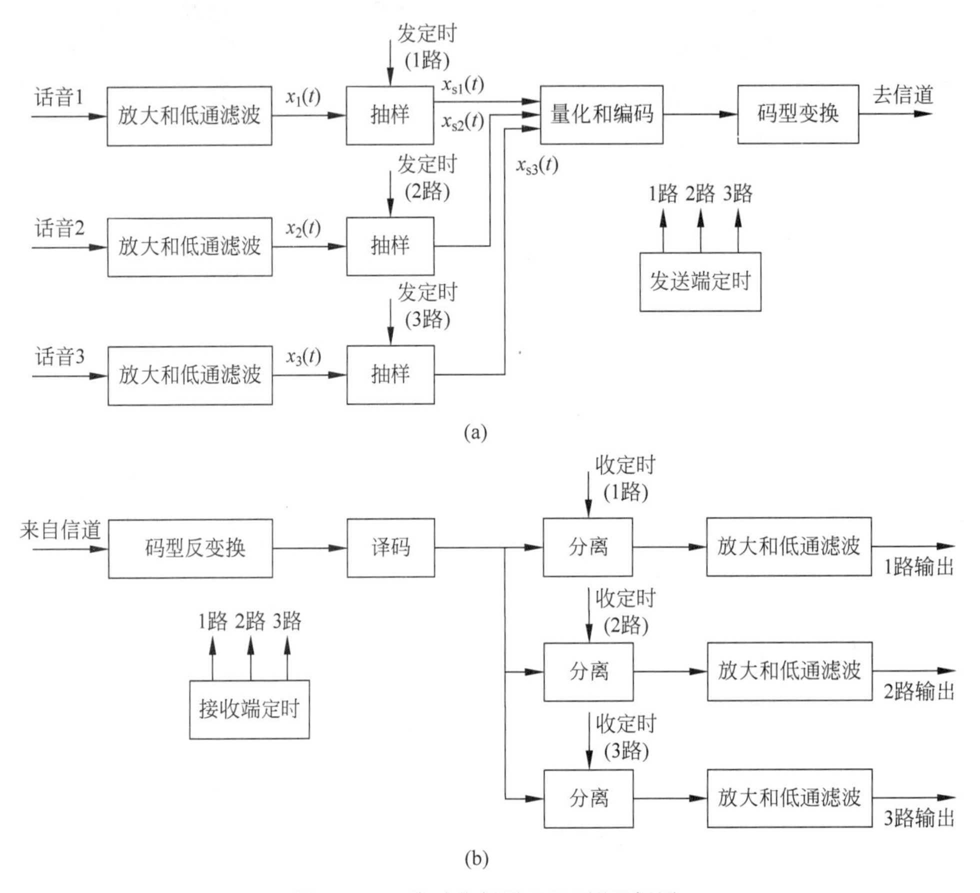

图 7-31 3 路时分复用 PCM 原理框图

图 7-31(a)所示为发送端原理框图，话音信号经过放大和低通滤波后得到 $x_1(t)$、$x_2(t)$ 和 $x_3(t)$，再经过抽样得到 3 路 PAM 信号 $x_{s1}(t)$、$x_{s2}(t)$ 和 $x_{s3}(t)$，它们在时间上是分开的，由各路发送的定时抽样脉冲进行控制，然后将 3 路 PAM 信号一起加到量化和编码器内进行量化和编码，每个 PAM 信号的抽样脉冲经量化后编为 k 位二进制码，即 PCM 代码，再经码型变换变为适合于信道传输的码型(例如 HDB_3 码)，最后经过信道传到接收端。

图 7-31(b)所示为接收端的原理框图。接收端收到信码后，首先经过码型变换，然后加到译码器进行译码。译码后得到的是 3 路合在一起的 PAM 信号，再经过分离电路把各路 PAM 信号区分开来，最后经过放大和低通滤波还原为话音信号。

时分复用 PCM 系统的信号代码在每一个抽样周期内有 Nk 个，这里 N 表示复用路数，k 表示每个抽样值编码的二进制码位数。因此，二进制码元速率可以表示为 Nkf_s，也就是 $R_B=Nkf_s$。但实际码元速率要比 Nkf_s 大些，因为在 PCM 数据帧中，除了话音信号的代码以外，还要加入同步码元、振铃码元和监测码元等。例如，在 32 路 PCM 系统中，如果只计话音信息码，它只有 30 路，因此，当 $f_s=8\text{kHz}$、$k=8$ 时，话音信息的码元速率为 $R_B=30\times8\times8000=1920\text{kBund}$，考虑同步码元、振铃码元和监测码元后，$R_B=2048\text{kBund}$，也就是相当于 32 个话路。因此，从不产生码间串扰的条件出发，这时所要求的最小信道带宽为 $B=f_b/2=(Nkf_s)/2$，实际应用中带宽通常取 $B=Nkf_s$。

7.8.3 帧结构

对于多路数字电话系统，国际上建议的标准化制式有两种，即 PCM 30/32 路（A 律压扩特性）制式和 PCM 24 路（μ 律压扩特性）制式，并规定国际通信时，以 A 律压扩特性为准（即以 30/32 路制式为准），凡是两种制式的转换，其设备接口均由采用 μ 律特性的国家负责解决。我国规定采用 PCM 30/32 路制式，其帧和复帧结构如图 7-32 所示。

从图 7-32 中可以看到，在 PCM 30/32 路制式中，1 个复帧由 16 个帧组成，1 帧由 32 个时隙组成；1 个时隙为 8 位码组。时隙 1～15、17～31 共 30 个时隙用作话路传送话音信号，时隙 0（TS_0）是"帧定位码组"，时隙 16（TS_{16}）用于传送各话路的标志信号码。

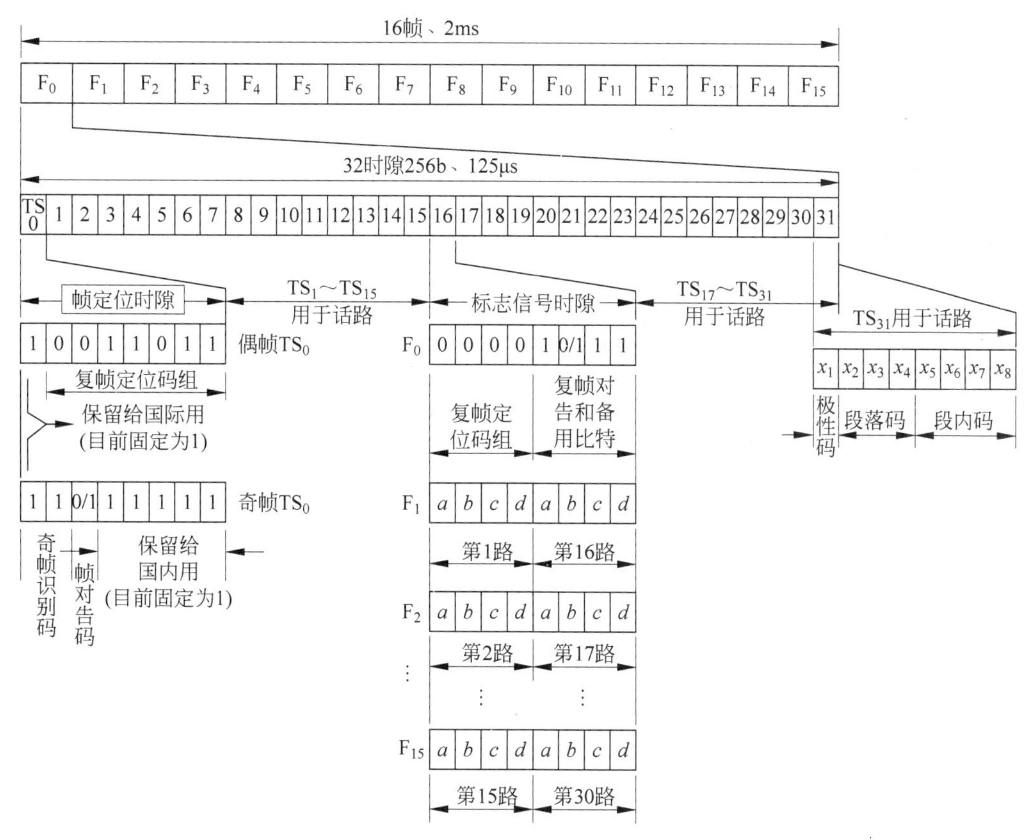

图 7-32 PCM 30/32 路帧和复帧结构

从时间上讲，由于抽样重复频率为 8000Hz，因此，抽样周期为 1/8000＝125μs，这也就是 PCM 30/32 的帧周期；一个复帧由 16 个帧组成，这样复帧周期为 2ms；一帧内要时分复用 32 路，则每路占用的时隙为 125μs/32＝3.9μs；每时隙包含 8 位码组，因此，每位码元占 488ns。

从码元速率上讲，也就是每秒能传送 8000 帧，而每帧包含 32×8＝256b，因此，总码元速率为 256 比特/帧×8000 帧/秒＝2048kb/s。对于每个话路来说，每秒要传输 8000 个时隙，每个时隙为 8b，所以可得每个话路数字化后信息传输速率为 8×8000＝64kb/s。

从时隙比特分配上讲，在话路比特中，第 1 比特为极性码，第 2～第 4 比特为段落码，第 5～第 8 比特为段内码。为了使收发两端严格同步，每帧都要传送一组特定标志的帧同步码组(或称监视码组)。帧同步码组为“0011011”，占用偶帧 TS_0 的第 2～第 8 位。第 1 比特供国际通信用，不使用时发送“1”码。在 TS_0 奇帧中，第 3 位为帧失步告警用，同步时送“0”码，失步时送“1”码。为避免奇帧 TS_0 的第 2～第 8 位出现假同步码组，第 2 位规定为监视码，固定为“1”，第 4～第 8 位为国内通信用，目前暂定为“1”。

TS_{16} 时隙用于传送各话路的标志信号码，标志信号按复帧传输，即每隔 2ms 传输一次，一个复帧有 16 个帧，即有 16 个“TS_{16} 时隙”(8 位码组)。除了 F_0 之外，其余 F_1～F_{15} 用来传送 30 个话路的标志信号。如图 7-30 所示，每帧 8 位码组可以传送两个话路的标志信号，每路标志信号占 4b，以 a、b、c、d 表示。TS_{16} 时隙的 F_0 为复帧定位码组，其中第 1～第 4 位是复帧定位码组本身，编码为“0000”；第 6 位用于复帧失步告警指示，失步为“1”，同步为“0”；其余 3 比特为备用比特，如不用则为“1”。需要说明的是标志信号码 a、b、c、d 不能为全“0”，否则就会和复帧定位码组混淆了。

7.8.4 PCM 的高次群

目前我国和欧洲国家采用 PCM 系统，以 2048kb/s 传输 30/32 路话音、同步和状态信息作为一次群。为了能使如电视等宽带信号通过 PCM 系统传输，要求有较高的码率，而上述 PCM 基群(或称一次群)显然不能满足要求，因此出现了 PCM 高次群系统。

在时分复用系统中，高次群是由若干个低次群通过数字复用设备汇总而成的。对于 PCM 30/32 路系统来说，其基群的速率为 2048kb/s。二次群则由 4 个基群汇总而成，速率为 8448kb/s，话路数为 4×30＝120。对于速率更高、路数更多的三次群以上的系统，目前在国际上尚无统一的建议标准。例如图 7-33 所示为欧洲地区采用的各个高次群的速率和话路数。我国对 PCM 高次群做了规定，基本上和图 7-33 相似，区别只是我国只规定了一次群至四次群，没有规定五次群。

ITU 提出了两个准同步数字体系(Plesiochronous Digital Hierarchy，PDH)的建议，即 E 体系和 T 体系，前者被我国、欧洲及国际间连接采用；后者仅被北美、日本和其他少数国家和地区采用，并且北美和日本采用的标准也不完全相同。这两种建议的层次、路数和比特率的规定如表 7-9 所示。

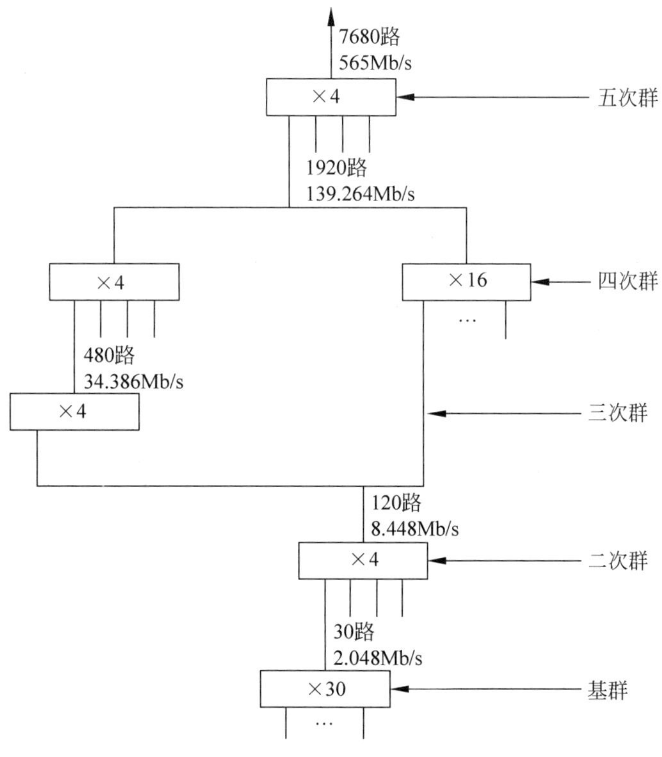

图 7-33 PCM 高次群

表 7-9 准同步数字体系

体系	层　次	比特率/(Mb/s)	路数(每路 64kb/s)
E 体系	E-1	2.048	30
	E-2	8.448	120
	E-3	34.368	480
	E-4	139.264	1920
	E-5	565	7680
T 体系	T-1	1.544	24
	T-2	6.312	96
	T-3	32.064(日本)	480
		44.736(北美)	672
	T-4	97.728(日本)	1440
		274.176(北美)	4032
	T-5	397(日本)	5760
		560(北美)	8064

7.9 压缩编码技术

多媒体通信是指人与人、人与机器、机器与机器之间互通信息的技术，其传输的信息可以是话音、图像、文字、数据、文件等。目前多媒体通信主要是利用数字通信网络处理、控制和传输信息。本节将简要介绍多媒体通信中的压缩编码技术。

7.9.1 基本原理方法

从信息论的角度来看，压缩就是去掉信息中的冗余，保留不确定的部分；也就是去掉确定的部分，使用一种更接近信息本质的描述来代替原有的冗余的描述，而这个本质的部分就是信息量。但是，信息量不是孤立、绝对的，它与信息的传输密切有关。信息接收者知识世界的改变是信息传输的本质所在，但由于接收者知识结构世界的复杂性，使得很难构造数学模型，从而只能对其进行某种限定，这就是香农的信息论。根据香农的信息理论，压缩编码算法就是要减少冗余信息，在允许一定程度失真的前提下对数据进行尽可能地压缩，其具体方法包括预测编码、变换编码、统计编码、子带编码等几种压缩编码等。

1. 预测编码

根据离散信号之间存在的关联性，利用信号的过去值对信号的现在值进行预测，然后对预测误差进行编码，达到数据压缩的目的。预测编码技术包括前文介绍过的 DPCM，以及 ADPCM 等，其中 ADPCM 与 PCM 比较，就可以减少一半以上的存储量。

2. 变换编码

这种编码先对信号按某种函数进行变换，从一种信号域变换到另一种信号域，再对变换后的信号进行编码。例如离散傅里叶变换（Discrete Fourier Transform，DFT）就是将信号进行离散傅里叶变换，实现从时域到频域的变换，由于音频信号大多是低频信号，在低频区能量集中，在频域进行抽样和编码可以实现压缩数据的目的。

需要指出变换本身并不意味着数据压缩，它只是把信号映射到另一个容易进行数据压缩的变换域。按照变换函数的不同，变换编码中的变换处理可以分为离散傅里叶变换（DFT）、离散余弦变换（DCT）、Walsh-Hadamar 变换（WHT）、Karhunen-Loeve 变换（KLT）等多种。

3. 统计编码

与预测编码、变换编码不同，统计编码是利用消息出现概率的分布特性进行数据压缩。也就是说，当信源符号之间不相关时，只要它们出现的概率不同，就存在冗余度。统计编码是基于在消息和码字之间找到具体的对应关系，出现概率较大的消息使用较短的码字，否则使用较长的码字；在解码时找到相应消息和码字的对应关系，最终使失真或不对应的概率限制到最小或容许的范围内。统计编码是一种无损编码，常用的编码方法有 Huffman 码、算术编码和 Shannon Fano 码等。

4. 子带编码

子带编码利用人的感官对于不同时频组合的信号敏感程度不同的特性进行数据压缩。例如，采用一系列滤波器分解不同频率组合的信号，然后对人类感官敏感的频率范围内的信号进行编码，而不是对所有频率采用相同的编码算法，进而实现数据压缩。

7.9.2 音频压缩编码

通常音频信号可分为以下 3 种。

（1）电话质量的音频，频率范围为 300Hz～3.4kHz。

（2）调幅广播质量的音频，频率范围为 50Hz～7kHz，又称“7kHz 音频信号”。

(3) 高保真立体声音频，频率范围为 20Hz～22kHz。

对上述音频信号进行数字化处理所得到的数据量是非常巨大的，例如，假设模拟音频信号带宽为 22kHz，为了保证音频质量，通常抽样频率选用 44.1kHz，再假设抽样精度为 16b/样本，左右两声道同时抽样，则 1s 时间内的抽样位数为 $44.1\times16\times2\times10^3=1.41$Mb，即使使用 PCM 或者 ΔM 方式进行处理，在保证音频质量的前提下，数据量也是相当可观的。因此，实时存储和传输上述音频数据需要对其进行必要的压缩处理。

音频压缩编码技术被认为是多媒体通信的核心技术之一，在保证所需要的传输质量的条件下，压缩比越大，传输成本越小，传输效率越高。为了全面衡量一种音频压缩编码算法的性能，通常可以从压缩比、压缩与解压速度、恢复效果和成本开销 4 个方面来进行评价。

1. 压缩比

压缩比表示在压缩算法处理以后，音频信息所需要的存储空间或传输时间所减小的具体数量。例如，MP3(MPEG Audio Layer3)格式文件就是利用一种音频压缩技术将原始采集的声音用 1∶10 甚至 1∶12 的压缩率进行压缩。

2. 压缩与解压速度

系统要求压缩速度和解压速度要尽量快。由于压缩和解压是两个分开的过程，可以提前压缩需要存储和传输的音频，而解压必须是实时的，因此，对解压的速度要求比较高，通常希望尽可能做到实时解压。

3. 恢复效果

压缩编码算法可分为两大类，即无损压缩和有损压缩。无损压缩算法是在经过压缩和解压之后信号没有改变，因此，不必考虑信号在解压后的恢复效果，也就是输出的恢复信号与输入信号完全一致。有损压缩则会改变信号，使输出与输入不同。有损压缩算法需要通过人的感官进行判决，属于主观评价，而客观评价可采用信噪比、分辨率等参数。

4. 成本开销

压缩编码算法应尽量简单，算法硬件和软件成本开销小，硬件可以使用通用芯片，也可采用专用压缩芯片，专用芯片功能强，压缩比大，速度快，在没有广泛使用前价格较高，广泛使用后价格较低。

ITU-T 先后制定了一系列有关话音压缩编码的标准。如 1972 年提出 G.711 标准，采用 μ 律或 A 律的 PCM 编码，数据传输速率为 64kb/s；1984 年公布 G.721 标准，采用 ADPCM 编码，数据传输速率为 32kb/s，该标准可用于公用电话网；1992 年提出 16kb/s 的短延时码激励线性预测编码(LD-CELP)的 G.728 标准。除此之外，G.723、G.726、G.727 和 G.729 也都是针对话音压缩编码制定的标准。

7.9.3 数据压缩编码

数据与话音或图像不同，对其压缩时通常不允许有任何损失，因此，只能采用无损压缩的方法。这样的压缩编码需要选用一种高效的编码表示信源数据，以减小信源数据的冗余度，也就是减小其平均比特数，并且，这种高效编码必须易于实现和能逆变换回原信源数据。而减小信源数据的冗余度，就相当于增大信源的熵，所以，这样的编码又可以称为熵编码。

1. 基本概念

一个有限离散信源可以用一组不同字符 $x_i(i=1,2,\cdots,N)$ 的集合 $\boldsymbol{X}(N)$ 表示。$\boldsymbol{X}(N)$ 称为信源字符表，表中包含符号 x_1、x_2、…、x_N。信源字符表可以是二电平（二进制）的，例如，发报电键的开/合两种状态，它也可以是多字符的，例如计算机键盘上的字母和符号，这些非二进制字符可以通过一个字符编码表映射为二进制码。通常标准的字符二进制码是等长的，即等长码，例如，用 7b 表示计算机键盘上的一个字符。

等长码中代表每个字符的码字长度（码长）是相同的，但是各字符所含有的信息量是不同的，含信息量小的字符的等长码字必然有更多的冗余度，所以为了压缩，通常采用变长码。变长码中每个码字的长度是不等的，希望码长的字符出现概率低，码短的字符出现概率高，也就是希望字符的码长与字符出现概率成反比，只有当所有字符以等概率出现时编码才应当是等长的。

等长码可以用计数的方法确定字符的分界，而变长码则不然。当接收端收到一长串变长码时，不一定确定每个字符的分界。例如，信源字符表中包含 3 个字符 a、b 和 c，给出了 4 种编码方式，如表 7-10 所示。

表 7-10 不同的信源编码码字

字符	码 1	码 2	码 3	码 4
a	0	1	0	0
b	1	01	01	10
c	11	11	011	110

其中按“码 1”编码产生的序列 10111 在接收端可以译码为 $babc$ 或 $babbb$ 或 $bacb$，不能确定，按“码 2”编码也有类似的结果，所以“码 1”和“码 2”不是唯一可译码；同样可以验证，表中“码 3”和“码 4”是唯一可译码。**唯一可译码**必须能够逆映射为原信源字符。

唯一可译码又可以按照是否需要参考后继码元译码，分为即时可译码和非即时可译码。非即时可译码需要参考后继码元译码。例如，表 7-10 中的“码 3”是非即时可译码，因为当发送“ab”时，收到“001”后尚不能确定译为“ab”，还必须等待下一个码元是“0”才能确定译为“ab”，否则应译为“ac”。可以验证，表 7-10 中的“码 4”是即时可译码。即时可译码又称无前缀码，是指其中没有一个码字是任何其他码字的前缀。

当采用二进制码字表示信源中的字符时，若字符 x_i 的二进制码长等于 n_i，则信源字符表 $\boldsymbol{X}(N)$ 的二进制码字的平均码长为

$$\bar{n}=\sum_{i=1}^{N} n_i P(x_i)\text{(b/ 字符) 或(b/ 符号)} \tag{7-50}$$

式中，$P(x_i)$ 表示 x_i 出现的概率。

为了压缩数据，常采用变长码以求获得高的压缩效果，常见的这类编码方法有哈夫曼（Huffman）编码、算术编码和 Shannon Fano 编码等，这里以哈夫曼编码为例进行详细讲解。

2. 哈夫曼编码

哈夫曼编码属于概率匹配编码，也就是对于出现概率大的符号用短码，对于出现概率小

的符号用长码。其编码过程如下。

(1) 将 n 个信源消息字符按其出现的概率大小依次排列，$P(x_1) \geqslant P(x_2) \geqslant \cdots \geqslant P(x_n)$。

(2) 取两个概率最小的字符分别配以"0"和"1"两码元，并将这两个概率相加作为一个新的字符概率与其他字符重新排队。

(3) 对重排后两个概率最小的字符重复步骤(2)的过程。

(4) 不断重复上述过程，直到最后两个字符配以"0"和"1"为止。

(5) 从最后一级开始向前返回得到各个信源字符所对应的码元序列，即为相应码字。

例 7.3 设有离散无记忆信源

$$\begin{pmatrix} X \\ P \end{pmatrix} = \begin{pmatrix} x_1 & x_2 & x_3 & x_4 & x_5 \\ 0.4 & 0.2 & 0.2 & 0.1 & 0.1 \end{pmatrix}$$

利用哈夫曼编码规则进行编码，可得表 7-11。

表 7-11 哈夫曼编码过程(一)

信源字符	出现概率	编码过程	码字	码长
x_1	0.4	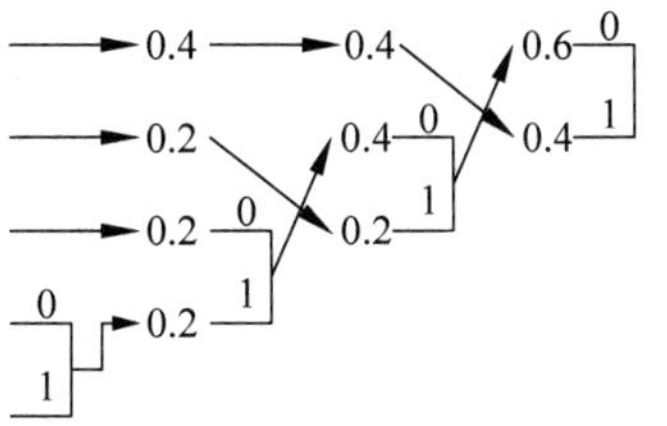 0.4 → 0.4 → 0.6 0	1	1
x_2	0.2	0.2 → 0.4 0 → 0.4 1	01	2
x_3	0.2	0.2 0 → 0.2 1	000	3
x_4	0.1	0 → 0.2 1	0010	4
x_5	0.1	1	0011	4

当然，通过观察哈夫曼编码方法可以注意到，哈夫曼编码方法并非是唯一的。例如，例 7.3 还可以按表 7-12 所示的方式进行编码。

表 7-12 哈夫曼编码过程(二)

信源字符	出现概率	编码过程	码字	码长
x_1	0.4	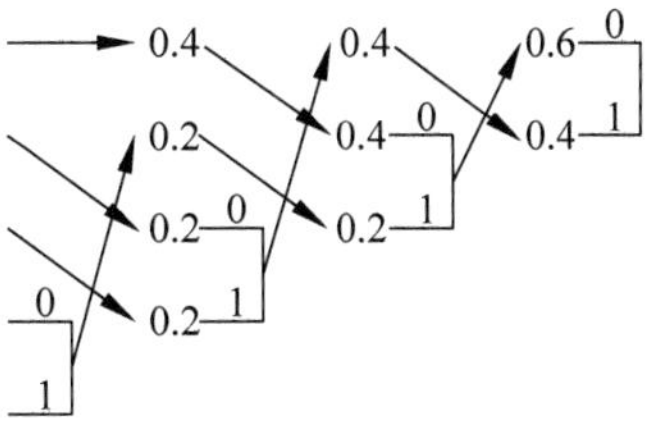 0.4 → 0.4 → 0.6 0	00	2
x_2	0.2	0.2 → 0.4 0 → 0.4 1	10	2
x_3	0.2	0.2 0 → 0.2 1	11	2
x_4	0.1	0 → 0.2 1	010	3
x_5	0.1	1	011	3

比较表 7-11 和表 7-12 的编码过程可以看到，造成非唯一编码的原因如下。

(1) 每次对信源缩减时，赋予信源最后两个概率最小的字符的二进制用 0 和 1 是可以任意的，所以可以得到不同的哈夫曼码，但不会影响码字的长度。

(2) 当排序时，信源字符对应概率会出现相同的现象，这时它们的放置次序是可以任意的，故会得到不同的哈夫曼码。此时将影响码字的长度，一般将合并的概率放在上面，这样编码效果较好。

根据表 7-11 和表 7-12 给出的哈夫曼码，分别计算它们的平均码长，发现它们相等，为

$$\bar{n}=\sum_{i=1}^{5}P(x_i)n_i=2.2\text{b}/\text{符号}$$

当希望信道以平均码长的速率传输变长码时,编码器需要有容量足够大的缓冲器调节码流速率,使送入信道的码流不致过快或中断。这样看来,采用表 7-12 得到的哈夫曼编码,优于由表 7-11 得到的哈夫曼编码。

除此之外,通常还采用压缩比和编码效率来反映压缩编码的性能指标。压缩比是压缩前(采用等长编码)每个字符的平均码长与压缩后每个字符的平均码长之比。编码效率等于编码后的字符平均信息量(熵)与编码平均码长之比。因此,对于表 7-11 和表 7-12 给出的哈夫曼编码,其压缩比均为 3/2.2=1.36,编码效率均为

$$\eta=\frac{H(x)}{\bar{n}}=0.965$$

其中

$$H(x)=-\sum_{t=1}^{5}P(x_i)\log_2 P(x_i)=2.123\text{b}/\text{符号}$$

哈夫曼码用概率匹配方法进行信源编码,它有如下所述两个明显特点。

(1) 哈夫曼码的编码方法保证了概率大的字符对应短码,概率小的字符对应长码,存储和传输时充分利用了短码。

(2) 信源的最后两个码字总是最后一位不同,从而保证了哈夫曼码是即时码。

本章小结

信源编码包括模拟信号的数字化和数字信源的压缩编码两部分,其中,模拟信号的数字化解决了数字通信系统中传输模拟信息的关键问题。本章重点讲解了模拟信号数字化过程中的波形编码,简要介绍了与其相关的时分复用技术以及压缩编码技术。

A/D 转换实现了模拟信号的数字化,它包括抽样、量化和编码等主要步骤。抽样是模拟信号的时间离散化过程,根据处理的对象不同又可以划分为低通信号抽样和带通信号抽样。对于一个频带限制在$(0,f_H)$内的时间连续低通信号 $x(t)$,如果以不大于 $1/(2f_H)$的间隔对它进行等间隔抽样,则 $x(t)$能够被所得到的抽样值完全确定。对于频带限制在(f_L,f_H)内的带通信号 $x(t)$,其信号带宽为 $B=f_H-f_L$,可以证明此带通模拟信号所需最小抽样频率为 $2B(1+k/n)$。除了在抽样定理分析过程中使用的理想抽样外,在实际应用中抽样的方式还有自然抽样和平顶抽样。采用自然抽样时,利用适当的低通滤波器就可以恢复出原来的信号;采用平顶抽样时,需要在接收端加入修正网络。

用有限个电平来表示模拟信号抽样值称为量化,量化处理后的信号噪声是不会累积的,但会引入新的噪声(也就是量化噪声)。为了减小量化噪声,可以增加量化级数,但此时编码位数要增加,系统带宽相应增大,设备也会更复杂。为此根据均匀量化的缺点提出了非均匀量化,其核心是对于信号取值小的区间量化间隔也小,反之量化间隔就大,也就是所谓的“压大补小”。目前在数字通信系统中采用两种压扩特性,分别是美国采用的 μ 律以及我国和欧洲各国采用的 A 律,分别对应 15 折线法和 13 折线法。对于 Q 个量化电平,可以用 k 位二进制码来表示,而如何排列 k 位二进制码则属于编码范畴,常用的码型有自然二进制码、

折叠二进制码和反射二进制码等。13折线的码位第一位表示量化值的极性，其余7位(第2位至第8位)表示抽样量化值的绝对大小，其中，第2至第4位(共3位)为段落码，其他4位码是段内码，并采用逐次比较型编码方法进行编码。

增量调制技术实际上是利用一位码反映信号的增量是"正"还是"负"，也就是说，增量调制是利用斜率(台阶)跟踪模拟信号的。增量调制同样存在量化噪声，而且当发生过载现象时会出现较大的过载量化噪声。为了防止过载现象，增量调制必须采用比较高的采样频率，或者较大的量化阶。由于简单增量调制存在着动态范围小的问题，所以出现了总和增量调制、数字音节压扩增量调制和脉码增量调制等改进方式。

时分复用是一种实现多路通信的方式，实现了高效的数字传输，其中，PCM 30/32复用系统是我国数字电话所采用的体制。多媒体通信主要利用数字通信网处理、控制和传输信息，音频和数据压缩编码技术被认为是多媒体通信的核心技术。哈夫曼编码作为一种无损的统计编码代表，被人们广泛应用。

思考题

1. 何为信源编码？
2. 简述抽样定理。
3. 比较理想抽样、自然抽样和平顶抽样的异同点。
4. PAM与PCM有什么区别？
5. 已抽样信号的频谱混叠是什么原因引起的？若要求从已抽样信号$x_s(t)$中正确地恢复出原信号$x(t)$，抽样速率f_s和信号最高频率f_H之间应满足什么关系？
6. 简述量化的原理，分析量化噪声。
7. 什么是均匀量化？它的主要缺点是什么？
8. 简述非均匀量化的原理。
9. 什么是A律压缩？什么是μ律压缩？
10. 简述13折线法的原理。
11. 比较折叠二进制码、自然二进制码和格雷码。
12. 脉冲编码调制系统的输出信噪比与哪些因素有关？
13. 什么是增量调制？它与脉冲编码调制有何异同？
14. 增量调制系统输出的量化信噪比与哪些因素有关？
15. 简述增量调制系统的一般量化噪声和过载量化噪声产生机理，如何防止过载？
16. 什么是时分复用？它在数字电话中是如何应用的？
17. 衡量音频压缩编码算法性能的指标主要有哪些？
18. 简述压缩编码的基本原理。
19. 什么是熵编码？
20. 简述哈夫曼编码的过程。

习题

1. 信号 $x(t)=2\cos400\pi t+6\cos40\pi t$，用 $f_s=500\text{Hz}$ 的抽样频率对它理想抽样，若已抽样后的信号经过一个截止频率为 400Hz 的理想低通滤波器，则输出端有哪些频率成分？

2. 对于基带信号 $x(t)=\cos2\pi t+2\cos4\pi t$ 进行理想抽样。

(1) 为了在接收端能不失真地从已抽样信号 $x_q(t)$ 中恢复出 $x(t)$，抽样间隔应如何选取？

(2) 若抽样间隔取为 0.2s，试画出已抽样信号的频谱图。

3. 已知信号 $x(t)=10\cos(20\pi t)\cos(200\pi t)$，以 250 次/秒的速率抽样。

(1) 试画出抽样信号频谱。

(2) 由理想低通滤波器从抽样信号中恢复 $x(t)$，试确定低通滤波器的截止频率。

(3) 对 $x(t)$进行抽样的奈奎斯特频率是多少？

4. 设信号 $x(t)=9+A\cos\omega t$，其中 $A\leqslant10\text{V}$。$x(t)$被均匀量化为 41 个电平，试确定所需的二进制码组的位数 k 和量化间隔 Δ。

5. 已知信号 $x(t)$的振幅均匀分布在 $-2\sim2\text{V}$ 范围以内，频带限制在 4kHz 以内，以奈奎斯特速率进行抽样。这些抽样值量化后编为二进制码，若量化电平间隔为 1/32V，求传输带宽和量化信噪比。

6. 已知信号 $x(t)$的最高频率 $f_x=2.5\text{kHz}$，振幅均匀分布在 $-4\sim4\text{V}$ 范围以内，量化电平间隔为 1/32V。进行均匀量化，采用二进制编码后在信道中传输。假设系统的平均误码率为 $P_e=10^{-3}$，求传输 10s 以后错码的数目。

7. 设信号频率范围为 0～4kHz，幅值在 $-4.096\sim+4.096\text{V}$ 均匀分布。若采用均匀量化编码，量化间隔为 2mV，用最小抽样速率进行抽样，求传送该 PCM 信号实际需要的最小带宽和量化信噪比。

8. 采用 13 折线 A 律编码，设最小的量化级为一个单位，已知抽样脉冲值为 +635 单位，信号频率范围为 0～4kHz。

(1) 试求此时编码器的输出码组，并计算量化误差。

(2) 用最小抽样速率进行抽样，求传送该 PCM 信号所需要的最小带宽。

9. 设信号频率范围为 0～4kHz，幅值在 $-4.096\sim+4.096\text{V}$ 均匀分布，采用 13 折线 A 率对该信号非均匀量化编码。

(1) 试求这时最小量化间隔等于多少？

(2) 假设某时刻信号幅值为 1V，求这时编码器的输出码组，并计算量化误差。

(3) 用最小抽样速率进行抽样，求传送该 PCM 信号所需要的最小带宽。

10. 设简单增量调制系统的量化阶 $\sigma=50\text{mV}$，抽样频率为 32kHz。求当输入信号为 800Hz 正弦波时，信号振幅动态范围和系统传输的最小带宽。

11. 设对信号 $x(t)=M\sin\omega_0 t$，进行简单增量调制，若量化阶 σ 和抽样频率 f_s 选择得既能保证不过载，又能保证不致因信号振幅太小而使增量调制器不能正常编码，试确定 M 的动态变化范围，同时证明 $f_s>\pi f_0$。

12. 对输入的正弦信号 $x(t)=A_m\sin\omega_m t$ 分别进行 PCM 和 ΔM 编码，要求在 PCM 中

进行均匀量化，量化级为 Q；在 ΔM 中量化阶 σ 和抽样频率 f_s 的选择要保证不过载。

(1) 分别求出 PCM 和 ΔM 的最小实际码元速率。

(2) 若两者的码元速率相同，确定量化阶 σ 的取值。

13. 若要分别设计一个 PCM 系统和 ΔM 系统，使两个系统的输出量化信噪比都满足 30dB 的要求，已知 $f_x=4\text{kHz}$。请比较这两个系统所要求的带宽。

14. 有 24 路 PCM 信号，每路信号的最高频率为 4kHz，量化阶为 128，每帧增加 1b 作为帧同步信号，试求传码率和通频带。

15. 如果 32 路 PCM 信号每路信号的最高频率为 4kHz，按 8b 进行编码，同步信号已包括在内，试求传码率和通频带。

16. 画出 PCM 30/32 路基群终端的帧结构，着重说明 TS_0 时隙和 TS_{16} 时隙的数码结构。

17. 画出 PCM 30/32 路基群终端定时系统的复帧、帧、路、位等时钟信号的时序关系图。

18. 信源符号 $\boldsymbol{X}$ 有 6 种字母，概率为(0.37，0.25，0.18，0.10，0.07，0.03)。

(1) 求该信源符号熵 $H(\boldsymbol{X})$。

(2) 用哈夫曼编码编成二元变长码，计算其编码效率。

第8章 信道编码

CHAPTER 8

为了提高数字通信的可靠性而采取的编码称为信道编码，有时也称为差错控制编码、可靠性编码、抗干扰编码等。信道编码技术的发展起源于信息论的诞生。1948年，信息论的开创者香农(C. E. Shannon)在他的奠基性论文《通信的数学理论》(*A mathematical theory of communication*)中首次提出了信道编码的概念，并从理论上证明存在一种编码方法，使得当信息传输速率 R_b 任意接近信道容量 C 时，其传输的差错率可以任意小，因此，信道编码的任务就是寻找这种编码方案。从此之后，人们经历了从早期的线性分组码、BCH码，到后来的卷积码、Turbo码；从注重数学模型、理论研究，到注重实用，最后发展到利用计算机技术进行“好码”搜索等一系列发展历程。其研究成果表明，无论是对于差错控制方法还是理论等，人们都取得了长足的进步。

本章将在介绍信道编码相关知识的基础上，介绍几种常用的简单分组码，着重讨论线性分组码的编码和译码原理，分析循环码的特点和具体的编码方法，最后简要介绍卷积码、TCM码和Turbo码等的相关知识。

8.1 信道编码基本概念

在实际信道传输数字信号的过程中，引起传输差错的根本原因在于信道内存在的噪声以及信道传输特性不理想所造成的码间串扰。为了提高数字传输系统的可靠性，降低信息传输的差错率，可以利用均衡技术消除码间串扰；通过增大发射功率，降低接收设备本身的内部噪声；当然还可以采取选择好的调制方式和解调方法，加强天线的方向性等措施。但上述措施也只能将传输差错减小到一定程度，要想进一步提高数字传输系统的可靠性，就需要采用信道编码，对可能或已经出现的差错进行控制。

信道编码就是在信息序列上附加一些监督码元，利用这些冗余的码元，使原来没有规律或者规律性不强的原始数字信号变为有规律的数字信号；信道译码则利用这些规律性来鉴别传输过程是否发生错误，甚至进行纠正。

8.1.1 分类与工作方式

在差错控制系统中，信道编码有多种分类方法，也存在多种工作方式。

1. 信道编码分类

(1) 按照信道编码的功能不同，可以将它分为**检错码和纠错码**。检错码仅能检测误码，例如在计算机串口通信中常用到的奇偶校验码等；纠错码可以纠正误码，当然同时具有检错的能力，当发现不可纠正的错误时可以发出出错指示。

(2) 按照信息码元和监督码元之间的检验关系，可以将信道编码分为**线性码**和**非线性码**，若信息码元与监督码元之间的关系为线性关系，为线性码；否则为非线性码。

(3) 按照信息码元和监督码元之间的约束方式不同，可以将它分为**分组码**和**卷积码**。在分组码中，编码后的码元序列每 n 位分为一组，其中 k 位信息码元，r 个监督位，$r=n-k$，而且监督码元仅与本码字的信息码元有关。卷积码则不同，监督码元不但与本信息码元有关，而且与前面码字的信息码元也有约束关系。

(4) 按照信息码元在编码后是否保持原来的形式，可以将信道编码分为**系统码**和**非系统码**。在系统码中，编码后的信息码元保持原样不变，而非系统码中的信息码元则会发生变化。除个别情况，系统码的性能大体上与非系统码相同，但是非系统码的译码较复杂，因此，系统码得到了更广泛的应用。

(5) 按照纠正错误的类型不同，可以将信道编码分为纠正**随机错误码**和**纠正突发错误码**两种，前者主要用于发生零星独立错误的信道，后者用于以突发错误为主的信道。

(6) 按照信道编码所采用的数学方法不同，可以将信道编码分为**代数码**、**几何码**和**算术码**。其中代数码是目前发展最为完善的，线性码就是代数码的一个重要的分支。

除上述分类，还可以将信道编码分为二进制信道编码和多进制信道编码等。

随着数字通信系统的发展，可以将信道编码器和调制器统一起来综合设计，这就是所谓的网格编码调制(Trellis Coded Modulation，TCM)。如果将卷积码和随机交织器结合在一起，就能实现随机编码的思想，如果译码方式和参数选择合理，其性能可以接近 Shannon 极限，这就是著名的 Turbo 码等。

2. 工作方式

(1) 差错控制方式

常用的差错控制方式主要有前向纠错(Forward Error Correction，FEC)、检错重发(Automatic Repeat reQuest，ARQ)和混合纠错(Hybrid Error Correction，HEC)3 种，它们的结构如图 8-1 所示，有斜线的方框表示在该端进行错误的检测和处理。

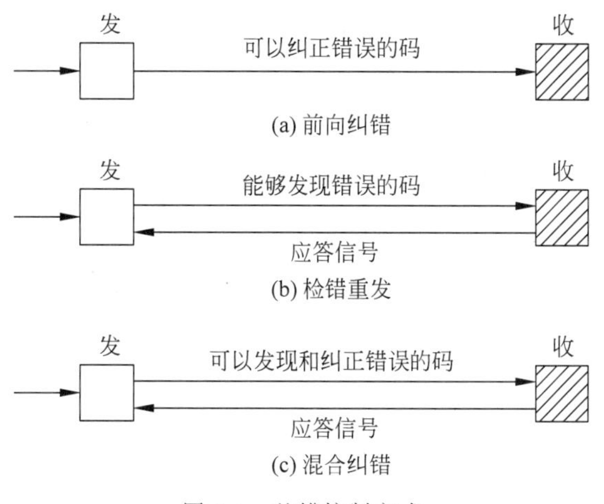

图 8-1 差错控制方式

前向纠错：在前向纠错系统中，发送端经信道编码后可以发出具有纠错能力的码字；接收端译码后不仅可以发现错误码，而且可以判断错误码的位置并自动予以纠正，由于不需要反馈信道，实时性较好，因此，这种技术在单工信道中采用普遍，例如无线电寻呼系统中采用的信道编码等。然而，前向纠错编码需要附加较多的冗余码元，会影响数据传输效率，同时其编译码设备比较复杂。

检错重发：在检错重发方式中，发送端经信道编码后可以发出能够检测出错误的码字；接收端收到后经检测如果发现传输中有错误，则通过反馈信道把这一判断结果反馈给发送端，然后发送端把前面发出的信息重新传送一次，直到接收端认为正确为止。

混合纠错：混合纠错方式是前向纠错方式和检错重发方式的结合，接收端不但具有纠正错误的能力，而且对超出纠错能力的错误有检测能力，遇到后一种情况时，系统可以通过反馈信道要求发送端重发一遍。混合纠错方式在实时性和译码复杂性方面是前向纠错和检错重发方式的折中。

(2) ARQ 实现方式

在实际应用中，上述几种差错控制方式应根据具体情况合理选用。但在工程实践中 ARQ 被广泛使用，并可根据不同的应用场景选用不同的工作模式。典型 ARQ 方式的原理框图如图 8-2 所示。常用的检错重发系统有停止等待 ARQ、返回重发 ARQ 和选择重发 ARQ 等。

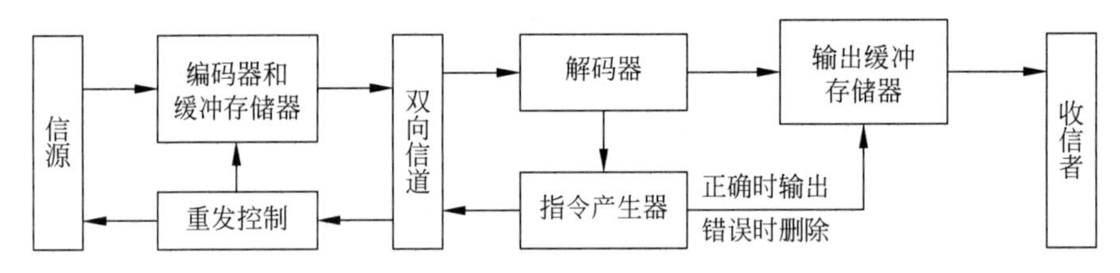

图 8-2　ARQ 系统组成框图

停止等待 ARQ 工作原理如图 8-3 所示，发送端在某一时刻向接收端发送一个码字，接收端收到后经检测若未发现传输错误，则发送一个认可信号(ACK)给发送端，发送端收到 ACK 信号后再发下一个码字；如果接收端检测出错误，则发送一个否认信号(NAK)，发送端收到 NAK 信号后重发前一个码字，并再次等待 ACK 和 NAK 信号。这种方式效率不高，但工作方式简单，在计算机数据通信中仍在使用。

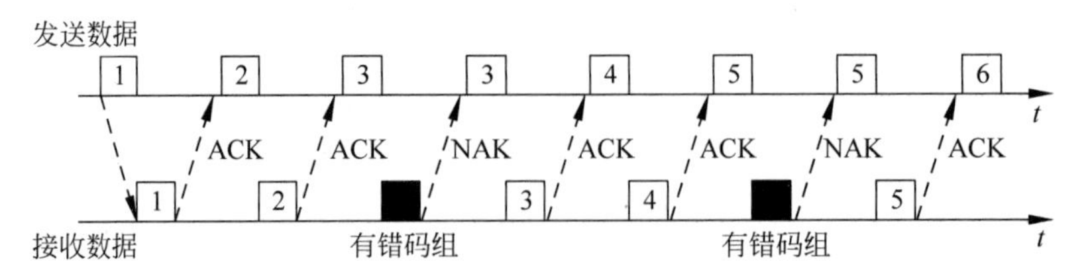

图 8-3　停止等待 ARQ 工作原理

返回重发 ARQ 工作原理如图 8-4 所示，发送端无停顿地送出一个又一个码字，不再等待 ACK 信号，一旦接收端发现错误并发回 NAK 信号，则发送端从下一个码字开始重发前一段 N 组信号，N 的大小取决于信号传递及处理所带来的延迟，这种系统相比于停止等待 ARQ 有很大的改进，在许多数据传输系统中得到了应用。

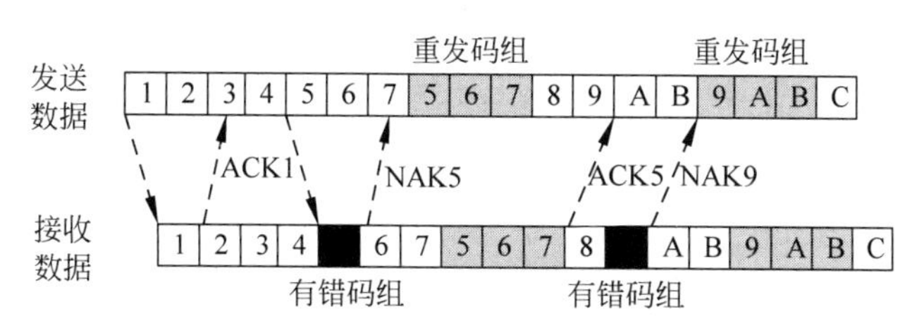

图 8-4 返回重发 ARQ 工作原理

选择重发 ARQ 工作原理如图 8-5 所示，发送端连续不断地发送码字，接收端发现错误发回 NAK 信号。与返回重发 ARQ 不同的是，发送端不是重发前面的所有码字，而是只重发有错误的那一组。显然这种选择重发系统传输效率最高，但控制最为复杂。

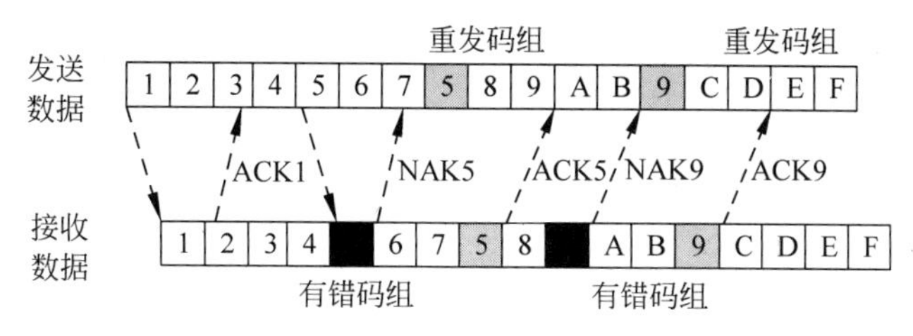

图 8-5 选择重发 ARQ 工作原理

(3) ARQ 实现方式特点

需要注意，返回重发 ARQ 和选择重发 ARQ 都需要全双工链路，而停止等待 ARQ 只需要半双工链路。基于上述分析，ARQ 的优点主要表现在如下方面。

- 只需要少量的冗余码，就可以得到极低的输出误码率。
- 使用的检错码基本上与信道的统计特性无关。
- 与 FEC 相比，信道编译码器的复杂性要低得多。

同时它也存在某些不足，主要表现在如下方面。

- 需要反向信道，故不能用于单向传输系统，并且实现重发控制比较复杂。
- 当信道干扰增大时，整个系统有可能处在重发循环当中，因而通信效率低，不适合于严格的实时传输系统。

8.1.2 相关度量

信道编码的基本思想就是在被传送的信息中附加一些监督码元，在收和发之间建立某种校验关系，当这种校验关系因传输错误而受到破坏时，可以发现甚至纠正错误，这种检错与纠错能力是用信息量的冗余度来换取的。为了方便描述信道编码的原理和工作过程，需要理解码重、码距等相关度量，并掌握它们与检错、纠错能力之间的关系。

(1) **码长**：码字中码元的数目。

(2) **码重**：码字中非 0 数字的数目。对于二进制码来讲，码重 w 就是码元中数字 1 的数目，例如码字 10100，码长 $n=5$，码重 $w=2$。

(3) **码距**：两个等长码字之间对应位不同的数目，有时也称作这两个码字的汉明距离。例如码字 10100 与 11000 之间的码距 $d=2$。

(4) **最小码距**：在码字集合中全体码字之间距离的最小数值。

对于二进制码字而言，两个码字之间模 2 相加，其不同的对应位必为 1，相同的对应位必为 0。因此，两个码字之间模 2 相加得到的码字的码重就是这两个码字之间的距离。

(5) **编码效率**：若码字中信息位数为 k，监督位数为 r，码长 $n=k+r$，则编码效率 R_c 可以表示为

$$R_c = k/n = (n-r)/n = 1 - r/n \tag{8-1}$$

通常，在信道编码过程中，监督位越多，纠错能力就越强，但编码效率就越低，信道编码的任务就是要根据不同的干扰特性设计出编码效率高、纠错能力强的差错控制码。在实际设计过程中，需要根据具体的指标要求，尽量简化编码实现的复杂度，节省设计成本。

8.1.3 检错与纠错

以二进制分组码为例，说明信道编码检错和纠错的基本原理。分组码的编码过程如图 8-6 所示。

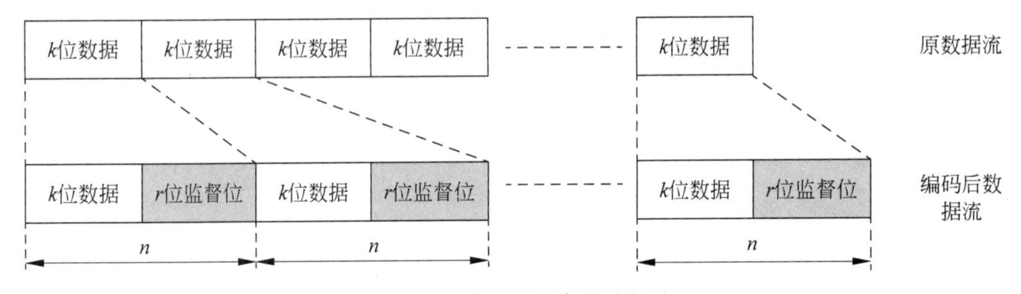

图 8-6 分组码的编码过程

从图 8-6 可以看到，在进行分组码的编码时，首先将原数据流进行分段处理(分组)，设每一段由 k 个码元组成，然后根据一定的编码规则，在相应 k 个码元(称为信息元)后面增加 r 个冗余码元(称为监督元)构成长度为 n 的码字。通常将该码字定义为分组码，可以用 (n,k)表示，其中 $n=k+r$。可见，这种信道编码的原理是增加码字位数，通过"冗余"来提高抗干扰能力，也就是以降低信息传输速率为代价来减少错误，或者说是用削弱有效性来增强可靠性。

假如传送的是二进制数据流，则编码后能够得到 2^k 个长度为 n 的码字，它们通常称为许用码字。而长度为 n 的二进制数据流共有 2^n 种可能的组合，其中 2^n-2^k 个长度为 n 的码字未被选用，称它们为禁用码字。而分组码能够检错或纠错的原因就是存在 2^n-2^k 个多余的码字，或者说是在 2^n 个码字中有禁用码字存在。许用码字和禁用码字以及码字所有可能的组合的集合关系如图 8-7 所示。

例如，要发送某地"有雨"和"无雨"这样的一个消息，分别用 1 位二进制码元来表示，"1"代表"有雨"、"0"代表"无雨"时，如果将这个消息直接传输，假设在传输过程中出现了误码，则接收端不能发现这种错误，更谈不上纠正错误，此时码字的所有可能的组合数目(2 个状态)等于许用码字数量(2 个状态)，许用码码距为 1。

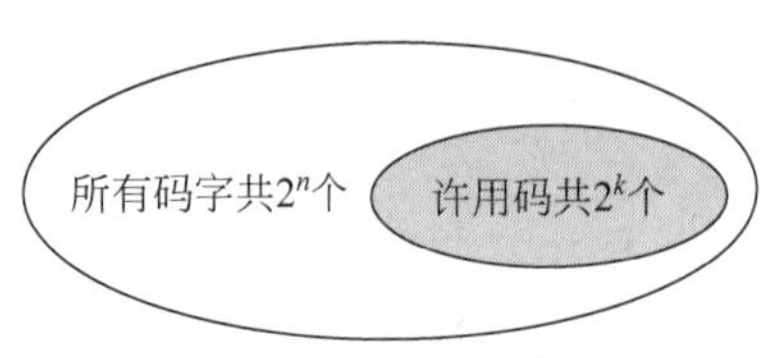

图 8-7 分组码的集合逻辑关系

当用"11"代表"有雨"、"00"代表"无雨"时，假设在传输过程中出现了 1 位误码，则接收端有可能接收到

“10”或者“01”，由于它们是禁用码字，这种错误可以被检测出来，但是无法纠正。这种编码具备了检错能力，此时，码字的所有可能的组合数目(4 个状态)大于许用码字数量(2 个状态)，许用码码距为 2。

当用“111”代表“有雨”、“000”代表“无雨”时，假设在传输过程中出现了 1 位误码，则接收端有可能接收到 6 个码字，即“001”“010”“100”“011”“101”“110”，由于它们是禁用码字，则这种错误可以检测出来。同时，按经验可以判断，当收到“001”“010”“100”时，发送端最有可能发送的是“000”，收到“011”“101”“110”时，发送端最有可能发送的是“111”。这实际使得这种信道编码具备了纠错能力，此时，码字的所有可能的组合数目(8 个状态)远大于许用码字数量(2 个状态)，许用码码距为 3。

从上述分析可以得到结论，合理地增加冗余码元数量，也就是增加许用码之间的距离，可以使检错和纠错能力逐渐加强。

8.1.4 最小码距与检错纠错能力的关系

上述例子表明，纠错码的抗干扰能力完全取决于许用码字之间的距离，码字的最小距离越大，说明码字间的最小差别越大，抗干扰能力就越强。可见码字之间的最小距离是衡量该码字检错和纠错能力的重要依据，所以最小码距是信道编码的一个重要的参数。

通常分组码的最小码距 d_0 与检错纠错能力之间满足下述 3 种关系。

(1) 当码字用于检测错误时，如果要检测 e 个错误，则

$$d_0 \geqslant e+1 \tag{8-2}$$

如图 8-8(a)所示，A 和 B 分别表示码距为 d_0 的两个码字，若 A 发生 e 个错误，则 A 就变成以 A 为球心、e 为半径的球面上的码字，为了能将这些码字分辨出来，它们必须距离其最近的码字 B 有 1 位的差别，即 A 和 B 之间最小距离为 $d_0 \geqslant e+1$。

(2) 当码字用于纠正错误时，如果要纠正 t 个错误，则

$$d_0 \geqslant 2t+1 \tag{8-3}$$

如图 8-8(b)所示，A 和 B 分别表示码距为 d_0 的两个码字，若 A 发生 t 个错误，则 A 就变成以 A 为球心、t 为半径的球面上的码字；若 B 发生 t 个错误，则 B 就变成以 B 为球心、t 为半径的球面上的码字。为了在出现 t 个错误之后，仍能够分辨出 A 和 B，那么 A 和 B 之间距离应大于 $2t$，考虑两球体表面相距最近的距离为 1，所以需要满足式(8-3)。

(3) 若码字用于纠 t 个错误，同时检 e 个错误($e>t$)，则

$$d_0 \geqslant t+e+1 \tag{8-4}$$

如图 8-8(c)所示，A 和 B 分别表示码距为 d_0 的两个码字，当码字出现小于或等于 t 个错误时，系统按照纠错方式工作；当码字出现大于 t 个而小于 e 个错误时，系统按照检错方

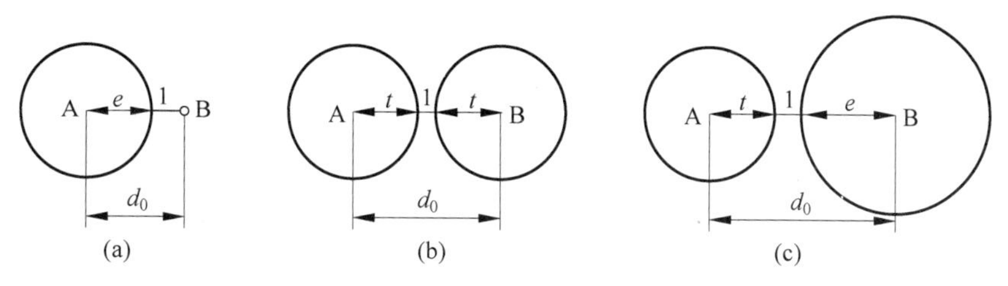

图 8-8 纠(检)错能力的几何解释

式工作；若出现 A 发生 t 个错误、B 发生 e 个错误的情况，既要纠 A 的错，又要检 B 的错，则 A 和 B 之间距离应大于 $t+e$，也就是满足式(8-4)。

8.2 常用简单分组码

在理解信道编码的基础上，这里给出几个信道编码的简单应用，虽然它们很简单，但仍具有一定的检错能力，因此得到了广泛应用。

8.2.1 奇偶监督码

奇偶监督码是奇监督码和偶监督码的统称，是一种最基本的检错码。它由 $n-1$ 位信息元和一位监督元组成，按分组码的定义可以表示成为$(n,n-1)$。如果是奇监督码，附加一个监督元以后，可使得码长为 n 的码字中"1"的个数为奇数个；如果是偶监督码，附加一个监督元以后，可使得码长为 n 的码字中"1"的个数为偶数个。

1. 数学描述

设，如果某个偶监督码的码字用 $\mathbf{A}=[a_{n-1},a_{n-2},\cdots,a_1,a_0]$表示，则

$$a_{n-1}+a_{n-2}+\cdots+a_1+a_0=0 \tag{8-5}$$

式中 a_0 为监督码元，其他位为信息码元；"+"为"模 2 和"，也就是"异或"运算（以后均这样表示，请注意）。

式(8-5)通常称为监督方程，可以在接收端判断传输是否出现了错误。当然，利用式(8-5)也能由信息码元求出监督码元。另外，如果发生一个（或奇数个）错误，就会破坏这个关系式，因此，通过该式只能检测码字中是否发生了单个或奇数个错误。

奇偶监督码是一种有效检测一个错误的方法，之所以将注意力集中在检（或纠）一个错，主要是因为码字中发生一个错误的概率要比发生两个或多个错误的概率大得多。例如，$n=5$ 的码字，如果码字中各码元的错误互相独立，误码率为 10^{-4}，则错 1、2、3、4 和 5 位的概率分别为 5×10^{-4}、10^{-7}、10^{-11}、5×10^{-16} 和 10^{-20}。由此可见，要检（或纠）错，首先要解决一个错误，这样才抓住了主要矛盾。一般情况下用上述偶监督码来检出一个错误的检错效果是令人满意的。不仅如此，奇偶监督码的编码效率很高，$R_c=(n-1)/n$，随 n 增大而趋近于 1。以 $n=5$ 为例，表 8-1 所示为全部偶监督码字。

表 8-1　码长 5 的偶监督码字

序号	码字					序号	码字				
	信息码元				监督码元		信息码元				监督码元
	a_4	a_3	a_2	a_1	a_0		a_4	a_3	a_2	a_1	a_0
0	0	0	0	0	0	8	1	0	0	0	1
1	0	0	0	1	1	9	1	0	0	1	0
2	0	0	1	0	1	10	1	0	1	0	0
3	0	0	1	1	0	11	1	0	1	1	1
4	0	1	0	0	1	12	1	1	0	0	0
5	0	1	0	1	0	13	1	1	0	1	1
6	0	1	1	0	0	14	1	1	1	0	1
7	0	1	1	1	1	15	1	1	1	1	0

2. 物理实现

在数字信号传输中，奇偶监督码的编码可以用软件实现，也可用硬件电路实现。图 8-9(a)所示就是码长为 5 的偶监督码编码器，4 位码元长的信息组串行送入四级移位寄存器(输入定时缓冲器)，同时经模 2 加运算得到监督元，存入输出缓冲器末级，编码完成后即可输出码字。

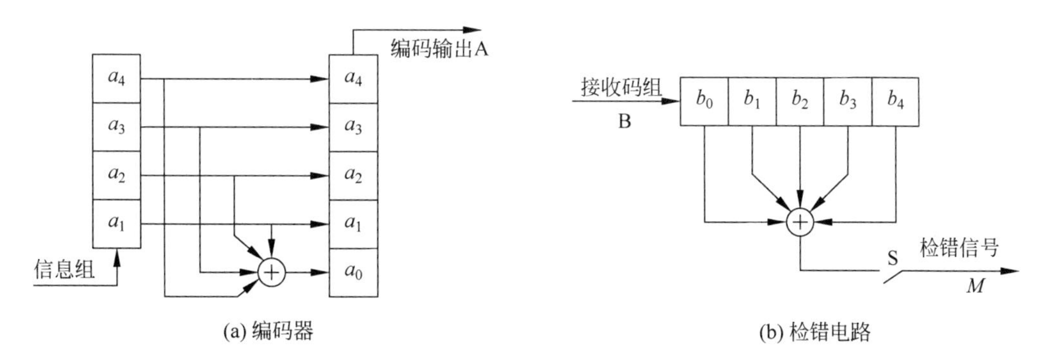

(a) 编码器　　(b) 检错电路

图 8-9　基偶监督码的硬件实现

接收端的检错电路如图 8-9(b)所示。当一个接收码组 **B** 完全进入五级移位寄存器内时，开关 S 立即接通，从而得到检错信号 $M=b_4+b_3+b_2+b_1+b_0$。如果接收码组 **B** 无错，且 $\boldsymbol{B}=\boldsymbol{A}$，则 $M=0$；如果接收码组 **B** 有单个(或奇数个)错误，则 $M=1$。

8.2.2 行列监督码

为了改进奇偶监督码不能发现偶数个错误的情况，提出了行列监督码。这种码又称为水平垂直一致监督码或二维奇偶监督码，有时还称为矩阵码。它不仅对水平(行)方向的码元，而且还对垂直(列)方向的码元实施奇偶监督。一般 $L\times m$ 个信息元附加 $L+m+1$ 个监督元，由 $L+1$ 行、$m+1$ 列组成一个$(Lm+L+m+1,Lm)$行列监督码的码字。表 8-2 就是(66,50)行列监督码的一个码字($L=5,M=10$)，它的各行和各列对“1”实行偶数监督。可以逐行传输，也可以逐列传输。译码时分别检查各行、各列的监督关系，判断是否有错。

表 8-2　(66,50)行列监督码的一个码字

1	1	0	0	1	0	1	0	0	0	0
0	1	0	0	0	0	1	1	0	1	0
0	1	1	1	1	0	0	0	0	1	1
1	0	0	1	1	1	0	0	0	0	0
1	0	1	0	1	0	1	0	1	0	1
1	1	0	0	0	1	1	1	1	0	0

这种码有可能检测出偶数个错误，因为每行的监督位虽然不能用于检测本行中的偶数个错码，但按列的方向就有可能检测出来。可是也有一些偶数错码不能检测出，例如构成矩形的 4 个错码就检测不出来。

行列监督码适于检测突发错码。因为这种突发错码常常成串出现，随后有较长一段无错区间，所以在某一行出现多个奇数或偶数错码的机会较多，行列监督码适于检测这类错码。试验测量表明，这种码可使误码率降至原误码率的百分之一甚至万分之一。同时，行列监督码不仅可用来检错，还可用来纠正一些错码。例如，当码组中仅在一行中有奇数个错误时，也能够确定错码位置，从而纠正它。

8.2.3 恒比码

恒比码又称等重码，这种码的码字中"1"和"0"的位数保持恒定比例。由于每个码字的长度是相同的，若"1"和"0"恒比，则码字必等重。若码长为 n，码重为 w，则此码的许用码个数为 C_n^w，禁用码字数为 $2^n-C_n^w$。该码的检错能力较强，除对换差错（"0"和"1"产生的错误）不能发现外，其他各种错误均能发现。

目前我国电传通信中普遍采用 3∶2 码，该码共有 $C_5^3=10$ 个许用码字，用来传送 10 个阿拉伯数字，如表 8-3 所示。这种码又称为 5 中取 3 数字保护码。因为每个汉字是以 4 位十进制数来代表的，所以提高十进制数字传输的可靠性，就等于提高汉字传输的可靠性。实践证明，采用这种码后，我国汉字电报的差错串大为降低。

表 8-3　3∶2 数字保护码

数字	0	1	2	3	4	5	6	7	8	9
码字	01101	01011	11001	10110	11010	00111	10101	11100	01110	10011

目前国际上通用的 ARQ 电报通信系统采用 3∶4 码，即 7 中取 3 码，这种码共有 $C_7^3=35$ 个许用码字，93 个禁用码字。35 个许用码字用来代表不同的字母和符号。实践证明，应用这种码，使得国际电报通信的误码率保持在 10^{-6} 以下。

8.3 线性分组码

本节在分析线性分组码的基本原理和性质的基础上，介绍与线性分组码编码和译码相关的重要概念。

8.3.1 基本概念

分组码是一组固定长度的码字，可表示为(n,k)。在分组码中，监督码元被加到信息码元之后，形成新的码字。在编码时，k 个信息码元被编为 n 位码字长度，而 $n-k$ 个监督码元的作用就是实现检错与纠错。当分组码的信息码元与监督码元之间的关系为线性关系时，这种分组码称为线性分组码。奇偶监督码就是一种线性分组码，由于它们的信息码元和监督码元是通过代数方程联系的，因此，这类建立在代数方程基础上的编码称为代数码。

这样看来，线性分组码是建立在代数群论基础之上的，许用码的集合构成了代数学中的群，因此，可以证明它们具有如下主要性质。

(1) 任意两个许用码之和（对于二进制码这个和的含义是模 2 和）仍为许用码，也就是说，线性分组码具有封闭性。

(2) 码组间的最小码距等于非零码的最小码重。

1. 监督关系

作为一种最简单的线性分组码，奇偶监督码由于只有一位监督码元，如果其码长为 n，则可以表示为$(n,n-1)$，式(8-5)表示了采用偶校验时的监督关系，对应在接收端解码时，实际上就是在计算

$$S=b_{n-1}+b_{n-2}+\cdots+b_1+b_0 \tag{8-6}$$

式中，b_{n-1}、b_{n-2}、…、b_1 表示接收到的信息码元，b_0 表示接收到的监督码元。若 $S=0$，则认为无错；若 $S=1$，则认为有错。式(8-6)称为监督关系式，S 是校正子。由于校正子 S 的取值只有"0"和"1"两种状态，因此它只能表示有错和无错这两种状态，而不能指出错码的位置。

可以设想，如果监督码元增加一位，即变成 2 位，则需要增加一个类似于式(8-6)的监督关系式，也就能够计算出两个校正子 S_2 和 S_1，而 S_2S_1 共有 4 种组合，即 00、01、10、11，可以表示 4 种不同的状态信息。如果用 00 表示无错，那么其余 3 种状态就可用于指示 3 种不同的误码图样。

同理，由 r 个监督方程式计算得到的校正子有 r 位，可以用来指示 2^r-1 种误码图样。对于一位误码来说，就可以指示 2^r-1 个误码位置。对于码组长度为 n、信息码元为 k 位、监督码元为 $r=n-k$ 位的分组码，如果希望用 r 个监督位构造出 r 个监督关系式来指示一位错码的 n 种可能，则要求

$$2^r-1\geqslant n \quad 或 \quad 2^r\geqslant k+r+1 \tag{8-7}$$

2. 构造线性分组码

上述是利用线性分组码纠正一位错误的基本原理，下面通过一个例子来说明线性分组码是构造过程。

设分组码(n,k)中 $k=4$，为了能够纠正一位错误，由式(8-7)知，要求 $r\geqslant 3$，若取 $r=3$，则 $n=k+r=7$。因此，可以用 a_6、a_5、a_4、a_3、a_2、a_1、a_0 表示 7 个码元，用 S_3、S_2、S_1 表示利用 3 个监督方程计算得到的校正子，并且假设 S_3、S_2、S_1 三位校正子与误码位置的关系如表 8-4。

表 8-4　校正子与误码位置的关系

S_3	S_2	S_1	误码位置	S_3	S_2	S_1	误码位置
0	0	1	a_0	1	0	1	a_4
0	1	0	a_1	1	1	0	a_5
1	0	0	a_2	1	1	1	a_6
0	1	1	a_3	0	0	0	无错

因此，利用表 8-4 得到的 S_3、S_2、S_1，就能够指示(7,4)中哪一位出现了错误，进而进行纠正。表 8-4 仅给出了一种校正子与误码的对应关系，当然也可以规定成另一种对应关系，但对表 8-4 的讨论并不影响其一般性。

由表 8-4 中的规定可知，仅当一位错码发生的位置在 a_2、a_4、a_5 或 a_6 时，校正子 S_3 为 1；否则 S_3 为 0。这就意味着 a_2、a_4、a_5 和 a_6 这 4 个码元构成偶监督关系为

$$S_3=a_6+a_5+a_4+a_2 \tag{8-8a}$$

同理，a_1、a_3、a_5 和 a_6 构成偶监督关系为

$$S_2=a_6+a_5+a_3+a_1 \tag{8-8b}$$

a_0、a_3、a_4 和 a_6 构成偶监督关系为

$$S_1 = a_6 + a_4 + a_3 + a_0 \tag{8-8c}$$

在发送端编码时，a_6、a_5、a_4 和 a_3 是信息码元，它们的值取决于输入信号，因此是随机的。a_2、a_1 和 a_0 是监督码元，它们的取值可以由监督关系来确定，即监督位应使式(8-8)的3个表达式中的 S_3、S_2 和 S_1 的值为零（表示编成的码组中应无错码），这样式(8-8)的3个表达式可以表示成方程组形式

$$\begin{cases} a_6 + a_5 + a_4 + a_2 = 0 \\ a_6 + a_5 + a_3 + a_1 = 0 \\ a_6 + a_4 + a_3 + a_0 = 0 \end{cases} \tag{8-9}$$

经移项运算(模2计算)，可以得到监督位的计算方法为

$$\begin{cases} a_6 + a_5 + a_4 = a_2 \\ a_6 + a_5 + a_3 = a_1 \\ a_6 + a_4 + a_3 = a_0 \end{cases} \tag{8-10}$$

根据式(8-10)，在发射端可以得到从(0000)到(1111)16个许用码组的编码，如表8-5所示。

表 8-5 许用码组

信息位	监督位	信息位	监督位	信息位	监督位	信息位	监督位
$a_6a_5a_4a_3$	$a_2a_1a_0$	$a_6a_5a_4a_3$	$a_2a_1a_0$	$a_6a_5a_4a_3$	$a_2a_1a_0$	$a_6a_5a_4a_3$	$a_2a_1a_0$
0 0 0 0	0 0 0	0 1 0 0	1 1 0	1 0 0 0	1 1 1	1 1 0 0	0 0 1
0 0 0 1	0 1 1	0 1 0 1	1 0 1	1 0 0 1	1 0 0	1 1 0 1	0 1 0
0 0 1 0	1 0 1	0 1 0 0	0 1 1	1 0 1 0	0 1 0	1 1 0 0	1 0 0
0 0 1 1	1 1 0	0 1 1 1	0 0 0	1 0 1 1	0 0 1	1 1 1 1	1 1 1

在接收端收到每个码组后，计算出 S_3、S_2 和 S_1，如不全为0，则可按表8-4确定误码的位置，然后予以纠正。例如，接收码组为0000011，可算出 $S_3S_2S_1 = 011$，由表8-4可知在 a_3 位置上有一误码。

根据线性分组码的性质"码组间的最小码距等于非零码的最小码重"，观察上述(7,4)码，可以看出它们的最小码距 $d_0 = 3$，因此，它能纠正一个误码或检测两个误码。如超出此纠错能力，则会因"乱纠"而增加新的误码。

8.3.2 矩阵描述

通过上述分析可以看到，利用线性方程组能够实现线性分组码的编码和解码过程，当然上述过程也可以用矩阵形式来表述。

式(8-9)所述(7,4)码的3个监督方程式可以改写为

$$\begin{cases} 1 \cdot a_6 + 1 \cdot a_5 + 1 \cdot a_4 + 0 \cdot a_3 + 1 \cdot a_2 + 0 \cdot a_1 + 0 \cdot a_0 = 0 \\ 1 \cdot a_6 + 1 \cdot a_5 + 0 \cdot a_4 + 1 \cdot a_3 + 0 \cdot a_2 + 1 \cdot a_1 + 0 \cdot a_0 = 0 \\ 1 \cdot a_6 + 0 \cdot a_5 + 1 \cdot a_4 + 1 \cdot a_3 + 0 \cdot a_2 + 0 \cdot a_1 + 1 \cdot a_0 = 0 \end{cases} \tag{8-11}$$

对于式(8-11)可以用矩阵形式表示为

$$\begin{bmatrix}1&1&1&0&1&0&0\\1&1&0&1&0&1&0\\1&0&1&1&0&0&1\end{bmatrix}\cdot[a_6\quad a_5\quad a_4\quad a_3\quad a_2\quad a_1\quad a_0]^{\mathrm{T}}=\begin{bmatrix}0\\0\\0\end{bmatrix} \tag{8-12}$$

式(8-12)可以记作 $\boldsymbol{HA}^{\mathrm{T}}=\boldsymbol{0}^{\mathrm{T}}$ 或 $\boldsymbol{AH}^{\mathrm{T}}=\boldsymbol{0}$,其中

$$\boldsymbol{H}=\begin{bmatrix}1&1&1&0&1&0&0\\1&1&0&1&0&1&0\\1&0&1&1&0&0&1\end{bmatrix}=[\boldsymbol{P}\quad \boldsymbol{I}_r] \tag{8-13a}$$

$$\boldsymbol{A}=[a_6\quad a_5\quad a_4\quad a_3\quad a_2\quad a_1\quad a_0] \tag{8-13b}$$

$$\boldsymbol{0}=[0\quad 0\quad 0] \tag{8-13c}$$

通常 $\boldsymbol{H}$ 称为监督矩阵,$\boldsymbol{A}$ 称为信道编码得到的码字。其中,$\boldsymbol{H}$ 为 $r\times n$ 阶矩阵,$\boldsymbol{P}$ 为 $r\times k$ 阶矩阵,$\boldsymbol{I}_r$ 为 $r\times r$ 阶单位矩阵,具有 $[\boldsymbol{P}\quad \boldsymbol{I}_r]$ 这种特性的 $\boldsymbol{H}$ 矩阵称为典型监督矩阵。显然,典型形式的监督矩阵各行是线性无关的,非典型形式的监督矩阵可以经过行或列的运算化为典型形式,当然,前提条件一定是 $\boldsymbol{H}$ 矩阵各行(或者各列)线性无关。

对于式(8-10)也可以用矩阵形式来表示为

$$\begin{bmatrix}a_2\\a_1\\a_0\end{bmatrix}=\begin{bmatrix}1&1&1&0\\1&1&0&1\\1&0&1&1\end{bmatrix}\cdot\begin{bmatrix}a_6\\a_5\\a_4\\a_3\end{bmatrix}$$

或者

$$[a_2\quad a_1\quad a_0]=[a_6\quad a_5\quad a_4\quad a_3]\cdot\begin{bmatrix}1&1&1\\1&1&0\\1&0&1\\0&1&1\end{bmatrix}=[a_6\quad a_5\quad a_4\quad a_3]\cdot\boldsymbol{Q} \tag{8-14}$$

比较式(8-13a)和式(8-14)可将 $\boldsymbol{Q}=\boldsymbol{P}^{\mathrm{T}}$,如果在 $\boldsymbol{Q}$ 矩阵的左边再加上一个 $k\times k$ 单位矩阵,就形成了一个新矩阵为

$$\boldsymbol{G}=[\boldsymbol{I}_k\quad \boldsymbol{Q}]=\begin{bmatrix}1&0&0&0&1&1&1\\0&1&0&0&1&1&0\\0&0&1&0&1&0&1\\0&0&0&1&0&1&1\end{bmatrix} \tag{8-15}$$

这里 $\boldsymbol{G}$ 称为生成矩阵,利用它可以产生整个码组,即

$$\boldsymbol{A}=\boldsymbol{MG}=[a_6\quad a_5\quad a_4\quad a_3]\boldsymbol{G} \tag{8-16}$$

由式(8-15)表示的生成矩阵形式称为典型生成矩阵,利用式(8-16)产生的分组码必为系统码,也就是信息码元保持不变,监督码元附加在其后。

8.3.3 校正子 S

在发送端,信息码元 $\boldsymbol{M}$ 利用式(8-16)实现信道编码,产生线性分组码 $\boldsymbol{A}$;在传输过程中有可能出现误码,设接收到的码组为 $\boldsymbol{B}$,则收发码组之差为

$$\begin{aligned} \boldsymbol{B}-\boldsymbol{A} &= [b_{n-1} \quad b_{n-2} \quad \cdots \quad b_0] - [a_{n-1} \quad a_{n-2} \quad \cdots \quad a_0] \\ &= \boldsymbol{E} = [e_{n-1} \quad e_{n-2} \quad \cdots \quad e_0] \end{aligned} \tag{8-17}$$

这里 $e_i=\begin{cases}0, & b_i=a_i \\ 1, & b_i \neq a_i\end{cases}$，$e_i=1$，表示 i 位有错；$e_i=0$，表示 i 位无错。

基于这样的原则，接收端利用接收到的码组 $\boldsymbol{B}$ 可以计算得到

$$\boldsymbol{S}=\boldsymbol{B}\boldsymbol{H}^{\mathrm{T}}=(\boldsymbol{A}+\boldsymbol{E})\boldsymbol{H}^{\mathrm{T}}=\boldsymbol{A}\boldsymbol{H}^{\mathrm{T}}+\boldsymbol{E}\boldsymbol{H}^{\mathrm{T}}=\boldsymbol{E}\boldsymbol{H}^{\mathrm{T}} \tag{8-18}$$

式中，$\boldsymbol{S}$ 即为码组 $\boldsymbol{B}$ 的校正子(或者伴随式)。

由式(8-18)可见，校正子 $\boldsymbol{S}$ 仅与 $\boldsymbol{E}$ 有关，即错误图样与校正子之间有确定的一一对应关系。对于上述(7,4)码，校正子 $\boldsymbol{S}$ 与错误图样的对应关系可由式(8-18)求得，其计算结果如表 8-6 所示，比较表 8-4 和表 8-6 可以看出设计与实现的对应关系，在接收端的译码器中有专门的校正子计算电路，从而实现检错和纠错。

表 8-6 (7,4)码校正子与错误图样的对应关系

序号	错误码位	**E**							**S**		
		e_6	e_5	e_4	e_3	e_2	e_1	e_0	S_3	S_2	S_1
0	—	0	0	0	0	0	0	0	0	0	0
1	b_0	0	0	0	0	0	0	1	0	0	1
2	b_1	0	0	0	0	0	1	0	0	1	0
3	b_2	0	0	0	0	1	0	0	1	0	0
4	b_3	0	0	0	1	0	0	0	0	1	1
5	b_4	0	0	1	0	0	0	0	1	0	1
6	b_5	0	1	0	0	0	0	0	1	1	0
7	b_6	1	0	0	0	0	0	0	1	1	1

8.3.4 汉明码

汉明码是 1950 年由 Hamming 提出的，它是一种能够纠正单个错误的线性分组码，具有以下特点。

(1) 最小码距 $d_0=3$，可以纠正 1 位错误。

(2) 码长 n 与监督码元个数 r 之间满足关系式 $n=2^r-1$。

如果要产生一个系统汉明码，可以先将矩阵 $\boldsymbol{H}$ 转换成典型监督矩阵，再进一步利用 $\boldsymbol{Q}=\boldsymbol{P}^{\mathrm{T}}$ 的关系得到相应的生成矩阵 $\boldsymbol{G}$。通常二进制汉明码可以表示为

$$(n,k)=(2^r-1,2^r-1-r) \tag{8-19}$$

根据上述汉明码定义可以看到，表 8-4 构造的(7,4)线性分组码实际上就是一个系统汉明码，它满足汉明码的两个特点。图 8-10 所示为(7,4)系统汉明码的编码器和译码器电路。

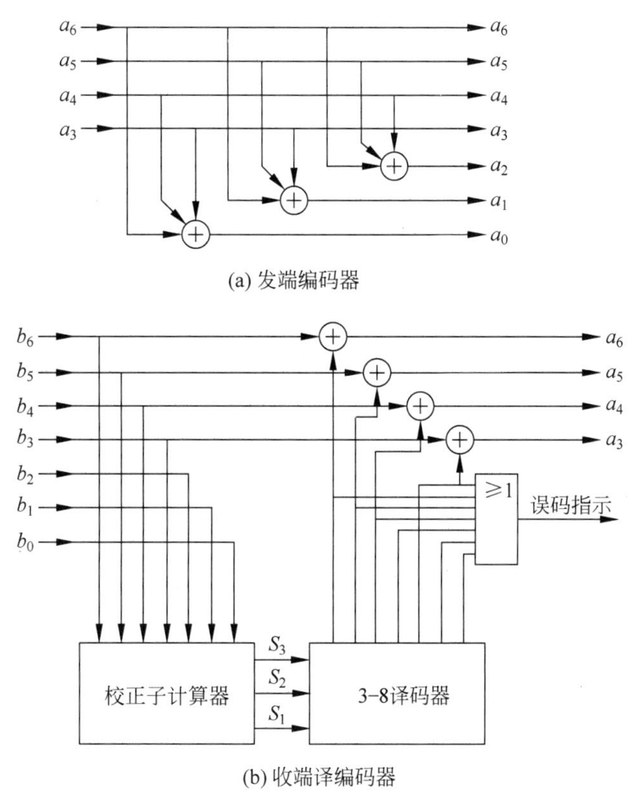

(a) 发端编码器

(b) 收端译编码器

图 8-10 (7,4)汉明码的编译码器

8.4 循环码

循环码是线性分组码的一个重要子集，具有严谨的代数性质，纠检错能力强，易于硬件实现，因此应用范围广泛。

8.4.1 基本概念

1. 循环码的特点

循环码最大的特点就是码字的循环特性，所谓循环特性，是指循环码中任一许用码组经过循环移位后所得到的码组仍然是许用码组。例如，若$(a_{n-1}a_{n-2}\cdots a_1a_0)$为一循环码组，则$(a_{n-2}a_{n-3}\cdots a_0 a_{n-1})$、$(a_{n-3} a_{n-4}\cdots a_{n-1}a_{n-2})$等还是许用码组。也就是说，不论是循环左移还是右移，也不论移多少位，它仍然是许用循环码组。例如表 8-7 所示为一种(7,3)循环码的全部码字。

由表 8-7 可以直观地看出这种码的循环特性，例如，表中的第 2 码字向左移一位，即得到第 5 码字；第 6 码字组向左移一位，即得到第 4 码字，……，具体情况如图 8-11 所示。

表 8-7　一种(7,3)循环码的全部码字

序号	码字							序号	码字						
	信息码元			监督码元					信息码元			监督码元			
	a_6	a_5	a_4	a_3	a_2	a_1	a_0		a_6	a_5	a_4	a_3	a_2	a_1	a_0
0	0	0	0	0	0	0	0	4	1	0	0	1	0	1	1
1	0	0	1	0	1	1	1	5	1	0	1	1	1	0	0
2	0	1	0	1	1	1	0	6	1	1	0	0	1	0	1
3	0	1	1	1	0	0	1	7	1	1	1	0	0	1	0

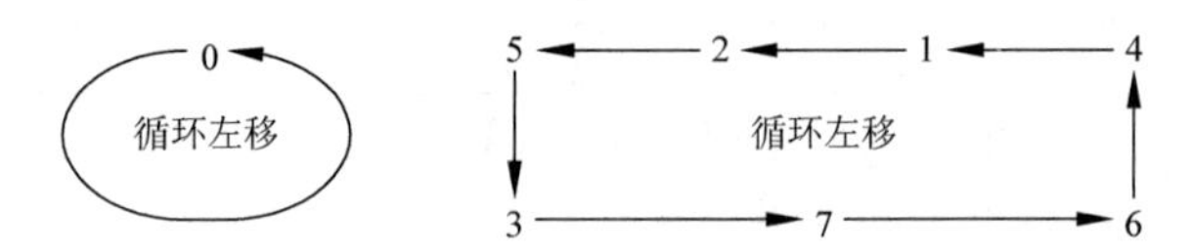

图 8-11　(7,3)循环码循环右移状态转移图

2. 码多项式

利用代数理论研究循环码,可以将循环码的码字用代数多项式来表示,这个多项式称为码多项式,对于许用循环码 $\mathbf{A}=(a_{n-1}a_{n-2}\cdots\ a_1a_0)$,其码多项式表示为

$$A(x)=a_{n-1}x^{n-1}+a_{n-2}x^{n-2}+\cdots+a_1x+a_0 \tag{8-20}$$

对于二进制码组,多项式的每个系数不是"0"就是"1",x 仅是码元位置的标志。因此,这里并不关心 x 的取值。例如表 8-7 中的任一码字可以表示为

$$A(x)=a_6x^6+a_5x^5+a_4x^4+a_3x^3+a_2x^2+a_1x+a_0 \tag{8-21}$$

例如,表中的第 6 码字 A_6 可以表示为多项式形式

$$\begin{aligned}A_6(x)&=1\cdot x^6+1\cdot x^5+0\cdot x^4+0\cdot x^3+1\cdot x^2+0\cdot x+1\\&=x^6+x^5+x^2+1\end{aligned} \tag{8-22}$$

利用码多项式还能够解决循环码的移位问题,例如表 8-7 所示(7,3)循环码的 A_3 码字循环左移一位,将得到 A_7,也可以利用多项式运算 $xA_3(x)=A_7(x)$来表示,但是当需要 A_3 码字循环左移多位时,这样处理就会出现问题,为此,需要学习多项式的循环移位计算。

3. 模 n 运算

在整数运算中,有模 n 运算。例如,在模 2 运算中有 $1+1=2\equiv0$(模 2)、$1+2=3\equiv1$(模 2)、$2\times3=6\equiv0$(模 2)等。因此,一个整数 m 可以表示为

$$\frac{m}{n}=Q+\frac{p}{n},\quad p<n \tag{8-23}$$

式中,Q 为整数。

式(8-23)表示,在模 n 运算条件下,有 $m\equiv p$(模 n),也就是说,在模 n 运算下,某一整数 m 等于其被 n 除所得的余数 p。与之对应,在码多项式运算中也有相应的运算法则。例如,若任意多项式 $F(x)$被一个 n 次多项式 $N(x)$除,得到商式 $Q(x)$和一个次数小于 n 的余式 $R(x)$,也就是

$$\frac{F(x)}{N(x)}=Q(x)+\frac{R(x)}{N(x)} \tag{8-24}$$

则可以写为 $F(x)\equiv R(x)$(模 $N(x)$)，即 $F(x)$与 $R(x)$是同余的。

当然，如果是二进制码多项式，其码多项式系数仍按模 2 运算，即只取值"0"和"1"。例如计算 x^4+x^2+1 除以 x^3+1，可以得到

$$\frac{x^4+x^2+1}{x^3+1}=x+\frac{x^2+x+1}{x^3+1} \tag{8-25}$$

这样式(8-25)也可以表示为

$$x^4+x^2+1\equiv x^2+x+1 \quad (\text{模 } x^3+1)$$

4. 循环码移位计算

对于循环码，可以证明：若 $A(x)$是一个码长为 n 的许用码组，则 $x^iA(x)$在按模(x^n+1)运算条件下得到的码多项式，亦是一个许用码组，也就是假如

$$x^iA(x)\equiv A'(x) \quad (\text{模 } x^n+1) \tag{8-26}$$

则 $A'(x)$亦是一个许用码组，并且，$A'(x)$正是 $A(x)$代表的码组向左循环移位 i 次的结果，这实际上就是循环码的编码基础。

例如对于式(8-22)表示的(7,3)循环码，其码长 $n=7$，现给定 $i=3$，也就是向左循环移位 3 次，则

$$\begin{aligned} x^3A_6(x)&=x^3(x^6+x^5+x^2+1)=(x^9+x^8+x^5+x^3) \\ &\equiv(x^5+x^3+x^2+x) \quad (\text{模 } x^7+1) \end{aligned} \tag{8-27}$$

即 $x^3A_6(x)\equiv A_2(x)$(模 x^n+1)，对应的码组为 0101110，它正是表 8-7 中的第 2 码字，也就是 $A_6(x)$代表的码组向左循环移位 3 次的运算结果。若 i 取不同的值重复上述运算，则可得到该循环码许用码组中的其他码字。需要注意，在上述运算中，由于是模 2 运算，因此加法和减法是等价的，在式子中通常用加法运算符，具体模 2 运算的规则定义如下：

模 2 加	0+0=0	0+1=1	1+0=1	1+1=0
模 2 乘	0×0=0	0×1=0	1×0=0	1×1=1

8.4.2 矩阵描述

在循环码中，次数最低的码多项式(全 0 码字除外)称为生成多项式，用 $g(x)$表示。可以证明，生成多项式 $g(x)$具有以下特性。

- $g(x)$是一个常数项为 1 的 $r=n-k$ 次多项式。
- $g(x)$是 x^n+1 的一个因式。
- 该循环码中其他码多项式都是 $g(x)$的倍式。

1. 生成多项式设计

在实际循环码设计过程中，通常只给出码长和信息位数，这就需要设计生成多项式和生成矩阵，这时可以利用 $g(x)$所具有的基本特性进行设计。首先，生成多项式 $g(x)$是 x^n+1 的一个因式；其次，$g(x)$是一个 r 次因式，因此，就可以先对 x^n+1 进行因式分解，找到它的 r 次因式。下面仍以表 8-7 所示的(7,3)循环码为例进行分析，具体实现步骤如下。

(1) 对 x^7+1 进行因式分解，可以得到

$$x^7+1=(x+1)(x^3+x^2+1)(x^3+x+1) \tag{8-28}$$

(2) 构造生成多项式 $g(x)$：为了求(7,3)循环码的生成多项式 $g(x)$，要从式(8-28)中找到 $r=n-k$ 次的因子，不难看出这样的因子有两个，即

$$(x+1)(x^3+x^2+1)=x^4+x^2+x+1 \tag{8-29a}$$

$$(x+1)(x^3+x+1)=x^4+x^3+x^2+1 \tag{8-29b}$$

以上两式都可作为生成多项式。不过，选用的生成多项式不同，产生的循环码码组就不同。用式(8-29a)作为生成多项式产生的循环码即为表 8-7 所列。

2. 生成矩阵 G

由于循环码是线性分组码的一个重要子集，因此可以利用生成矩阵 G 进行编码。为了保证构成的生成矩阵 G 的各行线性不相关，通常用 $g(x)$ 来构造生成矩阵。这时生成矩阵 $G(x)$ 可以表示为

$$G(x)=\begin{bmatrix} x^{k-1}\cdot g(x) \\ x^{k-2}\cdot g(x) \\ \vdots \\ x\cdot g(x) \\ g(x) \end{bmatrix} \tag{8-30}$$

其中 $g(x)=x^r+a_{r-1}x^{r-1}+\cdots+a_1x+1$，因此，一旦生成多项式 $g(x)$ 确定以后，该循环码的生成矩阵就可以确定，进而该循环码的所有码字也可以确定。

现在以表 8-7 所示的(7,3)循环码为例，来构造它的生成矩阵。这个循环码主要参数为 $n=7$、$k=3$、$r=4$，其生成多项式可以用第 1 码字构造，即

$$g(x)=A_1(x)=x^4+x^2+x+1 \tag{8-31}$$

$$G(x)=\begin{bmatrix} x^2g(x) \\ xg(x) \\ g(x) \end{bmatrix}=\begin{bmatrix} x^6+x^4+x^3+x^2 \\ x^5+x^3+x^2+x \\ x^4+x^2+x+1 \end{bmatrix} \tag{8-32}$$

$$G=\begin{bmatrix} 1 & 0 & 1 & 1 & 1 & 0 & 0 \\ 0 & 1 & 0 & 1 & 1 & 1 & 0 \\ 0 & 0 & 1 & 0 & 1 & 1 & 1 \end{bmatrix}$$

显然，这里得到的矩阵 G 不符合 $G=[I_k \quad Q]$ 形式，所以此生成矩阵不是典型形式，但可以通过简单的代数变换将它变成典型矩阵。

3. 监督矩阵 H

利用式(8-32)得到生成矩阵 G 以后，可以通过线性变化使之成为典型矩阵，这时就可以利用式(8-15)确定 Q 矩阵，转置后代入式(8-13a)即可得到监督矩阵 H。

8.4.3 代数形式的编译码

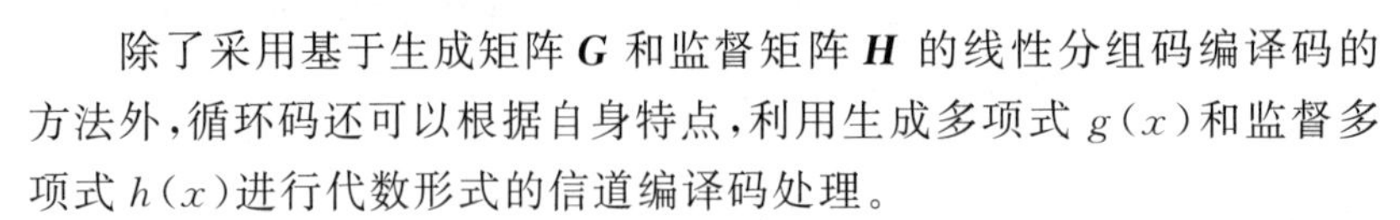

除了采用基于生成矩阵 G 和监督矩阵 H 的线性分组码编译码的方法外，循环码还可以根据自身特点，利用生成多项式 $g(x)$ 和监督多项式 $h(x)$ 进行代数形式的信道编译码处理。

1. 编码过程

在进行二进制循环码编码时，首先需要根据给定循环码的参数设计生成多项式 $g(x)$，

也就是从 x^n+1 的因子中选一个 $(n-k)$ 次多项式作为 $g(x)$；然后利用循环码的编码特点，即所有循环码多项式 $A(x)$ 都可以被 $g(x)$ 整除，来确定循环码的相关码字。

假设需要产生 (n,k) 循环码，对应信息的信息多项式可以表示为 $m(x)$，次数必小于 k，则 $x^{n-k}m(x)$ 的次数必小于 n；用 $x^{n-k}m(x)$ 除以 $g(x)$，可得余数 $r(x)$，$r(x)$ 的次数必小于 $(n-k)$，将 $r(x)$ 加到信息码元后作监督码元，就得到了系统循环码。上述各步处理过程说明如下。

(1) 用 x^{n-k} 乘 $m(x)$。这一运算实际上是在信息码元后附加 $(n-k)$ 个"0"。例如，对于(7,3)循环码，如果信息码为"110"，其相应的信息多项式为 $m(x)=x^2+x$，当 $n-k=7-3=4$ 时，$x^{n-k}m(x)=x^6+x^5$，它相当于"1100000"。所希望得到的系统循环码多项式应当是 $A(x)=x^{n-k}m(x)+r(x)$。

(2) 求 $r(x)$。由于循环码多项式 $A(x)$ 都可以被 $g(x)$ 整除，也就是

$$\frac{A(x)}{g(x)}=Q(x) \tag{8-33}$$

式(8-33)中，$A(x)=x^{n-k}m(x)+r(x)$，则

$$\frac{x^{n-k}m(x)+r(x)}{g(x)}=\frac{x^{n-k}m(x)}{g(x)}+\frac{r(x)}{g(x)} \tag{8-34}$$

结合式(8-33)，式(8-34)可以写为

$$Q(x)=\frac{x^{n-k}m(x)}{g(x)}+\frac{r(x)}{g(x)} \tag{8-35}$$

由于是对二进制循环码进行编码，因此，式(8-35)中的"+"为模2加，因此有

$$\frac{x^{n-k}m(x)}{g(x)}=Q(x)+\frac{r(x)}{g(x)} \tag{8-36}$$

从式(8-36)可以看到，用 $x^{n-k}m(x)$ 除以 $g(x)$，能够得到商 $Q(x)$ 和余式 $r(x)$，至此就得到了 $r(x)$。

(3) 编码输出系统循环码多项式 $A(x)$，为

$$A(x)=x^{n-k}m(x)+r(x) \tag{8-37}$$

例 8.1　对于(7,3)循环码，若 $g(x)=x^4+x^2+x+1$，对信息 110 进行循环编码。

解：信息 110 对应的码多项式为 $m(x)=x^2+x$，则 $x^{n-k}m(x)=x^6+x^5$，利用式(8-36)计算监督多项式 $r(x)$，即

$$\frac{x^{n-k}m(x)}{g(x)}=\frac{x^6+x^5}{x^4+x^2+x+1}=(x^3+x+1)+\frac{x^2+1}{x^4+x^2+x+1}$$

也就是得到 $r(x)=x^2+1$，利用式(8-37)可得循环码多项式

$$A(x)=x^{n-k}m(x)+r(x)=x^6+x^5+x^2+1$$

因此，对应的循环编码输出为 1100101。

(4) 电路实现。上述3步编码过程可以利用除法电路来实现，这里的除法电路采用移位寄存器和模2加法器来构成。以(7,3)循环码为例，来说明其具体实现过程。设该(7,3)循环码的生成多项式为 $g(x)=x^4+x^2+x+1$，则构成的系统循环码编码器如图 8-12 所示。

图 8-12 中有 4 个移位寄存器、1 个双刀双掷开关，当信息码元输入时，开关位置接"2"，输入的信息码元一方面送到除法器进行运算，一方面直接输出；当信息码元全部输出后，开关位置接"1"，这时输出端接到移位寄存器的输出，这时除法的余项也就是监督码元依次输

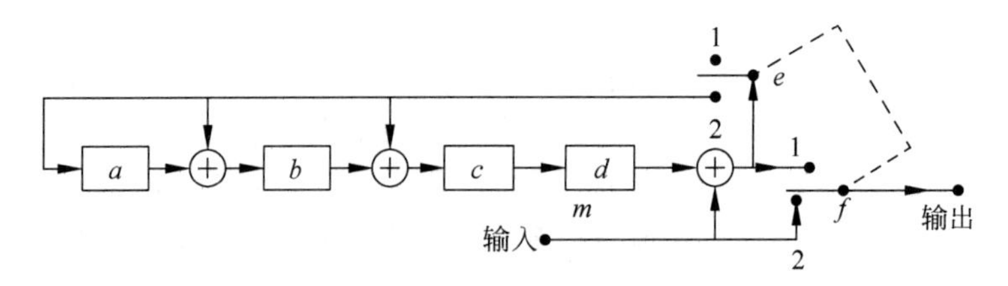

图 8-12 (7,3)循环码编码器

出。当信息码为 110 时,编码器的工作过程如表 8-8。

表 8-8 编码器工作过程

开关位置	输入(m)	移位寄存器($abcd$)	反馈(e)	输出(f)
悬空	0	0 0 0 0	0	0
接“2”	1	1 1 1 0	1	1
	1	1 0 0 1	1	1
	0	1 0 1 0	1	0
接“1”	0	0 1 0 1	0	0
	0	0 0 1 0	1	1
	0	0 0 0 1	0	0
	0	0 0 0 0	1	1

顺便指出,由于数字信号处理器(DSP)和大规模可编程逻辑器件(CPLD 和 FPGA)的广泛应用,目前多采用这些先进器件和相应的软件实现上述编码。

2. 译码过程

对于接收端译码的要求通常有两个,即检错与纠错。达到检错目的的译码十分简单,可以通过判断接收到的码组多项式 $B(x)$是否能被生成多项式 $g(x)$整除作为依据。当传输中未发生错误时,接收的码组与发送的码组相同,即 $A(x)=B(x)$,则接收的码组 $B(x)$必能被 $g(x)$整除;若传输中发生了错误,则 $A(x)\neq B(x)$,$B(x)$不能被 $g(x)$整除。因此,可以根据余项是否为零来判断码组中有无错码。

需要指出,有错码的接收码组也有可能被 $g(x)$整除,这时的错码就不能检出。这种错误称为不可检错误。不可检错误中的错码数必将超过这种编码的检错能力。

在接收端为纠错而采用的译码方法自然比检错要复杂许多,因此,对纠错码的研究大都集中在译码算法上。由于校正子与错误图样之间存在某种对应关系,与其他线性分组码类似,循环码的译码可以分如下 3 步进行。

(1) 由接收到的码多项式 $B(x)$计算校正子多项式 $S(x)$。

(2) 由校正子 $S(x)$确定错误图样 $E(x)$。

(3) 将错误图样 $E(x)$与 $B(x)$相加,纠正错误。

上述第(1)步运算和检错译码类似,也就是求解 $B(x)$整除 $g(x)$的余式,第(3)步也很简单,因此纠错码译码器的复杂性主要取决于译码过程的第(2)步。

基于错误图样识别的译码器称为梅吉特译码器,它的原理框图如图 8-13 所示,是一个具有 $n-k$ 个输入端的逻辑电路,原则上可以采用查表的方法根据校正子找到错误图样。梅吉特译码器特别适合于纠正两个以下的随机独立错误。

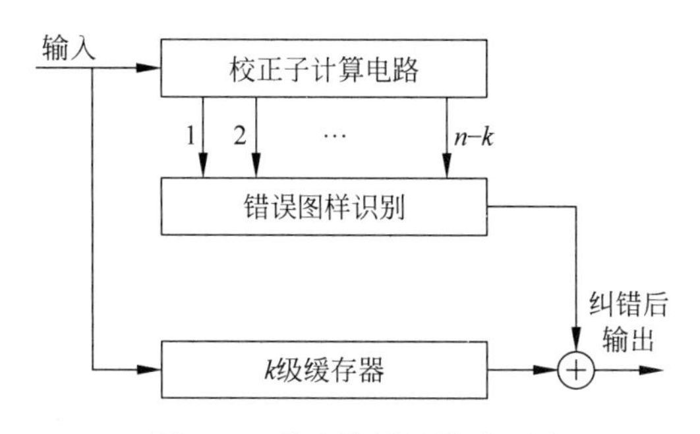

图 8-13　梅吉特译码器原理图

在图 8-13 中，k 级缓存器用于存储系统循环码的信息码元，模 2 加电路用于纠正错误，当校正子为“0”时，模 2 加来自错误图样识别电路的输入端为“0”，输出缓存器的内容；当校正子不为“0”时，模 2 加来自错误图样识别电路的输入端在第 i 位输出为“1”，它可以使缓存器输出取补，即纠正错误。

循环码的译码方法除了梅吉特译码以外，还有捕错译码、大数逻辑译码等方法。捕错译码是梅吉特译码的一种变形，也可以用较简单的组合逻辑电路实现，它特别适合于纠正突发错误、单个随机错误和两个错误的码字。大数逻辑译码也称为门限译码，这种译码方法也很简单，但它只能用于有一定结构的为数不多的大数逻辑译码。在一般情形下，虽然大数逻辑译码的纠错能力和编码效率比有相同参数的其他循环码（如 BCH 码）稍差，但它的译码算法和硬件比较简单，因此在实际中有较广泛的应用。

*8.4.4　BCH 码

BCH 码是循环码的一个重要子类，它是以 3 个研究和发明这种码的人名（Bose-Chaudhuri-Hocguenghem）命名的。BCH 码不仅具有纠多个随机错误的能力，而且具有严密的代数结构，是目前研究得较为透彻的一类码。它的生成多项式 $g(x)$ 与最小码距之间有密切的关系，根据所要求的纠错能力 t 可以很容易地构造出相应的 BCH 码。它们的译码也比较容易实现，是线性分组码中应用最为普遍的一类码。

通常可以将 BCH 码分为两类，即本原 BCH 码和非本原 BCH 码。本原 BCH 码具有如下特点。

（1）码长为 $n=2^m-1$，其中 m 为大于或等于 3 的整数。

（2）生成多项式 $g(x)$ 中含有最高次为 m 的本原多项式（这里本原多项式的描述在本书 2.7 节中已经给出）。

非本原 BCH 码的特点如下所述。

（1）码长 n 是 (2^m-1) 的一个因子，其中 m 为大于或等于 3 的整数。

（2）它的生成多项式 $g(x)$ 中不含最高次为 m 的本原多项式。

在工程设计中，一般不需要用计算的方法去寻找生成多项式 $g(x)$，因为人们早已寻找到了所需要的生成多项式。如表 8-9 和表 8-10 所示分别为二进制本原 BCH 码和非本原 BCH 码的部分生成多项式，这些多项式系数用八进制数字表示，例如 $g(x)=(13)$，因为 $(13)_8=(001011)_2$，则 $g(x)=x^3+x+1$。

表 8-9　$n \leqslant 127$ 的本原 BCH 码生成多项式

n	k	t	生成多项式 $g(x)$（八进制）
7	4	1	13
15	11	1	23
	7	2	721
	5	3	2467
31	26	1	45
	21	2	3551
	16	3	107657
	11	5	5423325
	6	7	313365047
63	57	1	103
	51	2	12471
	45	3	1701317
	39	4	166623567
	36	5	1033500423
	30	6	157464165547
	24	7	17323260404441
	18	10	1363026512351725
	16	11	6331141367235453
	10	13	472622305527250155
	7	15	5231045543503271737
127	120	1	211
	113	2	41567
	106	3	11554743
	99	4	3447023271
	92	5	624730022327
	85	6	130704476322273
	78	7	26230002166130115
	71	9	6255010713253127753
	64	10	1206534025570773100045
	57	11	235265252505705053517721
	50	13	54446512523314012421501421
	43	14	17721772213651227521220574343
	36	15	3146074666522075044764574721735
	29	22	403114461367670603667530141176155
	22	23	123376070404722522435445626637647043
	15	27	22057042445604554770523013762217604353
	8	31	7047264052751030651476224271567733130217

表 8-10 部分非本原 BCH 码的生成多项式

n	k	t	生成多项式 $g(x)$（八进制）
17	9	2	727
21	12	2	1663
23	12	3	5343
33	22	2	5145
41	21	4	6647133
47	24	5	43073357
65	53	2	10761
65	40	4	354300067
73	46	4	1717773537

在表 8-9 和表 8-10 中，n 表示码字长度，k 表示信息码元位数，t 表示纠错能力。例如，利用表 8-9 可以构造一个能纠正 3 个错误（即 $t=3$）、码长为 $n=15$ 的 BCH 码，查表可知该 BCH 码为(15,5)码，生成多项式的八进制表示值为 2467，$(2467)_8=(010100110111)_2$，所以相应的生成多项式为 $g(x)=x^{10}+x^8+x^5+x^4+x^2+x+1$。

另外，(23,12)码是一个特殊的非本原 BCH 码，称为戈莱(Golay)码。从表 8-10 可以看到，该码能纠正 3 个随机错误，其生成多项式的八进制表示值为 5343，$(5343)_8=(101011100011)_2$，相应的生成多项式为 $g(x)=x^{11}+x^9+x^7+x^6+x^5+x+1$，由其反多项式 $g^*(x)=x^{11}+x^{10}+x^6+x^5+x^4+x^2+1$ 也是生成多项式，很容易验证这是一个完备码，它的监督码元得到了最充分的利用，故在实际工程中戈莱码被大量使用。

*8.5 卷积码

卷积码是 P. Elias 于 1955 年提出的一种纠错码，它与分组码的工作原理存在明显的区别，是卫星通信系统、移动通信系统中重要的信道编码形式，同时也是新型信道编码，例如 TCM 码、Turbo 码的重要组成部分。

8.5.1 基本概念

1. 特点

在一个二进制分组码(n,k)中，码字长度为 n，每个码字包含 k 个信息码元，以及 r 个监督码元，其中 $r=n-k$。每个码字的监督码元仅与本码字的 k 个信息码元有关，而与其他码字无关。为了达到一定的纠错能力，同时又具有较高的编码效率($R_c=k/n$)，分组码的码字长度 n 通常都比较大。因此，编译码时必须把整个信息码组存储起来，由此产生的延时随着 n 的增加而线性增加。为了减少这个延迟，人们提出了各种解决方案，其中卷积码就是一种较好的信道编码方式。

卷积码利用 k 比特信息构建 n 比特长度的码字，但 k 和 n 通常很小，因此减小了编码延时。与分组码不同，卷积码中编码后的 n 个码元不仅与当前段的 k 个信息有关，而且也与前面 $N-1$ 段的信息有关，因此，编码过程中相互关联的码元为 nN 个。这里将 N 段时间内的码元数目 nN 称为卷积码的约束长度，而卷积码的纠错能力随着 N 的增加而增大。

可以证明，在编码器复杂程度相同的情况下，卷积码的性能优于分组码。但卷积码至今尚未找到足够严密的数学描述，目前大都采用计算机来搜索“好码”。

2. 工作原理

卷积码编码器在一段时间内输出的 n 位码不仅与本段时间内的 k 位信息码元有关，而且还与前面 m 段规定时间内的信息码元有关，这里 $m=N-1$。习惯上用(n,k,m)表示卷积码(注意：有些文献中也用(n,k,N)表示卷积码)。简明起见，这里以卷积码(2,1,2)为例介绍卷积码编码器的工作原理，图 8-14 所示就是一个卷积码的编码器。对于这个卷积码，$n=2,k=1,m=2$，因此，它的约束长度为 $nN=n(m+1)=2\times3=6$。

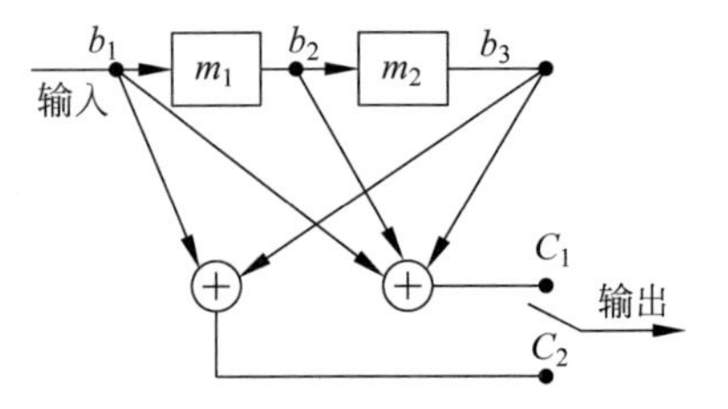

图 8-14 (2,1,2)卷积码编码器

在图 8-14 中，m_1 与 m_2 为移位寄存器，它们的起始状态均为 0。C_1、C_2 与 b_1、b_2、b_3 之间的关系为

$$\begin{cases}C_1=b_1+b_2+b_3\\C_2=b_1+b_3\end{cases}\tag{8-38}$$

对于图 8-14，假如输入的信息为 $\boldsymbol{D}=[11010]$，为了使信息 $\boldsymbol{D}$ 全部通过移位寄存器，还必须在信息码元后面加 3 个 0。表 8-11 所示为对信息 $\boldsymbol{D}$ 进行卷积编码的状态和输出，它反映了卷积码的编码工作过程。

表 8-11 对信息 *D* 进行卷积编码时的状态

输入信息 D	1	1	0	1	0	0	0	0
b_3b_2	00	01	11	10	01	10	00	00
输出 C_1C_2	11	01	01	00	10	11	00	00

8.5.2 卷积码的图解表示

描述卷积码的方法有多种，其中比较有代表性的有两类，即图解表示和解析表示。由于解析表示较为抽象难懂，所以通常多采用图解表示法来描述卷积码。常用的图解描述法包括树状图、网格图和状态图等。

1. 树状图

以图 8-14 所示的(2,1,2)卷积码为例，可以用 a、b、c 和 d 分别表示 b_3b_2 的 4 种可能状态 00、01、10 和 11。对于不同的输入信号，图 8-14 中的移位过程可能产生多种输出序列，这种有规律的序列变化可以用图 8-15 所示的树状图来表示。

从图 8-15 可以看到，以 $b_1b_2b_3=000$ 为起点，当第 1 位信息 $b_1=1$ 时，码元 $C_2C_1=11$，则状态从起点 a 通过下支路到达状态 b；当第 1 位信息 $b_1=0$ 时，码元 C_2C_1 为 00，则状态从起点 a 通过上支路到达状态 a；依此类推可求得整个编码树状图。从第 4 条支路开始，树状图呈现出重复特性，即图中标明的上半部与下半部完全相同。这就意味着从第 4 位信息开始输出码元已与第 1 位信息无关。这也说明了图 8-12 所示的编码器的编码约束长度为 6

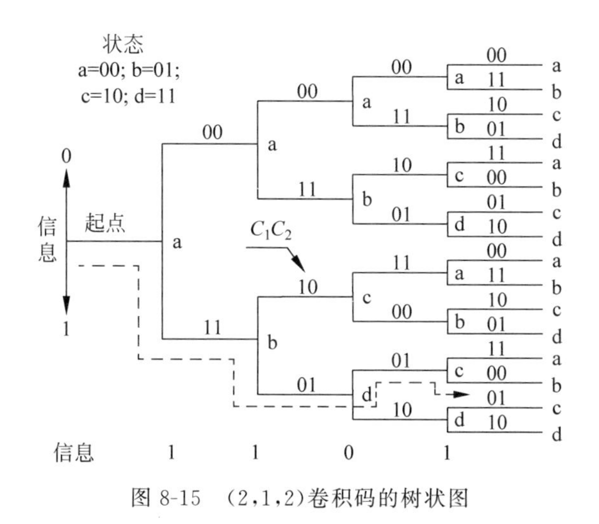

图 8-15　(2,1,2)卷积码的树状图

的含义。当输入信息位为[11010]时,在树状图中的虚线即为其状态转移轨迹,输出码元序列为[11010100…]。

2. 网格图

将树状图进行适当的变形可以得到一种更为紧凑的图解表示方法,即网格图法,具体情况如图 8-16 所示。在网格图中,码树中具有相同状态的节点合并在一起,码树的上分支(对应输入 0)用实线表示,下分支(对应输入 1)用虚线表示。网格图中分支上标注的码元为对应的输出,自上而下 4 行节点分别表示 a、b、c、d 4 种状态。

3. 状态图

进一步观测图 8-15 还可以看出,对于每一个节点的当前状态 a、b、c、d,根据不同的输入将进入不同的状态,基于这一原理可以构造出当前状态与下一状态之间的状态转换图,也可以称之为卷积码的状态图,例如图 8-17 所示,实线表示信息位为 0 的路径,虚线表示信息位为 1 的路径,并在路径上写出相应的输出码元。当然,如果将状态图在时间上展开,便可以得到网格图。当输入信息序列为[11010]时,状态转移过程为 a→b→d→c→b,相应的输出码元序列为[11010100…],结果与表 8-11 的结果完全一致。

当给定输入信息序列和起始状态时,可以用上述 3 种图解表示法的任何一种找到输出序列和状态变化路径。

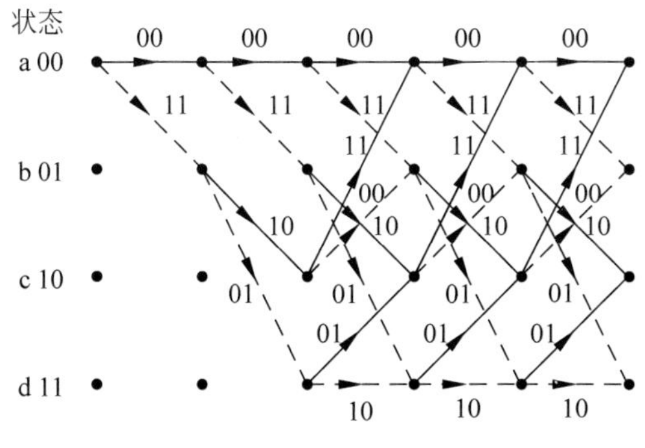

图 8-16　(2,1,2)卷积码的网格图

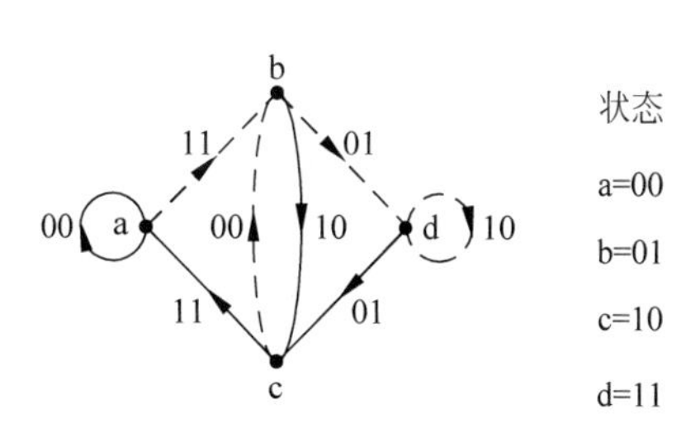

图 8-17　(2,1,2)卷积码的状态图

8.5.3 维特比译码

卷积码的译码方法可分为代数译码和概率译码两大类。代数译码方法完全基于它的代数结构,也就是利用生成矩阵和监督矩阵来译码,最主要的代数译码方法就是大数逻辑译码。概率译码有两种比较常用的方法,一是序列译码,二是维特比译码。虽然代数译码所要求的设备简单,运算量小,但其译码性能(误码)要比概率译码方法差许多。因此,目前在数字通信的前向纠错中广泛使用的是概率译码方法,其中维特比译码最具代表性。

维特比译码算法(VB算法)是1967年由Viterbi提出的,近年来有很大的发展,该算法已在卫星通信中作为标准技术得到了广泛使用。VB算法是简化了的最大似然算法,它的基本想法是把接收序列与所有可能的发送序列比较,选择一种码距最小的序列作为发送序列。如果发送一个k位序列,则有2^k种可能序列,计算机应存储这些序列,以便比较。当k较大时,存储量将会剧增,使得这种方法的使用受到了限制。Viterbi对最大似然解码作了简化,使之更实用化,提出了VB算法。以图8-14所示的(2,1,2)编码器所编出的卷积码为例,VB算法的思路如下所述。

当发送信息序列为[11010]时,为了使全部信息位能通过编码器,在发送信息序列后面加上了3个0,从而使输入编码器的信息序列变为[11010000],得到如表8-11所示的计算结果,这时编码器输出的序列为[1101010010110000],那么移位寄存器的状态转移路线为a→b→d→c→b→c→a→a,信息全部离开编码器,最后回到状态a。

假设接收序列有差错,变成[0101011010010001],由于该卷积码的编码约束长度为6,故先选前3段接收序列010101作为标准,与到达第3级4个节点的8条路径进行对照,逐步算出每条路径与作为标准的接收序列010101之间的累计码距,对照图8-16所示的格状图。

1. 到达第3级的情况

到达节点a的两条路径是000000与111011,它们与010101之间的码距分别是3和4;到达节点b的两条路径是000011与111000,它们与010101之间的码距分别是3和4;到达节点c的两条路径是001110和110101,它们与010101之间的码距分别是4和1;到达节点d的两条路径是001101和110110,它们与010101之间的码距分别是2和3。每个节点保留一条码距较小的路径作为幸存路径,它们分别是000000、000011、110101和001101。

这些路径即如图8-18中所示的到达第3级节点a、b、c和d的4条路径,累计码距分别由括号内的数字标出。

2. 到达第4级的情况

节点a的两条路径是00000000和11010111;节点b的两条路径是00000011和11010100;节点c的两条路径是00001110和00110101;节点d的两条路径是00110110和11011010。将它们与接收序列01010110对比求出累计码距,每个节点仅留下一条码距小的路径作为幸存路径,它们分别是11010111、11010100、00001110和00110110。

3. 继续筛选幸存路径

逐步推进筛选幸存路径,到第7级时,只要选出到达节点a和c的两条路径即可,因为到达终点第8级a只可能从第7级的节点a或c出发。最后得到到达终点a的一条幸存路径,即为译码路径,如图8-18中实线所示。根据这条路径,对照图8-16可知译码结果为

11010000，与发送信息序列一致。

从译码过程中可以看出，维持比算法的存储量仅要求 2^{m+1}，对于 $m<10$ 时，其存储量较小，易于实现。如果编码约束长度较大，则应考虑采用其他解码方法，譬如采用序列解码等。

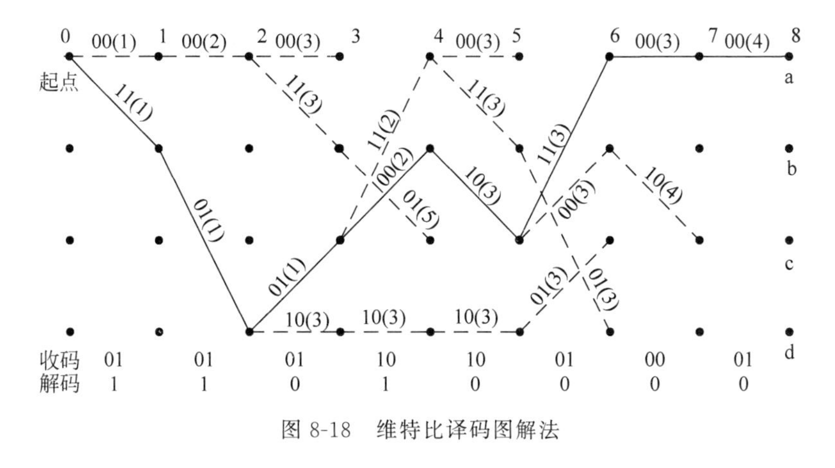

图 8-18 维特比译码图解法

*8.6 新型信道编码技术简介

新型信道编码技术有许多，这里对两种比较典型的信道编码技术进行简要分析和介绍。

8.6.1 网格编码调制

在数字通信系统中，数字信号的调制解调和差错控制受到人们的广泛关注，过去人们对这两个问题通常是分别独立考虑，如图 1-6 所示，在发送端编码和调制是分开设计的，同样在接收端解调和译码也是分开完成的。但是，到了 20 世纪 70 年代中期，梅西(Massey)根据信息论知识，证明了将编码与调制作为一整体进行考虑，可以明显地改善数字通信系统性能的结论。在此基础上，昂格尔博克(Ungerbook)在 1982 年提出了将卷积码与调制相结合的网格编码调制(TCM)技术，使得数字通信系统的性能有了极大的提高，成为人们研究的热点，并出现了大量理论研究成果和工程应用范例。

在 TCM 中，编码信号映射成多进制已调信号时，系统传输误码率取决于信号之间的欧几里得距离(简称欧氏距离)，这时的编码应使这个距离增加，以提高系统的抗误码性能。传统的编码是以汉明距离为量度进行设计的，此时映射成多进制已调信号时已不能保证获得大的欧氏距离，即不能得到好的抗误码性能，TCM 技术则是针对不同的调制方式寻找使最小欧氏距离最大的编码。通常 TCM 技术采用 $n/(n+1)$ 卷积编码，因此，TCM 设计的主要目标就是寻找与各种调制方式相对应的卷积码，当卷积码的每个分支与已调信号点映射后，就使得每条信号路径之间有最大的欧氏距离。这里以卷积码$(3,2,m)$和 8PSK 调制相结合为例子，来说明 TCM 的原理方法。

对于$(3,2,m)$卷积码，后接一个 8PSK 调制器，那么该编码器输出是由 3 个码元组成的码段，共有 8 种可能的组合(000，001，010，011，100，101，110，111)。这 8 种组合根据某种映射规则同 8PSK 信号空间中的 8 个信号点相对应，8 个信号点对应于 8PSK 信号的 8 个不同相位，假设信号点与信号空间中心的距离都为 1，则所有信号点之间的最小距离为$\sqrt{2-\sqrt{2}}$。

8PSK 信号空间中的 8 个信号点组成一个集，集分割的方法是把此 8 个点的集合分割成两个 4 个点的子集“B_0 和 B_1”，再把该 4 个点的子集都分割成两个点的子集“C_0 和 C_2”及“C_1 和 C_3”，最后把这 4 个两点的子集都分割成单个点的子集，单点子集总共有 8 个，因此，每次分割后子集的最小欧氏距离都大于分割前集合的最小欧氏距离。8PSK 信号空间集分割的具体情况如图 8-19 所示。

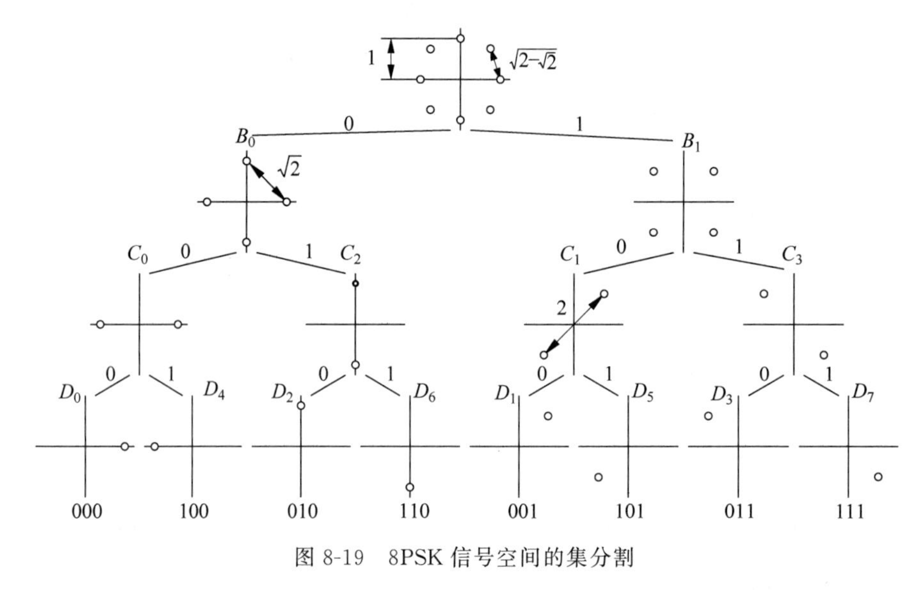

图 8-19 8PSK 信号空间的集分割

根据上述思路，对于编码 8PSK 调制，可以采用 4 状态网格，各状态和输出之间的关系如图 8-20(b)所示，而产生该网格的(3,2,2)编码器如图 8-20(a)所示。

可以证明，对于 4 状态网格而言，图 8-20 给出的网格编码 8PSK 调制是最佳的。这个“最佳”是指在提供最大自由欧氏距离意义下的最佳，也就是说在输入任意两位二进制数(4 状态)，经过图 8-20(a)编码，产生的 3 位二进制数(8 状态)所对应的 8PSK 信号空间中，信号点之间的最小欧氏距离最大，因此，系统抗干扰能力最强。

8.6.2 Turbo 码

Turbo 码是由 C. Berrou 等人在 ICC′93 会议上提出的。它巧妙地将卷积码和随机交织器结合在一起，实现了随机编码的思想，如果译码方式和参数选择得当，其性能可以接近 Shannon 极限。因此，这一超乎寻常的优异性能，引起了信息与编码理论界的轰动。

由于 Turbo 码的上述优异性能不是从理论研究角度给出的，而仅是计算机仿真的结果，因此，Turbo 码的理论基础还不完善。随着研究的不断深入，其性能也不断提高，并在强干扰环境下显示了其广阔的应用前景。目前，Turbo 码已经成为以大容量、高数据率和承载多媒体业务为目的的信道编码方案，例如移动卫星通信系统组织公布的 Inmarsat-F 系统中就用到了 Turbo 编码技术。此外，Turbo 码在高清晰度数字电视传输系统中的应用也很看好，它能使大量的数字信号准确无误地传输，真正做到高清晰度的图像质量。不仅如此，迭代译码的思想已经作为“Turbo 原理”而广泛应用于均衡、调制、信道检测等领域。

Turbo 码最初以并行级联卷积码(Parellel Concatenated Convolutional Codes，PCCC)的形式出现，后来为了克服误码率的错误平层，S. Benedetto 和 D. Divsalar 等人提出了串行

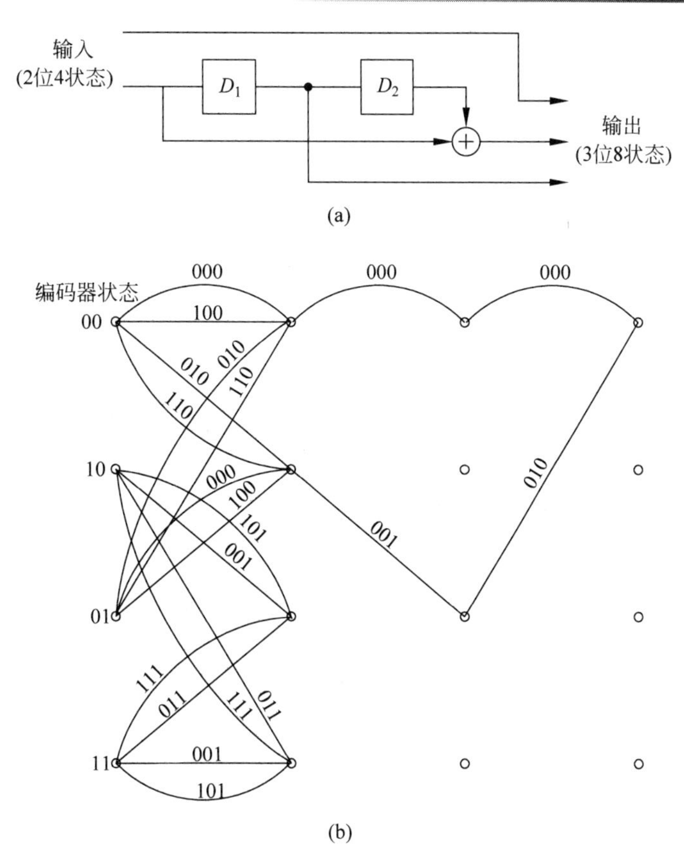

图 8-20　8PSK 编码器和网格

级联卷积码(Serial Concatenated Convolutional Codes,SCCC),又称为串行级联 Turbo 码,S. Benedetto 将 PCCC 与 SCCC 相结合,设计了混合级联卷积码(Hybrid Concatenated Convolutional Codes,HCCC)。鉴于理论分析不尽完善,实现过程过于复杂,这里仅对 PCCC 的编码和译码原理进行简单的分析和介绍。

1. PCCC 编码器结构和原理

PCCC 编码器由两个或者多个二元带反馈的递归系统卷积编码器(Recursive Systematic Convolutional,RSC)通过随机交织器并行级联而成,编码后的校验位可以按照要求经过删余矩阵进行删截,从而产生不同码率的码字,典型的编码器结构如图 8-21 所示。

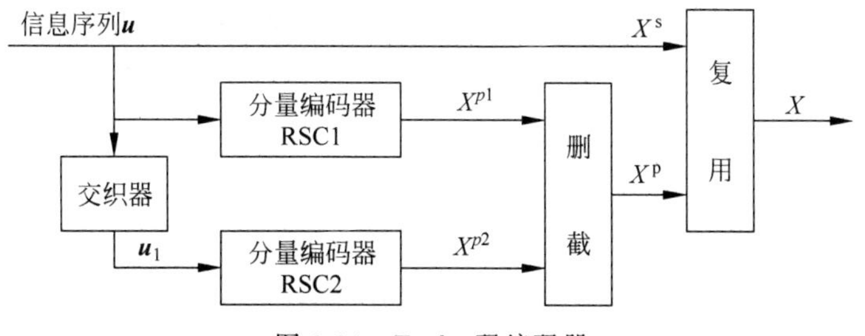

图 8-21　Turbo 码编码器

信息序列 $\boldsymbol{u}=\{u_1,u_2,\cdots,u_N\}$经过一个 N 位交织器形成一个新序列 $\boldsymbol{u}_1=\{u'_1,u'_2,\cdots,u'_N\}$,这两个序列的长度与内容都相同,只是比特位置经过了重新排列。$\boldsymbol{u}$ 与 $\boldsymbol{u}_1$ 分别传送到

两个分量编码器。通常这两个分量编码器结构相同，生成序列 $\boldsymbol{X}^{p1}$ 和 $\boldsymbol{X}^{p2}$。为了提高码率，序列 $\boldsymbol{X}^{p1}$ 和 $\boldsymbol{X}^{p2}$ 需要经过删余器，从两个校验序列中周期性地删除一些校验位，形成校验位序列 $\boldsymbol{X}^{p}$。$\boldsymbol{X}^{p}$ 与未编码序列 $\boldsymbol{X}^{s}$ 经过复用后，生成 Turbo 码序列 $\boldsymbol{X}$。假设两个分量编码器的码率都是 1/2，那么可以采用删余矩阵 $\boldsymbol{P}$ 删除来自 RSC1 的校验序列 $\boldsymbol{X}^{p1}$ 的偶数位置比特和来自 RSC2 的校验序列 $\boldsymbol{X}^{p2}$ 的奇数位置比特。这样就可以得到码率为 1/2 的 Turbo 码序列。删余矩阵可以表示为

$$\boldsymbol{P}=\begin{bmatrix}1 & 0\\0 & 1\end{bmatrix}$$

2. PCCC 译码器结构和原理

PCCC 译码器的基本结构如图 8-22 所示，由两个软输入软输出(Soft In Soft Out，SISO)译码器 DEC1 和 DEC2 串行级联组成，交织器与编码器中所使用的交织器相同。译码器 DEC1 对分量码 RSC1 进行最佳译码，产生关于信息序列 $\boldsymbol{u}$ 中每一比特的似然信息，并将其中的“新信息”经过交织送给 DEC2；译码器 DEC2 将此信息作为先验信息，对分量码 RSC2 进行最佳译码，产生关于交织后的信息序列中每一比特的似然比信息，然后将其中的“外信息”经过解交织器送给 DEC1 进行下一次译码。这样，经过多次迭代，DEC1 和 DEC2 的外部信息对于降低误比特率的作用逐渐减小，外部信息的值趋于稳定，似然比渐近一个稳定值，译码过程逼近于对整个码的最大似然译码，然后对此似然比进行硬判决，即可得到信息序列 u_k 每一比特的最佳估计值序列 $\hat{u}_k$。

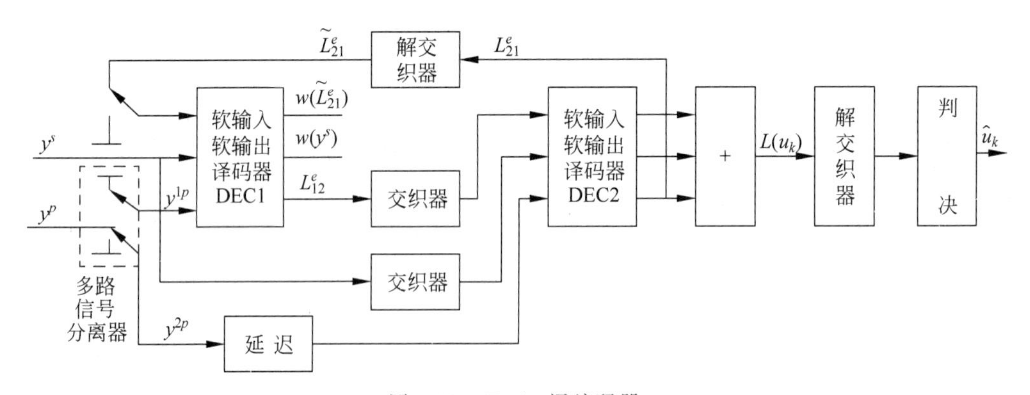

图 8-22　Turbo 译编码器

假定 Turbo 码译码器的接收序列为 $\boldsymbol{y}=(y^s,y^p)$，冗余信息 y^p 经复用后，分别送给 DEC1 和 DEC2。于是两个 SISO 译码器的输入序列分别为

$$\text{DEC1}: \boldsymbol{y}_1=(y^s,y^{1p})$$

$$\text{DEC2}: \boldsymbol{y}_2=(y^s,y^{2p})$$

为了使译码后的比特错误概率最小，根据最大后验概率译码准则，Turbo 码译码器的最佳译码策略是根据接收序列 $\boldsymbol{y}$ 计算后验概率 $P(\boldsymbol{u}_k)=P(\boldsymbol{u}_k|\boldsymbol{y}_1,\boldsymbol{y}_2)$。但由于计算复杂度随码长增加而增加，这种最佳策略会变得不可实现，因此 Turbo 码译码方案中巧妙地采用了一种次优译码规则，将 $\boldsymbol{y}_1$ 和 $\boldsymbol{y}_2$ 分开考虑，由两个分量译码器分别计算后验概率 $P(\boldsymbol{u}_k)=P(\boldsymbol{u}_k|\boldsymbol{y}_1,L_1^e)$ 和 $P(\boldsymbol{u}_k)=P(\boldsymbol{u}_k|\boldsymbol{y}_2,L_2^e)$，然后通过 DEC1 和 DEC2 之间的多次迭代使它们收敛于 $P(\boldsymbol{u}_k|\boldsymbol{y}_1,\boldsymbol{y}_2)$，从而达到近 Shannon 极限的性能。这里 L_1^e 和 L_2^e 为附加信息，L_1^e 由

DEC2 提供，在 DEC1 中用作先验信息；L_2^e 由 DEC1 提供，在 DEC2 中用作先验信息。

因篇幅所限，对于更多有关 Turbo 码方面的问题，感兴趣读者可以参考相关文献。

本章小结

数字信号的传输过程中，噪声和码间串扰会使传输过程产生误码，发现或者消除误码的有效手段就是信道编码。本章在介绍信道编码相关知识的基础上，讲解了几种常用简单分组码，着重讨论了线性分组码的编码和译码原理；分析了循环码的特点，给出了具体的编码方法，最后简要介绍了卷积码、TCM 码和 Turbo 码。

信道编码就是在信息序列上附加一些监督码元，利用这些冗余的码元使原来没有规律或者规律性不强的原始数字信号变为有规律的数字信号，差错控制译码利用这些规律性来鉴别传输过程是否发生错误，有可能的话进行纠正错误。常用的差错控制方式主要有前向纠错、检错重发和混合纠错。信道编码的抗干扰能力完全取决于许用码之间的距离，码字的最小距离越大，其抗干扰能力就越强。

常用简单分组码包括奇偶监督码、行列监督码和恒比码等。奇偶监督码是一种可以有效检测单个错误的方法，其编译码方法简单，编码效率高。行列监督码又称水平垂直一致监督码或二维奇偶监督码，有时还称为矩阵码，它不仅对水平方向的码元，而且还对垂直方向的码元实施奇偶监督。恒比码又称等重码，是目前国际电报通信系统中常用的信道编码方式。

线性分组码是一组固定长度的码字，可表示为(n, k)。信息码元和监督码元之间的关系可以通过监督矩阵 $\boldsymbol{H}$ 和生成矩阵 $\boldsymbol{G}$ 来表示。利用生成矩阵 $\boldsymbol{G}$ 可以产生整个线性分组码的码字，即 $\boldsymbol{A}=\boldsymbol{M}\cdot\boldsymbol{G}=[a_6\quad a_5\quad a_4\quad a_3]\cdot\boldsymbol{G}$；利用监督矩阵 $\boldsymbol{H}$ 处理接收到的码字 $\boldsymbol{B}$，得到的校正子 $\boldsymbol{S}$ 能够实现差错控制。汉明码是一种能够纠正单个错误的线性分组码。

循环码是线性分组码的一个重要子集，最大的特点就是码字的循环特性，即循环码中任一许用码字经过循环移位后所得到的码字仍然是许用码字。为了方便描述和运算，通常用码多项式来表示循环码，次数最低的码多项式（全 0 码字除外）称为生成多项式 $g(x)$。利用 $g(x)$能够确定其生成矩阵 $\boldsymbol{G}$ 和监督矩阵 $\boldsymbol{H}$，同时也可以直接进行编码操作。BCH 码是循环码中的一个重要子类，它具有纠多个随机错误的能力，而且具有严密的代数结构，是目前研究得较为透彻的一类码。

卷积码与分组码的工作原理存在明显的区别，编码过程通常利用图解表示和解析表示，由于解析表示较为抽象难懂，通常采用图解表示法来描述卷积码，主要包括树状图、网格图和状态图。卷积码的译码方法可分为代数译码和概率译码两大类，概率译码的代表性方法维特比译码得到了人们的普遍关注。网格编码调制（TCM）和 Turbo 码是两类较为新型信道编码技术，鉴于篇幅有限，本章仅进行了简要地分析和介绍。

思考题

1. 简述信道编码的作用和意义。
2. 纠错码能够检错或纠错的根本原因是什么？
3. 信道编码是如何分类的？

4. 差错控制的基本工作方式有哪几种？各有什么特点？

5. 汉明码有哪些特点？

6. 分组码的检(纠)错能力与最小码距有什么关系？检、纠错能力之间有什么关系？

7. 什么叫作奇偶监督码？其检错能力如何？

8. 行列监督码检测随机及突发错误的性能如何？能否纠错？

9. 什么是线性码？它具有哪些重要性质？

10. 什么是循环码？循环码的生成多项式如何确定？

11. 循环码是如何编码的。

11. 什么是系统分组码？试举例说明。

12. 系统分组码的监督矩阵、生成矩阵各有什么特点？相互之间有什么关系？

13. 什么是卷积码？什么是卷积码的树状图和网格图？

14. 简述网格编码调制的原理。

15. 简述 Turbo 码的编译码原理。

习题

1. (5,1)循环码若用于检错，能检测出几位错码？若用于纠错，能纠正几位错码？若同时用于检错与纠错，各能检测、纠正几位错码？

2. 已知 3 个码组为 001010、101101、010001。若用于检错，能检出几位错码？若用于纠错，能纠正几位错码？若同时用于检错与纠错，各能检测、纠正几位错码？

3. 已知 8 个线性分组码为 000000、001110、010101、011011、100011、101101、110110、111000，试求其最小码距 d_0。若用于检错，能检测出几位错码？若用于纠错，能纠正几位错码？若同时用于检错、纠错，各能检测、纠正几位错码？

4. 请证明“线性分组码组间的最小码距等于非零码的最小码重”。

5. 一码长 $n=15$ 的汉明码，监督位 r 应为多少？编码效率为多少？试写出监督码元与信息码元之间的关系。

6. 已知某线性码的监督矩阵为

$$\boldsymbol{H}=\begin{bmatrix}1&1&1&0&1&0&0\\1&1&0&1&0&1&0\\1&0&1&1&0&0&1\end{bmatrix}$$

列出其所有许用码组。

7. 已知(7,3)分组码的监督关系式为

$$\begin{cases}x_6+x_3+x_2+x_1=0\\x_5+x_2+x_1+x_0=0\\x_6+x_5+x_1=0\\x_5+x_4+x_0=0\end{cases}$$

求其监督矩阵、生成矩阵、全部码字及纠错能力。

8. 已知(7,4)循环码的全部码组为

0000000	0100111	1000101	1100010
0001011	0101100	1001110	1101001
0010110	0110001	1010011	1110100
0011101	0111010	1011000	1111111

试写出该循环码的生成多项式 $g(x)$ 和生成矩阵 $\boldsymbol{G}(x)$，并将 $\boldsymbol{G}(x)$ 化成典型阵。

9. 写出习题 8 的 $\boldsymbol{H}$ 矩阵和典型阵。

10. 已知(7,3)循环码的生成多项式 $g(x)=x^4+x^2+x+1$，若信息分别为 100、001，求其系统码的码字。

11. 已知(7,3)循环码的生成多项式 $g(x)=x^4+x^3+x^2+1$，写出该循环码的全部码字，并与表 8-7 进行比较。

12. 已知(7,4)循环码的生成多项式 $g(x)=x^3+x+1$。

(1) 求其生成矩阵及监督矩阵。

(2) 写出系统循环码的全部码字。

(3) 画出编码电路，并列表说明编码过程。

13. 构造一个能纠正两个错误、码长为 $n=15$ 的 BCH 码，并写出生成多项式。

14. 一个卷积码编码器包括一个两级移位寄存器(即约束度为 3)、3 个模 2 加法器和一个输出复用器，编码器的生成多项式为 $g_1(x)=1+x^2$、$g_2(x)=1+x$、$g_3(x)=1+x+x^2$。请画出编码器框图。

15. 一个编码效率 $R=1/2$ 的卷积码编码器如图 P8-1 所示，求由信息序列 10111…产生的编码器输出。

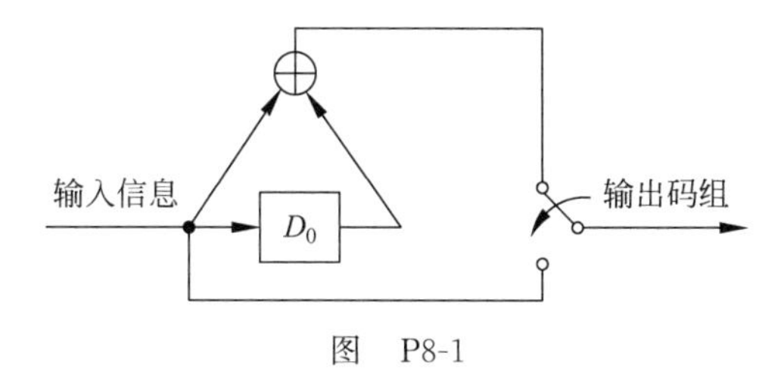

图 P8-1

16. 图 P8-2 所示为编码效率 $R=1/2$、约束长度为 4 的卷积码编码器，若输入的信息序列为 10111…，求产生的编码器输出。

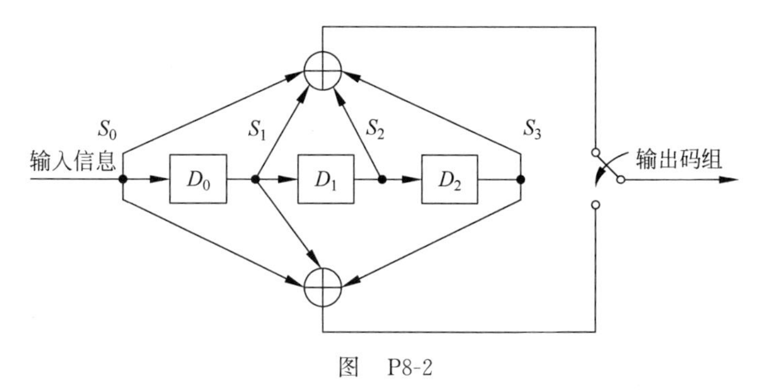

图 P8-2

17. 编码效率为 1/2、约束长度为 3 的卷积码的网格图如图 P8-3 所示，如果传输的是全 0 序列，接收到的序列是 100010000…，利用维特比译码算法计算译码序列。

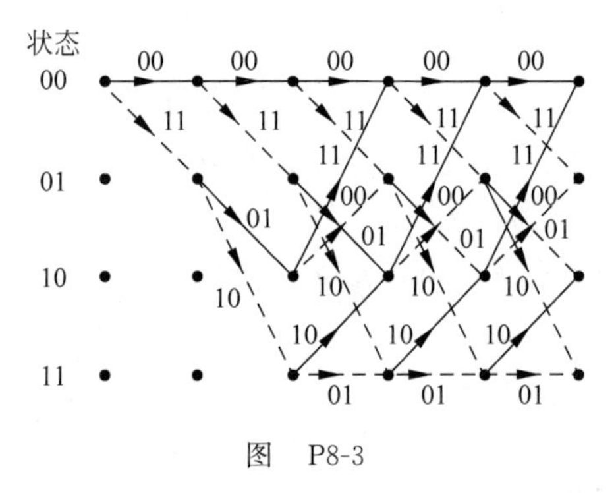

图 P8-3

第9章 同步系统

CHAPTER 9

在通信系统中,同步具有相当重要的作用,它既不属于"信号与信道分析"模块,也不属于"信息发送与接收"模块,更不属于"基于性能的编码"模块。但它却是决定通信系统能否有效、可靠工作的关键部分。对于模拟通信系统而言,各类相干解调都需要在接收端提供与发射端调制载波同频同相的本地载波;对于数字通信系统而言,无论是模拟信号数字化中的抽样,还是数字相干解调、码元抽样判决、数据帧形成以及通信系统同步,都需要同步系统予以保障。进一步来说,同步是通信系统中必不可少的重要组成部分之一,是通信系统工作的保障,它的好坏将直接影响通信系统的信息传输质量。

本章将在介绍同步系统相关概念的基础上,重点讲解载波同步、位同步、帧同步的工作原理和实现方法,分析其系统性能指标,同时简要介绍网同步的工作原理。

9.1 同步的分类

通信系统中的同步是指系统中在接收端必须具有或达到与发送端时间节拍一致(或者统一)的参数标准,例如收发两端时钟的一致、收发两端载波频率和相位的一致、收发两端帧和复帧的一致等。

9.1.1 按功能分类

如果按照同步的功能来分,同步可以分为载波同步、位同步(码元同步)、群同步(帧同步)和网同步等4种。

1. 载波同步

无论是在模拟通信还是数字通信中,当采用相干解调或检测时,接收端需要提供一个与发射端调制载波同频同相的本地载波,图9-1所示为DSB传输系统原理框图。

发送端产生DSB信号时用到的载波为 $c_t(t)=\cos(\omega_1 t+\theta_1)$;接收端解调时需要本地载波为 $c_r(t)=\cos(\omega_2 t+\theta_2)$;接收端采用相干解调,相乘器输出为

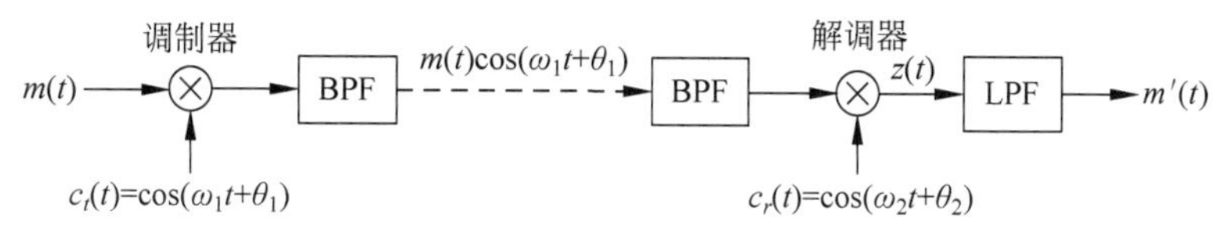

图9-1 DSB传输系统

$$
\begin{aligned}
z(t) &= m(t)\cos(\omega_1 t+\theta_1)\cos(\omega_2 t+\theta_2) \\
&= \frac{1}{2}m(t)\{\cos[(\omega_1-\omega_2)t+(\theta_1-\theta_2)]+\cos[(\omega_1+\omega_2)t+(\theta_1+\theta_2)]\}
\end{aligned} \tag{9-1}
$$

通过低通滤波器(LPF)后信号为

$$
m'(t)=\frac{1}{2}m(t)\cos[(\omega_1-\omega_2)t+(\theta_1-\theta_2)] \tag{9-2}
$$

显然可以得出结论，当 $\omega_1=\omega_2$，且 $\theta_1=\theta_2$ 时，才可以不失真地恢复出信号 $m(t)$，即 $m'(t)=\frac{1}{2}m(t)$；如果当 $\omega_1\neq\omega_2$，同时 $\theta_1\neq\theta_2$，就会在信号 $m(t)$上相乘一个随时间变化的余弦因子，这可以引起信号失真；如果 $\omega_1=\omega_2$，同时 $\theta_1\neq\theta_2$，就会在信号 $m(t)$上相乘一个衰减因子 $\cos(\theta_1-\theta_2)$，使得输出幅度降低。因此，相干解调时，接收端必须要求本地载波与发送端调制用的载波同频同相。一般把接收端本地载波与发送端载波保持同频、同相的过程称为载波同步，而获取本地载波的过程称为载波提取或者载波恢复。

2. 位同步

位同步也叫作码元同步。在数字通信中，除了存在载波同步的问题外，还存在位同步的问题。因为信息是一串相继的信号码元序列，解调时常需知道每个码元的起止时刻，以便进行判决。例如用抽样判决器对信号进行判决时，一般应对准每个码元幅度最大值的位置，需要在接收端产生一个"码元定时脉冲序列"，这个定时脉冲序列的重复频率要与发送端的码元速率相同，相位(位置)要对准最佳抽样判决位置(时刻)。这个码元定时脉冲序列就称为"码元同步脉冲"或"位同步脉冲"，而把位同步脉冲的取得称为位同步提取或者位同步。

3. 群同步(帧同步)

数字通信中的信息数据流总是用若干码元组成一个"字"，又用若干"字"组成一"句"。因此，在接收这些数据流时，同样也必须知道这些"字""句"的起止时刻，在接收端产生与"字""句"起止时刻相一致的定时脉冲序列，就称为"字"同步和"句"同步，统称为群同步(或帧同步)。例如，在 PCM 30/32 路数字终端设备中，30 个数字话路组成 1 个帧，16 个帧组成 1 个复帧。这样看来，群同步是在位同步的基础上，对位同步脉冲进行计数(分频)之后，识别出群同步所表示的"开头"和"末尾"时刻的位置。

4. 网同步

有了载波同步、位同步、群同步，就可以保证点与点的数字通信。但对于通信容量更大的通信网络就不够用了，此时还要有网同步，使整个数字通信网内有统一的时间节拍标准，这就是网同步需要讨论的问题。

9.1.2 按方式分类

除了按照功能来区分同步外，还可以按照传输同步信息方式的不同，将同步划分为自同步和外同步。

1. 自同步

自同步是指发送端不发送专门的同步信息，接收端设法从收到的信号中提取同步信息，通常也称为直接法。

2. 外同步

外同步是指在发送端利用某一资源，例如时间、空间、频率等，发送专门的同步信息，接收端根据这个专门的同步信息来提取同步信号，有时也称为插入法，例如，在合适的位置插入载波就称为插入导频。

通信系统或者网络中只有在收、发两端(节点或站)之间建立了同步后才能实现正确的信息传输，因此，同步传输的可靠性应该高于信号传输的可靠性。通信系统的核心任务是传递信息，因此，同步有效性备受人们关注，一般来讲，外同步的有效性(也就是效率)要低于自同步。

9.2 载波同步

通信系统中只要采用相干解调，就需要在接收端进行本地载波获取，而获取本地载波的方法一般分为两类：一是不专门发送导频，而在接收端直接从发送信号中提取载波，这类方法称为直接法，也就是自同步法；二是在发送有用信号的同时，在适当的频率(时间)位置上插入一个(或多个)称作导频的正弦波，接收端利用导频提取出载波，这类方法称为插入导频法，也就是外同步法。

9.2.1 自同步法

有些信号(如抑制载波的双边带信号等)虽然本身不包含载波分量，但对该信号进行某些非线性变换以后，就可以直接提取出载波分量，这就是自同步法(直接法)提取同步载波的基本原理。

1. 平方变换法

设调制信号为 $m(t)$，$m(t)$中无直流分量，则抑制载波的双边带信号为

$$s(t)=m(t)\cos\omega_c t \tag{9-3}$$

接收端将该信号进行平方变换，即经过平方律部件后就得到

$$e(t)=m^2(t)\cos^2\omega_c t=\frac{m^2(t)}{2}+\frac{1}{2}m^2(t)\cos2\omega_c t \tag{9-4}$$

由式(9-4)可以看出，虽然前面假设 $m(t)$中无直流分量，但 $m^2(t)$却一定有直流分量，这是因为 $m^2(t)$必为大于或等于 0 的数，因此，$m^2(t)$的均值必大于 0，而这个均值就是 $m^2(t)$的直流分量，这样式(9-4)的第二项中就包含 $2f_c$ 频率的分量。例如对于 2PSK 信号，$m(t)$为双极性矩形脉冲序列，设 $m(t)$为±1，那么 $m^2(t)=1$，这样经过平方率部件后可以得到

$$e(t)=m^2(t)\cos^2\omega_c t=\frac{1}{2}+\frac{1}{2}\cos2\omega_c t \tag{9-5}$$

由式(9-5)可知，通过中心频率为 $2f_c$ 的窄带滤波器，从 $e(t)$中很容易取出 $2f_c$ 频率分量。再经过二分频器就可以得到 f_c 的频率成分，具体实现过程如图 9-2 所示。

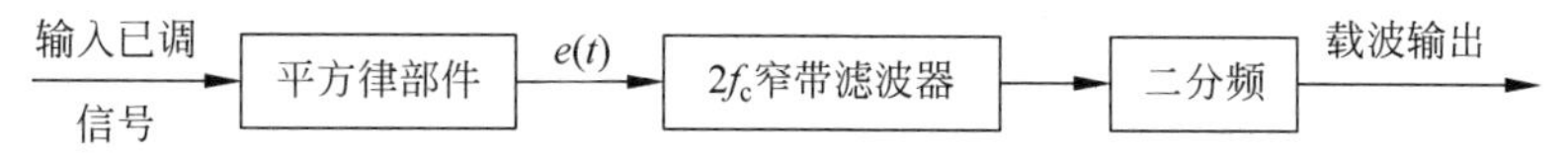

图 9-2 平方变换法提取载波

2. 平方环法

为了改善平方变换法的性能，可以在平方变换的基础上把窄带滤波器用锁相环替代，构成如图 9-3 所示的框图，这样就实现了平方环法提取载波。由于锁相环具有良好的跟踪、窄带滤波和记忆特性，因此平方环法比平方变换法具有更好的性能，因而得到了更广泛的应用。

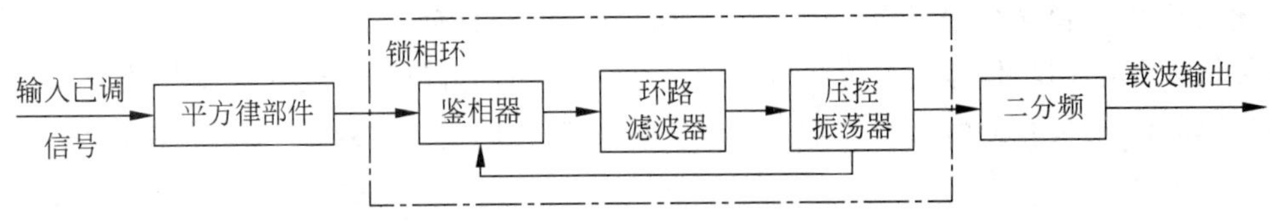

图 9-3 平方环法提取载波

平方变换法和平方环法提取载波的原理框图中都用了一个二分频电路，因此，提取出的载波存在 π 相位模糊问题。其原因在于，虽然 $\cos 2\omega_c t$ 以及 $\cos(2\omega_c t+2\pi)$ 完全一样，但是，经过二分频以后的信号可能得到 $\cos\omega_c t$ 或者 $\cos(\omega_c t+\pi)$，这种情况对模拟通信系统解调影响不大，但是对于数字通信系统来说，相位模糊就可以使解调后码元信号出现反相，即高电平变成了低电平，低电平变成了高电平的情况。对于 2PSK 通信系统，信号就可能出现"反向工作"，因此，实际应用中一般不采用 2PSK 系统，而是用 2DPSK 系统。相位模糊问题是数字通信系统中应该注意的实际问题。

3. 多进制信号的载频恢复

上述为无辅助导频时的 3 种载波提取方法，这些方法对 2PSK 信号都适用，当然对于多进制信号也适用，例如 QPSK 和 8PSK 等，当它们以等概率取值时也没有载频分量，对于 QPSK 信号，类似于平方环法，只需要将对信号的平方运算改成 4 次方运算即可，具体实现框图如图 9-4 所示，其相关分析请参阅相关文献。

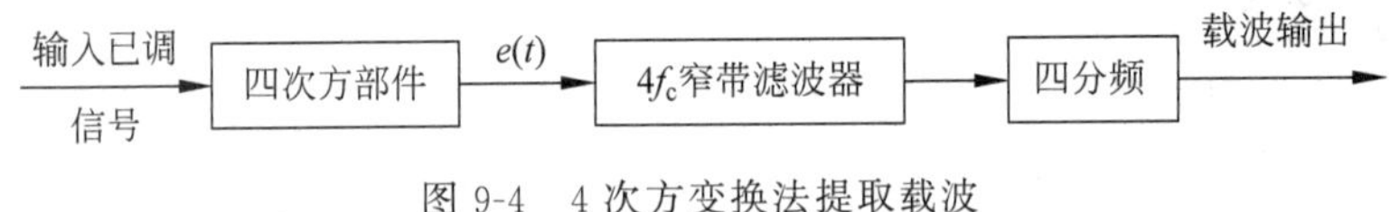

图 9-4 4 次方变换法提取载波

4. 科斯塔斯环法

科斯塔斯(Costas)环法又称同相正交环法。它利用锁相环提取载频，但是不需要对接收信号做平方运算就能得到载频输出。在载波频率上进行平方运算后，由于频率倍增，后面的锁相环工作频率加倍，实现的难度增大。科斯塔斯环用相乘器和较简单的低通滤波器取代平方器，和平方环法的性能在理论上是一样的。其具体实现过程如图 9-5 所示。

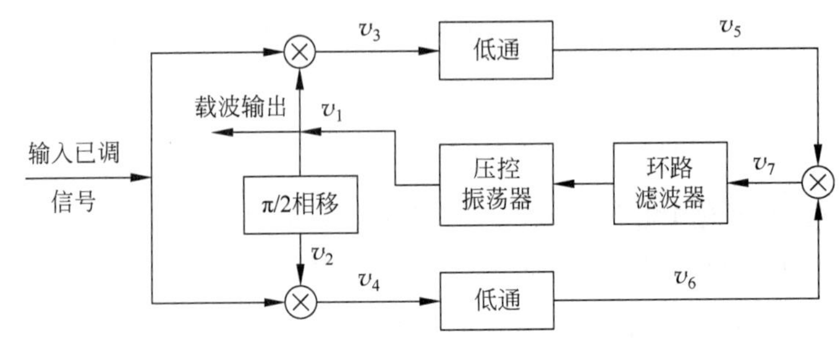

图 9-5 同相正交环法提取载波

加于两个相乘器的本地载波分别为压控振荡器的输出量 $\cos(\omega_c t+\theta)$ 和它的正交量 $\sin(\omega_c t+\theta)$，即

$$\begin{cases} v_1=\cos(\omega_c t+\theta) \\ v_2=\sin(\omega_c t+\theta) \end{cases} \tag{9-6}$$

这也正是同相正交环名称的来历。设输入的抑制载波双边带信号为 $m(t)\cos\omega_c t$，则

$$\begin{cases} v_3=m(t)\cos\omega_c t\cos(\omega_c t+\theta)=\dfrac{1}{2}m(t)[\cos\theta+\cos(2\omega_c t+\theta)] \\ v_4=m(t)\cos\omega_c t\sin(\omega_c t+\theta)=\dfrac{1}{2}m(t)[\sin\theta+\sin(2\omega_c t+\theta)] \end{cases} \tag{9-7}$$

经低通滤波器后的输出分别为

$$\begin{cases} v_5=\dfrac{1}{2}m(t)\cos\theta \\ v_6=\dfrac{1}{2}m(t)\sin\theta \end{cases} \tag{9-8}$$

乘法器的输出为

$$v_7=v_5v_6=\frac{1}{4}m^2(t)\sin\theta\cos\theta=\frac{1}{8}m^2(t)\sin2\theta \tag{9-9}$$

式中，θ 是压控振荡器输出信号与输入已调信号载波之间的相位误差。当 θ 较小时，式(9-9)可以近似地表示为

$$v_7\approx\frac{1}{4}m^2(t)\theta \tag{9-10}$$

式中，v_7 的大小与相位误差 θ 成正比，因此，它就相当于鉴相器的输出。用 v_7 去调整压控振荡器输出信号的相位，最后就可以使稳态相位误差 θ 减小到很小的数值。这样压控振荡器的输出 v_1 就是所需要提取的载波。不仅如此，当 θ 减小到很小的时候，式(9-8)的 v_5 就接近于调制信号 $m(t)$，因此，同相正交环法同时还具有了解调功能。目前许多接收机中已经使用了科斯塔斯环法，但也存在相位含糊的问题，读者可自行分析。

9.2.2　外同步法

在模拟通信系统中，DSB 信号本身不含有载波；VSB 信号虽然含有载波分量，但很难从已调信号的频谱中将它分离出来；SSB 信号更是不存在载波分量。同样在数字通信系统中，2PSK 信号中的载波分量为零。对这些数字和模拟信号的载波提取，都可以用外同步法，也就是插入导频法予以实现，特别对于 SSB 信号，只能用插入导频法提取载波。

1. DSB 信号中插入导频

对于抑制载波的双边带调制，已调信号在载频处的频谱分量接近于零，同时对调制信号 $m(t)$ 进行适当的处理，就可以使已调信号在载频附近的频谱分量很小，甚至没有，这样就可以在 f_c 处插入导频，此时插入的导频对信号本身的影响最小。但插入的导频并不是加在调制器的那个载波，而是将该载波移相 90°后的所谓“正交载波”。根据上述原理，就可构成插入导频的发送端原理框图如图 9-6(a)所示。

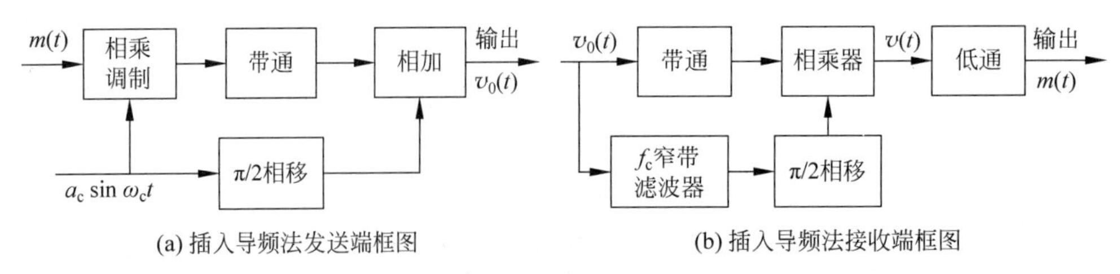

(a) 插入导频法发送端框图　(b) 插入导频法接收端框图

图 9-6　DSB 信号中插入导频法

根据图 9-6(a)的结构分析，输出信号可表示为

$$v_o(t)=a_c m(t)\sin\omega_c t-a_c\cos\omega_c t \tag{9-11}$$

设接收端收到的信号与发送端输出信号相同，则接收端用一个中心频率为 f_c 的窄带滤波器就可以得到导频 $-a_c\cos\omega_c t$，再将它移相 90°，就可得到与调制载波同频同相的信号 $a_c\sin\omega_c t$。接收端的原理框图如图 9-6(b)所示，从图中可以看到

$$\begin{aligned}v(t)&=[a_c m(t)\sin\omega_c t-a_c\cos\omega_c t]\cdot a_c\sin\omega_c t\\&=\frac{a_c^2 m(t)}{2}-\frac{a_c^2 m(t)}{2}\cos 2\omega_c t-\frac{a_c^2}{2}\sin 2\omega_c t\end{aligned} \tag{9-12}$$

经过低通滤波器后，就可以恢复出调制信号 $m(t)$。

如果发送端加入的导频不是正交载波，而是调制载波，这时发送端的输出信号可表示为

$$v_o(t)=a_c m(t)\sin\omega_c t+a_c\sin\omega_c t \tag{9-13}$$

接收端用窄带滤波器取出 $a_c\sin\omega_c t$ 后直接作为同步载波，但此时经过相乘器和低通滤波器解调后输出为 $a_c^2 m(t)/2+a_c^2/2$，多了直流成分 $a_c^2/2$，这就是发送端采用正交载波作为导频的原因。其他情况请读者自行分析。

2. VSB 信号中插入导频

为了在 VSB 信号中插入导频，有必要首先了解 VSB 信号的频谱特点。以取下边带为例，边带滤波器应具有如图 9-7 所示的传输特性。利用这样的传输函数，可以使下边带信号绝大部分通过，而使上边带信号小部分残留。由于 f_c 附近有信号分量，所以，如果直接在 f_c 处插入导频，那么该导频必然会干扰 f_c 附近的信号同时也会被信号干扰。

为此可以在信号频谱之外插入两个导频 f_1 和 f_2，使它们在接收端经过某些变换后产生所需要的 f_c。设两导频与信号频谱两端的间隔分别为 Δf_1 和 Δf_2 则：

$$\begin{cases}f_1=f_c-f_m-\Delta f_1\\f_2=f_c+f_r+\Delta f_2\end{cases} \tag{9-14}$$

式中，f_r 是 VSB 滤波器传输函数中滚降部分所占带宽的一半(见图 9-7)，f_m 是调制信号的带宽。

对于式(9-14)定义的各个频率值，可以利用框图 9-8 实现载波提取。

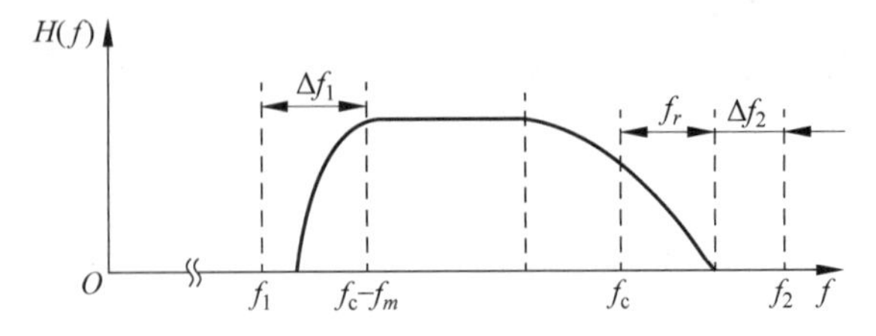

图 9-7　VSB 信号形成滤波器的传输函数

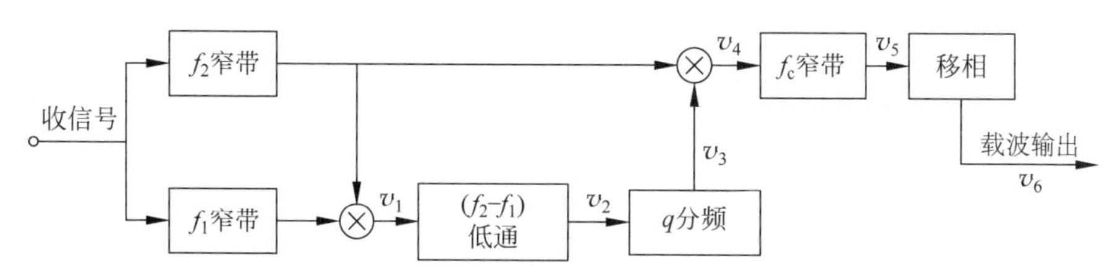

图 9-8 VSB信号中插入导频法接收端框图

设两导频分别为 $\cos(\omega_1 t+\theta_1)$ 和 $\cos(\omega_2 t+\theta_2)$，其中 θ_1 和 θ_2 是两导频信号的初始相位。如果经信道传输后，两个导频和已调信号中的载波都产生了频偏 $\Delta\omega(t)$ 和相偏 $\theta(t)$，那么提取出的载波也有相同的频偏和相偏才能达到真正的相干解调。由图 9-8 可见，两导频信号经相乘器相乘后输出为

$$v_1=\cos[\omega_1 t+\Delta\omega(t)t+\theta_1+\theta(t)]\cos[\omega_2 t+\Delta\omega(t)t+\theta_2+\theta(t)]$$

滤波器输出差频信号为

$$\begin{aligned} v_2&=\frac{1}{2}\cos[(\omega_2-\omega_1)t+\theta_1-\theta_2]=\frac{1}{2}\cos[2\pi(f_r+\Delta f_2+f_m+\Delta f_1)t+\theta_1-\theta_2] \\ &=\frac{1}{2}\cos\left[2\pi(f_r+\Delta f_2)\left(1+\frac{f_m+\Delta f_1}{f_r+\Delta f_2}\right)t+\theta_1-\theta_2\right] \\ &=\frac{1}{2}\cos[2\pi(f_r+\Delta f_2)qt+\theta_1-\theta_2] \end{aligned} \tag{9-15}$$

式中，$1+\dfrac{f_m+\Delta f_1}{f_r+\Delta f_2}=q$，对 v_2 进行 q 次分频后可得

$$v_3=\frac{1}{2}\cos[2\pi(f_r+\Delta f_2)t+\theta_q] \tag{9-16}$$

式(9-16)中，θ_q 为分频输出的初始相位，它是常数。将 v_3 与 $\cos(\omega_2 t+\theta_2)$ 相乘取差频，再通过中心频率为 f_c 的窄带滤波器，就可得到

$$v_5=\frac{1}{2}\cos[\omega_c t+\Delta\omega(t)t+\theta(t)+\theta_2-\theta_q] \tag{9-17}$$

经移相电路的处理，可以得到包含反映信道特性的频偏和相偏的载波 v_6。由分频次数 q 的表示式可以看出，通过调整 Δf_1 和 Δf_2 可以得到整数的 q，增大 Δf_1 或 Δf_2 有利于减小信号频谱对导频的干扰，然而，这样需要加宽信道的带宽。因此，应根据实际情况正确选择 Δf_1 和 Δf_2。

插入导频法提取载波要使用窄带滤波器，这个窄带滤波器可以用锁相环来代替，这是因为锁相环本身就是性能良好的窄带滤波器，因而使用锁相环后，载波提取性能将有改善。

3. 时域插入导频法

除了在频域插入导频的方法以外，还可以在时域插入导频以传送和提取同步载波。时域插入导频法中对被传输的数据信号和导频信号在时间上加以区别，具体分配情况如图 9-9(a)所示，每一帧中除了包含一定数目的数字信息外，在 $t_0\sim t_1$ 时隙中传送位同步信号，在 $t_1\sim t_2$ 时隙内传送帧同步信号，在 $t_2\sim t_3$ 时隙内传送载波同步信号，而在 $t_3\sim t_4$ 时隙内才传送数字信息。可以发现，这种时域插入导频方式只是在每帧的一小段时间内才作为载频标准，其余时间是没有载频标准的。

接收端用相应的控制信号将载频标准取出，然后形成解调用的同步载波。但是由于发

送端发送的载波标准是不连续的，在一帧内只有很少一部分时间存在，因此如果用窄带滤波器取出这个间断的载波是不能应用的。对于这种时域插入导频方式的载波提取，往往采用锁相环路，原理框图如图 9-9(b)所示。在锁相环中，压控振荡器的自由振荡频率应尽量和载波标准频率相等，而且要有足够的频率稳定度。鉴相器每隔一帧时间与由门控信号取出的载波标准比较一次，并通过它去控制压控振荡器。当载频标准消失后，压控振荡器具有足够的同步保持时间，直到下一帧载波标准出现时再进行比较和调整。适当地设计锁相环路，就可以使恢复的同步载波的频率和相位的变化控制在允许的范围以内。

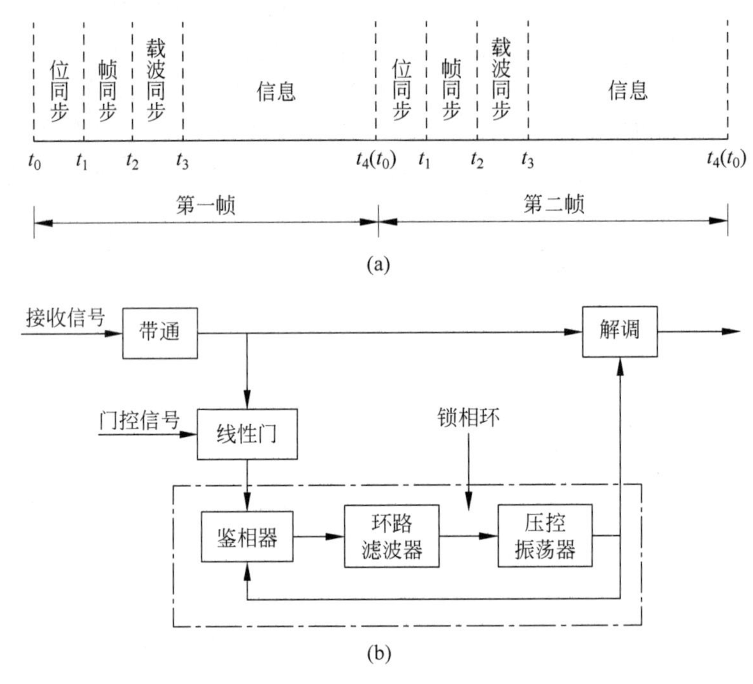

图 9-9 时域插入导频法

4. 自同步法和插入导频同步方法的比较

自同步法的优缺点主要表现在以下几方面。

(1) 不占用导频功率，可以节省功率。

(2) 可以防止插入导频法中导频和信号间由于滤波不好而引起的互相干扰。

(3) 可以防止信道不理想引起导频相位的误差。

(4) 有的调制系统不能用自同步法(如 SSB 系统)。

插入导频法的优缺点主要表现在以下几方面。

(1) 有单独的导频信号，可以用它作为自动增益控制。

(2) 有些不能用直接法提取同步载波的调制系统只能用插入导频法。

(3) 插入导频法要多消耗一部分不带信息的功率，因此，与直接法比较，在总功率相同条件下其实际信噪比要小一些。

9.2.3 系统的性能指标

载波同步系统的主要性能指标包括精度、同步建立时间、同步保持时间和效率。在以上 4 个性能指标中，因为载波提取的方法本身就确定了效率的高低，就不进行讨论了。因此，下面主要对其他3个指标以及同步对解调性能的影响进行讨论。

1. 精度

精度是指提取的同步载波与标准载波之间的相位误差的大小，习惯将这种误差分为稳态相位误差和随机相位误差。

(1) 稳态相位误差

当利用窄带滤波器提取载波时，假设所用的窄带滤波器为简单的单调谐回路，其 Q 值一定。那么，当回路的中心频率 ω_0 与载波频率 ω_c 不相等时，就会使输出的载波同步信号引起一稳态相差 $\Delta\varphi$。若 ω_0 与 ω_c 之差为 $\Delta\omega$，且 $\Delta\omega$ 较小时，可得

$$\Delta\varphi \approx 2Q\frac{\Delta\omega}{\omega_0} \tag{9-18}$$

由式(9-18)可见，Q 值越高，所引起的稳态相差越大。

当利用锁相环构成同步系统时，锁相环压控振荡器输出与输入载波之间会存在频率差 $\Delta\omega$，它也会引起稳态相差。该稳态相差可以表示为

$$\Delta\varphi = \frac{\Delta\omega}{K_v} \tag{9-19}$$

式中，K_v 为环路直流增益。只要使 K_v 足够大，$\Delta\varphi$ 就可以足够小。同时观察式(9-18)和式(9-19)可以看到，无论采用何种方法进行载波同步的提取，$\Delta\omega$ 都是产生稳态相位误差的重要因素。

(2) 随机相位误差

从物理概念上讲，正弦信号加上随机噪声以后，相位变化是随机的，它与噪声的性质和信噪比有关。经过分析，当噪声为窄带高斯噪声时，随机相位 θ_n 与信噪比 r 之间的关系式为

$$\overline{\theta_n^2} = \frac{1}{2r} \tag{9-20}$$

显然，信噪比越大，随机相位误差越小。

如果用窄带滤波器提取载波，设噪声为高斯白噪声，其单边功率谱密度为 n_0，B_n 为滤波器的等效噪声带宽，如果窄带滤波器用的是简单谐振电路，则

$$B_n = \frac{\pi f_0}{2Q} \tag{9-21}$$

f_0 为谐振电路的谐振频率，由此得信噪比为

$$r = \left(\frac{A^2}{2}\right)\bigg/(n_0 B_n) = \frac{A^2}{2n_0 B_n} = \frac{A^2 Q}{\pi n_0 f_0} \tag{9-22}$$

将式(9-22)代入式(9-20)可以得到

$$\overline{\theta_n^2} = \frac{1}{2r} = \frac{\pi n_0 f_0}{2A^2 Q} \tag{9-23}$$

由式(9-23)可见，滤波器的 Q 值越高，随机相位误差越小。但从式(9-18)又可看出，Q 值越高，稳态相位误差越大。可见，在用这种窄带滤波器提取载波时，稳态相位误差和随机相位误差对 Q 值的要求是相互矛盾的。

2. 同步建立时间

当窄带滤波器采用单谐振电路时，假设信号在 $t=0$ 时刻加到单谐振电路上，则回路两端输出电压为

$$u(t)=U\left(1-\exp\left(-\frac{\omega_0 t}{2Q}\right)\right)\cos\omega_0 t \tag{9-24}$$

在实际应用中，通常把同步建立的时间 t_s 确定为 $u(t)$ 的幅度达到 U 一定百分比 k 的时间，可以求得

$$t_s=\frac{2Q}{\omega_0}\ln(1/(1-k)) \tag{9-25}$$

3. 同步保持时间

当同步建立以后，如果信号突然消失，例如，时域插入导频法，或者信号出现短时间的衰落，同步载波都应能保持一定时间，保持时间 t_c 可以按振幅下降到 kU 来计算。信号消失，回路两端电压为

$$u(t)=U\exp\left(-\frac{\omega_0 t}{2Q}\right)\cos\omega_0 t \tag{9-26}$$

可以求出

$$t_c=\frac{2Q}{\omega_0}\ln(1/k) \tag{9-27}$$

通常令 $k=1/e$，此时可求得

$$t_s=0.46\left(\frac{2Q}{\omega_0}\right),\quad t_c=\frac{2Q}{\omega_0} \tag{9-28}$$

从式(9-28)可以看到，要使建立时间变短，Q 值需要减小；要延长保持时间，Q 值要求增大，因此，这两个参数对 Q 值的要求是矛盾的。

4. 频率误差和相位误差对解调性能的影响

在采用相干解调的接收机中，假设本地载波为 $\cos(\omega_c t+\Delta\omega t+\Delta\varphi)$，接收到的已调信号为 $m(t)\cos\omega_c t$，$\Delta\omega$ 表示接收与发射机的频率误差，$\Delta\varphi$ 表示相位误差，通常本地载波如果由直接法或插入导频法提取，$\Delta\omega$ 为可以不考虑频率的误差。但是，当本地载波由接收端自己产生时，$\Delta\omega$ 通常是很小的偏差。相位误差 $\Delta\varphi$ 一般总是存在，前面已分析过，它由稳态误差和随机误差两部分组成，下面分两种情况讨论。

(1) $\Delta\omega$ 和 $\Delta\varphi$ 均存在

对于 DSB 信号，当本地载波为 $\cos(\omega_c t+\Delta\omega t+\Delta\varphi)$ 时，乘法器输出为

$$\begin{aligned} z(t) &= m(t)\cos\omega_c t\cos(\omega_c t+\Delta\omega t+\Delta\varphi) \\ &= \frac{1}{2}m(t)\left[\cos(2\omega_c t+\Delta\omega t+\Delta\varphi)+\cos(\Delta\omega t+\Delta\varphi)\right] \end{aligned} \tag{9-29}$$

经过低通滤波以后得解调信号为

$$x(t)=\frac{1}{2}m(t)\cos(\Delta\omega t+\Delta\varphi) \tag{9-30}$$

可以看出，对信号 $x(t)$ 而言，相当于进行了缓慢的幅度调制，使收听到的信号时强时弱，有时甚至为零。实践证明，频率误差较小时，对话音质量影响不大；相位偏移本来对话音通信的影响就不大。但对数字通信来说 $\Delta\omega$ 必须为零。

(2) $\Delta\omega=0$，$\Delta\varphi$ 存在

对于 DSB 信号，解调后输出为 $m(t)\cos\Delta\varphi$，此时不会引起波形失真，但影响输出的大小。电压下降为原来的 $\cos\Delta\varphi$ 倍，功率和信噪比均下降为原来的 $\cos^2\Delta\varphi$ 倍。

对于 2PSK 信号，由于信噪比下降将使误码率增大，当 $\Delta\varphi=0$ 时

$$P_e = \frac{1}{2}\text{erfc}\sqrt{r} \tag{9-31}$$

由于 $\Delta\varphi \neq 0$，则

$$P_e = \frac{1}{2}\text{erfc}\sqrt{r\cos^2\Delta\varphi} = \frac{1}{2}\text{erfc}\left[|\cos\Delta\varphi|\sqrt{r}\right] \tag{9-32}$$

9.3 位同步

实现位同步的方法和载波同步类似，也有直接法（自同步法）和插入导频法（外同步法）两种，直接法分为滤波法和锁相法。

9.3.1 自同步法

与载波同步类似，当系统的位同步采用自同步方法时，发送端不专门发送位同步，而直接从数字信号中提取位同步信号，这种方法在数字通信中经常采用。自同步法具体又可分为滤波法和锁相法。

1. 滤波法

根据第4章对基带信号的谱分析可以知道，对于不归零的随机二进制序列，不能直接从序列中滤出位同步信号。但是，若对该信号进行某种变换，例如，变成单极性归零脉冲后，则该序列中就包含 $f=1/T_b$ 的位同步信号分量，因此，经窄带滤波器，就可滤出此信号分量；再将它通过移相器等设备的调整，就可以形成位同步脉冲。这种方法的实现原理如图9-10所示，特点是先形成含有位同步信息的信号，再用滤波器将其滤出。单极性归零脉冲序列包含 $f=1/T_b$ 的位同步信号分量，一般作为提取位同步信号的中间变换信号。

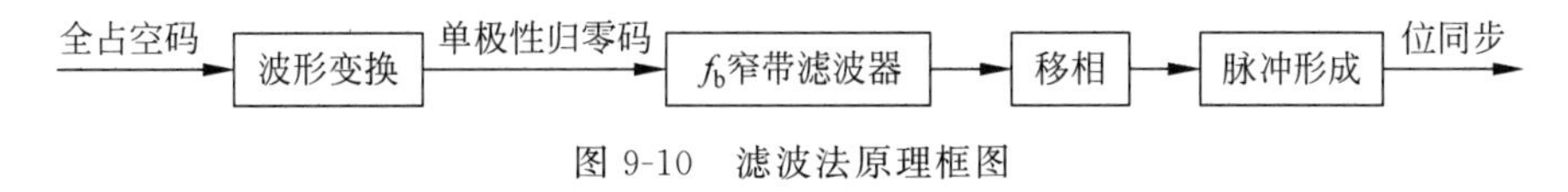

图9-10 滤波法原理框图

图9-10所示的波形变换在实际应用中由微分、整流电路构成，经微分、整流后的基带信号波形如图9-11所示。图9-11(c)为单极性归零信号，它包含有位同步信号分量，可以通过滤波器进行提取。

另一种常用的波形变换方法是对带限信号进行包络检波。例如，在某些数字微波中继通信系统中，经常在中频上用对频带受限的2PSK信号进行包络检波，用这种方法来提取位同步信号。由于频带受限，相邻码元的相位变换点附近会产生幅度的平滑“陷落”。

2. 延迟相乘法

延迟相乘法实现位同步的原理框图如图9-12(a)所示，图9-12(b)所示为各主要节点的波形。由波形图可以看出，延迟相乘后码元序列的后一半始终是正值，而前一半则与当前码元的状态改变有关，这样，变换后码元序列的频谱中就含有了码元速率 f_b 的分量。

3. 锁相法

与载波同步的提取类似，采用锁相环来提取位同步信号的方法称为锁相法。在数字通信系统中，这种锁相电路常采用数字锁相环来实现，提取位同步原理框图如图9-13所示。

从图9-13可以看到，系统由高稳定度振荡器（晶振）、分频器、相位比较器和控制电路组成，码元信号经过限幅、微分和整流电路，实现过零检测后触发单稳态电路形成等宽度的窄

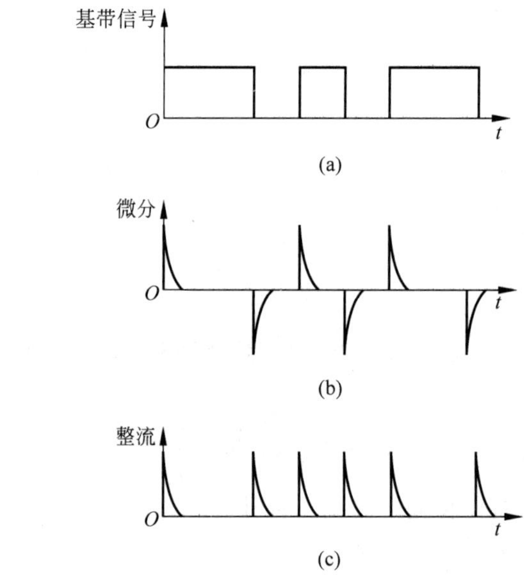

图 9-11　基带信号的微分整流波形

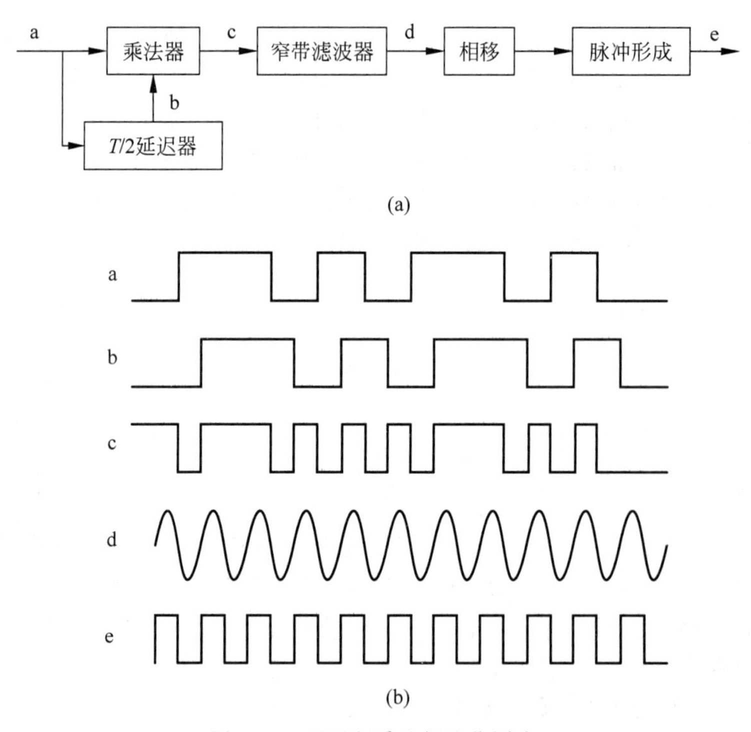

图 9-12　延迟相乘法提取位同步

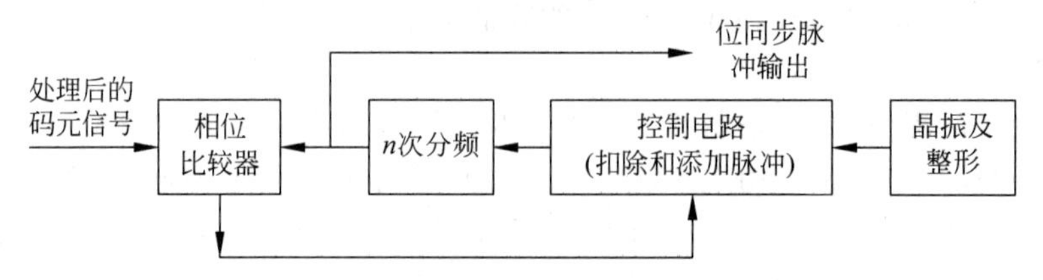

图 9-13　利用数字锁相环提取位同步信息

脉冲,进而得到处理后的码元信号。将处理后的码元信号与由高稳定振荡器产生的经过整形的 n 次分频后的相位脉冲进行比较,根据两者相位的超前或滞后,来让控制电路确定扣除或附加一个脉冲,以调整位同步脉冲的相位,n 次分频后得出精确的位同步脉冲。当接收码元不是连“1”或者连“0”码时,窄脉冲的间隔正好是 T_b,但当收码元中有连码时,窄脉冲的间隔为 T_b 的整数倍,这些对同步的捕获都有影响。

9.3.2 外同步法

为了得到码元同步的定时信号,首先要确定接收到的信息数据流中是否包含有位定时的频率分量。如果存在此分量,就可以利用滤波器从信息数据流中把位定时信息提取出来。若基带信号为随机的二进制不归零码序列,这种信号本身不包含位同步信号,为了获得位同步信号,需在基带信号中插入位同步的导频信号,或者对该基带信号进行某种码型变换以得到位同步信息。

1. 频域插入

与载波同步的插入导频法类似,在基带信号频谱的零点插入所需的导频,如图 9-14(a)所示,若经某种相关编码处理后的基带信号频谱的第 1 个零点在 $f=1/(2T_b)$处,插入导频信号就应在 $1/(2T_b)$处,如图 9-14(b)所示。

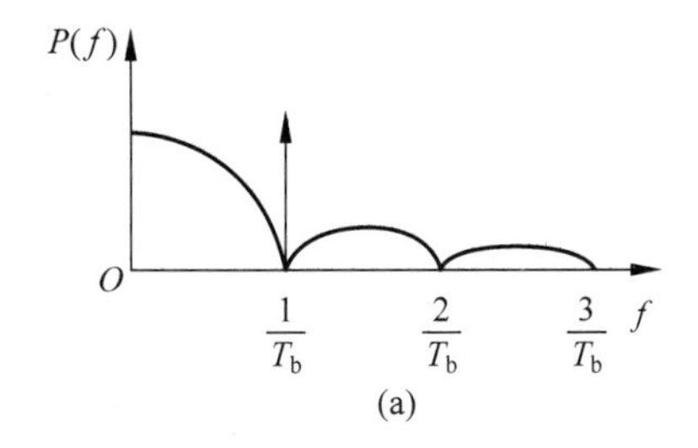

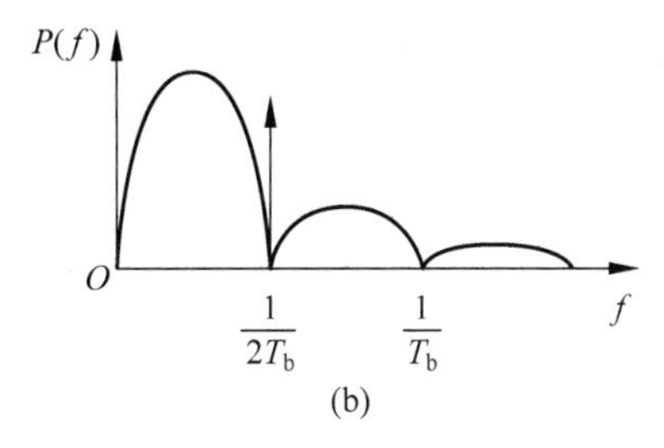

图 9-14 插入导频法频谱图

在接收端,对图 9-14(a)所示的情况,经中心频率为 $f=1/T_b$ 的窄带滤波器,就可从解调后的基带信号中提取出位同步所需的信号。这时,位同步脉冲的周期与插入导频的周期是一致的;对图 9-14(b)所示的情况,窄带滤波器的中心频率应为 $f=1/(2T_b)$,因为这时位同步脉冲的周期为插入导频周期的 1/2,故需插入导频 2 倍频,才可获得所需的位同步脉冲。但是从通信系统分析,图 9-14(a)所示的同步中心频率正好在基带系统滤波器的边缘,对同步传输不利,因此,在工程实现上通常采用图 9-14(b)所示位同步插入方法。图 9-15 给出了位同步插入导频法原理框图。

在图 9-15(a)所示结构中,基带信号经相关编码器处理,其信号频谱在 $1/(2T_b)$位置为零,这样就可以在 $1/(2T_b)$位置插入位定时导频。接收端的结构如图 9-15(b)所示,从图中可以看到,由窄带滤波器取出的导频 $f_b/2$ 经过移相和倒相后,再经过相加器把基带数字信号中的导频成分抵消;窄带滤波器取出导频的另一路经过移相和放大限幅、微分、全波整流、整形等电路,产生位定时脉冲,微分、全波整流电路起到倍频器的作用,因此虽然导频是 $f_b/2$,但定时脉冲的重复频率会变为与码元速率相同的 f_b。图中两个移相器的作用各不相同,倒相器前面的移相器用来消除由窄带滤波器等引起的相移;而放大限幅前的移相器用来调整抽样判决脉冲的位置,使得抽样判决时刻信噪比最大,误码率最小。

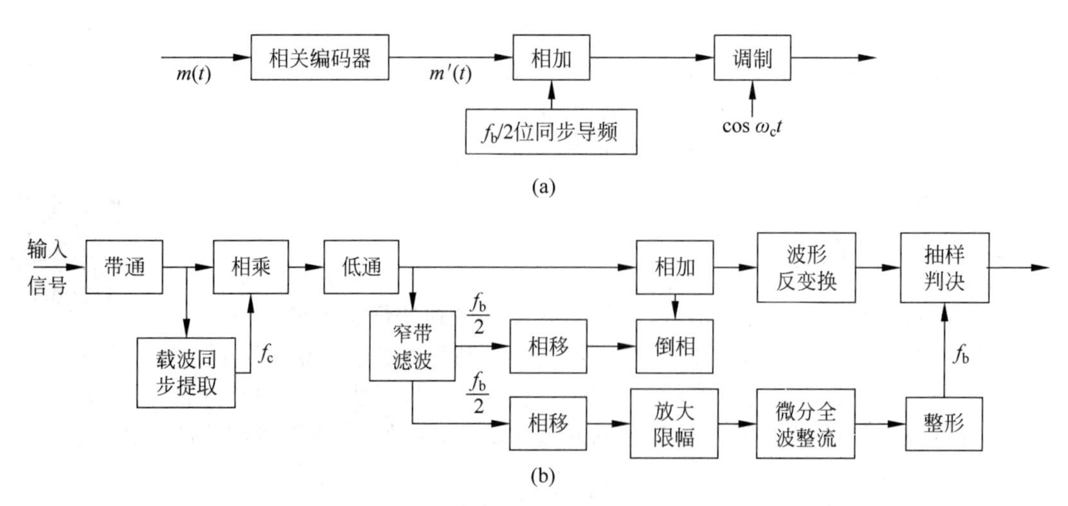

图 9-15 位同步频域插入法框图

2. 幅度插入

外同步法的另一种形式是使数字信号的包络按位同步的某种波形变化。例如 PSK 信号和 FSK 信号都是包络不变的等幅波,因此,可将位导频信号调制在它们的包络上,接收端只要用普通的包络检波器就可恢复位同步信号。例如,没有附加调幅时,2PSK 信号可以表示成为 $s_{2PSK}(t)=\cos[\omega_c t+\varphi(t)]$,发送"1"码时,$\varphi(t)=\pi$;发送"0"码时,$\varphi(t)=0$;若用 $\cos\Omega t$ 对它进行附加调幅,其中 $\Omega=2\pi f_b$,f_b 为码元重复频率,进而可以得到

$$s'_{2PSK}(t)=(1+\cos\Omega t)\cos[\omega_c t+\varphi(t)] \tag{9-33}$$

接收端对 $s'_{2PSK}(t)$ 进行包络解调,滤除直流后便可以得到位同步信号。

当然,同步信号也可以在时域内插入,这时载波同步信号、位同步信号和数据信号等信息分别被配置在不同的时间段内传送,如图 9-9(a)所示。接收端用锁相环路提取出同步信号并保持它,就可以对继之而来的数据信息继续进行恢复。

9.3.3 系统的性能指标

位同步系统的性能指标除了效率以外,还包括相位误差(精度)、同步建立时间、同步保持时间和同步带宽等。这里以图 9-13 所示的数字锁相法为例,分析位同步系统的性能指标。

1. 相位误差 θ_e

利用数字锁相法提取位同步信号时,相位比较器比较出误差以后立即加以调整,在一个码元周期 T_b 内(相当于 360°相位内)附加一个或扣除一个脉冲而产生的即为相位误差。由图 9-13 可见,一个码元周期内由晶振及整形电路产生的脉冲数为 n 个,因此,最大调整相位为

$$|\theta_e|=360°/n \tag{9-34}$$

从上式可以看到,随着 n 的增加,相位误差 θ_e 将减小。

2. 同步建立时间 t_s

同步建立时间是指失去同步后重新建立同步所需的最长时间。为了求得这个可能出现的最长时间,令位同步脉冲的相位与输入信号码元的相位相差为 $T_b/2$,而锁相环每调整一步仅能调整 T_b/n,则所需最大的调整次数为

$$N=\frac{T_b/2}{T_b/n}=\frac{n}{2} \tag{9-35}$$

由于数字信息是随机的脉冲序列，可近似认为两相邻码元中出现“01”“10”“11”“00”的概率相等，其中有过零点的情况占一半。而数字锁相法都是从数据过零点中提取标准脉冲，因此平均来说，每 $2T_b$ 可调整一次相位，故同步建立时间为

$$t_s=2T_b\cdot N=nT_b \tag{9-36}$$

为了使同步建立时间 t_s 减小，要求选用较小的 n，这与相位误差 θ_e 对 n 的要求相矛盾。

3. 同步保持时间 t_c

同步建立后，一旦输入信号中断，或者遇到长连“0”码、长连“1”码时，由于接收的码元没有过零脉冲，锁相系统就因为没有输入相位基准而不起作用。另外，收发双方的固有位定时重复频率之间总存在频差 Δf，接收端位同步信号的相位会逐渐发生漂移，时间越长，相位漂移量越大，直至漂移量达到某一准许的最大值就算失步了。

设收发两端固有的码元周期分别为 $T_1=1/f_1$ 和 $T_2=1/f_2$，则

$$|T_1-T_2|=\left|\frac{1}{f_1}-\frac{1}{f_2}\right|=\frac{|f_2-f_1|}{f_1f_2}=\frac{\Delta f}{f_0^2} \tag{9-37}$$

式中，f_0 为收发两端固有码元重复频率的几何平均值，且有 $T_0=1/f_0$，这样由式(9-37)可得

$$f_0|T_1-T_2|=\frac{\Delta f}{f_0}=\frac{|T_1-T_2|}{T_0} \tag{9-38}$$

式(9-38)说明，当收发两端存在归一化频差 $\Delta f/f_0$ 时，每经过 T_0 时间，收发两端就会产生 $|T_1-T_2|$ 的时间漂移。反过来，若规定两端容许的最大时间漂移为 T_0/K 秒（K 为一常数），可以利用式(9-39)所示的同步保持时间 t_c

$$t_c=\frac{T_0/K}{|T_1-T_2|/T_0}=\frac{T_0/K}{\Delta f/f_0}\quad\Rightarrow\quad t_c=\frac{1}{\Delta fK}\quad 或\quad \Delta f=\frac{1}{t_cK} \tag{9-39}$$

设收发两端的频率稳定度相同，每个振荡器的频率误差均为 $\Delta f/2$，则每个振荡器频率稳定度为

$$\frac{\Delta f/2}{f_0}=\frac{\Delta f}{2f_0}=\frac{1}{2f_0Kt_c}\quad 或\quad t_c=\frac{1}{2f_0K\dfrac{\Delta f/2}{f_0}} \tag{9-40}$$

式(9-40)说明，要想延长同步保持时间 t_c，需要提高收发两端振荡器的频率稳定度。

4. 同步带宽

如果输入信号码元的重复频率和接收端固有位定时脉冲的重复频率不相等，每经过 T_0 时间（近似地说，也就是每隔一个码元周期），该频差会引起 $|T_1-T_2|$ 的时间漂移。而根据数字锁相环的工作原理，锁相环每次所能调整的时间为 T_b/n（$T_b/n\approx T_0/n$），如果对随机数字来说，平均每两个码元周期才能调整一次，那么平均一个码元周期内，锁相环能调整的时间只有 $T_0/2n$。很显然，如果输入信号码元的周期与接收端固有位定时脉冲的周期之差满足

$$|T_1-T_2|>T_0/2n \tag{9-41}$$

则锁相环将无法使接收端位同步脉冲的相位与输入信号的相位同步，这时由频差所造成的相位差就会逐渐积累。这样就可以得到 $|T_1-T_2|$ 的最大值

$$|T_1 - T_2| = \frac{T_0}{2n} = \frac{1}{2nf_0} \tag{9-42}$$

结合式(9-37)和式(9-42)可以得到

$$|T_1 - T_2| = \frac{|\Delta f|}{f_0^2} = \frac{1}{2nf_0} \quad \Rightarrow \quad |\Delta f| = \frac{f_0}{2n} \tag{9-43}$$

式(9-43)就是求得的同步带宽表达式,要增加同步带宽$|\Delta f|$,需要减小n。

下面举例说明位同步系统性能指标的计算过程。

例 9.1 已知某数字传输系统的码元速率为100B,收发端位同步振荡器的频率稳定度为$\frac{\Delta f/2}{f_0}=10^{-4}$,若采用锁相环实现位同步,分频器次数$n=360$,求此同步系统的性能指标。

解:已知$R_B=100$B,则$T_b=10$ms,$n=360$,

(1) 相位误差

$$\theta_e = 360°/n = 360°/360 = 1°$$

(2) 同步建立时间

$$t_s = 2T_bN = nT_b = 360 \times 0.01 = 3.6\text{s}$$

(3) 同步保持时间

$$t_c = \frac{T_b}{2K \cdot \frac{\Delta f/2}{f_0}} = \frac{10 \times 10^{-3}}{2 \times 10 \times 10^{-4}} = 5(\text{s}), \quad K = 10$$

(4) 同步带宽

$$|\Delta f| = \frac{f_0}{2n} = \frac{100}{2 \times 360} \approx 0.139\text{Hz}$$

5. 相位误差对性能的影响

由于位同步系统的相位误差为$\theta_e=360°/n$,因此如果用时间差,则可以表示为$T_e=T_b/n$。相位误差的大小直接影响抽样点的位置,误差越大,越偏离最佳抽样位置。在数字基带传输与频带传输系统中,推导的误码率公式都是假定已得到最佳抽样判决时刻。当同步系统存在相位误差时,由于θ_e的存在,必然使误码率P_e增加。以2PSK信号最佳接收为例,有相位误差时的误码率为

$$P_e = \frac{1}{4}\text{erfc}\left(\sqrt{\frac{E_b}{n_0}}\right) + \frac{1}{4}\text{erfc}\left(\sqrt{\frac{E_b}{n_0}}\left(1 - \frac{2T_e}{T_b}\right)\right) \tag{9-44}$$

9.4 群同步

在数字通信中,一般总是以一定数目的码元组成"字"或"句",即组成"群"进行传输。因此,群同步信号的频率很容易由位同步信号经分频而得出。但是,每个群的开头和末尾时刻却无法由分频器的输出决定。因此,群同步的任务就是在位同步的基础上识别出数字信息群("字"或"句")的起止时刻,或者说给出每个群的"开头"和"末尾"时刻。

为了实现群同步,可以在数字信息流中插入一些特殊码字作为每个群的头尾标记,这些特殊的码字应该在信息码元序列中不会出现,或者是偶然可能出现,但不会重复出现,此时

只要将这个特殊码字连发几次，接收端就能识别出来，接收端根据这些特殊码字的位置就可以实现群同步。插入特殊码字实现群同步的方法有两种，即连贯式插入法和间隔式插入法。在介绍这两种方法以前，先简单介绍一种在电传机中广泛使用的起止式群同步法。

9.4.1 起止式群同步法

在电传机中广泛使用的同步就是起止式群同步法。电传报文字由 7.5 个码元组成，其中，信息占 5 个码元，起始脉冲占一个码元，为负值，终止脉冲占 1.5 码元宽度，为正值。图 9-16 所示为传送的数字序列为 10010 的情况。

从图 9-16 可以看到，为了接收的数字序列为“10010”，接收端根据正电平第一次转到负电平这一特殊规律确定一个字的起始位置，因而就实现了群同步。由于这种同步方式中的止脉冲宽度与码元宽度不一致，就会给同步数字传输带来不便。另外，在这种同步方式中，7.5 个码元中只有 5 个码元用于传递信息，因此编码效率较低。但起止同步的优点是结构简单，易于实现，它特别适合于异步低速数字传输方式。

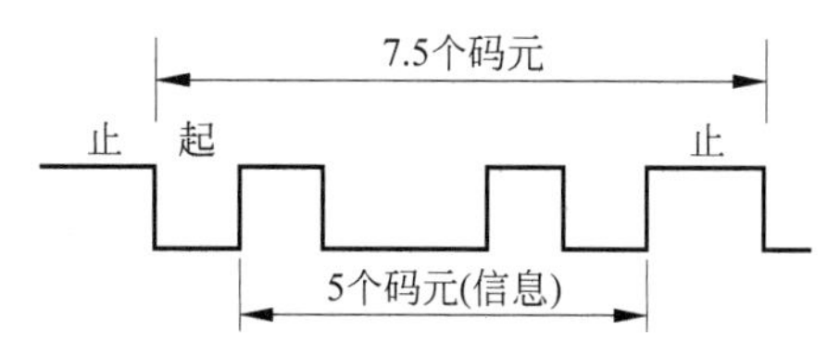

图 9-16 起止同步的信号波形

9.4.2 连贯式插入法

连贯式插入法在每帧的开头集中插入一个群同步码字，接收端通过识别该特殊码字来确定帧的起始时刻。该方法的关键是要找出一个特殊的群同步码字，对这个群同步码字有以下特殊要求。

(1) 与信息码元有较大的区别，即信码序列中出现群同步码字的概率小。

(2) 群同步码字要容易产生和容易识别。

(3) 码字的长度要合适，不能太长，也不能太短。如果太短，会导致假同步概率的增大；如果太长，则会导致系统的效率变低。

为了满足上述群同步码字的要求，不仅需要从波形上进行合理的设计，更需要从内在统计特性，例如，局部自相关特性等方面进行考虑。**目前已经找到的最常用的群同步码字就是就是巴克(Barker)码。**

1. 巴克码

巴克码是一种具有特殊规律的二进制码字。具体定义为：若一个 n 位的巴克码 $(x_1, x_2, x_3, \cdots, x_n)$，每个码元 x_i 只可能取值$+1$ 或-1，则它的局部自相关函数满足

$$R(j)=\sum_{i=1}^{n-j} x_i x_{i+j}=\begin{cases} n, & \text{当 } j=0 \\ 0,+1,-1, & \text{当 } 0<j<n \end{cases} \tag{9-45}$$

式(9-45)中，$R(j)$称为局部自相关函数。从巴克码计算的局部自相关函数可以看到，它满足作为群同步码字的第一条特性，也就是说巴克码与信息码元有较大的区别，其局部自相关函数具有尖锐单峰特性，从后面的分析同样可以看出，它的识别器结构也非常简单，即满足第二条特性。常用的巴克码字如表 9-1 所示，“+”表示$+1$，“−”表示-1。

表 9-1　巴克码字

位数 n	巴 克 码 字	位数 n	巴 克 码 字
2	++; −+	7	+++−−+−
3	++−	11	+++−−−+−−+−
4	+++−; ++−+	13	+++++−−++−+−+
5	+++−+		

以 $n=7$ 的巴克码为例，它的局部自相关函数计算结果如下。

当 $j=0$ 时，

$$R(0)=\sum_{i=1}^{7}x_i^2=1+1+1+1+1+1+1=7$$

当 $j=1$ 时，

$$R(1)=\sum_{i=1}^{7}x_ix_{i+1}=1+1-1+1-1-1=0$$

当 $j=2$ 时，

$$R(2)=\sum_{i=1}^{5}x_ix_{i+1}=1-1-1-1+1=-1$$

同样可以求出 $j=3$、4、5、6、7、−1、−2、−3、−4、−5、−6、−7 时 $R(j)$ 的值为

$$\begin{cases}j=0\text{ 时，} & R(j)=7\\ j=\pm1,\pm3,\pm5,\pm7\text{ 时，} & R(j)=0\\ j=\pm2,\pm4,\pm6\text{ 时，} & R(j)=-1\end{cases}\tag{9-46}$$

根据式(9-46)计算出来的这些值，可以做出 7 位巴克码的 $R(j)$ 与 j 的关系曲线如图 9-17 所示。由图 9-17 可以看出，自相关函数在 $j=0$ 时具有尖锐的单峰特性。局部自相关函数具有尖锐的单峰特性正是连贯式插入群同步码字的主要要求之一。

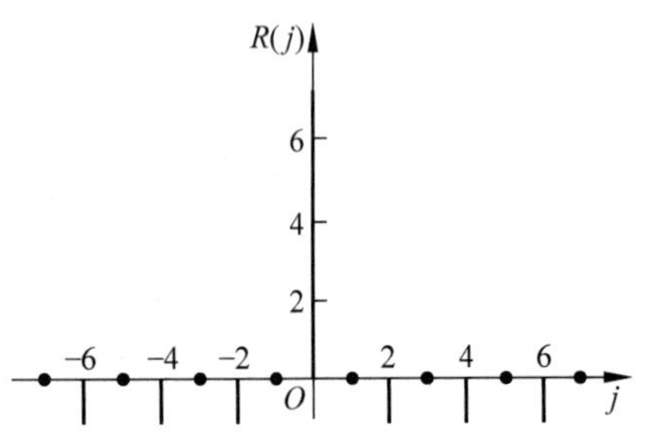

图 9-17　7 位巴克码的自相关函数

2. 巴克码识别器

巴克码识别器是指在接收端从信息码流中识别巴克码的电路，它一般由移位寄存器、相加器和判决器组成，结构简单，易于实现。以 7 位巴克码识别器为例，该识别器由 7 级移位寄存器、相加器和判决器组成，具体结构如图 9-18 所示。7 级移位寄存器的 1、0 端输出按照 1110010 的顺序连接到相加器输入，接法与巴克码的规律一致。当输入数据的“1”存入移位寄存器时，“1”端的输出电平为 +1，而“0”端的输出电平为 −1；反之，存入数据“0”时，“0”端的输出电平为 +1，“1”端的电平为 −1。

实际上，群同步码的前后都是有信息码的，具体情况如图 9-19(a)所示，这种情况下巴克码识别器的输出波形如图 9-19(b)所示。

在图 9-19 中的 t_1 时刻，7 位巴克码正好全部进入 7 级移位寄存器，这时 7 个移位寄存器的输出端都输出 +1，相加后得最大输出 +7，如图 9-19(b)所示，判决器输出的两个脉冲之间的数据称为一群或一帧数据。

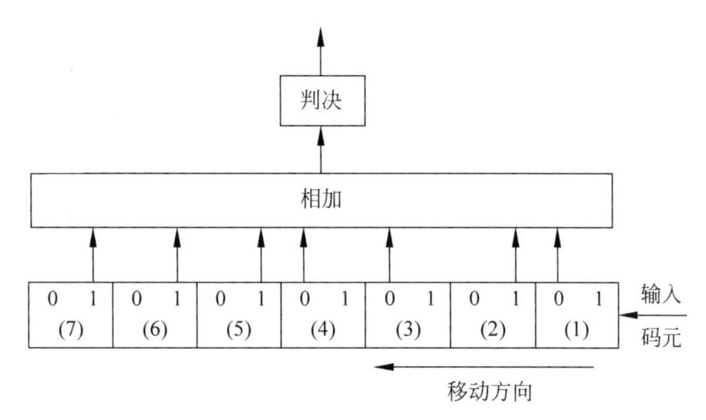

图 9-18 7 位巴克码识别器

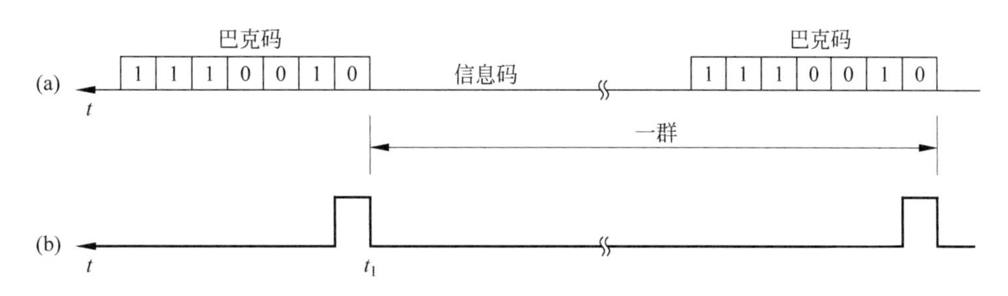

图 9-19 识别器输入和输出波形

当然,对于信息而言,由于具有随机特性,可以考察一种最不利的情况,即当巴克码只有部分码在移位寄存器时,信息码占有的其他移位寄存器的输出全部是+1。在这样一种对于群同步最不利的情况下,相加器的输出将如表 9-2 所示。由此可得到相加器的输出波形如图 9-20 所示,其中 a 和 b 之间的关系为 $a=14-b$。

表 9-2 相加器的输出

	a						$a=b$	b					
巴克码进入(或留下)位数	1	2	3	4	5	6	7	6	5	4	3	2	1
相加器输出	5	5	3	3	1	1	7	1	1	3	3	5	5

由图 9-20 可以看出,如果判决电平选择为 6,就可以根据 $a=7$ 时相加器输出的 7,大于判决电平 6 而判定巴克码全部进入移位寄存器的位置。此时识别器输出一个群同步脉冲,表示群的开头。一般情况下,信息码不会正好都使移位寄存器的输出均为+1,因此,实际上更容易判定巴克码全部进入移位寄存器的位置。如果巴克码中有误码时,只要错一个码,当 $a=7$ 时相加器输出将由 7 变为 5,低于判决器的判决电平。因此,为了提高群同步的抗干扰性能,防止漏同步,判决电平可以改为 4。但改为 4 以后容易发生假同步,这些问题在性能分析时要进一步讨论。

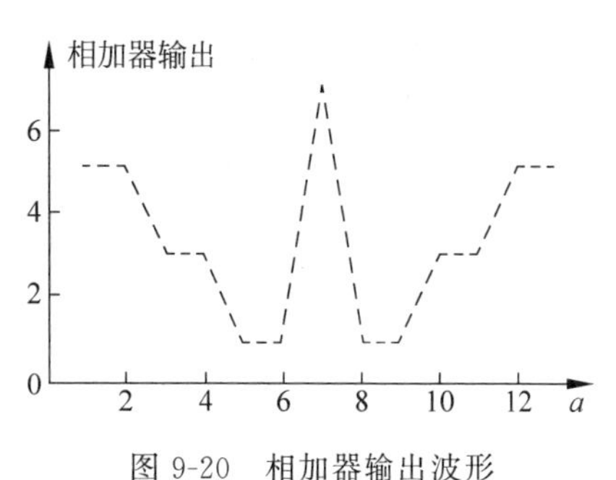

图 9-20 相加器输出波形

9.4.3 间歇式插入法

群同步码字不再集中插入信息码流中，而是将它分散地插入，即每隔一定数量的信息码元插入1个群同步码元，这种群同步码字的插入方式称为间歇式插入法。

1. 码位安排与选择

集中式插入法和间歇式插入法在实际系统当中都有应用，例如在32路数字电话PCM系统中，实际上只有30路通电话，另外两路中的一路专门作为群同步码传输，另一路作为其他标志信号用，这就是连贯式插入法的应用实例。而在24路PCM系统中，群同步采用间歇式插入法，一个抽样值用8位码表示，此时24路电话都抽样一次，共有24个抽样值，192(24×8)个信息码元。192个信息码元作为1帧，在这1帧插入1个群同步码元，这样1帧共193个码元。24路PCM系统帧结构示意如图9-21所示。

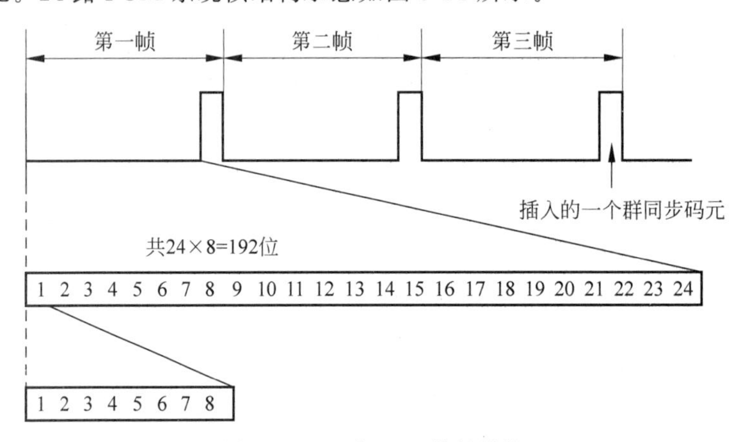

图9-21 24路PCM的帧结构

由于间歇式插入法是将群同步码元分散插入信息流中，因此，群同步码码型选择有一定的要求，其主要原则是首先要便于接收端识别，即要求群同步码具有特定的规律性，这种码型可以是全"1"码或"1""0"交替码等；其次，要使群同步码的码型尽量和信息码相区别，因此，间歇式插入法的码序列的选择至关重要。

2. 码位搜索与检测

接收端要确定群同步的位置，就必须对接收码进行搜索检测。其中逐码移位法是一种常用的串行检测方法，由位同步脉冲(位同步码)经过 N 次分频以后的本地群码(频率是正确的，但相位不确定)与接收到的码元中间歇式插入的群同步码进行逐码移位比较，使本地群码与发送来的群同步码同步，原理结构如图9-22所示。

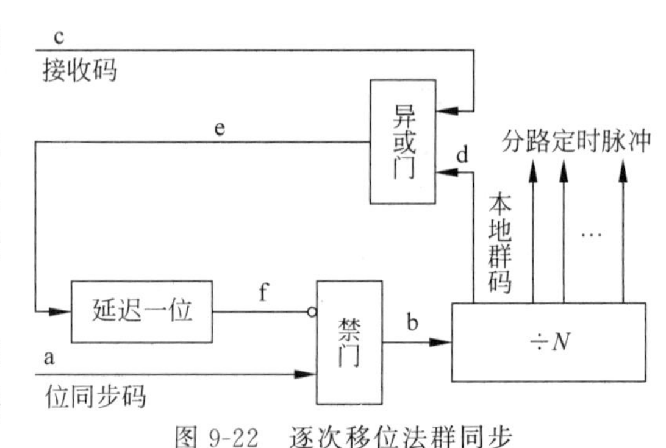

图9-22 逐次移位法群同步

图9-22所示结构中异或门、延迟1位电路和禁门是专门用来扣除位同步码元以调整本地群码相位的，具体过程波形示意如图9-23所示。

设接收信码(波形c)中的群同步码位于画斜线码元的位置，后面依次安排各路

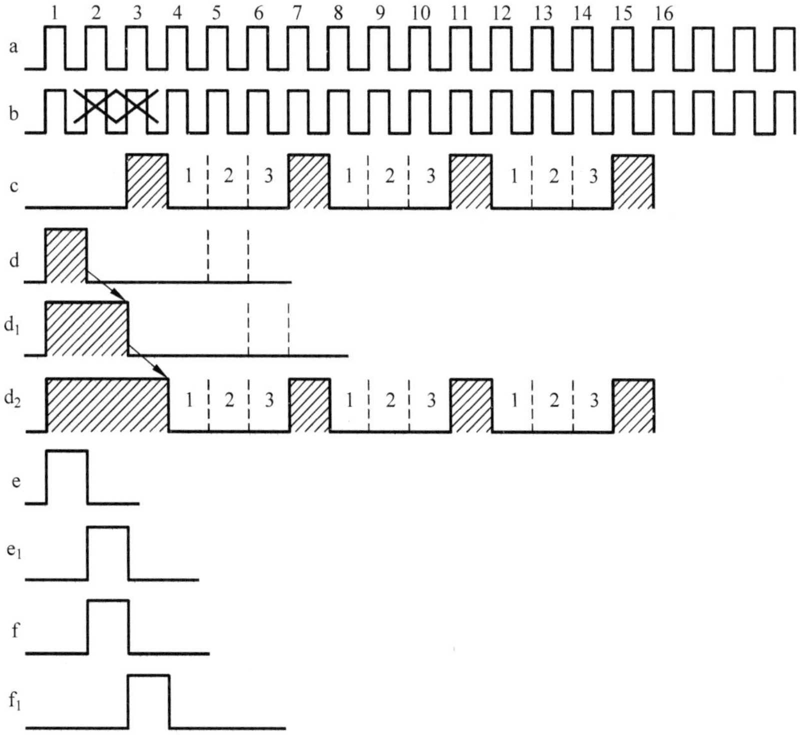

图 9-23　逐次移位法群同步各点的波形输出

信息码 1、2、3(为简单起见,只包含 3 路信息码)。如果系统已经实现了群同步,则位同步码(波形 a)经四次分频后就可以使得本地群码的相位与收信码中的群同步码的相位一致。

现在假设开始时为波形 d,本地群码的位置与波形 c 收信码中的群码位置相差两个码元位。为了易于看出逐码移位法的工作过程,假设群同步码为全"1"码,其余信息码均与群同步码不同,为"0"。在第一码元时间,波形 c 与波形 d 不一致,原理图中的异或门有输出(波形 e);延迟 1 个码元后,得波形 f 加于禁门,扣掉位同步码的第 2 个码元(波形 b 的第 2 个码元位置用加一叉号表示),这样分频器的状态在第 2 码元期间没有变化,因而分频器本地群码的输出仍保持和第 1 个码元时相同。这时,它的位置只与收信码中的群码位置相差一位(见波形 d_1)。

类似地,在第 2 码元时间,波形 c 又和波形 d_1 进行比较,产生码形 e_1 和波形 f_1,又在第 3 码元位置上扣掉 1 个位同步码,使本地群码的位置又往后移 1 位(波形 d_2)。自此以后,收信码中群码与本地群码的位置就完全一致了,就实现了群同步,同时也就提供了各路的定时信号。

9.4.4 系统的性能指标

对于群同步系统而言,希望其建立的时间要短,建立同步以后应该具有较强的抗干扰能力。因此,在通常情况下,用漏同步概率 P_1、假同步概率 P_2、群同步平均建立时间 t_s 等指标来表示群同步性能。当然,不同形式的同步系统,性能自然也不同。这里主要分析集中插入方式的群同步系统的性能。

1. 漏同步概率 P_1

由于噪声和干扰的影响会引起群同步码字中出现误码，从而使识别器漏识别已发出的群同步码字，出现这种情况的概率称为漏识概率，用符号 P_1 来表示。以 7 位巴克码识别器为例，设判决门限为 6，此时 7 位巴克码中只要有一位码发生错误，当 7 位巴克码全部进入识别器时，相加器输出就由 7 变 5，小于判决门限 6，这时就出现了漏同步情况，因此，只有一位码也不错才不会发生漏同步。在这种情况下，若将判决门限电平降为 4，识别器就不会漏识别，这时判决器就容许 7 位同步码字中有一个错误码元。

假设系统的误码率为 p，7 位群同步码中一个也不错的概率为 $(1-p)^7$，因此判决门限电平为 6 时，漏同步概率为 $P_1=1-(1-p)^7$。如果为了减少漏同步，判决门限改为 4，此时容许有一个错码，则出现一个错码的概率为 $C_7^1 p(1-p)^6$，漏同步概率为 $P_1=1-(1-p)^7-C_7^1 p(1-p)^6$。设群同步码字的码元数目为 n，判决器容许群同步码字中错码数最大为 m，这时漏同步概率的通式可以写为

$$P_1=1-\sum_{r=0}^{m} C_n^r p^r (1-p)^{n-r} \tag{9-47}$$

2. 假同步概率 P_2

在信息码元中也可能出现与所要识别的群同步码字相同的码字，这时识别器会把它误认为群同步码字而出现假同步，出现这种情况的概率就称为假同步概率，用符号 P_2 表示。计算假同步概率 P_2 就是计算信息码元中能够被判为同步码字的组合数与所有可能的码字数之比。

设二进制信息码中“1”和“0”码等概率出现，也就是 $P(1)=P(0)=1/2$，则由该二进制码元组成 n 位码字的所有可能的码字数为 2^n 个，而其中能被判为同步码字的组合数也与 m 有关，这里 m 表示判决器允许群同步码字中最大错码数，若 $m=0$，只有 C_n^0 个码字能识别；若 $m=1$，则有 $C_n^0+C_n^1$ 个码字能识别。以此类推，可求出信息码元中可以被判为同步码字的组合数，这个数可以表示为 $\sum_{r=0}^{m} C_n^r$，由此可得假同步概率的表达式为

$$P_2=2^{-n}\cdot\sum_{r=0}^{m} C_n^r \tag{9-48}$$

从式(9-47)和式(9-48)可以看到，随着 m 的增大，也就是随着判决门限电平降低，P_1 将减小，但 P_2 将增大，这两项指标是相互矛盾的。所以，判决门限的选取要兼顾漏同步概率和假同步概率。

3. 连贯式插入法同步平均建立时间 t_s

对于连贯式插入的群同步而言，设漏同步和假同步都不发生，也就是 $P_1=0$ 和 $P_2=0$。在最不利的情况下实现群同步最多需要一帧码元的时间。设每帧的码元数为 N，码元周期为 T_b，则一帧码的时间为 NT_b，而平均捕获时间为 $NT_b/2$，同时考虑到出现一次漏同步或一次假同步大致要多花费 NT_b 的时间才能建立起群同步，故群同步的平均建立时间大致为

$$t_s=\left(\frac{1}{2}+P_1+P_2\right)NT_b \tag{9-49}$$

4. 逐次移位法同步平均建立时间 t_s

从图 9-22 表示的逐次移位法群同步原理来看，如果信息码元中的所有码都与群码不

同，那么最多只要连续经过 N 次调整，经过 NT_b 的时间就可以建立同步了。但实际上信息码元中"1""0"码均会出现，当出现"1"码时，在图 9-22 所示群同步过程的例子中，第 1 个位同步码对应的时间内信息码元为"1"，异或门输出 $c \oplus d=0$，$e=0$，$f=0$（禁门不起作用），不扣除第 2 位同步码，因此本地群码不会右移展宽，这一帧调整不起作用，一直要到下一帧才有可能调整。假如下一帧本地群码 d 还是与信息码元中的"1"码相对应，则调整又不起作用。当信息码元中 1、0 码等概率出现，即 $P(1)=P(0)=0.5$ 时，经过计算，群同步平均建立的时间近似为

$$t_s \approx N^2 T_b \tag{9-50}$$

比较式(9-50)和式(9-51)可以看到，连贯式插入法的 t_s 小得多，这就是连贯式插入法得到广泛应用的原因之一。

9.4.5　群同步的保护

在群同步系统的性能分析中可以看出，由于噪声和干扰的影响，当有误码存在时，有漏同步的问题出现，另外，由于信息码元中也可能偶然出现群同步码，这样就会产生假同步的问题。假同步和漏同步都会使群同步系统不稳定和不可靠，为此要增加群同步的保护措施，以提高群同步系统性能。最常用的保护措施是将群同步的工作过程划分为两种状态，即捕捉态和维持态，当系统处于捕捉态时，需要减小假同步概率 P_2，以提高判决门限；当系统处于维持态时，需要减小漏同步概率 P_1，以降低判决门限。

1. 连贯式插入法中的群同步保护

连贯式插入法中的群同步保护电路如图 9-24 所示，系统工作于捕捉态或者维持态。

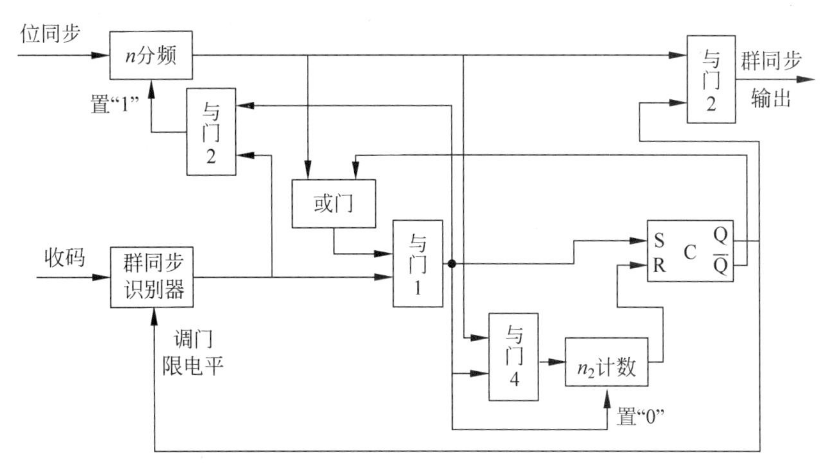

图 9-24　连贯式插入法群同步保护电路

(1) 捕捉态

在群同步尚未建立时，系统处于捕捉态。状态触发器 C 的 Q 端为低电平，群同步码字识别器的判决门限电平较高，因而就减小了假同步概率 P_2，保护电路中的 n 分频器被置零，禁止位同步 n 分频后输出。这里的 n 表示一帧数据的长度，因此，在置零信号无效时，位同步 n 分频后可以输出一个与群同步同频的信号，但脉冲位置不能保证与群同步脉冲位置相同，而这个脉冲位置也正是需要捕捉态确定的。一旦识别器有输出脉冲，由于触发器的 $\overline{Q}$

端此时为高电平,于是经或门使与门 1 有输出。与门 1 的一路输出至分频器 n,使之置"1",这时分频器就输出一个脉冲加至与门 2,与此同时,分频器 n 开始对位同步信号分频产生群同步脉冲,群同步脉冲还分出一路经过或门又加至与门 1;与门 1 的另一路输出加至状态触发器 C,使系统由捕捉态转为维持态,这时 Q 端变为高电平,打开与门 2,n 分频器输出的脉冲就通过与门 2 形成群同步脉冲输出,同步建立完成。

(2) 维持态

同步建立后,系统进入维持态。为了提高系统的抗干扰性能,减小漏同步概率 P_1,在维持态时触发器 Q 端输出高电平,用这个信号来降低识别器的判决门限电平,就可以减小漏同步概率。

另外,利用 n_2 计数电路增加系统抗干扰性能。当同步建立以后,若在分频器输出群同步脉冲的时刻识别器无输出,这有可能是系统真正失步,也有可能是由于干扰偶尔出现的情况。只有连续出现 n_2 次这种情况以后才能认为是真正失步,这时与门 1 连续无输出,经"非"后加至与门 4 的便是高电平。分频器每输出一个脉冲,与门 4 就输出一个脉冲,这样连续 n_2 个脉冲使 n_2 计数电路溢出,随即便输出一个脉冲至触发器 C,使系统电路状态由维持态转为捕捉态。当与门 1 不是连续无输出时,n_2 计数电路未计满就被置"0",状态就不会转换,因而系统增加了抗干扰能力。

同步建立后,信息码元中的假同步码字也可能会使识别器有输出而造成干扰。然而在维持态下,这种假识别的输出与分频器的输出不是同时出现的。因而这时与门 1 没有输出,故不会影响分频器的工作。因此,这种干扰对系统没有影响。

2. 间歇式插入法中的群同步保护

在间歇式插入法中,如果采用逐码移位法实现群同步,信息码元中与群同步相同的码元约占一半,因而在建立同步的过程中,假同步的概率很大。为了解决这个问题,可以利用如图 9-25 所示的电路原理图实现群同步保护。

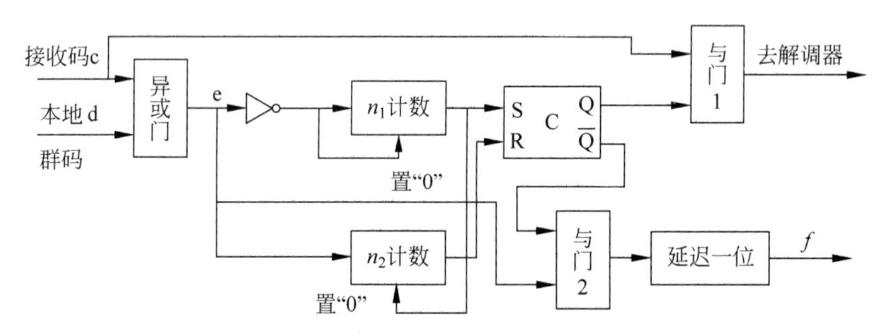

图 9-25 连贯式插入法群同步保护电路

从图 9-25 可以看到,为了减小假同步的概率,必须连续 n_1 次接收的码元与本地群码相一致,才被认为是建立了同步,采用这种方法可使假同步的概率大大减小。图 9-25 所示电路结构是在图 9-22 的基础上构成的,图中的 c、d、e、f 分别对应图 9-22 中的相应标注。

(1) 捕捉态

状态触发器 C 在同步未建立时处于捕捉态(此时 Q 端为低电平)。只有本地群码和收码连续 n_1 次一致时,n_1 计数电路才输出一个脉冲使状态触发器的 Q 端由低电平变为高电平,群同步系统就由捕捉态转为维持态,表示同步已经建立,这样收码就可通过与门 1 加至解调器。偶然的一致是不会使状态触发器改变状态的，因为 n_1 次中只要有一次不一致，就会使 n_1 计数电路置“0”。

(2) 维持态

同步建立以后，可以利用状态触发器 C 和 n_2 计数电路来防止漏同步，以提高同步系统的抗干扰能力。一旦转为维持状态，触发器 C 的 $\overline{Q}$ 端即变为低电乎，将与门 2 封闭。这时即使由于某些干扰使 e 有输出，也不会调整本地群码的相位。如果是真正的失步，e 就会不断地将输出加到 n_2 计数电路，同时 $\overline{e}$ 也不断将 n_1 计数电路置“0”，这时 n_1 计数电路也不会再有输出加到 n_2 计数电路的置“0”端上。当 n_2 计数电路输入脉冲的累计数达到 n_2 时，就输出一个脉冲使状态触发器由维持态转为捕捉态，C 触发器的 $\overline{Q}$ 端转为高电平。这样，一方面与门 2 打开，群同步系统又重新进行逐码移位；另一方面封闭与门 1，使解调器暂停工作。由此可以看出，将逐码移位法群同步系统划分为捕捉态和维持态后，既提高了同步系统的可靠性，又增加了系统的抗干扰能力。

*9.5 网同步

网同步是指通信网中各站(节点)之间时钟的同步。其目的在于使全网各站能够互连互通，正确地接收信息码元。对于单向通信以及一端对一端的单条链路通信，一般都是由接收设备负责解决和发送设备的时钟同步问题。这就是说，接收设备以发送设备的时钟为准调整自己的时钟，使之和发送设备的时钟同步。对于网中有多站的双向通信系统，同步则有不同的解决办法。这些办法可以分为同步网和准同步网两大类。

9.5.1 同步网

同步网全网各站具有统一时间标准，时钟来自同一个极精确的时间标准，例如铯原子钟，或者利用 BDS 系统、GPS 系统授时等。

在同步网中，全网的同步可能是由接收设备负责解决，也可能需要收发双方共同解决。这就是说，为了达到同步的目的，发射机的时钟也可能需要做调整。在有一个中心站和多个终端站的(TDMA)通信网中，例如图 9-26(a)所示的卫星通信网中有 4 个地球站，在卫星(中心站)S_1 上接收地球站的 TDMA 信号的时隙安排如图 9-26(b)所示。

因为每个地球站只允许在给定的一段时隙中发送信号，故地球站的发射机必须保证其发送的上行信号到达卫星上时恰好是卫星上中心站准备接收其信号的时间。由于各个地球站和卫星的距离不等，各个地球站上行发送信号的时钟也需要不同，所以不可能采用调整卫星上中心站接收机时钟的办法达到和所有地球站上行信号同步的目标。这时需要各地球站按照和卫星的距离远近，将发射信号的时钟调整到和卫星上中心站接收机的时钟一致。由于延迟时间不同，各个地球站发射信号的时钟之间实际上是有误差的。这就是发射机同步方法，发射机同步方法可以分为开环和闭环两种。

1. 开环法

开环方法不需依靠中心站上接收信号到达时间的任何信息，终端站根据所存储的关于链路长度等信息，可以预先校正其发送时间，其所存储的这些信息是有关单位提供的，可以按照从中心站送回的信号加以修正。开环方法依靠的是准确预测的链路长度等参量信息。

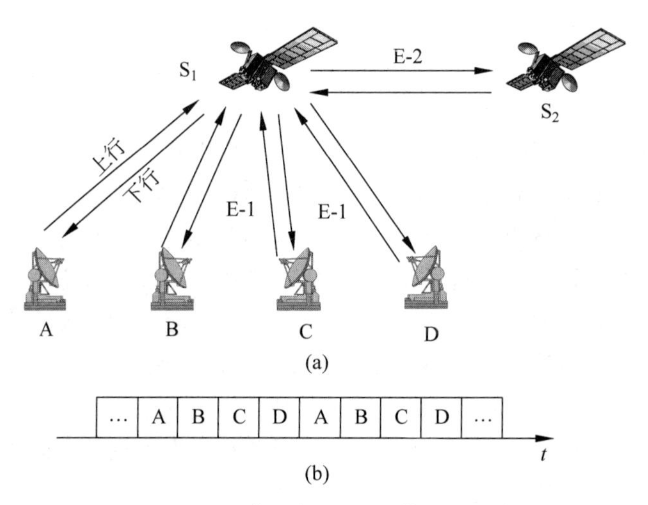

图 9-26　卫星通信网与 TDMA 信号的时隙安排

当链路的路径是确定的，且链路本身一旦建立后将连续工作较长时间时，这种方法很好。但是当链路的路径不是确定的，或终端站只是断续地接入时，这种方法就难以有效地使用。

开环法的主要优点是捕捉快，不需要反向链路也能工作和实时运算量小。其缺点是需要外部有关单位提供所需的链路参量数据，并且缺乏灵活性，对于网络特性没有直接的实时测量，就意味着网络不能对于意外的条件变化做出快速调整。

2. 闭环法

闭环法不需要预先得知链路参量的数据。链路参量数据在减小捕捉同步时间上会有一定的作用，但是闭环法不需要像开环法要求的那样精确。在闭环法中，中心站需要测量来自终端站的信号的同步准确度，并将测量结果通过反向信道送给终端站。因此，闭环法需要一条反向信道传送测量结果，并且终端站需要有根据此反馈信息适当调整其时钟的能力。

与开环法相比，闭环法的缺点是终端站需要有较高的实时处理能力，并且每个终端站和中心站之间要有双向链路，捕捉同步也需要较长的时间。但是，闭环法的优点是不需要外界供给有关链路参量的数据，并且可以很容易地利用反向链路及时适应路径和链路情况的变化。

9.5.2　准同步网

准同步数字体系(PDH)中低次群合成高次群时，复接设备需要将各支路输入低次群信号的时钟调整一致，再合并，这称为码速调整。码速调整的方案有多种，包括正码速调整法、负码速调整法、正/负码速调整法、正/零/负码速调整法等。下面将以二次群的正码速调整方案为例，简要介绍其基本原理。

在正码速调整法中，复接设备对各支路输入低次群码元抽样时，采用的抽样速率比各路码元速率略高。这样，经过一段时间积累后，若不进行调整，则必将发生错误抽样，即将出现一个输入码元被抽样两次的情况，如图 9-27 所示。

图 9-27(a)所示为复接设备一次群输入码元波形；图 9-27(b)所示为无误差抽样时刻；图 9-27(c)所示为抽样速率略高的抽样时刻。出现重复抽样时，需减少一次抽样，或将所抽样值舍去。按照这种思路得出的二次群正码速调整方案如下。

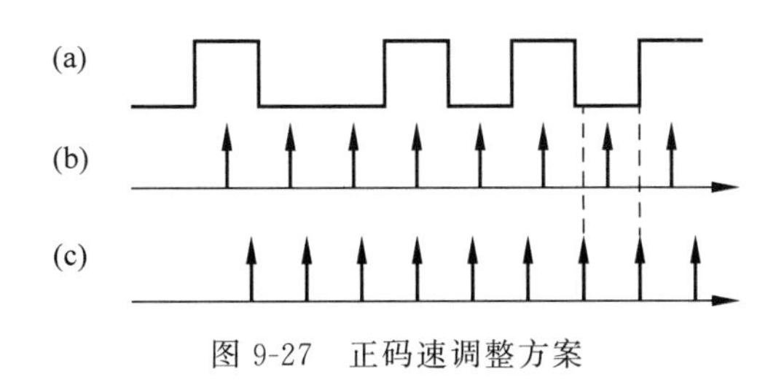

图 9-27　正码速调整方案

以图 9-26 所示的卫星通信网为例，若这时 4 个地球站的上行信号都是一次群 E-1 信号，它们在卫星 S_1 上被接收后，合并成二次群 E-2 信号，再发送给卫星 S_2。这时由于 4 个地球站的时钟间存在误差，虽然码元标称速率都是 2048kb/s，但是实际速率不同。在 S_1 上合成的 E-2 群码元速率为 8448kb/s，这个速率以卫星 S_1 上的复接设备时钟为准。

在 ITU 建议中，8448kb/s 二次群 E-2 共有 4 个支路，平均分配到每个 E-1 群的码元速率为 2112kb/s，高于每路的标称速率 2048kb/s，因此，可以通过增加复帧中的调整比特来调整速率。由于 E-2 复帧帧长为 848b，每帧分成 4 组，每组 212b，在每个复帧中有 4 位调速比特，它们分别为 4 个支路服务。当某支路无须码速调整时，该支路的这个比特将用于传输该支路输入的信息码；当某支路需要码速调整时，该支路的这个比特将用于插入调整比特，此比特在送到远端分接后将作为无用比特删除。按照复帧帧长、E-2 速率和每复帧只能对每条支路调整 1b 的约束，可以得到比例关系

$$\frac{8448\text{kb/s}}{x}=\frac{848}{1} \quad \Rightarrow \quad x=9.962\text{kb/s} \tag{9-51}$$

由于每个复帧中至多能够为每条支路插入一个调整比特，所以每条支路的最大码速调整速率约为 10kb/s。如果想了解更为详细的内容，读者可参阅相关书籍。

本章小结

同步是保障通信系统有效和可靠工作的关键，按功能通常被分为载波同步、位同步、群同步和网同步，按实现方式可以分为自同步和外同步等。本章在介绍同步系统相关概念的基础上，重点讲解了这些同步系统的工作原理和实现方法，分析了它们的性能指标，并给出了提高性能的解决方案。

无论是模拟通信系统还是数字通信系统，只要采用相干解调，则都需要在接收端进行本地载波获取，也就是载波同步。载波同步的自同步法主要包括平方变换法、平方环法和科斯塔斯环法；外同步法主要包括针对 DSB 信号的插入导频、针对 VSB 信号的插入导频以及时域插入导频法。载波同步系统的主要性能指标包括精度、同步建立时间、同步保持时间和效率。其中，精度、同步建立时间、同步保持时间是 3 个重要指标。

在数字通信系统中，接收端必须有准确的抽样判决时刻，才能正确判决所发送的码元，因此，确定抽样判决时刻的定时脉冲序列的获取过程就是位同步。位同步的自同步法主要包括滤波法、延迟相乘法和锁相法等；外同步法主要包括频域插入法和幅度插入法。位同步系统的性能指标除了效率以外，主要包括相位误差（精度）、同步建立时间、同步保持时间和同步带宽等，相位误差对系统误码率影响很大。

群同步信号的频率很容易由位同步信号经分频而得出，但是，每个群的开头和末尾时刻却无法由分频器的输出决定。因此，群同步的任务就是在位同步的基础上识别出数字信息群的起止时刻。为了实现群同步，可以在数字信息流中插入一些特殊码元或者码字作为每个群的头尾标记，例如对于起始脉冲和终止脉冲的特殊定义(码元)以及巴克码(码字)。群同步的实现方式主要包括起止式群同步法、连贯式插入法和间歇式插入法等。描述群同步系统的主要指标包括漏同步概率 P_1、假同步概率 P_2、群同步平均建立时间 t_s 等。依据这些指标，可以构建出群同步的保护策略。

网同步是指通信网中各站之间时钟的同步，实现方式包括同步网和异步网等两大类。同步网全网各站具有统一时间标准，时钟来自同一个极精确的时间标准，例如铯原子钟或者利用 BDS 系统、GPS 系统授时等，工作方式包括开环工作方法和闭环工作方式等。准同步数字体系(PDH)中低次群合成高次群时，复接设备需要将各支路输入低次群信号的时钟调整一致再合并，称为码速调整。

思考题

1. 同步是如何进行分类的？
2. 什么是载波同步？什么是位同步？
3. 什么是群同步？什么是网同步？
4. 同步的实现方式有哪些？
5. 比较外同步法和自同步法的优缺点。
6. 载波同步提取中为什么出现相位模糊？它对通信系统有什么影响？如何应对？
7. 简述科斯塔斯环法的工作原理和存在的问题。
8. 对于载波外同步法，说明发送端采用正交载波作为导频的原因。
9. 对抑制载波的双边带信号、残留边带信号和单边带信号，用插入导频法实现载波同步时，所插入的导频信号形式有何异同？
10. 对于 DSB 信号，试叙述用插入导频法和直接法实现载波同步各有什么优缺点。
11. 简述稳态相位误差和随机相位误差的关系。
12. 简述频率误差和相位误差对解调性能的影响。
13. 对位同步的基本要求是什么？
14. 简述位同步的主要性能指标，以数字锁相法为例，说明这些指标与哪些因素有关。
15. 有了位同步，为什么还要群同步？说明它们之间的关系。
16. 试述群同步与位同步的主要区别，群同步能不能直接从信息中提取？
17. 连贯式插入法和间歇式插入法有什么区别？它们各有什么特点？适用在什么场合？
18. 群同步是如何保护的？

习题

1. 已知单边带信号的表示式为

$$s(t)=m(t)\cos\omega_c t+\hat{m}(t)\sin\omega_c t$$

证明不能用图 9-2 所示的平方变换法提取载波。

2. 已知单边带信号的表示式为

$$s(t)=m(t)\cos\omega_c t+\hat{m}(t)\sin\omega_c t$$

若采用与抑制载波双边带信号导频插入完全相同的方法，试证明接收端可正确解调；若发送端插入的导频是调制载波，试证明解调输出中也含有直流分量，并求出该值。

3. 图 9-6(a)所示的插入导频法发送端框图中，若 $a_c\sin\omega_c t$ 不经 90°相移，直接与已调信号相加输出，试证明接收端的解调输出中含有直流分量。

4. 用单谐振电路作为滤波器提取同步载波，已知同步载波频率为 1000kHz，回路 $Q=100$，达到稳定值 40%的时间作为同步建立时间(和同步保持时间)，求载波同步的建立时间和保持时间。

5. 设载波同步相位误差为 10°，信噪比为 10dB，试求此时 2PSK 信号的误码率。

6. 按照例 9.1 给出的条件，假设码元速率调整为 1000B，求此同步系统的性能指标。

7. 若 7 位巴克码前后为全“1”序列，加在图 9-18 所示系统的输入端，设各移位寄存器起始状态均为零，求相加器输出端的波形。

8. 若 7 位巴克码前后为全“0”序列，加在图 9-18 所示系统的输入端，设各移位寄存器起始状态均为零，求相加器输出端的波形。

9. 设对于 7 位巴克码作为群同步的系统，如果接收误码率为 10^{-4}，试分别求出容许错码数为 0 和 1 时的漏同步概率和假同步概率。

10. 二进制通信系统的传输信息的速率为 100b/s，如果“0”和“1”等概率出现，要求假同步每年至多发生一次，其群同步码组的长度最小应设计为多少？

参 考 文 献

[1] 樊昌信,曹丽娜.通信原理[M].7版.北京:电子工业出版社,2012.

[2] 樊昌信.通信原理教程[M].3版.北京:电子工业出版社,2013.

[3] 张会生,陈树新.现代通信系统原理[M].2版.北京:高等教育出版社,2009.

[4] 达新宇,陈树新,王瑜,等.通信原理教程[M].2版.北京:北京邮电大学出版社,2009.

[5] 吴大正,杨林耀,张永瑞,等.信号与线性系统分析[M].4版.北京:高等教育出版社,2005.

[6] 郑君里,应启珩,杨为理.信号与系统[M].3版.北京:高等教育出版社,2011.

[7] RAPPAPORT T S.无线通信原理与应用[M].2版.北京:电子工业出版社,2009.

[8] HAYKIN S,VEEN B V.信号与系统[M].2版.林秩盛,黄元福,林宁,译.北京:电子工业出版社,2013.

[9] BOCCUZZI J.通信信号处理[M].2版.刘祖军,田斌,易克初,译.北京:电子工业出版社,2010.

[10] JERUCHIM M C,BALABAN P,SHANMUGAN K S.通信系统仿真——建模、方法和技术[M].2版.周希元,陈卫东,毕见鑫,译.北京:国防工业出版社,2004.

[11] 陈树新.数字信号处理[M].3版.北京:高等教育出版社,2015.

[12] 陈树新.通信系统建模与仿真教程[M].3版.北京:电子工业出版社,2017.

[13] 陈树新,王峰,周义建,等.空天信息工程概论[M].北京:国防工业出版社,2010.

[14] ALEJANDRO A Z,JOSÉ L,JOSÉ A,等.基于临近空间平台的无线通信[M].陈树新,程建,张艺航,等 译.北京:国防工业出版社,2014.

[15] GRACE D,MOHORCIC M.基于高空平台的宽带通信[M].陈树新,吴昊,赵志远,等 译.北京:国防工业出版社,2015.

附录A 常用三角函数公式

APPENDIX A

$$\sin(A \pm B) = \sin A \cos B \pm \cos A \sin B \tag{A-1}$$

$$\cos(A \pm B) = \cos A \cos B \mp \sin A \sin B \tag{A-2}$$

$$\sin A \cos B = \frac{1}{2}[\sin(A+B) + \sin(A-B)] \tag{A-3}$$

$$\cos A \sin B = \frac{1}{2}[\sin(A+B) - \sin(A-B)] \tag{A-4}$$

$$\cos A \cos B = \frac{1}{2}[\cos(A+B) + \cos(A-B)] \tag{A-5}$$

$$\sin A \sin B = \frac{1}{2}[\cos(A-B) - \cos(A+B)] \tag{A-6}$$

$$\sin A + \sin B = 2\sin\frac{1}{2}(A+B)\cos\frac{1}{2}(A-B) \tag{A-7}$$

$$\sin A - \sin B = 2\sin\frac{1}{2}(A-B)\cos\frac{1}{2}(A+B) \tag{A-8}$$

$$\cos A + \cos B = 2\cos\frac{1}{2}(A+B)\cos\frac{1}{2}(A-B) \tag{A-9}$$

$$\cos A - \cos B = -2\sin\frac{1}{2}(A-B)\sin\frac{1}{2}(A+B) \tag{A-10}$$

$$\sin 2A = 2\sin A \cos A \tag{A-11}$$

$$\cos 2A = 2\cos^2 A - 1 = 1 - 2\sin^2 A = \cos^2 A - \sin^2 A \tag{A-12}$$

$$\sin x = \frac{e^{jx} - e^{-jx}}{2j} \tag{A-13}$$

$$\cos x = \frac{e^{jx} + e^{-jx}}{2} \tag{A-14}$$

$$\sin\left(x \pm \frac{\pi}{2}\right) = \pm\cos x \tag{A-15}$$

$$\cos\left(x \pm \frac{\pi}{2}\right) = \mp\sin x \tag{A-16}$$

$$A\cos x - B\sin x = C\cos(x+\theta) \tag{A-17}$$

其中：$C=\sqrt{A^2+B^2}$，$\theta=\arctan\left(\frac{B}{A}\right)$，$A=C\cos\theta$，$B=C\sin\theta$

附录B 误差函数表

APPENDIX B

$$\mathrm{erf}(x)=\frac{2}{\sqrt{\pi}}\int_0^x \mathrm{e}^{-z^2}\,\mathrm{d}z \tag{B-1}$$

x	0	1	2	3	4	5	6	7	8	9
0.0	0.00000	0.01128	0.02256	0.03384	0.04511	0.05637	0.06762	0.07885	0.09007	0.10128
0.1	0.11246	0.12362	0.13476	0.14587	0.15695	0.16800	0.17901	0.18999	0.20094	0.21184
0.2	0.22270	0.23352	0.24430	0.25502	0.26570	0.27633	0.28690	0.29742	0.30788	0.31828
0.3	0.32863	0.33891	0.34913	0.35928	0.36936	0.37938	0.38933	0.39921	0.40901	0.41874
0.4	0.42839	0.43797	0.44747	0.45689	0.46623	0.47548	0.48466	0.49375	0.50275	0.51167
0.5	0.52050	0.52924	0.5379	0.54646	0.55494	0.56332	0.57162	0.57982	0.58792	0.59594
0.6	0.60386	0.61168	0.61941	0.62705	0.63459	0.64203	0.64938	0.65663	0.66378	0.67084
0.7	0.67780	0.68467	0.69143	0.69810	0.70468	0.71116	0.71754	0.72382	0.73001	0.73610
0.8	0.74210	0.74800	0.75381	0.75952	0.76514	0.77067	0.77610	0.78144	0.78669	0.79184
0.9	0.79691	0.80188	0.80677	0.81156	0.81627	0.82089	0.82542	0.82987	0.83423	0.83851
1.0	0.84270	0.84681	0.85084	0.85478	0.85865	0.86244	0.86614	0.86977	0.87333	0.87680
1.1	0.88021	0.88353	0.88679	0.88997	0.89308	0.89612	0.89910	0.90200	0.90484	0.90761
1.2	0.91031	0.91296	0.91553	0.91805	0.92051	0.92290	0.92524	0.92751	0.92973	0.93190
1.3	0.93401	0.93606	0.93807	0.94002	0.94191	0.94376	0.94556	0.94731	0.94902	0.95067
1.4	0.95229	0.95385	0.95538	0.95686	0.95830	0.95970	0.96105	0.96237	0.96365	0.96490
1.5	0.96611	0.96728	0.96841	0.96952	0.97059	0.97162	0.97263	0.97360	0.97455	0.97546
1.6	0.97635	0.97721	0.97804	0.97884	0.97962	0.98038	0.98110	0.98181	0.98249	0.98315
1.7	0.98379	0.98441	0.98500	0.98558	0.98613	0.98667	0.98719	0.98769	0.98817	0.98864
1.8	0.98909	0.98952	0.98994	0.99035	0.99074	0.99111	0.99147	0.99182	0.99216	0.99248
1.9	0.99279	0.99309	0.99338	0.99366	0.99392	0.99418	0.99443	0.99466	0.99489	0.99511
2.0	0.99532	0.99552	0.99572	0.99591	0.99609	0.99626	0.99642	0.99658	0.99673	0.99688
2.1	0.99702	0.99715	0.99728	0.99741	0.99753	0.99764	0.99775	0.99785	0.99795	0.99805
2.2	0.99814	0.99822	0.99831	0.99839	0.99846	0.99854	0.99861	0.99867	0.99874	0.99880
2.3	0.99886	0.99891	0.99897	0.99902	0.99906	0.99911	0.99915	0.9992	0.99924	0.99928
2.4	0.99931	0.99935	0.99938	0.99941	0.99944	0.99947	0.9995	0.99952	0.99955	0.99957
2.5	0.99959	0.99961	0.99963	0.99965	0.99967	0.99969	0.99971	0.99972	0.99974	0.99975
2.6	0.99976	0.99978	0.99979	0.9998	0.99981	0.99982	0.99983	0.99984	0.99985	0.99986
2.7	0.99987	0.99987	0.99988	0.99989	0.99989	0.99990	0.99991	0.99991	0.99992	0.99992
2.8	0.99992	0.99993	0.99993	0.99994	0.99994	0.99994	0.99995	0.99995	0.99995	0.99996
2.9	0.99996	0.99996	0.99996	0.99997	0.99997	0.99997	0.99997	0.99997	0.99997	0.99998
3.0	0.99998	0.99998	0.99998	0.99998	0.99998	0.99998	0.99998	0.99999	0.99999	0.99999
3.1	0.99999	0.99999	0.99999	0.99999	0.99999	0.99999	0.99999	0.99999	0.99999	0.99999

附录C 傅里叶变换

APPENDIX C

1. 定义

正变换 $$X(\mathrm{j}\Omega)=\int_{-\infty}^{\infty}x(t)\mathrm{e}^{-\mathrm{j}\Omega t}\mathrm{d}t \tag{C-1}$$

反变换 $$x(t)=\frac{1}{2\pi}\int_{-\infty}^{\infty}x(\mathrm{j}\Omega)\mathrm{e}^{-\mathrm{j}\Omega t}\mathrm{d}\Omega \tag{C-2}$$

2. 定理与性质

名　　称	时域　$x(t)\leftrightarrow X(\mathrm{j}\Omega)$	频域
定义	$x(t)=\frac{1}{2\pi}\int_{-\infty}^{\infty}X(\mathrm{j}\Omega)\mathrm{e}^{\mathrm{j}\Omega t}\mathrm{d}\Omega$	$X(\mathrm{j}\Omega)=\int_{-\infty}^{\infty}x(t)\mathrm{e}^{-\mathrm{j}\Omega t}\mathrm{d}t$ $X(\mathrm{j}\Omega)=\lvert X(\mathrm{j}\Omega)\rvert\mathrm{e}^{\mathrm{j}\varphi(\Omega)}$
线性	$a_1x_1(t)+a_2x_2(t)$	$a_1X_1(\mathrm{j}\Omega)+a_2X_2(\mathrm{j}\Omega)$
反转	$x(-t)$	$X(-\mathrm{j}\Omega)$
对称性	$X(\mathrm{j}t)$	$2\pi x(-\Omega)$
尺度变换	$x(at)$	$\frac{1}{\lvert a\rvert}X\left(\mathrm{j}\frac{\Omega}{a}\right)$
时移特性	$x(t\pm t_0)$	$\mathrm{e}^{\pm\mathrm{j}\Omega t_0}X(\mathrm{j}\Omega)$
频移特性	$x(t)\mathrm{e}^{\pm\mathrm{j}\Omega_0 t}$	$X[\mathrm{j}(\Omega\mp\Omega_0)]$
时域线性卷积	$x_1(t)*x_2(t)$	$X_1(\mathrm{j}\Omega)\cdot X_2(\mathrm{j}\Omega)$
频域线性卷积	$x_1(t)\cdot x_2(t)$	$\frac{1}{2\pi}X_1(\mathrm{j}\Omega)*X_2(\mathrm{j}\Omega)$
时域微分	$x^{(n)}(t)$	$(\mathrm{j}\Omega)^nX(\mathrm{j}\Omega)$
时域积分	$x^{(-1)}(t)$	$\pi F(0)\delta(\Omega)+\frac{1}{\mathrm{j}\Omega}X(\mathrm{j}\Omega)$
频域微分	$(-\mathrm{j}t)^nx(t)$	$X^{(n)}(\mathrm{j}\Omega)$
频域积分	$\pi x(0)\delta(t)+\frac{1}{-\mathrm{j}t}x(t)$	$X^{(-1)}(\mathrm{j}\Omega)$

3. 常用的信号的傅里叶变换

名　　称	时域信号 $x(t)$	傅里叶变换 $X(\mathrm{j}\Omega)$
矩形脉冲(门函数)	$g_\tau(t)=\begin{cases}1, & \lvert t\rvert<\tau/2\\0, & \lvert t\rvert>\tau/2\end{cases}$	$\tau\mathrm{Sa}\left(\frac{\Omega\tau}{2}\right)$
三角脉冲	$f_\Delta(t)=\begin{cases}1-\frac{2\lvert t\rvert}{\tau}, & \lvert t\rvert<\tau/2\\0, & \lvert t\rvert>\tau/2\end{cases}$	$\frac{\tau}{2}\mathrm{Sa}^2\left(\frac{\Omega\tau}{4}\right)$
单边指数函数	$\mathrm{e}^{-\alpha t}\varepsilon(t),\quad \alpha>0$	$\frac{1}{\alpha+\mathrm{j}\Omega}$
双边指数函数	$e^{-\alpha\lvert t\rvert}\varepsilon(t),\quad \alpha>0$	$\frac{2\alpha}{\alpha^2+\Omega^2}$
单位冲激函数	$\delta(t)$	1
常数	1	$2\pi\delta(\Omega)$
阶跃函数	$\varepsilon(t)$	$\pi\delta(\Omega)+\frac{1}{\mathrm{j}\Omega}$
符号函数	$\mathrm{sgn}(t)=\begin{cases}1, & t>0\\-1, & t<0\end{cases}$	$\frac{2}{\mathrm{j}\Omega}$
正弦函数	$\sin\Omega_0 t$	$\mathrm{j}\pi[\delta(\Omega+\Omega_0)-\delta(\Omega-\Omega_0)]$
余弦函数	$\cos\Omega_0 t$	$\pi[\delta(\Omega+\Omega_0)+\delta(\Omega-\Omega_0)]$
脉冲序列	$\delta_T(t)=\sum_{n=-\infty}^{\infty}\delta(t-nT)$	$\delta_T(\Omega)=\Omega_0\sum_{n=-\infty}^{\infty}\delta(\Omega-n\Omega_0),\quad \Omega_0=2\pi/T$